생산가공학

The theory of production and processing

김성겸 · 이용성 공저

생산가공학

초판 인쇄 2014년 8월 8일
초판 발행 2014년 8월 15일

지은이 김성겸 · 이용성
펴낸이 최국주
펴낸곳 동명사
출판등록 1950년 11월 1일(제1-76호)
주소 (우 413-756) 경기도 파주시 회동길 50(문발동)
전화 031-955-7200(대표)~2, 7203(편집부), 7204(물류)
팩스 031-955-7205
전자우편 webmaster@dmsbook.com
홈페이지 www.dmsbook.com

ISBN 978-89-411-8134-7 93530
값 25,000원

東明社

생산가공학에 대해 그동안 외국에서 발간된 전문서적을 위시하여 국내에도 약간의 대학교재들이 있으나 최근의 생산 가공 양식의 발전에 따라 현장과 부적합한 면도 있으며, 특히 정보처리기술의 발달과 더불어 이를 실제적으로 반영한 서적은 많지 않다.

이 책은 절삭과 연삭의 기초 이론부터 최근의 연구 논문을 토대로 대학원, 대학, 전문대학의 교재 및 연구의 참고서로서 활용할 수 있도록 하고, 특히 기계 분야의 생산 공장에서 종사하는 현장 기술자에게도 유익한 자료가 될 수 있도록 광범위하게 편집하였다.

그러나 생산가공학은 본래가 절삭에서 연삭까지 실제 과정을 다양하게 응용한 학문으로 탄성학이나 열역학과 같이 한정된 기본 원리를 바탕으로 논리적 또는 체계적으로 전개할 성질의 학문은 아니다. 그럼에도 불구하고 탄성학, 소성학은 물론이고 열, 유체 재료의 물성, 진동, 자동제어, 통계 확률 등 각 분야의 기초를 토대로 체계적인 방법으로 집약하여 종합하였다. 따라서 이 책을 이해함에는 각 분야의 전문 지식이 필요하겠지만 극히 기본적인 지식만으로도 충분히 이해할 수 있도록 하였다. 특히 필수적인 용어들은 본문과 독립시켜 해설하는 방법을 시도하였다. 그래도 고급 지식이 요구된다고 생각되는 항목은 ※기호를 붙여 보다 상세하게 설명하였다.

생산가공학은 실제적인 연구가 어느 정도 완성된 분야도 있으나 아직도 계속 연구하거나 해결해야 할 문제가 많으므로 이것을 모두 반영하기란 쉽지 않다고 생각된다.

끝으로 이 책을 집필할 때, 도움이 된 많은 유명한 저서와 연구 논문의 발표자님에게 이 기회를 통하여 감사드리며, 부족한 점이 있다면 여러 선후배님들의 조언을 부탁드린다. 미흡한 부분은 앞으로 계속 보완 또는 수정할 것을 약속드리며, 조금이나마 기능, 기술 및 학문 연구에 도움이 되었으면 하는 마음 간절하다.

2014년 9월

저자 씀

Contents

제1편 **절삭가공**

제1장 절삭역학

제2장 절삭현상

제3장 절삭 방정식

제4장 선삭가공에 있어서의 칩처리

제5장 다듬질 거칠기

제6장 공구마모

제7장 절삭에서의 열적현상

제8장 절삭력의 측정

Contents

제2편 **연삭가공**

제 1 편

절삭가공

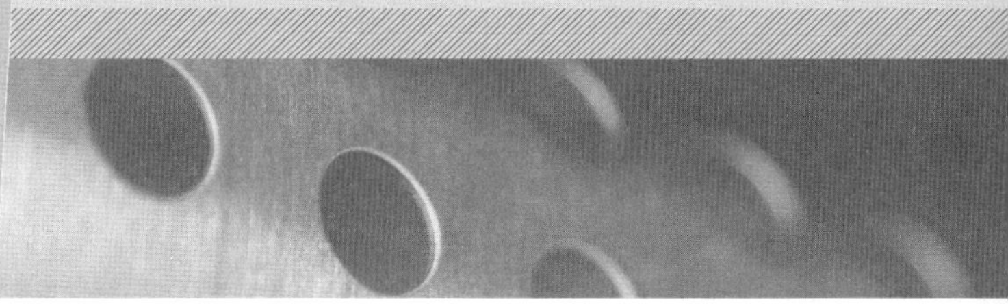

제1장

절삭역학

1.1 절삭의 정의

절삭이란 공작물보다 경도가 큰 공구(tool)로 칩(chip)을 깎아내면서 제품을 만드는 작업이다. 여기에 사용하는 공구는 **단인공구**(single point tool)로 바이트, 드릴(drill) 등과, **다인공구**(multi point tool)인 밀링 커터, 연삭숫돌 및 래핑 등이 있다.

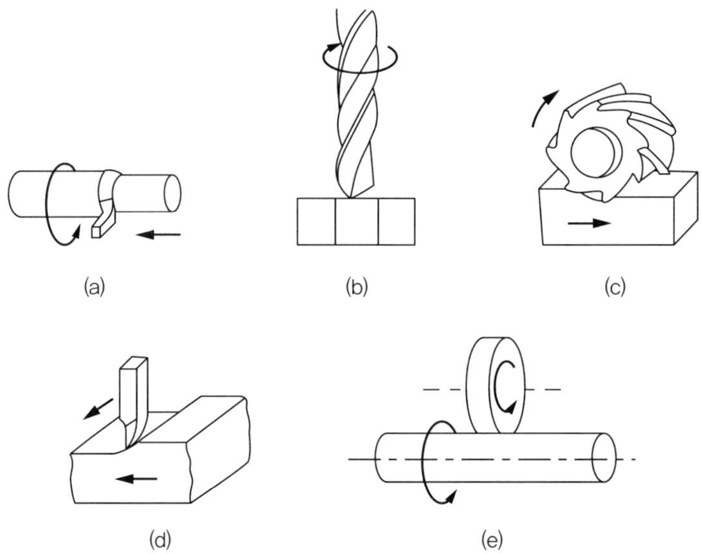

[그림 1-1] 절삭방식

절삭에 미치는 요인은

① 공작물의 재질

② 공구의 재질(화학성분과 열처리 방법)

③ 절삭속도

④ 칩의 단면적-절삭깊이와 이송

⑤ 공구의 모양(주로 공구의 각도)

⑥ 냉각 및 윤활

등 이다.

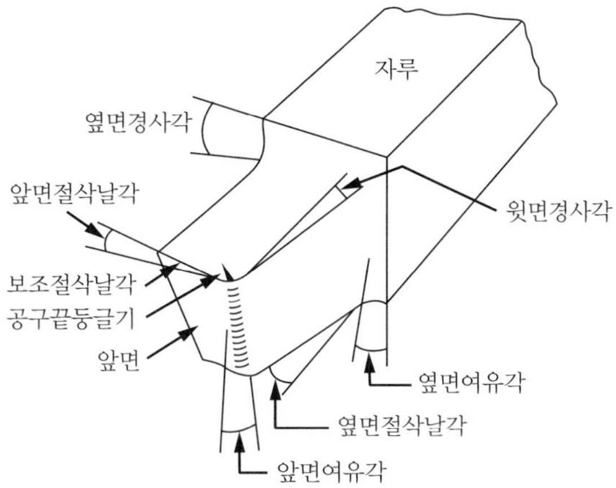

[그림 1-2] 공구의 명칭

1.2 공구 형상

절삭공구의 기하학적인 형상은 공구재료와 공작물의 성질에 따라 다르다. 공구의 각도는 경사각, 뒷면 여유각(end relief angle) 및 옆면 여유각(sider relief angle)등이 있다. 또 절삭날에는 주 절삭날과 앞면 절삭날이 있고 절삭날 면에는 공구의 윗면(tool face)과 옆면(flank)이 있다. 주 절삭날과 앞면이 교차하는 곳에는 모서리(nose)가 있다.

또한 개별적인 공구각은 다음과 같다.

① **윗면 경사각(back rake angle)** : 공구를 통과하는 중심선을 포함한 수직면 AB에서 주 절삭날 면이 수평과 이루는 각, 보통, 경사각이란 윗면 경사각을 말한다.

② **옆면 경사각(side rake angle)** : 공구 중심선에 수직한 단면 CD위에서 주 절삭날 면이 수평면과 이루는 각 α_2

③ **앞면 여유각(end relief angle)** : 윗면 경사각이 있는 면에서 볼 때, 공구의 앞면이 절삭면과 이루는 각 γ_1, 보통, 여유각이란 앞면 여유각을 말한다.

④ **옆면 여유각**(side relief angle) : 옆면 경사각이 있는 면에서 볼 때, 공구 옆면의 날과 밑면에 수직한 선이 이루는 각, γ_2

⑤ **옆면 절삭날각**(side relief angle) : 주 절삭날의 공구의 옆면과 이루는 각, δ_2

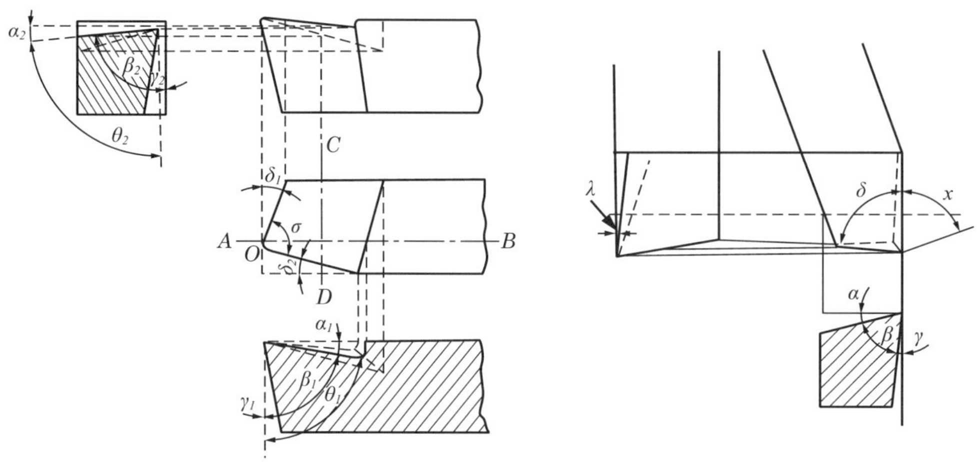

[그림 1-3] 공구각

⑥ **앞면 절삭날각**(end cutting edge angle) : 앞 절삭날이 공구의 옆면에 수직한 선과 이루는 각, δ_1

⑦ **날 끝각**(nose angle) : 주 절삭날과 앞면 절삭날이 이루는 각

⑧ **실제 윗면 경사각**(true rake angle) : 주 절삭날과 절삭면이 이루는 각, α

⑨ **절삭각**(lip angle) : 주 절삭날과 옆면 사이의 각, β

⑩ **실제 여유각**(working relief angle) : 옆면과 절삭면에 대한 접선 사이의 각, γ

⑪ **절삭날 설치각**(entering angle) : 주 절삭날을 포함한 수직 평면위에서 주 절삭날면과 수평면이 이루는 각, λ

⑫ **공구 설치각**(setting angle) : 수평면 내에서 주 절삭날과 절삭면이 이루는 각, χ

1.3 2차원 절삭과 3차원 절삭(orthogonal cutting and oblique cutting)

공구로 평삭(平面切削)을 할 때, 절삭날이 절삭방향과 직각이며, 절삭두께(chip thickness) t_1은 절삭날에 따라 일정하다. 절삭폭(width of cut) b가 절삭두께 t_1에 비해 대단히 커서 매끈한

2차원 칩이 나온다. 이러한 상태를 **2차원 절삭**(orthogonal cutting)이라 한다. 반면에 절삭날이 절삭방향과 직각을 이루지 않고, 주절삭날과 동시에 앞면 절삭날로 가공하는 절삭상태를 **3차원 절삭**(oblique cutting)이라고 한다.

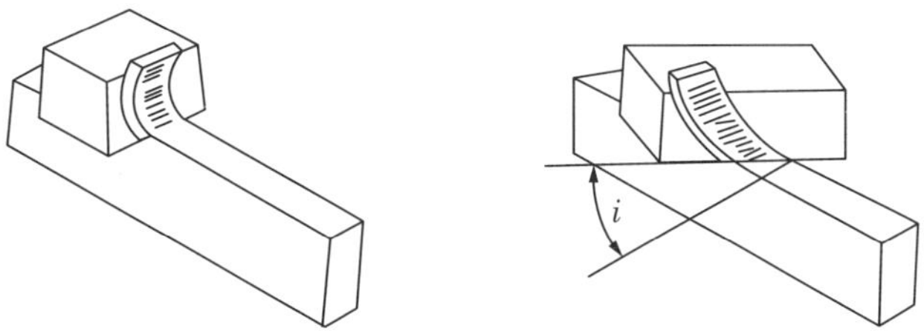

[그림 1-4] 2차원과 3차원 절삭

다음 **그림 1-5**는 다음에 설명할 4종류의 칩 형태와 달리, **구성인선**(built up edge)은 공구경사면에 공구날을 둘러싼 단단한 부착물이 생성되어 실제로 절삭하는 것이다. 이것은 알루미늄 합금, 6-4황동의 절삭에도 가끔 볼 수 있으나, 주로 강류, 고급 주철 등에서 많이 발생한다. 그러나 특수한 금속이나 비금속의 절삭에는 발생하지 않는 경우도 많다.

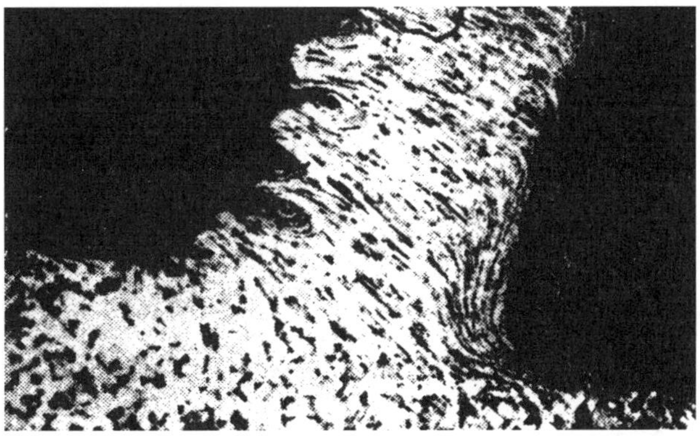

0.13% 탄소강, 초경공구, 경사각 15°, 절삭두께 0.31mm, 절삭속도 17m/min, 건절삭

[그림 1-5] 구성인선(B. U. E.)

1.4 칩의 생성기구

(1) 칩의 기본형태

2차원절삭의 칩의 형태는 다음과 같이 4종류로 분류한다.

① 유동형 칩(flow type chip)

② 전단형 칩(shear type chip)

③ 균열형 칩(crack type chip)

④ 경작형 칩(tear type chip)

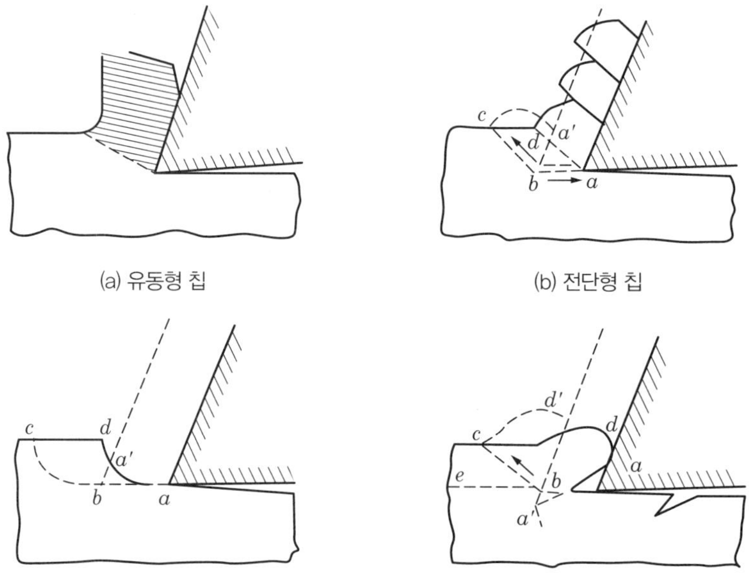

(a) 유동형 칩 (b) 전단형 칩

(c) 균열형 칩 (d) 경작형 칩

[그림 1-6] 칩의 형태

① 유동형 칩

알맞은 절삭조건을 선택하면 공구의 경사면을 따라 연속된 칩이 배출한다. 이때의 절삭상태는 안정되고 다듬질 면은 미려(優秀)하고 공작기계는 진동이 없으며 안정된 상태에 있다. 특히, 정밀 다듬질 가공에는 이러한 칩이 나오도록 알맞은 절삭조건을 선택해야 한다.

② 전단형 칩

일정한 폭을 가지고 슬립되는 칩 형태로 취약한 재료(6-4황동, white메탈)에 생기기 쉽다. 슬립이 생길 때마다 절삭저항이 변동되므로 유동형보다 가공면이 좋지 않고, 공작기계의 강성이 약한 경우에 발생하기 쉽다.

③ 균열형 칩

공구가 진행되면 날 끝에서 공작물 표면까지 순간적인 취성 균열이 발생하고 위쪽으로 경사진 균열이 발생한다. 따라서 다듬질 면에는 요철(凹凸)을 남기고 절삭저항이 심하게 변동된다. 피삭재가 보통 주철이나 경질 플라스틱 등에서 잘 발생한다.

④ 경작형 칩

경사면의 윤활이 나쁠 경우, 피삭재료 공구의 경사면에 용착되어 미끄러지기 어려울 때에 발생한다. 이 형태는 연질재료(순 동이나 순 알루미늄 등)를 절삭하면, 잘 나타나고 가공 면에는 떼어낸 자국이 남는다. 날 끝의 절삭저항은 유동형이나 전단형보다 크고 진동이 생긴다. 칩의 형태는 2차원적이 아니고 3차원적이다.

이 밖에 미국에서는 ① 연속형 칩, ② 구성인선이 있는 연속형 칩, ③ 불연속형 칩으로 나눈다.

① 연속형 칩(continuous type)

알루미늄, 동, 압연 또는 단조한 황동 및 연강 등에는 연속형 칩이 생기기 쉽다. 자동화 시스템에서는 반드시 칩 브레이커(breaker)로 절단시켜야 한다.

② 구성인선이 있는 연속형 칩(continuous type with B. U. E)

공구 끝에 구성인선이 생기면 공구에 떨림(chattering)이 생긴다. 즉, 짧은 시간에 구성인선이 발생, 분열, 최대성장 탈락하는 과정을 반복하므로 절삭저항의 변동이 심하다. 또 구성인선이 부착되어 **과절삭**(over cut)되므로 다듬질 면이 나빠진다. 배출된 단단한 구성인선의 분리편은 경사면 마모(crater wear)를 일으킨다.

③ 불연속형 칩(discontinuous type)

불연속형 칩이 파단된 형태로서 회주철, 납 및 청동 등을 두껍게 절삭할 때에 발생하기 쉽다.

여러가지 칩형태(1.4절 참조) 중에서 경작형과 구성인선을 포함하는 형태는 절삭의 안정성, 다듬질면의 정도, 가공 변질층 및 공구마모의 관점에서 해롭지만, 적당한 절삭조건을 선택하면, 이를 방지할 수 있다.

균열형과 전단형도 바람직한 절삭형태는 아니고 피삭재의 고유한 성질에 따라, 불가피한 경우도 포함되어 있다. 그러나 전단형은 절삭 두께와 경사각 등의 절삭조건에 의한 절삭계(공구 및 공작기계)의 강성을 개선하면 어느 정도 유동형에 가까운 상태로 변화시킬 수 있다.

[표 1-1] 절삭조건에 의한 칩 형태 변화

	유동형	전단형	경작형	균열형	구성인선
피삭재의 연성	크다	중간 또는 작다	크다	작다	관계없다
경사각(a)	크다	관계없거나 작다	작다	관계없다	크거나 소형화
절삭 두께(t_1)	작다	〃	크다	〃	작거나 소형화
절삭폭(b)	크다	〃	작다	〃	관계없음
절삭속도(v)	크다	관계없다	작다	〃	Al Brass : 저속도 강류 : 중속도
윤활	양호	관계없거나 불량	불량	〃	관계없거나 불량
절삭계의 강성	크다	〃 적다	관계없다	〃	관계없다

[표 1-2] 피삭 재료와 칩의 형태

강의 종류	아주 저속에서 일반적으로는 불연속 칩이 되고 건절삭에서는 대체로 경작형이나, 좋은 절삭유를 사용하면 전단형이 된다. 단 경사각이 크고 절삭두께가 작은 경우, 건절삭하면 거의 유동형이지만 절삭유를 사용하면 완전한 유동형에 가깝다. 그러나 중간속도영역에서는 일반적으로 구성인선이 생긴다. 이 영역에서는 절삭조건을 바꾸어도 구성인선을 방지할 수 없다. 보통 고속영역에서 유동형이라도 중(重)절삭에서는 강성이 불량하면 전단형이 된다.
주철의 종류	일반적으로 균열형 및 전단형의 중간 상태이다. 보통주철에서는 균열형에 가깝고, 고급주철에서는 전단형에 가깝다. 절삭조건 윤활의 유무는 본질적인 변화를 일으키지 않는다. 고급주철에서는 중간속도 영역에서 구성인선이 생기지만 보통주철에서는 비슷한 부착물은 있더라도 대형의 구성인선이 생기지 않는다. 또 고급주철은 유동형에 가까운 전단 칩이 발생하기 쉽고 구상흑연주철에서는 여유면 구성인선(flank built up edge)이 생긴다.
황동의 종류	α-황동(7-3황동)은 전 속도영역에서 유동형이 되고 구성인선이 생기지 않는다. $\alpha+\beta$ 황동(4-6황동 납 쾌삭황동)은 높은 경사각, 경(輕)절삭인 경우에 유동형이 되지만 일반적으로 전단형이 많다. 아주 저속영역에서 구성인선이 생기는 경우도 있다. 황동은 소위 "깎기 쉬운"재료로서 공구면에서의 용착되기 쉽다.
Al의 종류 및 둔동	순수한 Al 및 순동은 저속절삭에서는 경작형이 나타나고, 절삭유를 사용하거나 절삭속도가 증대되면 유동형이 된다. 이 때, 점성재료가 경사면에 용착되면 절삭하기 어렵다. Al 합금 duralumin(두랄루민)계는 강과 비슷하다. 순수한 Al은 구성인선이 생기지 않으나 Al 합금에서는 저속영역에서 발생한다.

칩은 절삭 형식, 피삭재 종류에 따라 영향을 받으나 모두 그렇지 않다. 여러가지 절삭 조건과 칩의 형태에 따라 대략 **표 1–1**과 같다.

표 1–2는 일반적으로 예리한 공구를 사용할 때에 생기는 칩의 형태를 나타낸 것이다. 여기서 절삭조건만 잘 선택해도 경작형과 구성인선을 가진 칩 형태를 방지할 수 있고, 균열형이 발생하는 실례는 별로 없다. 실제 절삭 작업에는 유동형이나 전단형이 가장 많이 발생한다.

다음의 실례를 통하여, 칩이 생성되는 기구를 고찰해 보자. **그림 1–7**(a)는 "피삭재의 옆면에서 그린 직교 격자선이 **유동형 칩**을 만들 때, 어떤 변화를 일으키는가?"를 나타낸 것이다. 그림에서 알 수 있는 것처럼 약간의 불규칙성을 무시하면, 균열이 생기지 않고 변형은 거의 연속적으로 이루어진다고 볼 수 있다. 따라서 유동형 칩은 거의 정상 소성 변형으로 생성된다.

절삭공구가 정지해 있고, 피삭재가 움직인다면 변형전의 가로 격자선은 절삭속도에 평행하고 가로 격자선은 변형된 유선처럼 보인다. 즉 질점은 가로 격자선을 따라 절삭공구로 접근하면 피

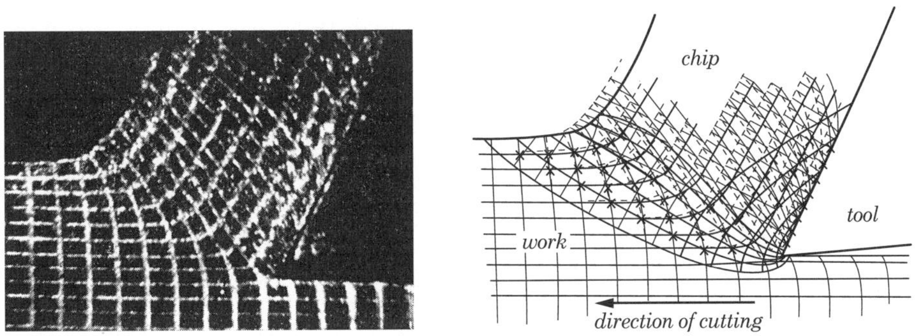

(b)

4–6 황동, 고속도강공구, 경사각 *25°*, 절삭두께 *0.8mm*, 절삭속도 *13m/min*, 건절삭

[그림 1–7] 저속 유동형 절삭에 대한 격자선 변형과 미끄럼 선장

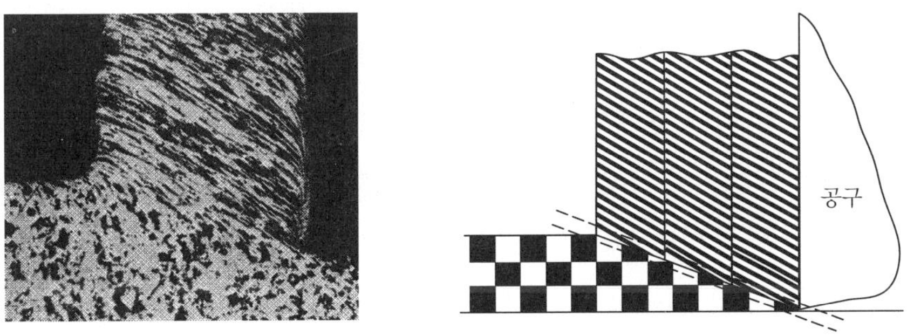

(b)

0.25% 탄소강, 초경공구, 경사각 *0°*, 절삭두께 *0.3mm* 절삭속도 *90m/min*, 건절삭

[그림 1–8] 고속 절삭에서의 전단영역의 협소화

삭재는 공구의 경사진 윗면을 따라 펴져 나간다. **그림 1-7** (b)의 오른 쪽 영역에서 칩은 반시계 방향으로 바꾸면서 경사면에 평행하게 위쪽으로 유출한다. 이러한 방향변화를 칩의 입장에서 보면, 반시계 방향의 전단과 **벤딩**(bending)이 생긴다. 이곳은 절삭에서 많이 발생하는 변형영역으로 **전단영역**(shear zone 또는 primary flow zone)이라 한다.

다음은 세로 격자선의 변형을 보면 전단영역을 통과 후에도 공구 경사면을 따라 한번 더 변형된다. 이 영역에서 변형은 경사면의 마찰에 대응한 것으로 주로 시계 방향의 변형이다. 이러한 변형영역을 **제2변형영역**(secondary flow zone)이라 한다. 이때 **그림 1-8**의 격자선 변형은 아주 저속절삭에서 발생하고, 절삭속도가 커지면 전단영역의 두께가 점점 얇아진다.

그림 1-8(a)는 탄소강을 중(中) 절삭속도(90m/min)로 절삭한 경우의 예로서, 격자선 변형을 관찰하기 위해 금속조직의 흐름을 부식현미경 사진으로 찍은 것이다.

정확하지 않지만, 조직의 흐름방향은 변형격자의 종선에 해당된다고 하자. 이와 같은 절삭속도에서 전단영역은 **그림 1-8**(b)와 같이 좁은 band상태로 전환되고, 가로 **격자선**은 여기서 불연속적으로 방향을 바꾼다. 또한 **그림 1-8**(a)를 살펴보면 경사면의 제2변형영역도 매우 퇴화되어 있음을 알 수 있다.

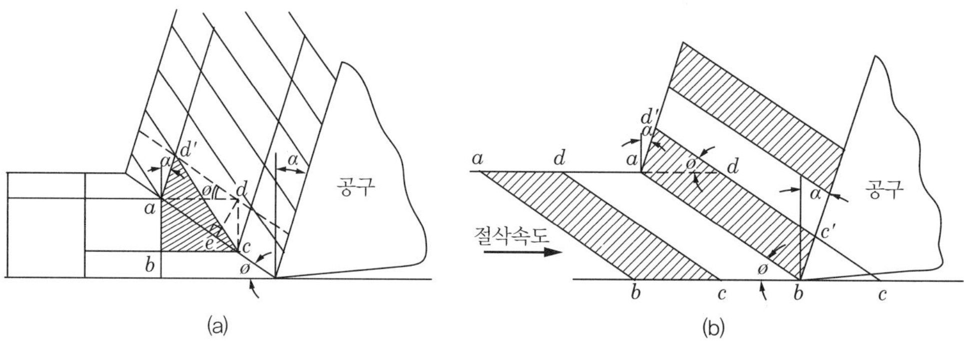

[그림 1-9] 전단면 절삭모형에 의한 2차원절삭의 변형기구

밴드(band)상태의 전단영역을 속도 불연속면이라 보고 제2변형영역을 무시하면, 이상화된 변형 상태는 **그림 1-8**과 같다. 또 **그림 1-8**(a)에서 **속도 불연속면**을 통과하는 하나의 격자를 생각하면 $\triangle$cda는 단순 전단에 의해서 $\triangle$cd′a와 같이 변형된다. **그림 1-9**(b)와 같이, 보는 관점을 바꾸면 변형 전에 평행사변형 abcd인 부분은 변형한 후에는 평행사변형 abc′d′가 된다.

이와 같이 전단영역을 이상화하여 하나의 평면으로 생각하면 이것을 **전단면**(shear plane)이라 하고 절삭속도 방향에 대한 경사각 ϕ를 전단각이라 부른다. 그러나 **그림 1-8**과 같이, 아무리 이상화시키더라도 저속 절삭영역에서는 같은 결과가 나타나지 않는다. **그림 1-8**의 전단영역에서도 전단이 발생하여 주 전단 변형속도가 최대가 되는 위치(最大 變形)가 존재한다. 그러므로 **그림 1-9**의 절삭모형(剪斷面 절삭모형)과 실제 절삭과는 다소 차이가 있다.

1.5 2차원 절삭역학

(1) 전단영역에서 변형

절삭가공에서 공구, 공작물 및 칩은 절삭기구의 3요소이다. 칩이 생성되는 과정은 복잡한 역학적인 상호작용으로 생긴다. 2차원 절삭 역학의 목적은 절삭저항에 의한 절삭동력의 측정, 제품의 치수 정밀도, 다듬질 거칠기 및 공구수명 등을 예측하기 위한 것이다.

다음의 2차원 절삭역학은 유동형 또는 전단형 칩을 배출한다는 가정 아래에서 적용할 것이다.

절삭 역학이 성립하기 위한 조건은 다음과 같다.

① 2차원 절삭으로 가공한다.

② 공구는 예리하고 구성인선이 발생하지 않는다.

③ 절삭속도와 절삭깊이는 일정하다.

④ 전단응력이나 수직응력 등 작용하는 응력이 일정하다.

그리고 중(中)절삭속도 이상으로 절삭하면 전단영역은 좁은 밴드상태가 되고 가로 격자선은 거의 불연속적으로 방향을 바꾼다. 이렇게 되면 경사면의 제2변형영역이 퇴화하여 **그림 1-9(b)**와 같은 이상화된 절삭모형을 2차원 절삭역학에 적용할 수 있다.

그림 1-10은 주 전단 변형속도가 최대이고, 변형이 최대일 때, 전단면에서 전단각과 칩의 두께를 나타낸 것이다. 윗면 경사각(back rake angle) α, 절삭깊이(depth of cut) t_1, 칩의 두께(chip thickness) t_2라고 하면 다음과 같은 식이 성립한다.

$$\gamma_c = \frac{t_1}{t_2} = \frac{ABsin\phi}{ABcos(\phi - \alpha)} \qquad (1-1)$$

여기서, γ_c는 절삭깊이와 절삭 두께의 비로 절삭비(cutting ratio or 칩 thickness ratio)라 한다. 또 전단각 ϕ는

$$tan\phi = \frac{\gamma_c\, cos\alpha}{1-\gamma_c\, sin\alpha} \qquad (1-2)$$

이고, 이 식에 의해 ϕ를 측정하면 절삭비 γ_c를 구할 수 있다.

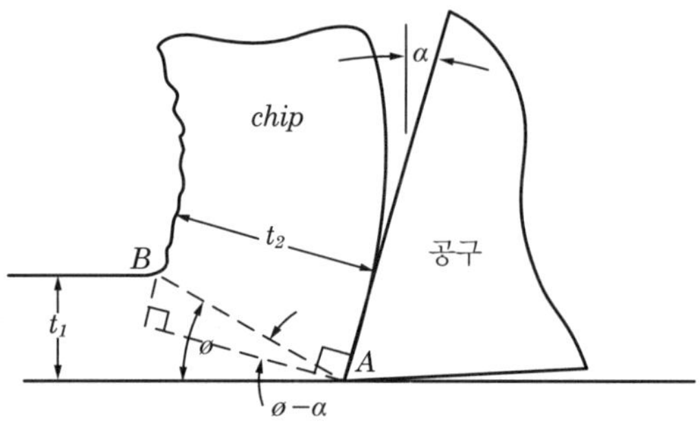

[그림 1–10] 전단각 ϕ와 칩두께 t_2

그리고 재료를 절삭할 때, 밀도의 변화는 거의 없으므로 절삭할 용적과 절삭 후의 용적에는 아무런 변화가 없다.(연속조건)

$$t_1 b_1 l_1 = t_2 b_2 l_2 \qquad (1-3)$$

단, b_1 : 절삭할 폭, b_2 : 절삭된 폭, l_1 : 절삭전의 길이 l_2 : 절삭 후의 길이이다.

$b_2 = b_2 = b$라면

$$\gamma_c = \frac{t_1}{t_2} = \frac{l_2}{l_1} \qquad (1-4)$$

가 되고, l_1은 알고, l_2만 측정하면 γ_c가 구해진다. γ는 비중이고 칩 길이를 l_2라고 하면, 중량은 $w = \rho t_2 l_2 b$이므로

$$\gamma_c = \frac{\rho t_1 l_1}{w(=\rho t_2 l_2)}$$

로 구한다. **그림 1–8**에서 a에서 dd'에 수직선 h를 긋고

$$\text{전단변형}(\gamma) \quad \gamma = \frac{dd'}{ah} = cot\phi + tan(\phi-\alpha) \tag{1-5}$$
$$= \frac{cos\alpha}{sin\phi \, cos(\phi-\alpha)}$$

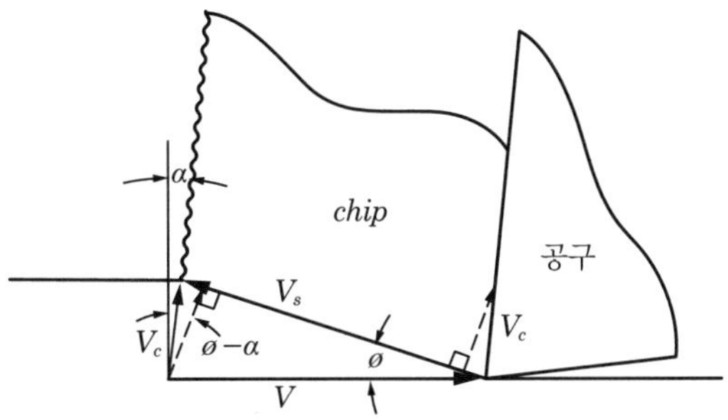

[그림 1–11] 2차원절삭의 속도관계

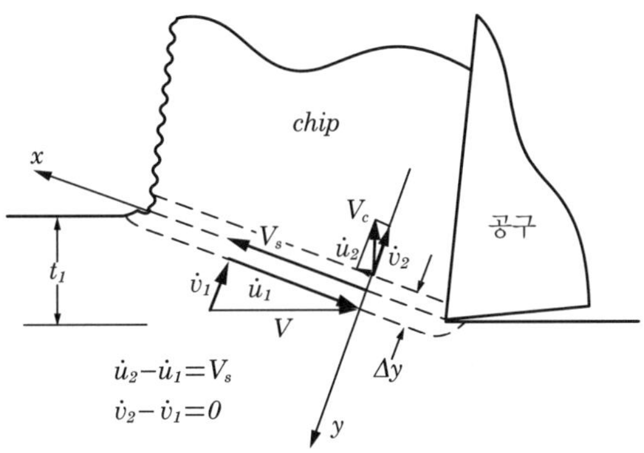

[그림 1–12] 2차원절삭의 전단변형 속도

다음에 절삭영역에서 속도성분과 전단변형을 계산해 보자. 칩의 두께가 절삭깊이보다 두껍기 때문에 공구 윗면을 따라 유출하는 칩의 속도는 늦다.

그림에서 절삭속도 V, 칩 유출속도 V_c, 전단면의 전단변형 속도를 V_s라고 하면, 연속조건에 따른 속도 삼각형(△)을 얻는다. 기하학적인 관계로부터

$$V_c = V \cdot \frac{sin\phi}{cos(\phi-\alpha)} = \gamma_c V \tag{1-6}$$

$$V_s = \frac{cos\alpha}{cos(\phi-\alpha)} \cdot V = \gamma sin\phi \cdot V \tag{1-7}$$

보통 ϕ, α의 범위는 $\phi=5\sim30°$, $\alpha=-10\sim30°$이고, ϕ가 증가하면 α는 감소한다.

그러므로 불연속인 곳은 V와 V_c의 접선 성분이고 불연속에 의해 전단변형을 일으킨다. 전단면을 x축, 이와 수직한 방향을 y축으로 정하면 전단변형

$$\dot{\gamma} = \frac{d}{dt}\left(\frac{\partial u}{\partial y} + \frac{\partial v}{\partial x}\right) \tag{1-8}$$

마지막 항은 연속조건에서 값이 0이므로 무시되고,

$$\dot{\gamma} = \frac{d}{dt}\left(\frac{\partial u}{\partial y}\right) = \frac{1}{\Delta y} V_S \tag{1-9}$$

(2) 절삭력

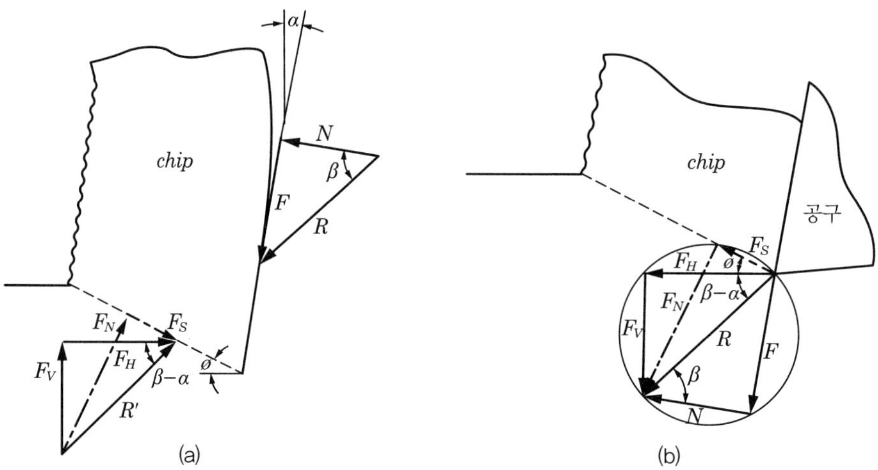

[그림 1-13] 절삭력의 평형계

절삭을 계속하면 주 전단변형이 발생하고 칩이 경사면을 지나갈 때에 마찰력이 생긴다. 결국, 경사면에서 마찰을 일으키는 힘 R과 전단면의 변형을 일으키는 힘 R'이 평형상태가 된다.

① 수평분력 F_H 및 수직분력 F_V는 공구동력계로 측정이 가능하다.

② 전단력 F_S 및 전단력에 수직력 F_N

③ 경사면의 마찰력 F 및 경사면에 수직력 N

이다. **그림 1-13**(a)와 같이 합력 R을 전단면 위나 R'을 공구 경사면에 두지 않고, **그림 1-13**(b)와 같이, 공구 날 끝으로 이동시키면 평행조건이 만족된다. 머천트(Merchant)의 **복합 절삭원**에 의해 절삭력을 계산하면

$$F_S = F_H\, cos\phi - F_V\, sin\phi \tag{1-11}$$
$$F_N = F_H\, sin\phi + F_V\, cos\phi = F_S\, tan(\phi+\beta-\alpha)$$

$$F = F_H\, sin\alpha + F_V\, cos\alpha \tag{1-12}$$
$$N = F_H\, cos\alpha - F_V\, sin\alpha$$

이다. 공구 경사면의 응력 성분인 F와 N으로 마찰계수를 계산할 수 있고, 마찰각을 β라 하면 마찰계수 $\beta = tan\beta$가 된다.

$$\mu = tan\beta = \frac{F}{N} = \frac{F_H\, sin\alpha + F_V\, cos\alpha}{F_H\, cos\alpha - F_V\, sin\alpha} = \frac{F_V + F_H\, tan\alpha}{F_H - F_V\, tan\alpha} \tag{1-13}$$

전단면적을 A_S, 절삭 단면적을 A_1, 또 칩과 공구 윗면의 접촉 길이를 l이라 하면, 전단면적(A_S)과 칩과의 접촉면적(A_t)은

$$A_S = \frac{A_1}{sin\phi} = \frac{t_1 b}{sin\phi}$$

$$A_t = lb \tag{1-14}$$

전단면의 전단 및 수직 응력을 각각 τ_s, σ_s라 하고, 마찰면의 마찰 및 수직응력을 τ_t, σ_t라 하면,

$$\tau_s = \frac{(F_H\, cos\phi - F_V\, sin\phi)sin\phi}{b \cdot t_1}$$

$$\sigma_s = \frac{(F_H\, sin\phi + F_V\, cos\phi)sin\phi}{b \cdot t_1} \tag{1-15}$$

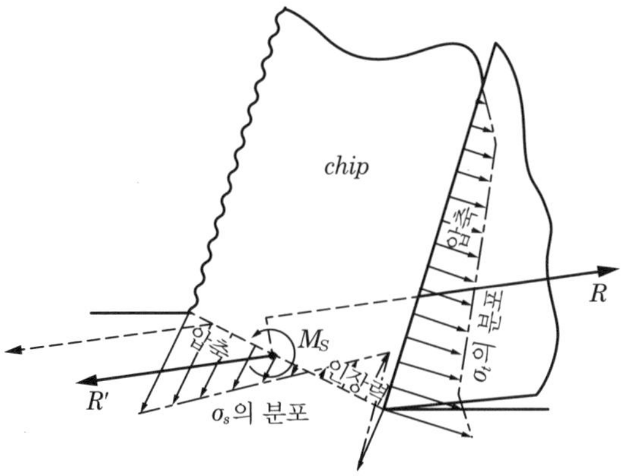

[그림 1-14] 균일분포응력이 아닌 경우에서의 절삭력의 평형계

$$\tau_t = \frac{(F_H \sin\alpha + F_V \cos\alpha)}{l \cdot b}$$

$$\sigma_t = \frac{(F_H \cos\alpha - F_V \sin\alpha)}{l \cdot b} \tag{1-16}$$

한편, **그림 1-13**에 표시한 절삭저항을 구하면 다음과 같다.

$$R = \frac{\tau_s \cdot b \cdot t_1}{\sin\phi \cos(\phi + \beta - \alpha)}$$

$$F_H = \frac{\tau_s \cdot b \cdot t_1 \cos(\beta - \alpha)}{\sin\phi \cos(\phi + \beta - \alpha)}$$

$$F_V = \frac{\tau_s \cdot b \cdot t_1 \sin(\beta - \alpha)}{\sin\phi \cos(\phi + \beta - \alpha)} \tag{1-17}$$

(3) 절삭 에너지

절삭에서 단위 시간당 필요한 에너지는 다음과 같다.

$$U = F_H V \tag{1-18}$$

단위 절삭 용적당의 에너지는

$$u = \frac{U}{Vbt_1} = \frac{F_H}{bt_1} \tag{1-19}$$

단, 단위 절삭 용적당 에너지를 비절삭 저항이라고도 한다.

단위 절삭 용적당 에너지는 다음과 같은 형태로 소비된다.

① 전단면에서 단위 용적당의 전단 에너지 u_s

② 공구 경사면에서 칩과 마찰로 소비되는 마찰 에너지 u_f

③ 새로운 절삭면을 생성하기 위한 표면 에너지 u_A

④ 칩의 배출을 가속시키는 운동 에너지 u_M

여기서, ③이나 ④의 에너지는 약 5% 미만이므로 무시할 수 있다. 그러므로 단위 용적당 절삭 에너지는 다음과 같다.

$$u \fallingdotseq u_s + u_f \tag{1-20}$$

전체의 약 75%까지 차지하는 **전단 에너지** u_s는

$$u_s = \frac{F_s \cdot V_s}{Vbt_1} = \frac{\tau_s}{sin\phi} \cdot \frac{V_s}{V} = \tau_s \cdot \gamma \tag{1-21}$$

마찰 에너지 u_f는

$$u_f = \frac{FV_c}{Vbt_1} = \frac{F\gamma_c}{bt_1} \tag{1-22}$$

새로운 면을 만드는 데 필요한 표면 에너지(창생신면 에너지)를 T라고 하면

$$u_A = \frac{T(2Vb)}{Vbt_1} = \frac{2T}{t_1} \tag{1-23}$$

칩의 운동 에너지는 $F_M = mV$이므로

$$F_M = \rho(Vbt_1)[V cos\phi + V_c sin(\phi - \alpha)]$$

위 식에서 (1-5)와 (1-7)를 이용하여 정리하면

$$F_M = \rho V^2 b t_1 \gamma sin\phi$$

그러므로 운동 에너지는

$$u_M = F_M \frac{V_s}{Vbt_1} = \rho V\gamma \cdot sin\phi \cdot V_S = \rho V^2 \gamma^2 sin^2\phi \qquad (1-24)$$

[표 1-3] 2차원 절삭 데이터(M. E. merchant)

피삭재공구	NE 9445(0.45%C) H_B187 초경공구, 건절삭
α	10deg
b	0.25in(6.35mm)
t_1	0.037in(0.094mm)
γ_c	0.29
ϕ	17deg
γ	3.4
F_H	370lb(167.8kg)
F_V	273ib(123.8kg)
μ	1.05
τ_s	85×10^3psi(59.8kg/mm^2)
σ_s	115×10^3psi(80.9kg/mm^2)

표 1-3의 데이터를 사용하여 에너지를 계산하면

$$u = 400{,}000\text{psi} \cong 281\text{kg/mm}^2$$
$$u_s = 292{,}000\text{psi} \cong 205\text{kg/mm}^2$$
$$u_f = 108{,}000\text{psi} \cong 76\text{kg/mm}^2$$

$$u_A = 3.2\text{psi} \cong 0.00225\text{kg/mm}^2$$
$$u_M = 1.1\text{psi} \cong 0.00077\text{kg/mm}^2$$

이 되고 u_A, u_M은 무시할 만큼 작은 양이다. 그러므로 절삭 에너지는 전단일과 마찰일로 대부분 소비된다. 절삭조건에 따라 다를 수 있으나 계산결과를 보면, 전단일 약 70%, 마찰일 약 30%가 된다. 전단면의 절삭모형도 위의 계산과 비슷하지만 전단영역의 변형일(전단일), 제2변형 영역의 변형일(마찰일)은 창생신면 일 u_A, 운동 일 u_M보다는 아주 크다. 그러나 실제 절삭 과정에서 날끝의 둥금새(round)나 마모가 발생하므로 다른 소성일이나 마찰일도 고려해야 할 것이다.

The theory of production and processing

제2장

절삭현상

2.1 절삭조건에 따른 변화와 절삭의 특성

(1) 절삭폭 b의 변화

그림 1–4의 2차원 절삭상태에서 날에 수직한 평면을 (x, y)평면이라 한다. **평면소성 흐름**은

i) (x, y)평면에 평행으로 모든 소성흐름(流動)이 생긴다.

ii) 소성흐름은 z좌표와 관계가 없다.

변형증분이론에 의하면 **소성유동법칙**(Lėvy−Mises 법칙)은

$$\frac{d\varepsilon_x}{S_x}=\frac{d\varepsilon_y}{S_y}=\frac{d\varepsilon_z}{S_z}=\frac{d\gamma_{yz}}{\tau_{yz}}=\frac{d\gamma_{zx}}{\tau_{zx}}=\frac{d\gamma_{xy}}{\tau_{xy}}=d\lambda \tag{2-1}$$

이다. 다만,

$$\left.\begin{aligned}S_x&=\sigma_x-\frac{1}{3}(\sigma_x+\sigma_y+\sigma_z)\\S_y&=\sigma_y-\frac{1}{3}(\sigma_x+\sigma_y+\sigma_z)\\S_z&=\sigma_z-\frac{1}{3}(\sigma_x+\sigma_y+\sigma_z)\end{aligned}\right\} \tag{2-2}$$

단, $S_i(i=x,\ y,\ z)$는 **편차응력**의 수직성분, $P=(\sigma_x+\sigma_y+\sigma_z)/3$은 압력의 정수압 성분이다.

또한,

$$\left.\begin{aligned} d\varepsilon_x &= \frac{\partial u}{\partial x},\ d\varepsilon_y = \frac{\partial v}{\partial y},\ d\varepsilon_z = \frac{\partial w}{\partial z} \\ d\gamma_{yz} &= \frac{1}{2}\left(\frac{\partial w}{\partial y} + \frac{\partial v}{\partial z}\right),\ d\gamma_{zx} = \frac{1}{2}\left(\frac{\partial u}{\partial z} + \frac{\partial w}{\partial x}\right) \\ d\gamma_{xy} &= \frac{1}{2}\left(\frac{\partial v}{\partial x} + \frac{\partial u}{\partial y}\right) \end{aligned}\right\} \tag{2-3}$$

이고, 변형증분이라 한다. w, v, w는 각 축에 대한 변위 증분의 성분이다. 단, $d\lambda$는 정(+)의 스칼라량의 정수이다. 또 평면소성흐름의 정의에 의하면

$$d\varepsilon_z = d\gamma_{yz} = d\gamma_{zx} = 0$$

이므로 식 (2−1)에서

$$\tau_{yz} = \tau_{zx} = 0 \tag{2-4}$$

이고 σ_z는 주응력인 것을 알 수 있다. 또 식 (2−1)에 의해

$$S_z = \sigma_z - \frac{1}{3}(\sigma_x + \sigma_y + \sigma_z) = 0 \tag{2-5}$$

이므로

$$\sigma_z = P = \frac{1}{3}(\sigma_x + \sigma_y + \sigma_z) = \frac{1}{2}(\sigma_x + \sigma_y) = \frac{1}{2}(\sigma_1 + \sigma_2) \tag{2-6}$$

즉, **그림 1−4**의 절삭 상태에서 평면 소성흐름이 되기 위해서는 z방향(절삭폭 방향)에 식 (2−6)으로 주어진 수직응력이 작용해야 한다. 그림처럼, 피삭재의 옆면은 자유면이므로 정확한 평면소성흐름 상태가 실현되지 않는다. 사실은 절삭폭 끝 근처의 전단각 ϕ는 중앙부 보다 크다. 그러나 $b \gg t_1$되면 절삭폭의 변화는 절삭기구에 큰 영향을 주지 않는다. 즉 절삭력은 b에 비례하고 절삭응력이나 ϕ, γ, γ_c, μ 등은 변화하지 않기 때문이다. 또한 b/t_1이 너무 작으면 평면 변형이 아닌 평면응력에 가까운 상태가 되므로 불규칙한 경작형 칩이 된다.

이미 설명처럼, b가 너무 크면 **채터링**(chattering)이나 진동을 일으키기 쉽고, 절삭 상태가 불

안정하게 된다.

일반적으로 3차원 절삭도 위와 같지만, b/t_1이 너무 작으면 절삭날에 따라서 절삭 상태가 불균일하고, b가 너무 크면 채터링(chattering)진동을 일으키기 쉽다.

(2) 절삭 두께 t_1의 변화

$bt_1 \gg t_1$이고, t_1의 변화 영역이 커지면 절삭 두께의 변화는 **그림 2-1**의 제 1근사 값과 같이, 상사적으로 변화하고, ϕ, γ, γ_c, μ의 변화는 작다. 그러나 t_1이 너무 크면 절삭계(공구, 공작물, 공작기계를 포함)의 강성이나 압력의 **정수압** 성분이 감소하여 유동형 절삭은 전단형으로 되기 쉽다. 그러나 t_1이 작은 경우는 아주 특별한 문제가 발생한다.

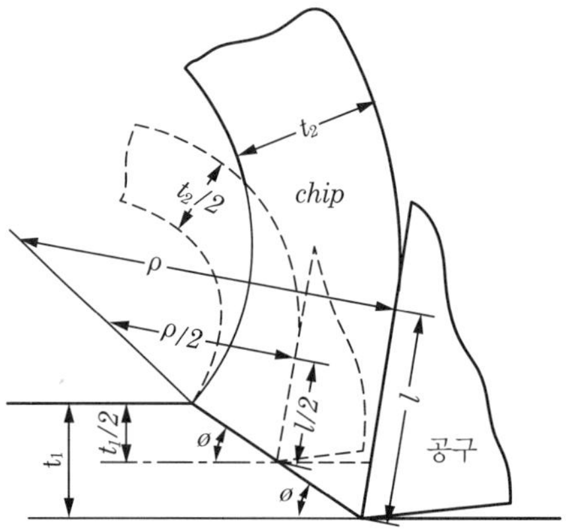

[그림 2-1] 절삭 두께에 의한 칩생성 상태의 상사적 변화

그림 2-2는 절삭 두께에 의한 절삭 저항의 변화를 나타낸다. **그림 2-2**(a)와 같이, $t_1 \rightarrow 0$의 영역에서 직선적으로 변화하지 않는다. 즉, **그림 2-2**(b)와 같이 $t_1 = 0$에서 어떤 힘이 잔류하는 것을 알 수 있다. 단 정밀 절삭을 하는 경우에 실험 정밀도에 따라 이와 같은 결과를 얻지 못하는 경우도 있다. 또 t_1이 작아지면 비절삭저항 F_H/bt_1이 증대한다는 **치수효과**(size effect)가 존재한다. 이러한 원인에 대하여 두 가지 주장이 있다. 하나는 재료 내의 결함분포와 시편치수에 관계되므로, 작은 절삭 두께에서는 공작물의 재료강도가 증가한다는 것이다.

또, 다른 하나는 공구칼날의 불가피한 **둥금새**(round)에 의한 것이라고 생각된다. 현재는 후자의 불가피한 **둥금새**에 의한 학설이 타당하다고 생각되므로 다음에 구체적으로 설명하겠다.

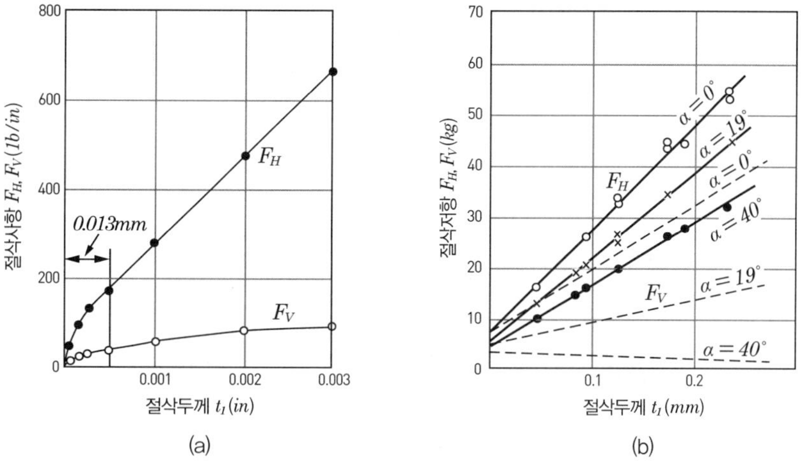

[그림 2-2] 절삭의 치수효과

절삭 공구의 모서리를 잘 마무리 하더라도 기하학적으로는 완전히 예리한 날 끝을 얻을 수 없다. 비록 연삭방법에 차이는 있겠으나 일반적으로 ±10μm정밀도로 가공하기 어렵다. 비록 공구를 예리하게 가공하였더라도 절삭중에 응력이 집중되어 날끝 모서리가 약간씩 파괴되기 때문이다. **그림 2-3**은 짧은 시간에 날 끝의 둥금새가 다른 바이트로 절삭하여 둥금새의 변화를 표시한 것이다. 어느 경우라도 공구 날은 압력을 받으면 부서지고 마모되어 날 끝 반지름이 1/100mm정도로 닳는다.

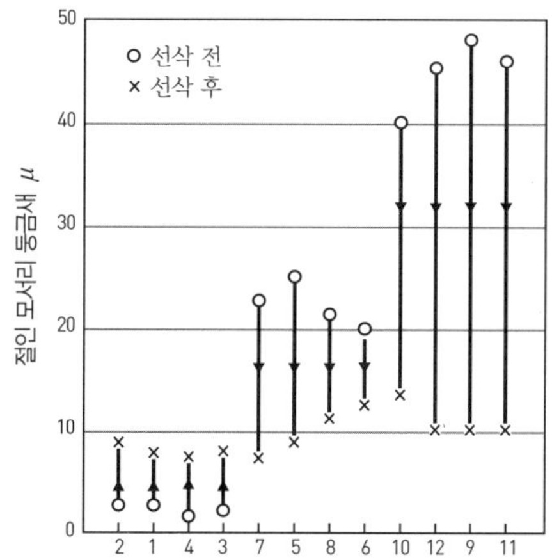

탄소강(인장강도 *72kg/mm²*), 초경 *P25*(경사각 *5°*, 여유각 *5°*, 한쪽 날 바이트),
절삭속도 *80m/min*, 이송 *0.64mmpr*, 건절삭

[그림 2-3] 단시간 선삭 후의 절삭날 모서리 둥금새의 추이(H. J. Lambet)

따라서 공구의 날은 항상 1/100mm정도의 둥금새를 유지하고 있다. 이와 같이 파손된 공구로 절삭할 경우에, 날끝의 둥금새로 인하여 칩을 생성할 수 없고, **그림 2-4**와 같이 억지로 내리미는 힘(研磨作用)은 다듬질 면에 가공 변질층을 남긴다.

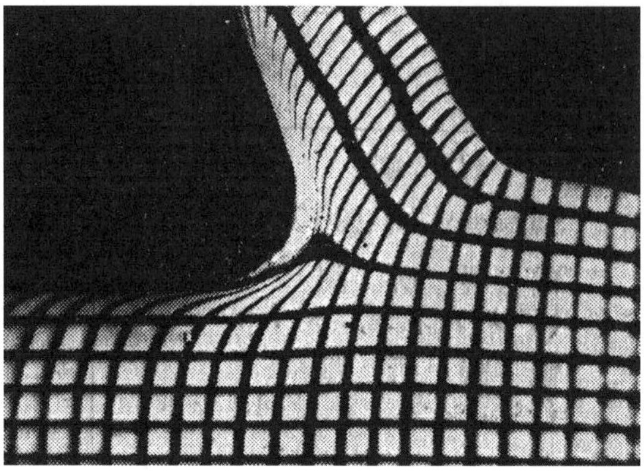

피삭재 *plastic*, 고속도강공구, 공구 날 끝의 반지름 *2mm*, 경사각 *20°*, 절삭두께 *3mm*, 절삭속도 *10m/min*, 건절삭

[그림 2-4] 공구의 날 둥금새 근방의 소성흐름

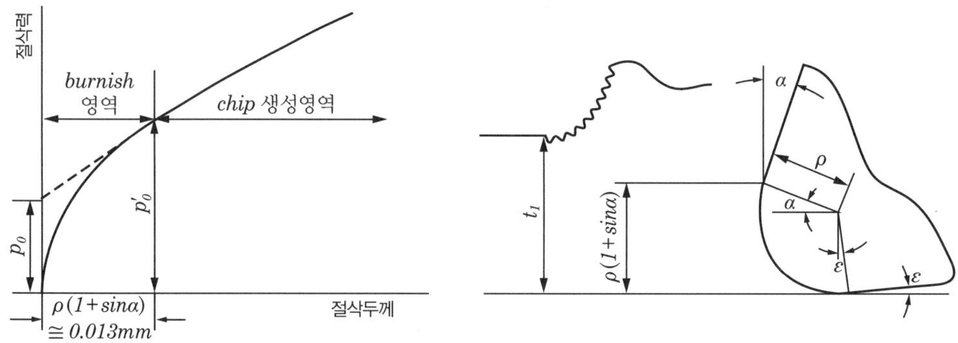

[그림 2-5] 공구의 둥금새와 절삭깊이

그림 2-5와 같이, 절삭두께 약 $t_1 \cong 0.013$mm정도 범위에서는 공구가 칩을 생성하지 않고 연마(burnishing)작용만 일으킨다. 즉, **그림 2-4**와 같이 P_0 또는 P_0'에서 내리미는 힘이 남아 있는 것을 알 수 있다. **그림 2-2**(b)에서 절삭두께 0인 상태에서 잔류하는 힘을 나타낸다. 그러므로 **그림 2-2**(a)와 같이, 약 $t_1 > 0.013$mm의 범위에서 절삭력이 직선적으로 변화하지 않고 급증한다.

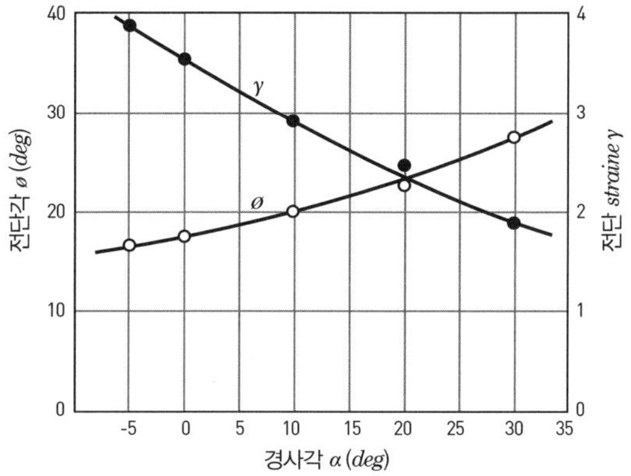

[그림 2–6] 경사각에 의한 전단각 ϕ, 전단변형 γ의 변화

(3) 경사각 α의 변화

그림 2–6에서 경사각에 의한 전단각 ϕ, 전단 변형 γ의 변화를 표시한다.

절삭 시험에서 γ가 비틀림 전단 시험의 파단 변형($\gamma = 0.1 \sim 1.5$)에 비해서 아주 크게 나타난다. 절삭할 때, 전단면의 좁은 폭을 전단영역이라고 가정하면 전단(속도불연속선) 방향의 전단 변형 증분이 최대가 되므로 식 (2−1)에서 전단면은 최대 전단응력 k가 작용한다.

또 전단면에 k가 작용하면 평면 변형에 있어서 Mises 또는 Tresca의 **항복조건**

$$\frac{1}{4}(\sigma_x - \sigma_y)^2 + \tau_{xy}^2 = k^2 = \begin{cases} \dfrac{Y^2}{3} mises \\ \dfrac{Y^2}{4} Tresca \end{cases} \tag{2-7}$$

을 만족한다. 단 Y는 단축인장의 항복응력이다. 또한 **그림 2–7**의 Mohr원의 최대 전단 응력면에는 수직응력 $(\sigma_x + \sigma_y) / 2$가 작용함을 알 수 있다. 결국

$$\left. \begin{array}{l} \tau_s = k \\ \sigma_s = \sigma_z = \dfrac{1}{2}(\sigma_x + \sigma_y) = \dfrac{1}{2}(\sigma_1 + \sigma_2) \end{array} \right\} \tag{2-8}$$

이고, 재료의 전단면에는 응력의 **정수압** 성분 $p = (\sigma_x + \sigma_y + \sigma_z) / 3 = (\sigma_x + \sigma_y) / 2$가 작용함을 알 수 있다.

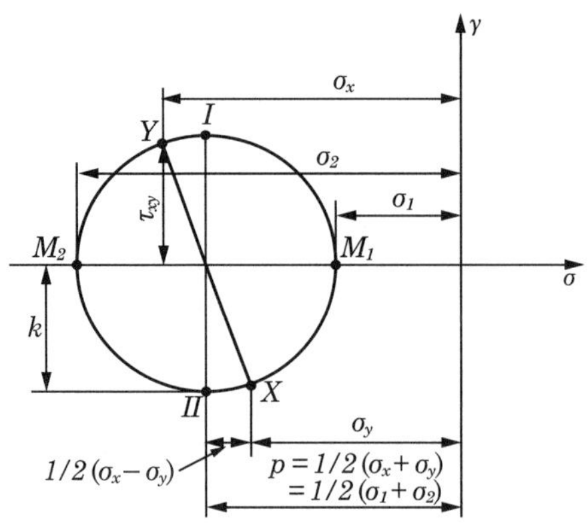

[그림 2-7] 평면 변형상태의 Mohr 응력원

금속재료의 소성곡선은 정수압 응력에 의해 변화하지 않지만 파단 변형은 정수압 P에 비례하여 증가한다. 그 이유는 절삭 전단 변형 γ의 증가로 $P = \sigma_s$가 되고 P가 크기 때문이다.

전단형 칩의 생성 기구에도 같은 방법을 적용하면, 파단면의 전단 변형이나 응력상태는 식 (1−4) 및 (1−3)으로 계산할 수 있다.

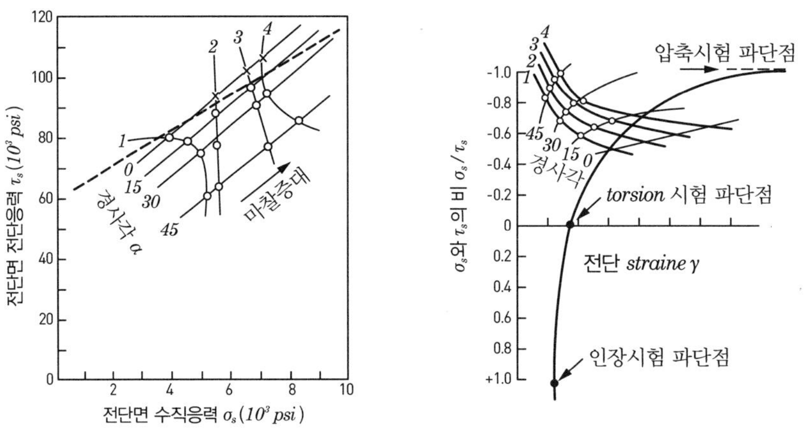

(a) (b)

*SAEB 1112*강(*0.12%C*), 절삭두께 *0.003in*, 절삭속도 *1in/min* 절삭유제 : *1* *4* 염화탄소, *2* 에탄올, *3* 공기, *4* 벤젠

[그림 2-8] 전단형 칩의 발생과 전단면 수직응력 σ_s의 관계(M. C. Shaw)

그림 2-8(a)는 각종의 절삭액을 사용하여 서로 다른 경사각으로 2차원 절삭했을 경우의 τ_s와 σ_s의 관계이다. **그림 2-8**에서 ○표시는 유동형 칩이고 ×표시는 전단형 칩을 표시한다. 칩 형

태를 구별하기 위해 점선으로 경계를 표시하였고 점선 위는 전단형 칩이 나타나지 않는다. 또한 τ_s의 비를 세로축에, 가로축에 γ를 잡아서 σ_s의 효과를 검토해 보면, **그림 2-8(b)**와 같고 이런 현상을 확인할 수 있다. 같은 재료의 인장, 비틀림, 압축시험에서 얻어진 파단의 특성곡선은 그림과 같이 굵은 선으로 표시되고 유동형과 전단형의 경계가 특성곡선 위에 존재한다. 즉 정수압의 압력성분 σ_s가 클수록 큰 변형에 잘 견딘다는 **브리지만(Bridgeman)효과**가 성립한다.

또한 칩 두께가 증가하면 전단형이 되기 쉬운 것은 전단면상의 σ_s의 분포와 가공경화에 의한 슬립 선(slip line)이론으로부터 설명할 수 있다.

즉, t_1이 크게 되면 날 끝 근방의 전단면 위의 σ_s는 압축에서 인장응력으로 바뀌게 되므로 결과적으로 전단형이 생기기 쉽다. **그림 2-6**은 α에 의해 전단각 ϕ가 커지는 현상을 표시하였다. 또

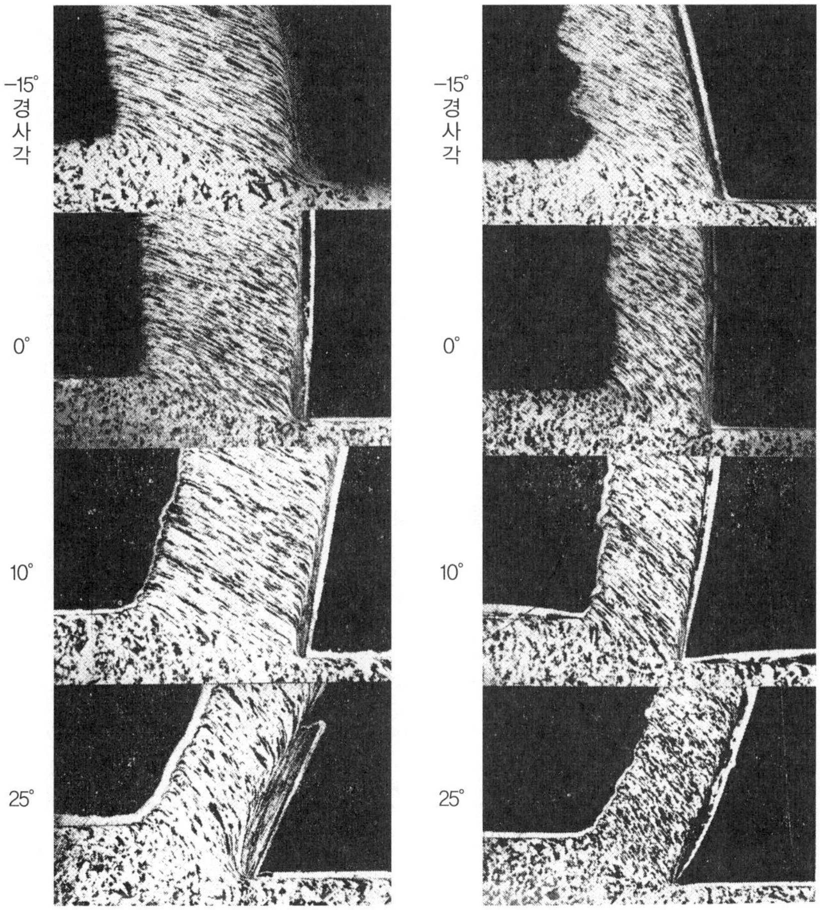

0.25% 탄소강, 초경공구 P20, 절삭 폭 3.5mm, 절삭두께 0.3mm, 건절삭

[그림 2-9] 경사각에 의한 칩 생성의 변화

α, ϕ의 증대에 의한 γ의 감소는 $d\phi < d\alpha$(**그림 2-5**)를 고려하면 식 (1-4)로 설명할 수 있다. **그림 2-9**는 α에 의한 칩의 생성이나 변화를 나타내는 현미경 사진이다. α의 증대에 의해 ϕ가 증대하고 절삭두께는 감소한다.

α가 증대하면 절삭력과 τ_s, σ_s가 감소하지만 α가 과대하면 F_V는 (-)로 되는 것을 알 수 있다. F_V가 (-)로 되면 공구에 걸린 합성 절삭력은 절삭날이 다듬질면을 파고 들어가는 방향으로 작용한다(**그림 1-13**참조). 이러한 예는 면도날(경사각이 대단히 큼)로 연필을 깎을 때에 자주 나타난다. 이처럼, F_V가 (-)로 되는 경우에 공구, 공작물 및 지지계의 강성이 충분하지 않으므로 속칭 **"파먹는" 현상**이 생기고 진동을 발생시켜서 불규칙한 다듬질 면이 된다. 그리고 공구의 결손이나, 공작물이 지지계에서 이탈될 위험도 있다.

여기서 α의 증가에 따라 절삭력이 감소하는 이유는 다음에 설명하기로 한다.

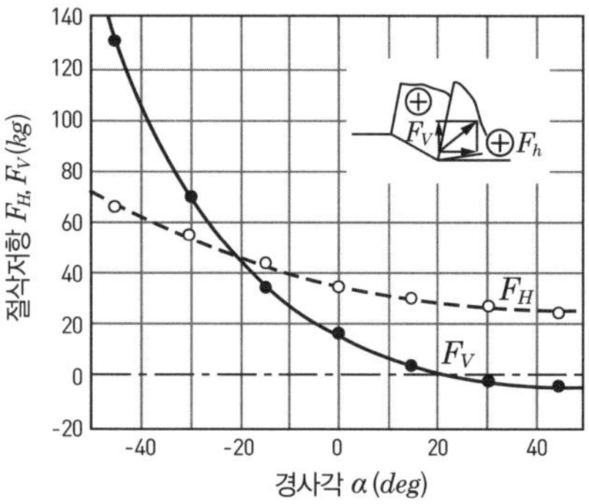

(a) 6-4황동, 고속도강공구, 절삭두께 0.1mm, 절삭속도 0.8m/min, 건절삭

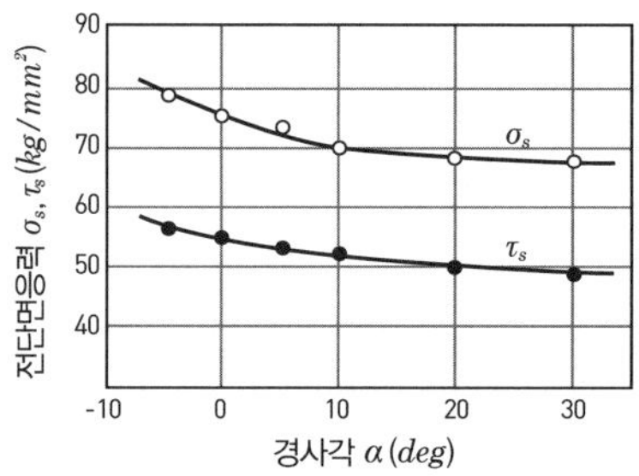

(b) 0.5%, C탄소강 초경공구, P10, 절삭두께 0.1mm, 절삭속도 100m/min, 건절삭

[그림 2-10] 경사각에 의한 절삭저항, 전단면응력의 변화

그림 2-10(b)에서 경사각 α가 증가하면 τ_s는 약간 감소하는데, 그 이유는 γ의 감소로 가공경화가 감소하기 때문이다. 그러나 일반적인 재료시험에서 가공경화를 알기 위해 τ_s를 구하는 것은 매우 어렵다.

경사각 α에 관한 특이성은 **그림 2-10**에서 설명한다. 즉 그림은 τ_t, α_t 및 ϕ의 경사각에 의한 변화를 나타낸 것으로 $\mu = 0.3 \sim 0.8$로 일반적인 마찰계수보다 대단히 크고, α가 증가하면 ϕ가 크게 증가한다. 또한 α_t의 변화와 관계없이 τ_t가 대단히 크게 나타난다.

이러한 특성은 분명히 **쿨롱의 마찰법칙**(Coulomb's Law)과는 다르기 때문에 지금까지 많은 논란의 대상이 되어 왔다. 이러한 원인은 공구날의 압괴력에 의한 학설과 경사면 응력분포의 특이성에 관한 학설로 설명할 수 있다.

공구의 압괴력에 의한 학설은 **그림 2-12**와 같이 압괴력이 θ에 대해 이등분선 방향으로 작용하므로 α가 커지면 F성분이 N성분보다 크게 되어 μ가 증대한다. 경사면을 마찰하는 칩 뒷면은 새로운 **처녀면**(新生面)이므로 표면의 활성이 대단히 높아서 절삭할 때에 큰 수직응력이 작용하면 쉽게 부착 마찰상태가 되기 때문이다.

지금 마찰특성을 개념적으로 보면 **그림 2-13**과 같고, 수직응력이 미소한 범위($A_r / A_p \cong 0$, A_r : 실제 접촉면적, A_p :공구날과 칩의 겉보기 접촉면적)에서는 쿨롱의 법칙이 성립한다. 수직응력이 큰 범위($A_r \cong A_p$)에서는 마찰응력은 거의 칩의 전단강도와 같고 응력에 의한 경사각

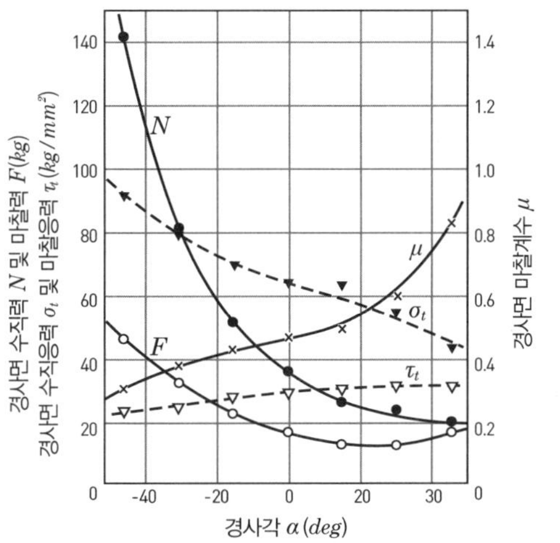

4-6 황동, 고속도강공구, 절삭두께 0.1mm, 절삭속도 0.8m/min, 건절삭

[그림 2-11] 경사각에 의한 N, F, σ_t, τ_t, μ의 변화

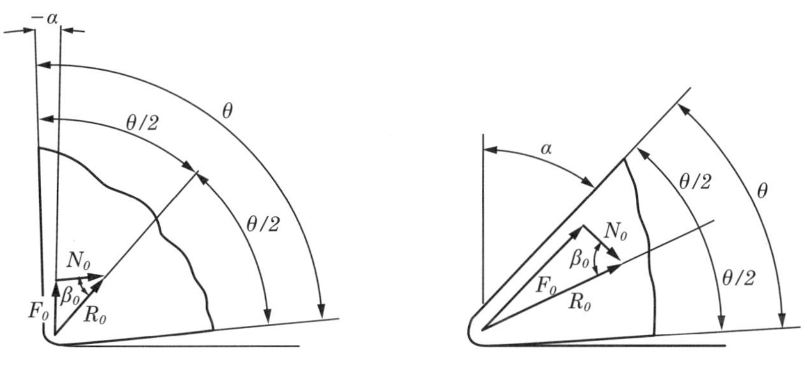

(a) α 가 작은 경우

(b) α 가 큰 경우

[그림 2-12] 날끝 압괴력이 마찰계수에 미치는 영향

은 지수적으로 변화한다. 또 **그림 2-13**의 응력에 따른 경사각 β의 변화는 접촉면적 $A_r \cong A_p$일 때의 σ_t, τ_t 응력특성(**그림 2-11**)으로도 설명할 수 있다.

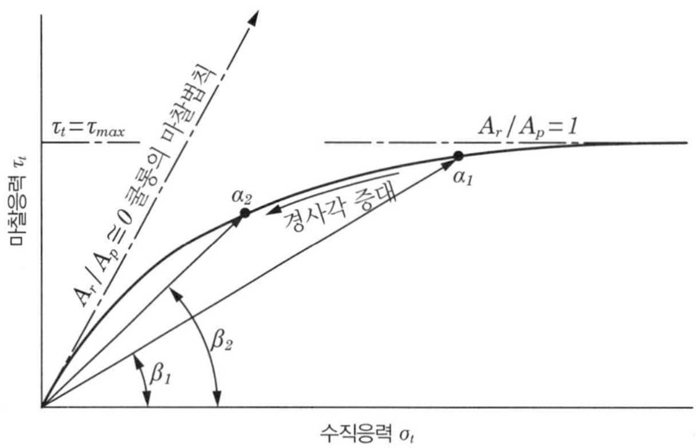

[그림 2-13] 공구 경사면의 마찰특성(M.C. Shaw)

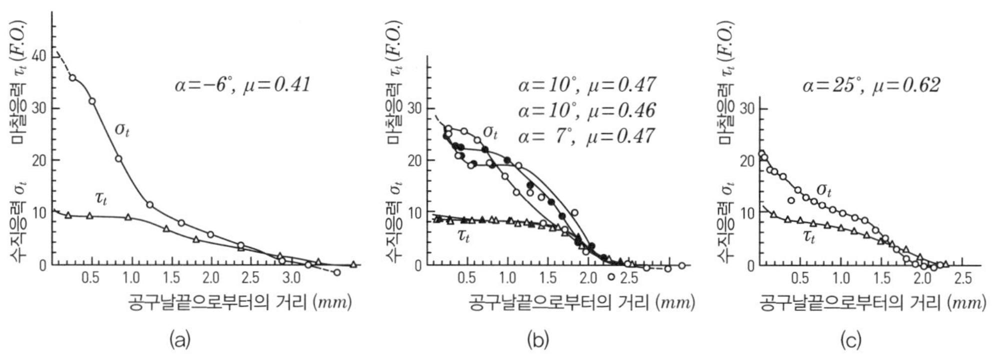

납, 에폭시수지공구, 절삭두께 0.6mm, 절삭속도 20m/min, 건절삭

[그림 2-14] 경사각에 의한 경사면 응력분포의 변화

그림 2-14는 광탄성 재료로 제작한 절삭공구로 2차원절삭을 하여, 경사각에 의한 공구 경사면 응력분포의 변화를 나타낸 것이다. 경사면위의 날 끝에는 α_t가 변화하여도 τ_s가 거의 변화하지 않는 넓은 영역이 있다. 즉, **그림 2-11, 2-13**과 같이, 경사면의 응력 특성은 주로 수직응력이 전단응력보다 크게 변화한다는 정성적인 경향을 가지고 있다. 또한 응력분포를 적분하여 얻어진 μ도 **그림 2-14**와 같이 변화한다. 그러나 절삭력을 실측한 μ의 값은 **그림 2-14**의 값보다 크고, 큰 경사각일수록 μ가 증가한다.

이처럼 날 끝 쪽에는 α_t가 변화하여도 τ_s가 거의 변화하지 않는 넓은 영역이 있다. 즉, 경사면의 응력 특성은 주로 수직응력이 전단응력보다 크게 변화한다. **그림 2-11, 2-13**은 이러한 현상을 정성적으로 나타낸다. 또한 응력분포를 적분하여 얻어진 μ도 **그림 2-14**와 같이 변화한다. 또 절삭력을 실측한 μ의 값은 **그림 2-14**의 값보다 크며 큰 경사각에서 잘 나타난다.

그림 2-14는 경사면의 응력분포로, 날 끝의 압괴력은 측정할 수 없지만 μ의 차이는 압괴력이나 공구날 근처의 flank면의 접촉 상태에 따라 다르다.

지금까지 설명한 것처럼, 마찰계수 μ의 변화는 두 가지 학설에 근거를 두고 있다. 실제로 초경공구재료인 경우에는 미소절삭두께, 큰 경사각일 때는 날 끝에 작용하는 힘이 중요하지만, 일반 조건에서는 경사면 응력 특성이 지배한다고 생각된다. 실제로 날 끝의 힘이 문제가 되지 않는 큰 절삭두께로 절삭할 때에는 경사각에 따라 μ가 큰 폭으로 변화하고 있다.

(4) 절삭속도 V의 변화

그림 2-15는 각 절삭속도에서 탄소강의 칩 생성기구에 관한 변화를 나타낸 현미경 사진이다. 절삭속도가 매우 낮으면 균열이 많은 전단형이나 경작형 칩이 되지만(경사각을 크게 하면 유동형이 된다) 속도가 증가하면 구성인선의 발생으로 칩은 유동형으로 바뀐다. 이 상태에서 칩은 얇고 전단각이 커진다. 다시 절삭속도를 증가하면 구성인선이 퇴화 또는 소멸되고, 전단각은 급격히 감소하면서 칩은 두꺼워진다. 또 최대의 절삭속도로 가공을 계속하면 전단각은 서서히 증가하여 칩은 점점 얇아진다.

7-3황동과 같이 구성인선이 생기지 않고 유동형 칩이 되는 재료에서는 그 변화가 단순하므로 절삭속도가 증가함에 따라 ϕ가 증가하기 때문에 t_2도 감소한다. 또 **매분 수십**mm정도의 아주 저속절삭에서 유동형 칩으로 되는 경우(예를 들면 7-3황동 $\alpha=15°$)를 보면 **매분 수** m의 경우보다 오히려 전단각 ϕ가 크게 되고, 칩의 curl 반지름도 대단히 작아진다. 일반 공작 기계로는 이 사이의 절삭속도를 얻기 어렵기 때문에 상세히 검토할 수 없으나 대단히 흥미 있는 문제이다.

그림 2-16(a)는 절삭속도에 의한 전단각의 변화이며, 전단각은 고속에서 일정한 값을 가지고 있다. 또 고속절삭에서 유동형 칩이 되기 쉬운 것은 절삭온도에 의한 피삭재의 연성이 증대하여 ϕ가 변화하고 전단 변형이 감소(식 (1-4))하기 때문이다. **그림 2-16**(b)는 절삭속도에 의한 마찰계수의 변화이다. 절삭속도와 함께 μ가 감소하는 이유는 칩과 경사면 접촉부의 온도가 높아지면 접촉부에 반용융 상태의 얇은 층이 생성되어 윤활층과 같은 역할을 하기 때문이다. 이러한 얇은 층의 존재는 구성인선이나 공구마모에서 다시 설명하겠다.

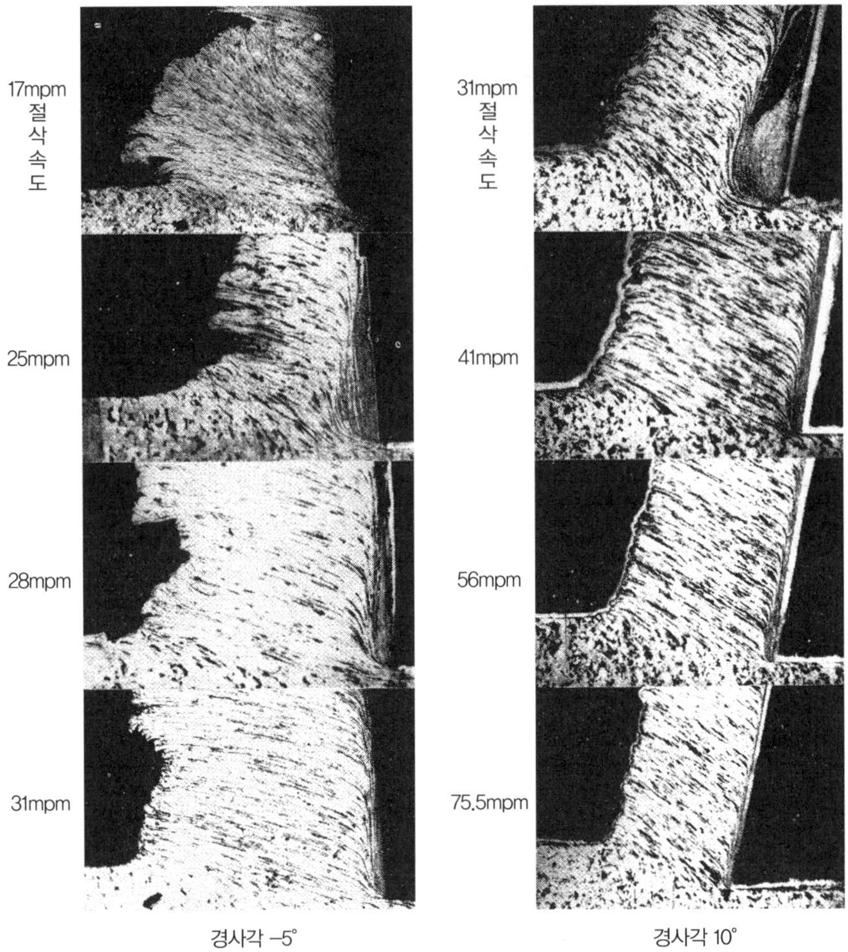

[그림 2-15] 절삭속도에 의한 칩 생성의 변화

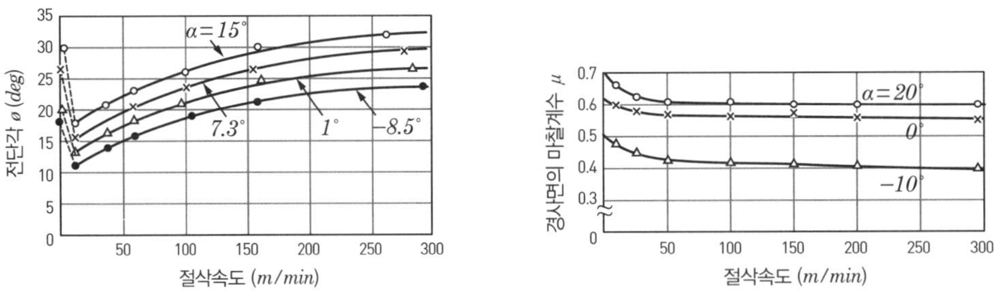

(a) 4-6 황동, 초경공구 P10, 절삭두께 0.076mm, 건절삭

(b) 4-6 황동, 고속도강공구, 절삭두께 0.17mm, 건절삭

[그림 2-16] 절삭속도에 의한 전단각(ϕ), 마찰계수(μ)의 변화

그림 2-17은 Cr-Mo강을 절삭했을 때에 절삭저항, 전단면의 전단응력 및 전단각의 속도 변화이다. 절삭속도에 따라 τ_s는 거의 변화하지 않는 것은 **온도효과와 변형속도 효과**가 서로 상쇄되기 때문이다. 이상의 ϕ, τ_s, β변화와 식 (1-14)를 종합 분석해 보면, 절삭력의 속도 변화를 설명할 수 있다. 고속절삭에서는 경사각에 따라 절삭저항의 변화가 상대적으로 작기 때문에(**그림 2-9**참조), 절삭날의 파손을 방지하기 위해 (-)경사각의 공구를 사용하기도 한다.

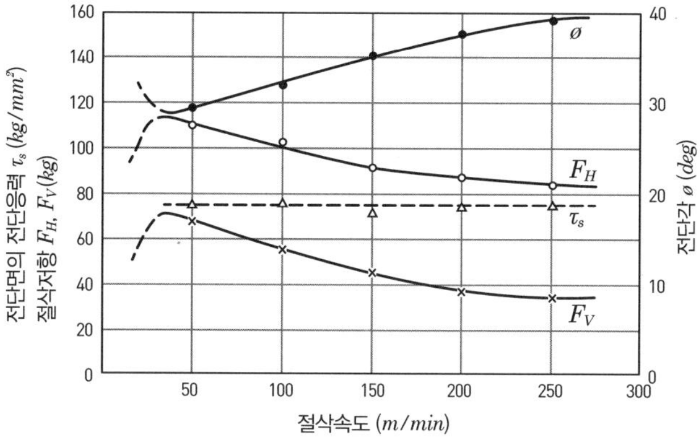

Cr-Mo 강(*SAE 4140*풀림), 초경합금 *P20*, 경사각 *10°*, 절삭두께 *0.2mm*, 절삭 폭 *2mm*, 건절삭

[그림 2-17] 절삭속도에 의한 절삭저항, 전단각, 전단면 전단응력의 변화(Sata)

제3장

절삭 방정식

3.1 절삭 방정식

식 (1−17)은 곧 식 (3−1)

$$
\begin{aligned}
R &= \tau_s bt_1/sin\phi cos(\phi+\beta+\alpha) \\
F_H &= \tau_s bt_1 \, cos(\beta-\alpha)/sin\phi \, cos(\phi+\beta-\alpha) \\
F_v &= \tau_s bt_1 \, sin(\beta-\alpha)/sin\phi \, cos(\phi+\beta-\alpha)
\end{aligned}
\qquad (3-1)
$$

과 같다. 이 식에서 τ_s, ϕ, β가 주어지면 절삭력이 계산된다. 이미 설명한 것처럼 현재로는 재료시험을 통하여 τ_s를 쉽게 얻을 수 없으나, 앞으로 재료의 물성 등에 따라 적당한 시험을 하면 쉽게 예측할 수 있다. 또 β는 재료시험을 하지 않아도 예측할 수 있으므로 남은 것은 ϕ뿐이다. 그러면

$$\phi = f(\beta \cdot \alpha) \qquad (3-2)$$

와 같은 함수 관계가 성립된다. 여기서 ϕ가 계산되고 τ_s, β의 예측 값을 사용하면 식 (3−1)을 계산하여 절삭저항을 구할 수 있다.

이러한 의미에서 식 (3−2)은 **절삭방정식**(machining equation)이라 한다. 그러므로 지금까지 연구된 절삭방정식을 서로 비교하면서 장단점을 설명하겠다.

그림 3−1에서 실제의 소성변형 영역을 점선 영역이라면 칩의 두께 t_2를 측정하여 전단면 AB와 전단각 ϕ가 결정된다. 단 AA′사이의 거리는 아주 작다고 가정한다. 이때의 합성절삭력은 **그림 3−1**과 같은 상태라고 하면 수평방향의 평형조건에 의하여

$$R\,cos(\beta-a)=R\,cos\left(\frac{\pi}{2}-\phi-\beta'\right)$$

따라서

$$\phi=\left(\frac{\pi}{2}-\beta'\right)-\beta+\alpha \tag{3-3}$$

를 얻는다. β'는 전단면의 소성조건에서 구하면 한 개의 절삭 방정식이 된다. 이를 유도하기 위하여 "경사면 또는 전단면의 응력분포나 AB면이 최대 전단응력 면인지 아닌가?" 또는 "단순한 전단 변형기구가 아닌가?" 등을 가정해 보자. 또 평형조건을 고려하면 식 (3−2)의 절삭방정식은 일반적으로 식 (3−3)과 같은 유형이다. 결국, 절삭 방정식은 $\beta'=tan^{-1}(\tau_s/\sigma_r)$이고 초정밀 다듬질의 전단면 조건과 절삭저항의 평형방정식에서 구할 수 있다.

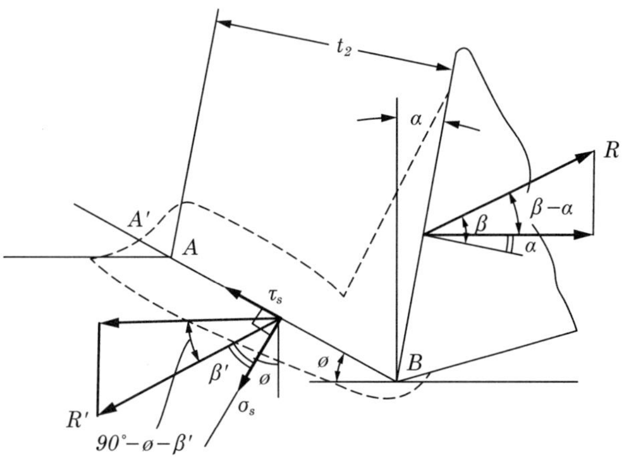

[그림 3–1] 절삭력의 평형계적

(1) Merchant의 절삭방정식

M.E Merchant는 절삭의 소비동력이 최소가 되는 방향으로 전단면이 생긴다고 가정한다.

그림 3–2에서 소요동력 P는

$$P=V\cdot F_H=(F_s\,cos\phi+F_N\,sin\phi)\,V \tag{3-4}$$

또

$$
\left.
\begin{aligned}
F_s &= \tau_s \cdot b \cdot t_1/sin\phi \\
F_N &= \tau_s cot(\psi-\beta)\cdot b \cdot t_1/sin\phi \\
\phi &= \frac{\pi}{2}+\alpha-\phi
\end{aligned}
\right\} \qquad (3-5)
$$

식 (3–5)를 식 (3–4)에 대입하여

$$
P = V\cdot \tau_s \cdot b \cdot t_1 \left\{ cot\phi + cot\left(\frac{\pi}{2}+\alpha-\phi-\beta\right)\right\} \qquad (3-6)
$$

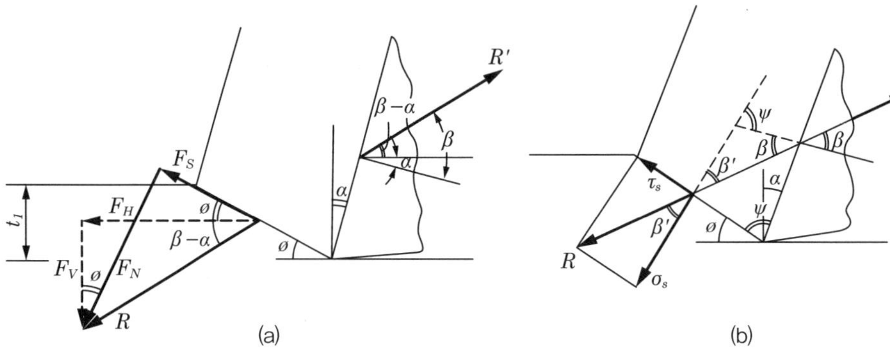

[그림 3–2] Merchant절삭방정식의 기하학 model

지금 β의 어떤 값이 주어질 때, P가 최소로 하는 ϕ가 결정되면

$$
\left(\frac{\partial P}{\partial \phi}\right)\beta\cdot \tau_s = V\cdot \tau_s \cdot b \cdot t_1\left\{-cosec^2\phi + cosec^2\left(\frac{\pi}{2}+\alpha-\phi-\beta\right)\right\}=0 \qquad (3-7)
$$

$$
\therefore 2\phi = \frac{\pi}{2}-\beta+\alpha
$$

을 얻는다. 이것이 **Merchant의 제1방정식**이다. 식 (3–7)을 나타내면 **그림 3–3**의 실선을 얻는다. 이 그림에서 ○표와 점선은 Merchant에 의한 실험 결과이며, 실험값은 이론값과 평행하고 ϕ의 값은 작다.

그래서 Merchant는 τ_s가 σ_s에 영향을 받는다고 생각하고, 식 (3–7)을 유도할 때에 일정한 값으로 가정한 τ_s의 변화를 해석하였다. τ_s가 선형적으로 변화한다면

$$\tau_s = \tau_0 + K\sigma_s \tag{3-8}$$

단 τ_0는 $\sigma_0 = 0$일 때의 τ_s, K는 비례상수이다. 식 (1−11)의 제2식에서

$$\sigma_s = \tau_s tan(\phi + \beta - a) \tag{3-9}$$

이므로 이것을 식 (3−8)에 대입하여

$$\tau_s = \tau_0 + K\tau_s tan(\phi + \beta - a) \tag{3-10}$$

$$\therefore \tau_s = \frac{\tau_0}{1 - Ktan(\phi + \beta - a)}$$

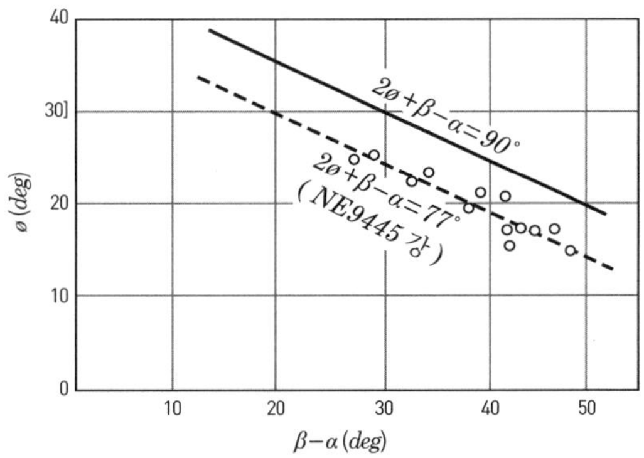

NE 9445 강, 초경공구, 경사각 *−10~+10°*, 절삭두께 *1.09~7.88×103in*, 절삭속도 *197~1186ft/min*, 건절삭

[그림 3−3] Merchant의 제1방정식과 실험결과

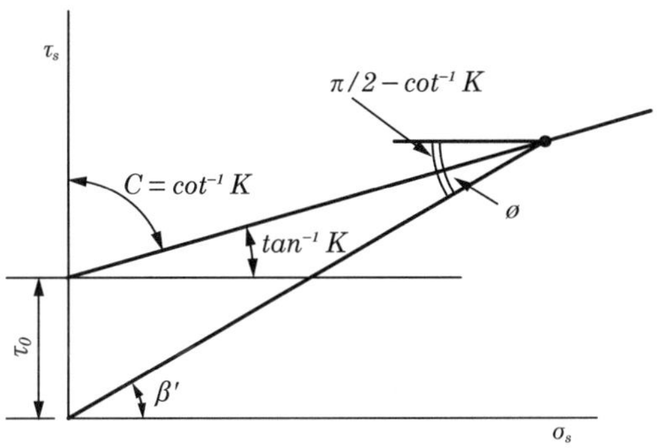

[그림 3−4] 절삭정수 *C*의 물리적 의미

식 (3-9)를 식 (3-6)에 대입하여 다시 $(\partial P / \partial \phi)_\beta = 0$을 풀면

$$2\phi = cot^{-1}K - \beta + \alpha \tag{3-11}$$

를 얻는다. 이것이 Merchant의 제2방정식이다. $cot^{-1}K = C$일 때 C를 절삭상수(machining constant)라 한다. 상수 C의 물리적 의미는 식 (3-8)과 **그림 3-4**와 같은 각도 C이다.

또, 식 (3-11)에서 $\beta - \alpha = C - 2\phi$이므로 **그림 3-5**에서 수평방향의 절삭력이 평형하면, 그림에서 $(C - 2\phi)$의 각도로 표시된다. 따라서 β'와의 관계는

$$\beta' = \frac{\pi}{2} - \phi - (C - 2\phi) = \frac{\pi}{2} + \phi - C \tag{3-12}$$

이며, **그림 3-4**로 표시하였다. 결국 $tan^{-1}(\tau_s / \sigma_s) = \frac{\pi}{2} + \phi - C$는 전단면의 응력 조건을 규정할 수 있다. 또 $K = 0$, 따라서 $C = cot^{-1}K = \frac{\pi}{2}$의 경우는 식 (3-12)에서

$$\beta' = \phi \tag{3-12$'$}$$

이며 τ_s / σ_s는 $tan\phi$와 같은 값을 가진다. 또 **그림 3-4**에서 상수 C는 $\frac{\pi}{2}$보다 작으므로 식 (3-7)과 식 (3-11)을 비교하여 C의 값을 얻는다. 마치 **그림 3-3**의 실선을 아래쪽으로 평행하게 이동시킨 것과 같다. 예를 들면 **그림 3-3**은 NE 9445강을 사용하여 절삭상수 $C = 77°$라고 할 경우의 실험 결과이다. 다른 연구 결과에 의하면 실험점은 **그림 3-3**과 같이 Merchant line에 평행하지 않고 **그림 3-3**의 점선의 위치보다 훨씬 아래에 있는 경우가 많다고 한다(**그림 3-9**참조).

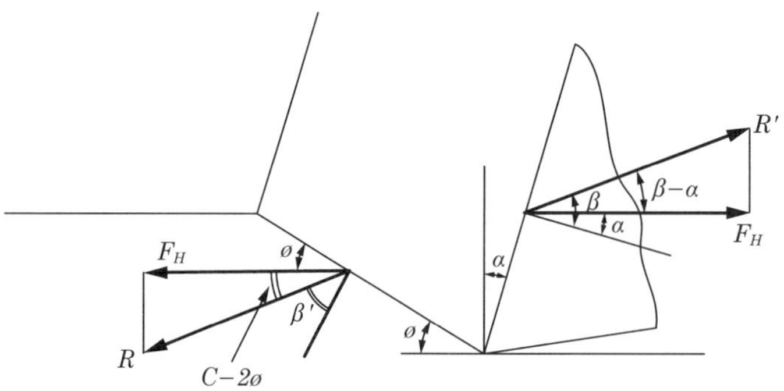

[그림 3-5] C와 β'와의 관계

실험점이 아래쪽에 있으면 상수 C는 90°보다 아주 작고, 식 (3−8)의 K는 극히 크게 되어 실제와 다른 큰 σ_s값을 얻는다. 또 식 (3−8)과 같이 큰 σ_s의 효과가 존재하는 것은 브리지만(Bridgeman)에 의해 확인되었다.

K의 값은 극히 적으며 절삭할 때에 σ_s와 비교할 수 없는 높은 압력에서 검출할 수 있다. 식 (2−1), 식 (2−7)과 같이, 현재 소성학 이론은 연성재료의 변형 과정에서 압력의 정수압 성분은 소성변형을 일으키지 않는다는 것이 정설이다.

(2) Lee-Shaffer의 절삭방정식

금속재료의 상온(室溫)에 대한 소성곡선은 변형속도의 증대와 더불어 대략 **그림 3−6**과 같이 변화한다. 즉 일반적인 정적재료시험에서 큰 가공경화를 나타내는 재료라도 변형속도가 크면 가공경화성은 없어지고 완전소성체와 같다. 또 그림에서 변형에 의한 발열이 강도와 관계가 없으면, 즉 비교적 변형이 적은 영역의 강도는 변형속도에 따라 증가한다. 그러나 절삭과 같이 큰 소성 변형이 연속적으로 발생할 경우에 발열에 의한 열 연화로 강도가 떨어진다. 이런 이유는 온도효과와 변형 온도효과가 서로 상쇄되기 때문이다. 결과적으로 소성곡선의 모양은 완전 소성체의 성질을 가지며 평균적 강도는 크게 변화하지 않는다는 것이다.

이러한 이유로 E.H. Lee와 B.W. Shaffer는 고속영역의 넓은 절삭속도 범위에서 피삭재를 강 완전 소성체로 가정하고 slip line이론에 따라 해석하였다.

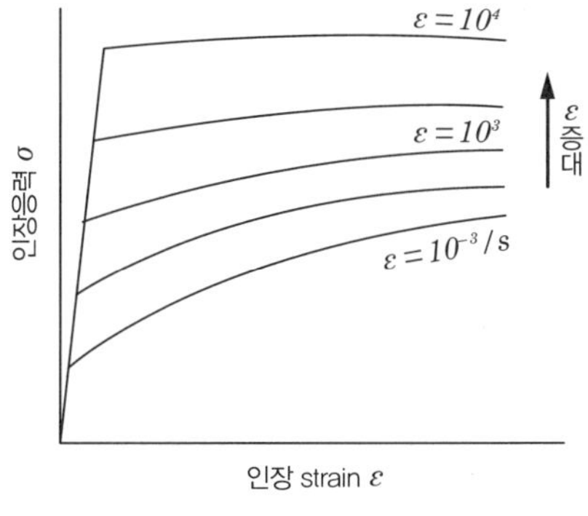

[그림 3−6] 변형속도에 의한 상온 소성곡선의 변화

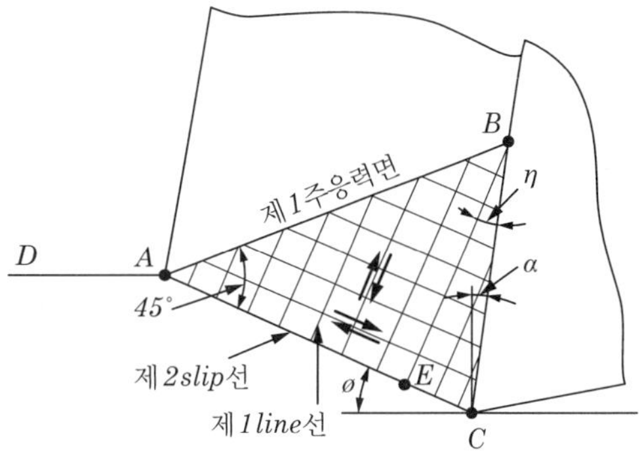

[그림 3−7] Lee−Shaffer의 slip line 절삭모형

그림 3−7은 Lee Shaffer가 제안한 slip line 절삭모형이다. 직선의 전단면이 AC이고 제2 slip line 영역과의 경계를 이루고 있다. 제1 slip line은 이와 직교하는 직선이고 소성영역은 직교직

선의 slip line field이다. 또 AB는 AC와 45°를 이루는 직선(제1주응력면, 응력 불연속면)으로 칩과 소성영역이 경계를 이루고 있다. 이미 설명한 것처럼 slip line field 내부의 응력상태는 일정하고, AB에 전단 응력이 작용하지 않으면 **그림 3-8**(a)의 단일 Mohr원으로 표시할 수 있다. 예를 들면

$$\left.\begin{aligned} &AC\text{면} : \tau_s = \sigma_s = k \\ &BC\text{면} : \tau_t = k\cos 2\eta,\ \sigma_t = k(1+\sin 2\eta) \\ &\mu : \tan\beta = \frac{\cos 2\eta}{1+\sin 2\eta} \end{aligned}\right\} \quad (3\text{-}13)$$

이다.

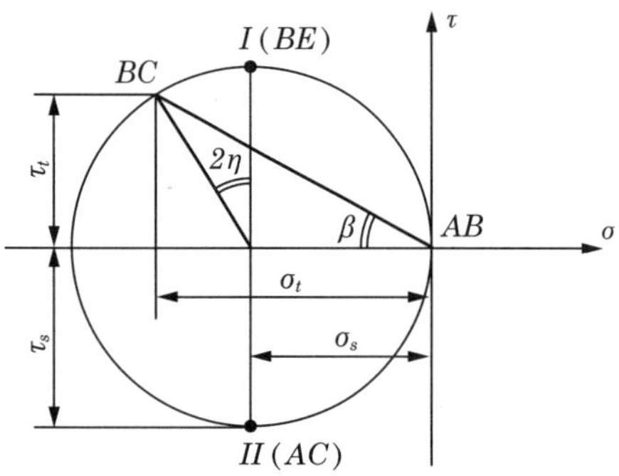

(a) Mohr 응력원

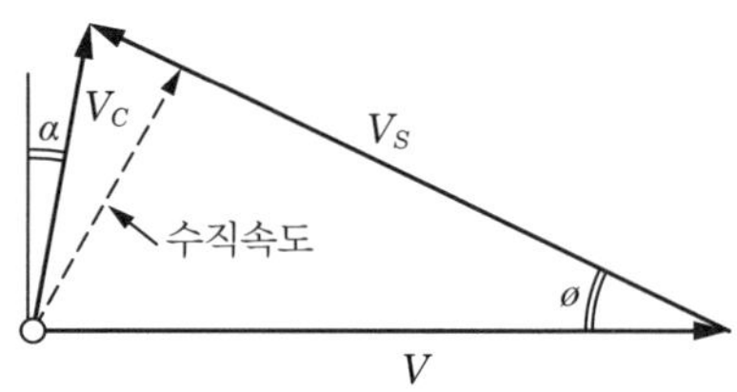
(b) Hodograph

[그림 3-8] Lee-Shaffer의 절삭모형의 응력장과 Hodograph

단, 이 slip line field에 대응하는 Hodograph는 **그림 3-8**(b)와 같으며 **그림 1-19**와도 같다. 따라서 slip line field에 나타나는 격자선 변형은 **그림 1-17**(a)와 같다. 또한 **그림 3-7**의 기하학적 관계에서

$$\phi = \eta + \alpha \quad (3\text{-}13)$$

또 **그림 3-8**(a)의 Mohr원에서

$$2\beta + 2\eta = \frac{\pi}{2} \quad (3\text{-}14)$$

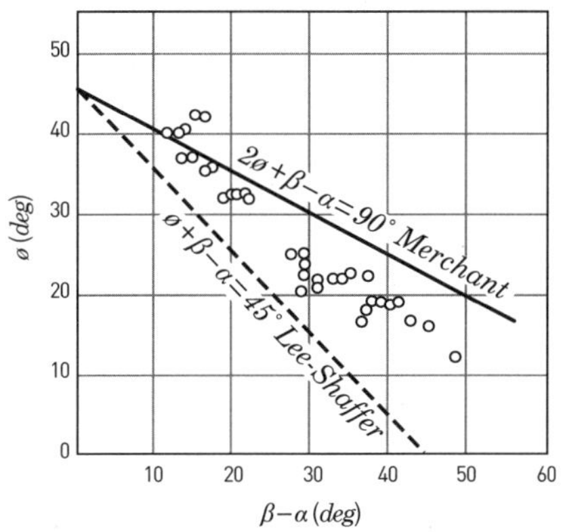

[그림 3-9] Merchant 및 Lee-Shaffer의 절삭방정식과 실험결과의 대응
(Merchant, Lapsley의 data에 의한 것임)

식 (3−13), (3−14)에서 η를 소거하면

$$\phi = \frac{\pi}{4} - \beta + \alpha \tag{3-15}$$

를 얻는다. 이것이 **Lee-Shaffer의 절삭방정식**이고 **그림 3-3**의 점선은 직선이 된다.

이 그림에서 Merchant의 제1방정식을 함께 쓰면(併記) 모두 $\psi = 45°$에서 출발하여 Merchant line의 경사는 $-\frac{1}{2}$이고, Lee−Shaffer line의 경사는 −1이 된다.

이 그림의 ○표시는 **그림 3-3**의 Merchant실험에 Lapsley 등의 결과를 표시한 것으로 어떤 절삭방정식도 실험 결과와 잘 일치하지 않는다. 또 실험점이 Lee−Shaffer line보다 아래쪽에 배치되는 경우가 많다. 또한 위치에 관계없이 피삭재, 공구재질, 절삭속도가 일정한 경우에 실험점은 **그림 3-9**와 같이 Lee−Shaffer line에 평행하게 배열되는 경우도 있다.

또 **그림 3-8**(a)의 Mohr원에서 알 수 있듯이 Lee−Shaffer모형에서는 식 (3−2)의 $\beta' = tan(\tau_s / \sigma_s)$ 는 45°이다.

실제로 식 (3−8)에서 $\beta' = \frac{\pi}{4}$로 하면 곧 식 (3−16)이 얻어진다. 따라서 slip line 이론과는 관계없이 $\tau_s = \sigma_s$와 전단면의 응력조건을 평가할 수 있다. 예를 들면 단축압축과 같은 응력상태라고 생각하여 식 (3−15)를 유도하였고 실제로 Krystof도 식 (3−15)를 이러한 방법으로 얻었다. 그리고 **그림 3-9**에서 실험점은 Lee−Shaffer의 line에 평행하므로 $\sigma_s > \tau_s$, $\beta' < 45°$를 유도하면 쉽게 실험점을 설명할 수 있다. 또 고속절삭에서 항상 날 끝에 적은 구성인선이 존재한다고 가정하여 **그림 3-10**(a)의 slip line 절삭모형을 제안하였다.

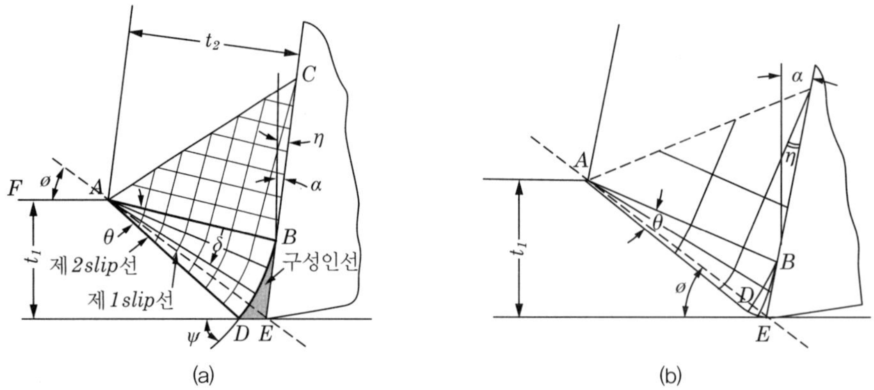

[그림 3-10] 구성인선이 있는 경우의 Lee-Shaffer slip line fleld해와 Kudo의 slip line fleld해 (3)형

이 그림에서 ΔBDE 부분은 적은 구성인선 부분이고 이에 접하는 제2 slip line의 부채꼴형 ABD가 존재한다. 그 위에 **그림 3-7**과 같은 직선 slip line field가 겹쳐 있다. Hencky의 방정식에 의하면 삼각형 ABC내의 응력상태는 **그림 3-11**(a)의 O_1을 원점으로 하는 Mohr원, 즉 부채꼴 내에서는 AB점에서 각도 δ의 위치, 제2 slip line의 여러 점의 응력상태가 O_2점을 원점으로 하는 Mohr원으로 나타난다. 예를 들면

$$\left.\begin{aligned} &BC\text{면}: \tau_t = k\cos 2\eta,\ \sigma_t = k(1+\sin 2\eta) \\ &\text{구성인선경사면}: \tau_t = k,\ \sigma_t = k(1+2\delta) \end{aligned}\right\} \tag{3-16}$$

이다.

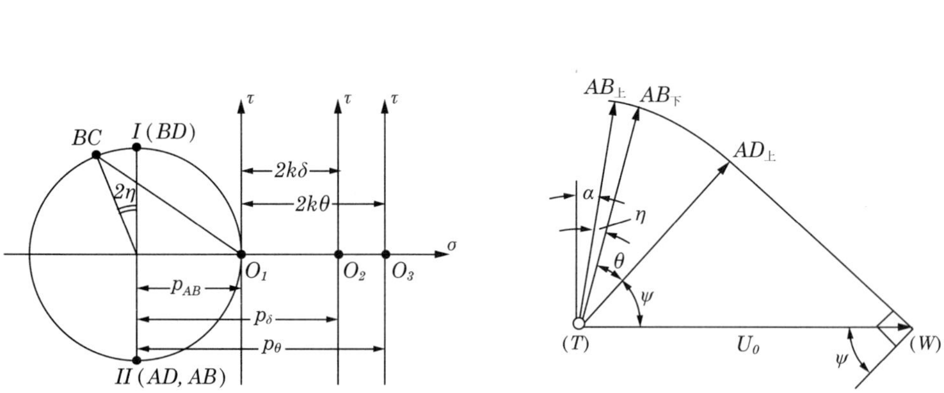

[그림 3-11] 구성인선이 있는 경우의 Lee-Shaffer 모형의 응력장과 Hodograph

이러한 모형의 Hodograph는 **그림 3–11(b)**와 같다. **그림 3–10(a)**의 기하학적 관계에서

$$\phi \fallingdotseq \alpha+\eta+\theta \tag{3-17}$$

칩 두께 t_2에 의해 식 (1–2)에서 결정된 전단면은 그림의 AE면이므로 식 (3–17)은 정확하지 않더라도 구성인선이 없는 경우에 사용된다. 경사면의 β는 BC면, BD면 및 DE면의 응력분포를 종합해야 하지만 구성인선이 작은 경우 $\beta = \beta_{bc}$라고 해도 좋다. 이렇게 하여 식 (3–14)와 같은 방법으로

$$2\eta+2\beta = \frac{\pi}{2} \tag{3-18}$$

식 (3–17), (3–18)에서 η를 소거하여

$$\phi = \frac{\pi}{4}+\theta-\beta+a \tag{3-19}$$

를 얻는다. 이것이 Lee–Shaffer의 제2방정식이다. 식 (3–3)과 비교하면 $\beta' = \left(\frac{\pi}{4}\right) - \theta$, $\theta \geqq 0$이므로 $\beta' \leqq \frac{\pi}{4}$가 된다. 따라서 절삭조건에 의해 구성인선의 모양이 변하지 않으면 **그림 3–9**의 line을 θ만큼 위쪽으로 평행 이동시킬 수 있다. 그러나 이론식에서 중요한 문제는 "고속절삭에서 나타나는 구성인선이 날 끝에 잔류하는가?"라는 것이다.

이미 설명한 것처럼 절삭속도가 크면 구성인선이 소멸하는 것이 일반적이며, 고속절삭에서도 **그림 3–9**와 같은 위치에 실험점이 놓이게 된다. 그러나 식 (3–15), (3–19)은 어느 것도 Lee–Shaffer line의 아래쪽에 있는 실험점(그림 참조)을 설명할 수 없다.

이러한 실험점은 저속에서 많이 측정되므로 구성인선은 저속영역에서 발생하기 쉽다. 식 (3–19)는 구성인선에 의해 Lee–Shaffer line보다 위쪽의 실험점을 설명하고 있다. 이에 비해 **그림 3–10(a)**의 slip line field 해를 **그림 3–10(b)**의 해[(Kudo) slip line field해 (3)형]와 비교하는 것도 흥미롭다. 이 해(Lee–Shaffer의 해)에서 구성인선이 적은 부분을 소성영역으로 생각하는 것이 타당하다고 생각된다. 또, 해는 경사면의 2차 소성흐름에 대응하여 변형을 일으키므로 식 (3–19)와 같이 Lee–Shaffer line보다 위쪽의 실험점을 잘 설명해 준다. 즉, 적은 구성인선에서 **그림 3–10(b)**의 해를 얻는다. 또 **그림 3–9**에는 다음 사항을 유의할 필요가 있다.

식 (3-15), (3-19)에 관해서 Lee-Shaffer line위에서는 $\tau_t = \sigma_s\,(\beta' = \frac{\pi}{4})$, 위쪽에서는 $\tau_s < \sigma_s\,(\beta' < \frac{\pi}{4})$로 되는 것을 설명하였다.

또한 Lee Shaffer line보다 아래쪽에서는 식 (3-3)에서 $\tau_s > \sigma_s\,(\beta' > \frac{\pi}{4})$이어야 한다. 또 Merchant line위에서 $\beta - \alpha > 0$의 범위에서 $\tau_s < \sigma_s$이며, $\beta - \alpha < 0$의 영역에서는 Lee-Shaffer line보다 아래쪽이 있으므로 $\tau_s > \sigma_s$이다. 그러나 일반 실험에서는 $\beta - \alpha < 0$으로 되는 경우는 작다.

(3) Shaw의 절삭방정식

1.2 ⑵항의 설명과 같이 경사각에 따라 공구 경사면의 수직응력이 크게 변화하므로 마찰계수가 변화하지만 M.C. Shaw는 수직응력의 변화를 일으키는 것은 전단면에 의한 구속효과가 있기 때문이다. 이러한 효과를 얻기 위해서는 전단면(최대전단 변형 속도면, 즉 변형 위에서의 전단면)은 최대 전단응력 면과 일치할 필요는 없다고 한다. 다음은 Shaw의 이론에 의하면, 단면과 최대전단 응력면이 일치하지 않다면 어떤 절삭기구가 되는지 생각해 보자.

기본적으로 Lee-Shaffer모형이 성립된다고 하면 Shaw의 이론은 **그림 3-12**처럼 변형상의 전단면 AB는 제2 slip line AC(CB)로 되는 편위각 η'을 가지게 된다. η'는 **그림 3-12**와 같이 +, -의 어느 쪽에서도 존재한다. **그림 3-12**(a)의 경우에 기하학적 관계로부터

$$\eta + \alpha + \eta' = \phi \tag{3-20}$$

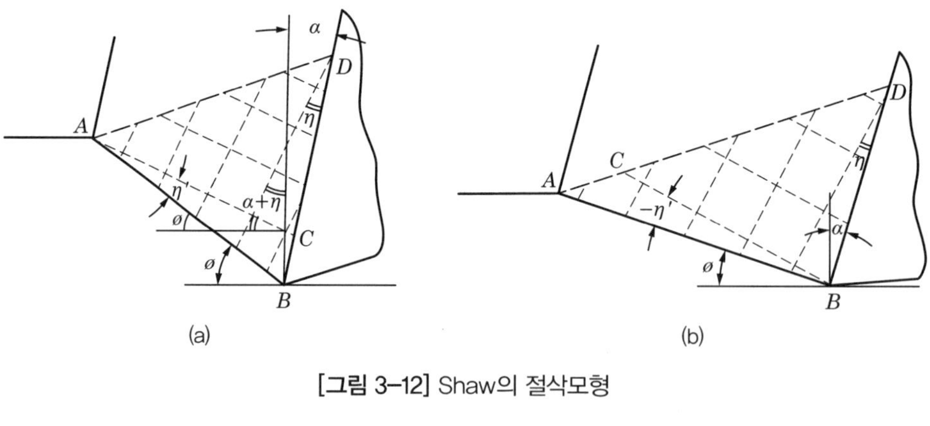

[그림 3-12] Shaw의 절삭모형

또 **그림 3-13**의 Mohr원에서

$$2\beta+2\eta=\frac{\pi}{2} \tag{3-21}$$

두 식에서 η를 소거하여

$$\phi=\frac{\pi}{4}+\eta'-\beta+\alpha \tag{3-22}$$

되고, **Shaw의 절삭방정식**이라 한다.

식 (3-22)은 식 (3-3)에 대해 $\beta'=\frac{\pi}{4}-\eta'$, 즉 $\beta'=\frac{\tau_s}{\sigma_s}=tan\left(\frac{\pi}{4}-\eta'\right)$로 한 것이며, **그림 3-13**의 Mohr원으로 즉시 구해진다. 또 식 (3-22)의 효과는 식 (3-19)과 같지만 특히 주목되는 것은 η'가 (-)로 된다. 이러한 경우는 **그림 3-9**의 Lee-Shaffer line보다 아래쪽에 놓인 실험 점을 잘 설명해 준다. 단 Shaw는 구성인선이 작은 경우, 식 (3-19)의 해가 성립한다. 이때에 ϕ는 구성인선에 의한 경사각 α의 증가분으로 해석된다.

$$\phi=\frac{\pi}{4}+\eta'-\beta+(\alpha+\theta) \tag{3-23}$$

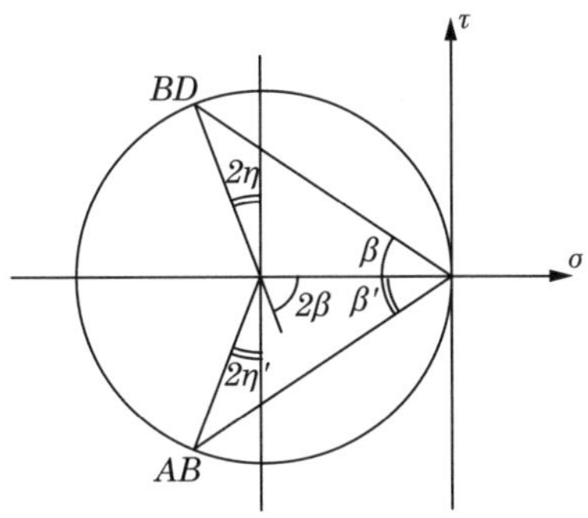

[그림 3-13] Shaw의 절삭모형의 응력장

단, 식 (2-22), (3-23)의 η'인 편위각은 절삭실험에서 귀납적 방법이 아닌 독립적인 방법으로 존재함을 입증해야 한다. 그러나 전단면의 구속효과에 관계없이, 다른 의미에서 편위각은 매우 중요하다.

등방성 재료의 유한변형에서는 편차응력의 주축과 변형 증분의 주축은 일치한다고 생각하는 것이 현재 소성역학의 정설이다. 이러한 의미에서 가공경화가 등방적으로 생기지 않는 한 편위각 η'도 생기지 않는다. 이에 따라 식 (2-1)의 유동법칙이 성립한다. 그러나 재료가 이방성을 가지면 문제는 달라지고 최대전단 응력면과 최대전단 변형속도면은 일치하지 않는다. 절삭과 같이 강한 방향성을 가진 변형과정에서 재료에 이방성이 생길 가능성이 많다. **그림 3-12**(a)의 경우, 칩내에서는 변형이없고 일정한 **이방성**을 가진 상태이다. 칩 내부의 **이방성** 주축(이방성 대칭축) x, y가 **그림 3-14**(a)의 방향이라면

$$\eta' = \psi' - \psi \tag{3-24}$$

된다. 단 ψ, ψ'는 각각 x축이 제 $1\dot{\gamma}_{max}$면, 제 $1\tau_{max}$과 이루는 각도이다. 또 R. Hill의 이방성 소성 퍼텐셜(potential)을 사용하면

$$tan\,2\psi = \frac{1}{1-C'}\,tan\,2\psi' \tag{3-25}$$

이고, 단 C′는 Hill의 이방성 변수(parameter)이다.

따라서 이방성 주축방향과 C′의 값이 칩에 대해서 구해지고, ψ를 전단면의 위치에서 결정되면 식 (3-25)에서 ψ'가 식 (3-24)에서 편위각 η'가 구해진다. 또 전단면의 응력상태는 **그림 3-14**(b)와 같으면 경계조건을 만족한다. 따라서 이방성을 고려하면 원칙적으로 **그림 3-12**의 Shaw의 모형과 같다. 그러나 아직 이와 같은 내용을 검토하지 않았지만 대단히 흥미있는 과제이다.

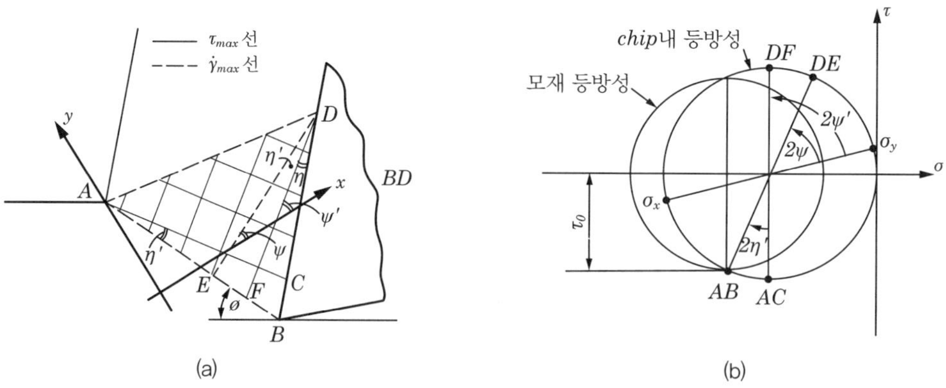

[그림 3-14] Shaw의 절삭모형의 이방성을 고려한 해석

제4장

선삭가공에 있어서의 칩처리

4.1 제1차 칩 처리–칩 breaker에 의한 방법

제1차 처리 방법으로 가장 일반적인 방법이 칩 브레이커(chip breaker)에 의한 방법이다. chip breaker란 절삭공구의 날 끝에 홈이나 단을 만들어 칩을 억지로 구부러지도록(curl)하여 칩을 절단시키는 것이다. 절삭조건에 따라 연속적인 칩이 배출되는 것(연속 칩)이 가장 바람직하지만 브레이커로 절단시키는 방법이 가장 좋다.

(1) 절단양식과 mechanism

배출된 칩은 공작물이나 공구에 부딪쳐서 큰 변형을 받으면 바로 꺾어진다(curl). 선삭의 경우 칩 절단양식을 보면 다음 4가지 형태로 분류된다.

① 공작물 장애형(그림 4–1(a))

상향 컬(위로 배출되는 칩) 양식으로 공구 경사각이 적을 때 일어난다.

chip breaker에 의해 꺾어진 칩은 공작물의 단면에 부딪칠 때, 바깥쪽으로 벤딩 모멘트를 받아 절단된다. 공작물 장애형은 칩이 짧게 꺾어지므로 칩 처리성은 좋으나 절단될 때에 큰 힘이 필요하거나 진동이 발생하여 공작물 장애를 일으키기 쉽다. 결과적으로 그렇게 바람직하지 못한 절단양식이다.

② 나선형(그림 4–1(b))

칩이 상향으로 꺾어질 때에 공구 경사각이 크면 공작물의 단면에 부딪쳐 그대로 감겨진 나선형이 되고 바깥쪽으로 작용하는 bending moment에 의해 절단된다. **나선형**은 절단에 필요한 힘이 적고 칩 체적도 작으므로 가장 바람직한 양식이지만 실현될 절삭조건 범위가 좁다.

③ 여유면(flank면) 장애형(그림 4–1(c))

상향 컬과 횡형 컬이 혼합되어 나선형으로 발생한다. 배출된 칩의 끝이 공구날의 여유면

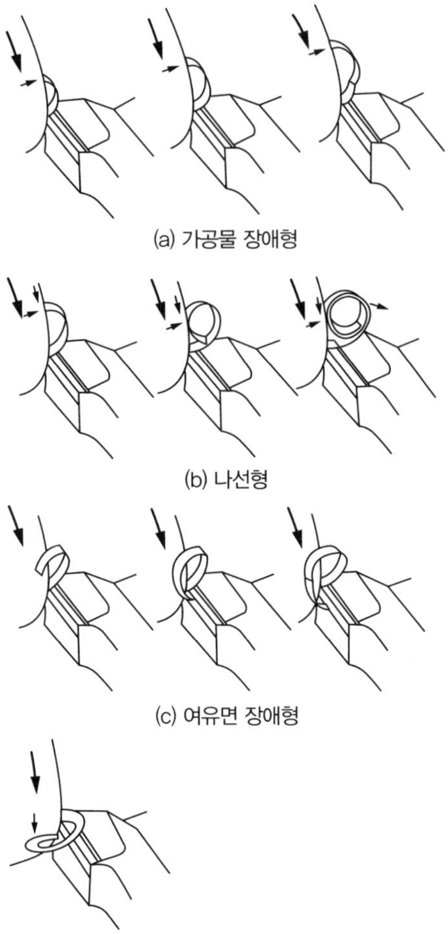

(a) 가공물 장애형

(b) 나선형

(c) 여유면 장애형

(d) 횡 형 curl

[그림 4-1] 칩의 절단양식

에 부딪칠 때에 바깥쪽으로 벤딩 모멘트(bending moment)를 받아 절단된다. 그리고 이송량(feed량)의 크기에 따라 절단되는 칩 형상이 다르다.

칩 브레이커에를 사용하면 여유면 장애형이 가장 많이 나타나는 절단 양식이다. 절단에 필요한 힘은 비교적 적어서 바람직하지만 공구 여유면을 손상시키는 단점이 있다.

④ 횡형 컬(그림 4-1(d))

횡형 컬은 대표적인 여유면 장애의 일종으로, 공구날의 여유면에 부딪쳐 절단되는 양식이다. 횡형 컬은 칩 브레이커(chip breaker)가 없는 공구로 깊이에 비해 이송이 큰 거친 가공(황삭가공)에서 발생한다. 절단에 필요한 힘은 크고, (c)와 같은 단점이 있다.

⑤ **절단 기구(mechanism)**

일반적으로 발생하기 쉬운 가공물 장애형에 대하여 검토해 보자. **그림 4-2**에서, 어떤 반지름 R_0를 가지고 위쪽으로 꺾어진 칩 ⓐ는 나선상으로 내려오다가 ⓑ의 공구 여유면에 부딪쳐서 방해를 받는다. 또 계속 밀려오는 칩ⓒ에 의해 미끄러지면서 점차적으로 곡률반경이 증가하여 바깥쪽 벤딩모멘트(bending moment)를 받지만, 여유면 아래쪽에 도달할 때까지(반지름이 R_L이 될 때) 꺾이지 않고 그대로 통과한다.

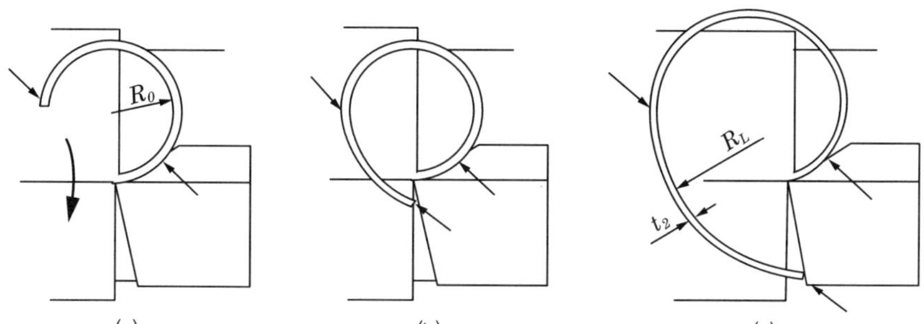

[그림 4-2] chip breaker에 의한 칩의 절단(여유면 장애형)

곧 **곡률반경**의 증가할 때, 칩 표면의 변형 ε은

$$\varepsilon = \frac{t_2}{2}\left(\frac{1}{R_0} - \frac{1}{R_L}\right)$$

이고, t_2가 칩의 두께라면 파단 변형보다 칩 재질이 약할 때에 꺾어진다.

이상과 같은 결과로부터 칩을 잘 꺾어지게 하기 위해서는,

ⓐ 칩의 재질을 취약하게 한다.

ⓑ 칩의 두께를 증가시킨다. 즉 이송량을 증가, 횡절인각의 감소, 경사각의 감소

ⓒ 컬 반지름이 작은 칩을 만든다.

ⓓ 칩의 끝단이 여유면에 접근하도록 한다.

4.2 제2차 칩 처리

칩의 절단은 일반적으로 칩 브레이커(chip breaker)로 절단하지만, 칩 처리가 어려운 피삭재에 대한 연구는 앞으로도 계속될 것이다. 다음은 칩 브레이커의 예이다.

(1) 특수한 chip breaker

① 방해판에 의한 절단

절삭공구 위쪽에 커버 모양의 방해판을 설치하여 연속 된 칩이 닿으면 강제로 꺾어서 절단시킨다(**그림 4-3**).

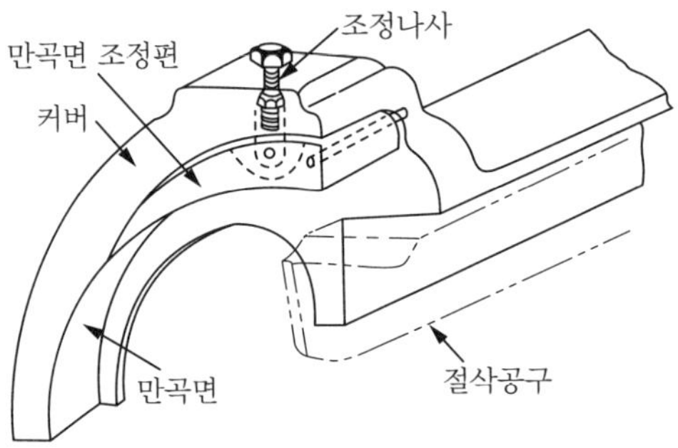

[그림 4-3] 방해판에 의한 칩 절단(실공소 17-4712)

② 자동조정식 breaker에 의한 절단

절삭할 동안에 절삭 조건에 따라 브레이커(breaker) 형상, 이송 등을 자동으로 조정하여 제일 적합한 크기로 칩을 절단시킨다. **그림 4-4**와 같이 브레이커를 스프링으로 지지한 것, 브레이커에 서보 모터(servo motor)를 연결한 것 등이 있다.

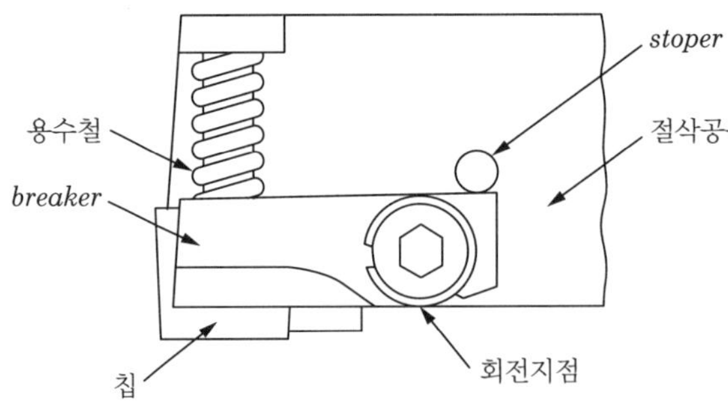

[그림 4-4] 그림 4-4 자동 조정식(다듬질선삭에서 효과가 기대된다.)

③ **용접절단에 의한 칩 절단**

유동형 칩이 나오는 곳에 하나의 전극을, 공작물에 다른 쪽 전극을 설치하고 양 전극에 전압을 걸어서 발생하는 아아크(arc)열로 잘라낸다. 즉 전동기에 의해, 2개의 전극을 단속적으로 접촉시키면 2접점 사이에 생긴 방전으로 용단된다.

④ **고압유체의 분사에 의한 칩 절단**

칩 브레이커(chip breaker)에 분사 노즐(nozzle)을 설치하여 유체를 고압으로 바이트(bite)경사면에 분사시키고, 경사면과 칩 사이를 강제 윤활하거나 브레이커 힘(breaking force)으로 칩을 꺾어서 절단시키는 것이 있다.

(2) 공구 진동

공구와 공작물과의 상대적 이송과는 별도로 절삭공구나 공작물에 이송방향과 같은 방향으로 진동을 주어 칩을 절단시킨다. 공작물에 진동을 주는 기구는 매우 복잡하므로 절삭공구에 진동을 주는 장치가 많이 사용된다. 이것을 **진동이송 절삭법**이라 한다. 초음파 진동이나, 절삭공구대(holder)에 각종 진동 발생원(유압 piston, 전자석 cam 등)을 부착하여 절삭공구를 주기적으로 진동시키는 방법이다. 이 절삭법의 최대 장점은 적용범위가 넓어서 피삭재의 재질, 이송, 절삭깊이 등을 다양하게 변화시키면 칩을 가늘게 절단시킬 수 있다.

진동이송 절삭은 공구 날에 30~100Hz의 진동을 주므로

① 값비싼 장치가 필요하다.

② 바이트에 진동을 발생시키므로 다듬면이 나빠진다.

③ 보통 절삭에 비해 공구수명이 짧다.

이상과 같은 단점을 보완하면서 같은 효과를 얻는 방법이 **요동 절삭법**이다.

이것은 절삭할 동안에 절삭공구를 3차원적으로 요동(0.3~20Hz; 진동보다 느림)시켜서 유효경사각, 칩 유출방향 및 공구이송 등을 바꾸면서 칩을 절단하는 방법이다.

(3) 이송의 단속

절삭공구의 단속적인 이송 방법은 주기적으로 이송량을 영(zero : 0) 또는 마이너스(−)로 조절하여 칩을 절단시킨다. 또한 이송을 주기적으로 느리게 주고 칩을 파단시킨다.

이송을 단속시키는 구체적인 방법으로서는 다음과 같다.

① 기계적 방법

② 유압에 의한 방법

③ 전기적인 방법

4.3 제3차 칩 처리

"절삭가공에서 발생된 칩을 어떻게 빠르고, 쉽고, 확실하게 제거하는 가?"는 칩 처리의 다음 단계이다. 지금까지 칩을 처리(반출)하는 방법은 크게 나누어 불연속형의 단체처리와 연속처리가 있다. 연속처리는 대규모의 여러 공작기계나 공장 전체를 대상으로 한 종합 칩 처리시스템을 포함하고 있다.

불연속형 단체처리란 공구나 제품으로부터 비산된 칩을 제거하거나 흡수하여, 칩 처리용 상자에 일시적으로 버리거나, 칩 처리 상자에 모아 보관한 후에 적당한 시기에 운반차, 크레인 등을 사용하여 칩 창고로 반출하는 방법이다. 한편 진공 소재기로 칩을 흡수하여 한 번에 처리하는 방법도 있다.

4.4 Burr의 생성과 특징

절삭으로 발생한 **버어(burr)**는 여러가지 문제(trouble)를 일으키거나, 생산을 크게 저해함에도 불구하고 근본적 대책이 없다. 가공상 또는 공정상에서 발생하기 쉬운 버어에 관한 연구는 시작 단계에 불가하지만 최근에는 이에 대한 관심이 점점 높아지고 있다.

버어의 종류에는 발생 원인이 되는 가공법과 생성 형태에 의한 것의 두 가지로 분류한다.

먼저, 절삭 버어를 중심으로 설명하고 가공법에 의한 burr의 종류와 제거 작업 등, 여기서 꼭 알아 둘 필요가 있는 것만 설명할 것이다.

(1) 가공법에 의한 분류

버어에는 가공법에 따라 **표 4-1**에 표시한 여러가지 종류가 있다. 이 중에서 절삭이나 냉간 프레스(press cold punching)에 의한 burr를 **지느러미**라고 하는 경우도 있다.

[표 4-1] 가공법에 의한 burr의 분류와 제거작업의 현상

burr의 종류	설명	burr 제거작업의 현상
주조 burr (seam, cast fin)	주형의 합치는 곳, 탕구아래 뿌리 부분에 생길 수 있다.	적은 것은 텀블러로서 제거한다. 벤치그라인더나 belt sander로 손작업으로 하는 일이 많다. 최근 NC제어의 burr 제거장치도 개발되고 있다. die cast burr는 cold punching에 의한 트리밍을 하거나 카브레이트 등에는 thermal deburring이 시도되고 있다.
용접 burr(bead) 용단 burr(slag)	용접 burr는 groove등에 생기는 bead이며, 용 단 burr는 가스 절단시에 절단면에 생기는 것이다.	bead는 강도적으로는 가급적 제거하지 않는 편이 좋다. 제거할 경우에는 disc grinder, portable grinder 또는 belt sander를 사용한다.
단조 burr (seam, fin, flash)	단조 금형이 합쳐지는 곳에 생긴다.	belt연삭에 의한 자동 burr제거장치가 스패너, 렌치를 대상으로 하여 개발되고 있다.
소결 burr	소결형의 이음매에 생긴다.	burr가 큰 경우는 먼저 cutter로 제거하고, 그 후 wire brush등으로 제거한다.
플라스틱 성형 burr	Mould형의 이음매에 생긴다.	cutter에 의한 모방절삭, brushing, barrel 연마, 블라스팅 등이 시도되고 있다.
press clod pun-ching burr	블랭킹시의 burr, fine blanking burr가 있고, 후자는 전단면의 연장으로서 burr가 나오므로 제거하기 어렵다.	barrel연마, belt연삭으로 제거한다.
도금 burr, 피막 burr	후자는 예를 들어 규소 강판의 절연피막 burr등	micro de burring이라 하며, brushing(나일론 브러시 등), belt연삭 등으로 제거한다.
절삭 burr 연삭 burr	절삭 burr에는 선삭, 밀링절삭, drilling, hobbing, broaching burr등이 있다. 연질금속 burr는 크므로 제거가 어렵다.	비교적 가공 정도가 높은 부품이 대상이 되며, 뒤이어 slight chamfering을 필요로 하는 일이 많다. 이들의 작업에는 부품의 형상 치수, 재질, 생산량에 따라 여러가지 burr제거 process를 선택한다.
기타	납땜, 고무 접착, 방전가공 등에 발생한다.	

(2) 절삭 burr의 생성 기구

절삭 버어의 생성 기구에 대하여 고찰해 보자.

"버어가 어떤 기구로서 생성되는 것인가?"는 가공현상의 본질과 연결되는 아주 흥미 있는 논

제이고 근본적으로 burr를 억제하는 대책으로 연결될 수 있다.

지금까지 많은 연구들은 재료를 절삭할 경우에 생기는 다양한 슬립 선장(slip line field)에 대한 모델을 제안하고 있다.

그 중에서 의견이 일치하는 것만 소개하면, **그림 4-5**와 같이, 절삭날 근방의 피삭재에는 소성영역과 강성영역이 있고 양쪽은 하나의 경계선인 OA로 나누어 진다. 만약 소성영역이 절삭된 후의 면(OX')보다 아래쪽에 존재하지 않으면 절삭할 때에 burr가 생기지 않는다.

따라서 버어가 생성되는 조건은

① 압축응력 성분을 가지는 소성역이 절삭에 의해 생성되는 면보다 아래쪽에 존재할 것(인장응력의 경우는 부(−)의 burr, 즉 조여짐이 생긴다)

② 소성영역이 burr가 생기는 자유표면에 충분히 가깝게 존재할 것.

의 두 가지이다.

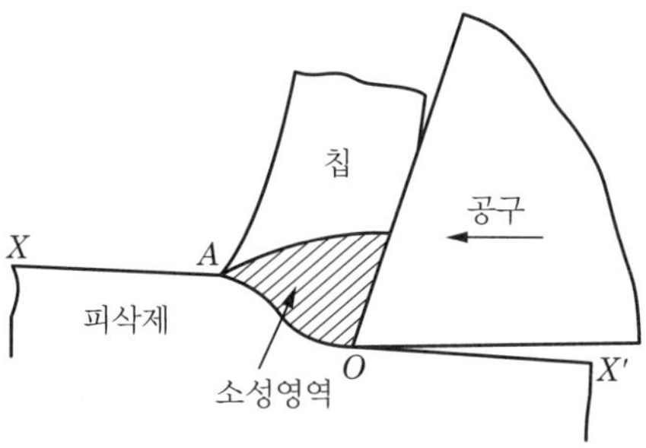

[그림 4-5] 인선근방의 피삭재 내부의 slip 선장

일반적으로 절삭날 끝에는 10~20μm의 nose "R"이 존재하고 마모되면 더욱 커진다. 이러한 nose "R"이 존재하면 OX'면 이하에 압축응력 성분을 가지는 소성영역이 쉽게 생성되므로 버어의 발생은 크게 된다. 경사각이 적고, 또는 마이너스(−)로 되면 압축응력 영역이 아래쪽으로 확대되기 쉽다. 공구 여유면이 마모되면 nose "R"이 크게 되었을 경우와 같다. 또, 공작물의 자유표면에 가깝게 생기는 절삭날의 경계마모는 버어를 발생시키는 원인이 되므로 재 연삭 시기를 잘 관리할 필요가 있다. 일반적으로 절삭속도가 낮으면 보통 소성영역이 크게 되므로 burr도 크게 되기 쉽다. 특히 구성인선이 성장하면 버어는 크게 된다. 일반적으로 절삭깊이나 이송이 크면 burr는 커지므로 절삭깊이를 작게 하는 것이 좋다. **그림 4-6**은 2차원 절삭의 절삭깊이와 표면유동과의 관계를 구한 것이다. 버어의 본질은 표면유동 또는 가공 변질층 등이 자유표면에 넘쳐 흘러나온 것으로 볼 수 있다.

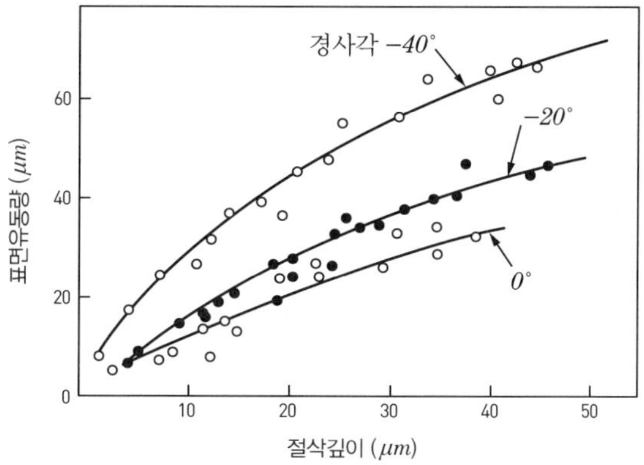

[그림 4-6] 차원절삭의 절삭깊이와 표면유동의 관계

취성재료의 공작물을 가공할 때, 소성영역이 좁거나 충분히 넓어지기 전에 파괴가 일어나므로 버어가 생기기 어렵다. 반대로 인장파괴가 발생하여 모서리에 마이너스(−) 버어가 생긴다.

그 밖에 버어의 발생 원인은 공작물의 가공경화성, 열전도율, 열팽창계수, 탄성율 등에 영향을 받는다고 하나 이와 관련된 구체적인 근거는 없다.

(3) 절삭 burr의 생성 형태

절삭 버어에는 다음 4가지의 기본적인 형태가 있다.

① Poission Burr

절삭시 재료가 압축되어 가로 방향으로 나온 burr이다(**그림 4-7**(a), (b)).

② Roll-over burr

절삭이 끝난 모서리에 전단보다도 재료가 절삭방향으로 밀려나와 탈락되지 않고 부착되어 칩의 일부로 포함된 버어이다. 이것은 연질금속과 같은 점성재료에 잘 생기는 형태이다(**그림 4-7**(c)).

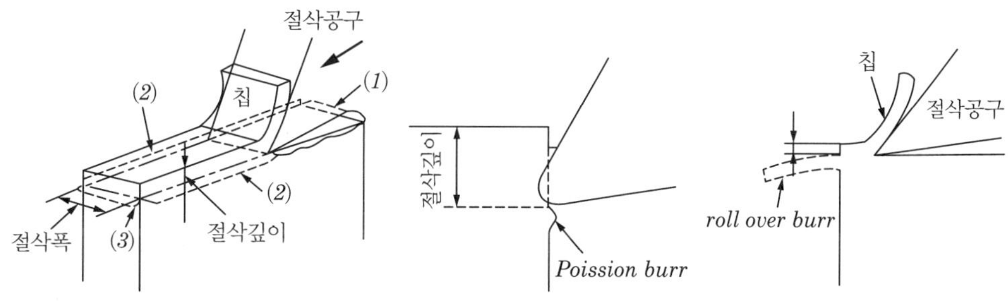

(a) 절삭 burr의 생성형태 (b) Poission burr의 생성기구 (c) Roll over burr의 생성기구

[그림 4-7] 절삭 burr의 생성기구

③ Tear burr

절삭이 끝난 공작물 끝에서 전단하기보다는 문질러짐에 의해 생긴 것으로 일반 프레스에 의한 블랭킹(blanking) 버어와 비슷하다(**그림 4-7**(a)).

그림 4-8은 밀링절삭에서 버어 생성기구의 설명도이다. (a)와 같이 커터의 절삭깊이에 따라 기공(cavity)이 생겨서 (b) 또는 (c)의 형태로 burr가 생성된다.

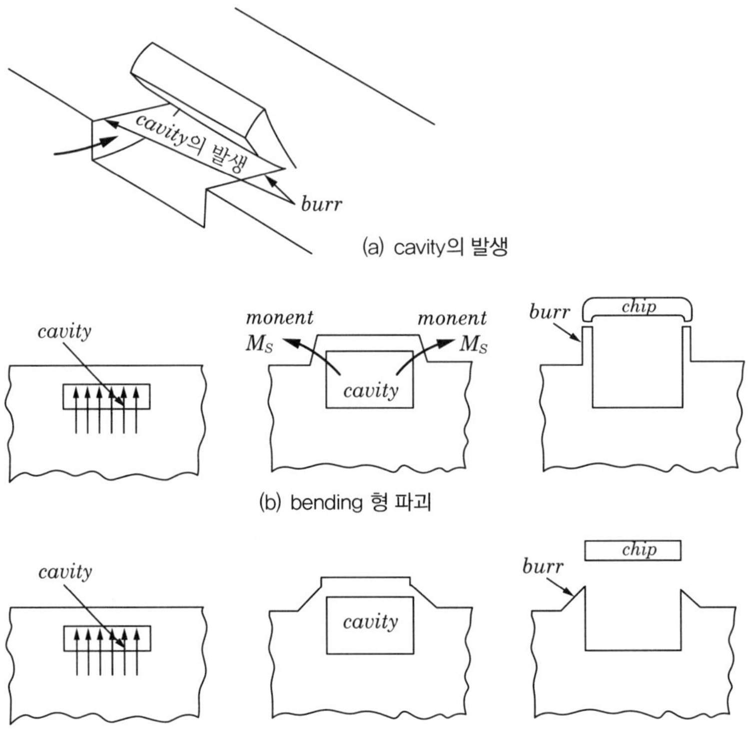

(a) cavity의 발생

(b) bending 형 파괴

(c) 전단형 파괴

[그림 4-8] burr의 생성기구(Gillespis)

④ **절단 burr(cut-of burr)**

이것은 절단이 종료되기 전에 공작물이 자중(自重) 등에도 떨어지지 않고 파단면에 붙어 있는 burr로서 절단 또는 절삭시에 발생한다. 그러나 공작물이나 재료를 잘 지지해 주면 방지할 수 있다. 그리고 오쿠마(Okushima) 등은 2차원 절삭실험에서 피삭재의 종류나 절삭조건에 따라 여러가지의 burr가 생기는 것을 확인하여 **그림 4-9(I)**과 같이 분류했다. 다음은 선삭을 통하여 3차원으로 절삭할 때에 버어가 발생하여 표면 거칠기나 공구마모에 미치는 영향을 설명하겠다.

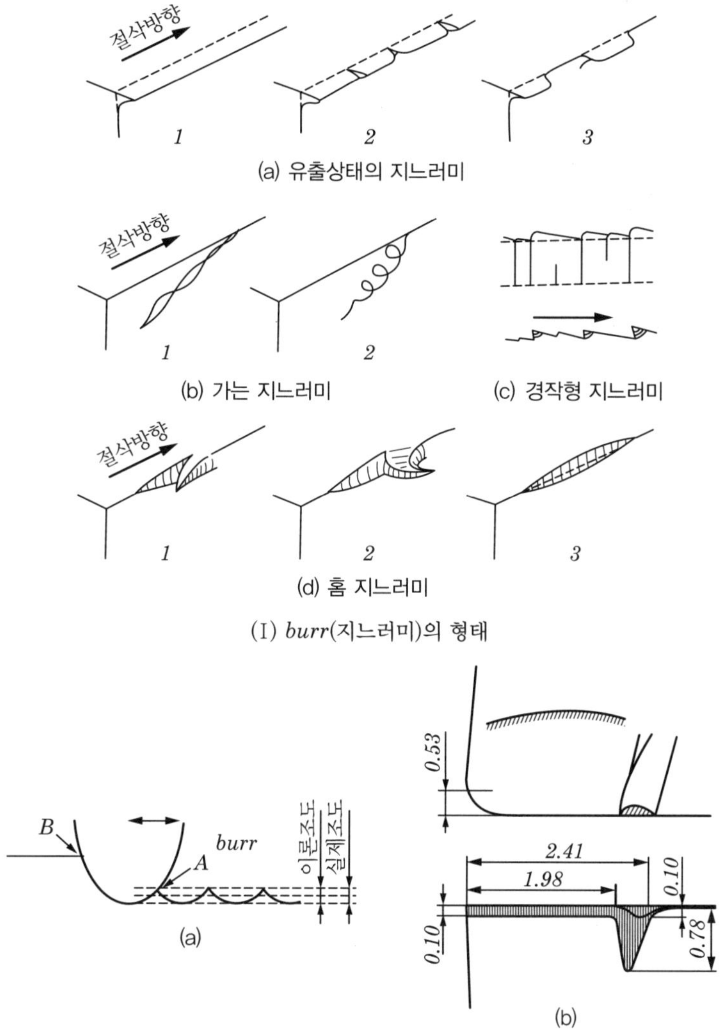

(II) *3*차원 절삭의 *burr*

[그림 4–9] burr(지느러미)의 형태와 3차원 절삭의 burr

그림 4–9(II)의 (a)와 같이 Ⓐ부와 Ⓑ부에 버어가 생기지만 Ⓐ부의 burr는 표면 거칠기에 영향을 주고, 이론 거칠기보다는 실험 거칠기가 커지는 원인이 된다. Ⓑ부의 버어는 높은 가공경화를 받고 있으므로 **그림** (b)와 같이 여유면의 경계에 생기는 마모(구상; 경계마모)가 원인이 된다고 한다.

절삭가공에서 몇 개의 버어의 발생은 피할 수는 없으나 부품의 형상치수, 재질, 절삭가공의 형상, 절삭조건에 의해 burr의 생성 형태를 변화시킬 수는 있다.

(4) burr의 형상치수 표현과 측정법

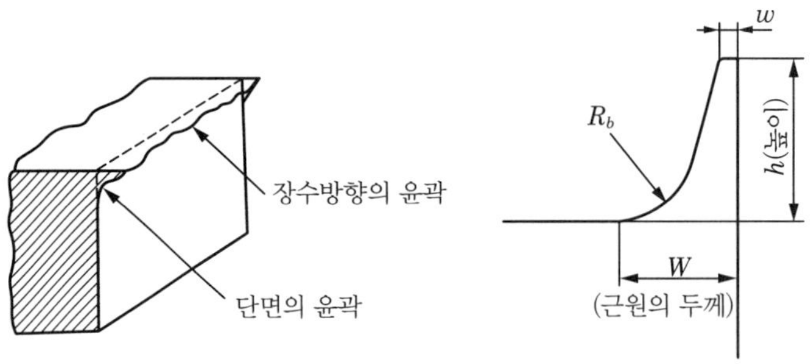

(a) burr의 외관 (b) burr의 치수적 표현

[그림 4-10] burr의 형상치수 표현(1)

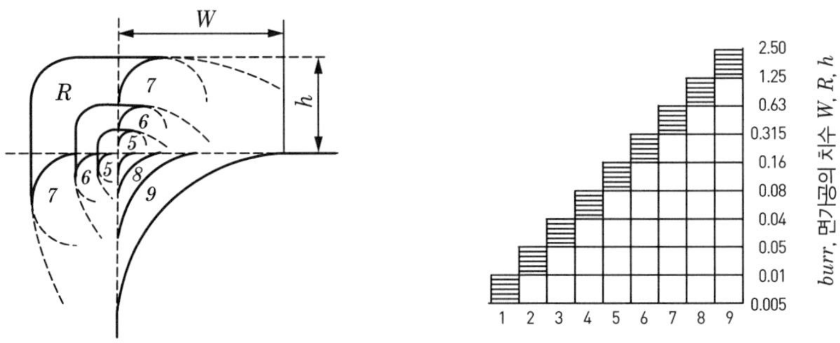

(a) 면가공 반지름의 표현(R) (b) 등급번호

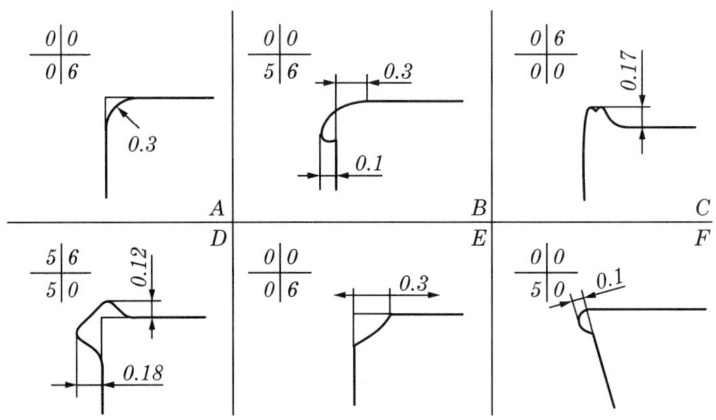

(c) burr 치수의 4상한에 의한 표현

[그림 4-11] burr의 형상치수 표현(2)

이제까지는 버어의 형상치수에 대해서 일반적으로 설명하였으나 정량적으로 표현할 수 없었다. 그러나 부품의 모서리에 대한 버어나 모따기를 도면에 정량적으로 표현하는 것은 제품성능,

생산 공정상의 문제점(trouble) 및 버어 제거 효과를 설명하는 데 아주 중요하다. **그림 4–10**(a)는 burr의 외관을 표시하고, (b)는 단면 형태를 수치로 표현하였다.

그림 4–11은 도면에서 부품 모서리 형상을 수치적으로 표현하기 위한 방법이다. (a)는 Burr의 모따기 반지름(R은 반지름을 표시함)의 표현이고, (b)는 버어의 높이 h, 원래의 두께 W, 모따기 반지름 R(C 모따기도 포함 됨)의 순서로 수치를 표시하고, (c)는 모서리(edge) 형상치수를 4상한으로 나누어, 위로부터 순서대로 수치로 표시한 예이다.

제5장

다듬질 거칠기

5.1 다듬질 거칠기

연삭가공의 다듬질 거칠기는 절삭가공 보다 우수하지만, 경제적 또는 실질적인 이유에서 미끄럼면, 끼워 맞춤면 및 조임면 등 중요한 부위의 완성 다듬질은 절삭으로 가공하는 경우가 많다. 이와 같은 경우에 절삭 다듬질면의 거칠기는 단순히 외관 가치를 좌우할 뿐 아니라, 제품의 성능에도 큰 영향을 미친다.

그림 5–1(a)의 절삭 상태에서 생성되는 다듬질면은 **그림 5–1**(b)와 같다. 절삭공구로 최초의 절삭 두께 t_1으로 절삭한 다음에 절삭 두께 $t_1(f)$만큼씩 계속 반복하여 절삭하면 **그림 5–1**(c)과 같은 최종 다듬질면을 얻는다.

다듬질면에는 **주 절삭날 다듬질면** [I]과 **날끝 다듬질면** [II]로 나눈다. 어느 면이라도 절삭속도 방향의 거칠기 H_v는 거의 같지만 직각방향의 거칠기 H_T는 방향에 따라 큰 차이가 있다. 즉, 대부분 날끝 다듬질면의 거칠기는 공구–공작물의 운동기구에 의해 기하학적으로 결정되는 거칠기이다. 실제의 절삭가공에는 주 절삭날 다듬질면과 날끝 다듬질면 모두가 동시에 문제되는

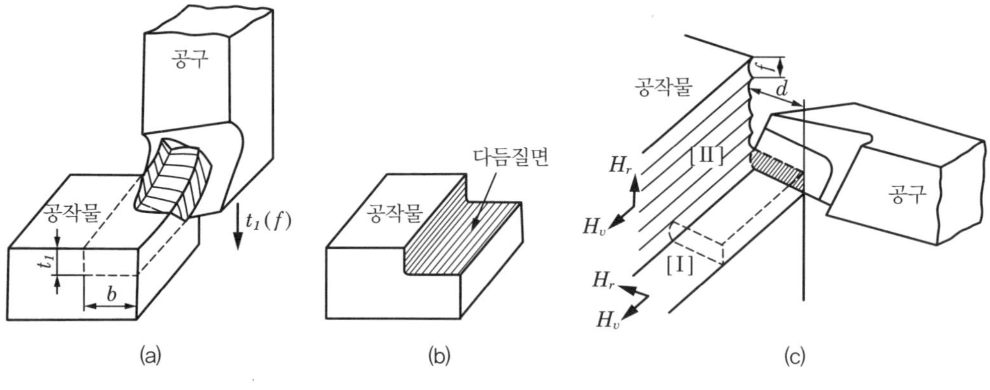

[그림 5–1] 주 절삭날 다듬질면과 날끝 다듬질면

경우는 거의 없고, 그 중 하나가 보다 더 중요하다.

예를 들어, **그림 5-1**(c)의 경우에서 공작물 높이만큼 반복하여 절삭하면 다듬질면[I]은 없어지고, 다듬질면[II]만이 제품의 다듬질면으로 남는다.

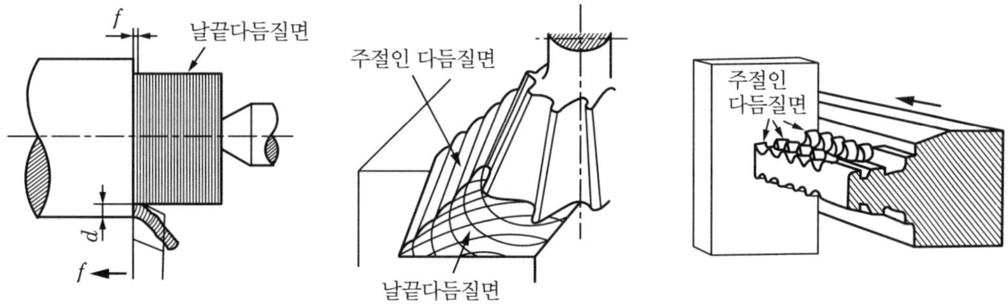

(a) 선삭 – 날끝다듬질면 (b) 브로우치 – 주절인 다듬질면 (c) 산형 밀링 – 양다듬질

[그림 5-2] 날 끝 다듬질면 주 절삭날 다듬질면 중 한쪽이 중요한 경우와 두 다듬질면이 중요한 경우

이것은 평삭가공의 예이지만 **그림 5-2**(a)의 선삭가공에도 잘 나타난다. 주 절삭날 다듬질면[I]이 문제되는 대표적인 예가 (b)의 브로치(broach) 가공이고, **그림 5-1**(a)는 가공방법을 표시한다. 또 **그림 5-18**(c)는 밀링(milling)으로 절삭한 다듬질면이고, 주절삭날 다듬질면에서 공구와 운동기구에 의한 기하학적 거칠기를 나타낸다.

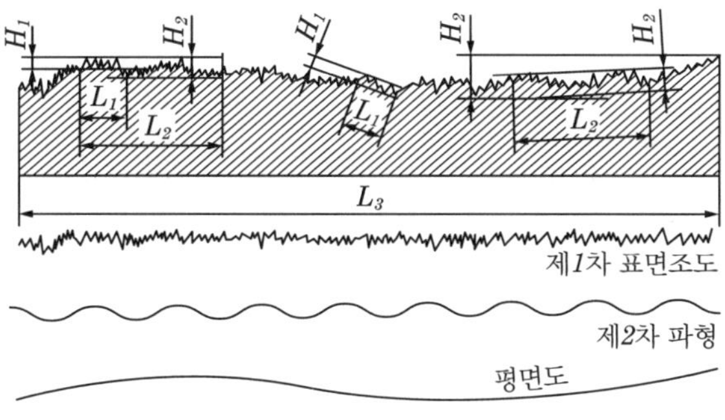

[그림 5-3] 다듬질면의 단면형상과 그 구성

일반적으로 공작물 표면에는 **그림 5-3**과 같은 여러가지의 피치(pitch)가 나타나고, 좁은 범위(L_1)에서 표면 거칠기, 비교적 넓은 범위($L_2 > 5L_1$)에서 파형(waviness), 아주 넓은 범위에서 측정한 평면도가 있다. KS규격에서 거칠기는 **표 5-1**과 같이 기준길이 L_1에 따라 측정한다.

[표 5-1] 거칠기의 표시, 구분, 삼각기호 및 기준면의 넓이

표면 거칠기의 표시	0.1-S	0.2-S	0.4-S	0.8-S	1.5-S	3-S	6-S	12-S	18-S	25-S
거칠기의 범위(μ)	0.1 이하	0.2 이하	0.4 이하	0.8 이하	1.5 이하	3 이하	6 이하	12 이하	18 이하	25 이하
3각 기호	▽▽▽▽				▽▽▽			▽▽		
기준면 넓이 (한 변의 길이 mm)	0.3				1			3		

표면 거칠기의 표시	35-S	50-S	70-S	100-S	140-S	200-S	280-S	400-S	560-S
거칠기의 범위(μ)	35 이하	50 이하	70 이하	100 이하	140 이하	200 이하	280 이하	400 이하	560 이하
3각 기호	▽								
기준면 넓이 (한 변의 길이 mm)	5			10					

그림 5-2(a)나 **그림 5-1**(c)와 같이, 이송이 크면 **이송마크**(feed mark)를 제외한 거칠기는 별로 크지 않다. 절삭가공에서는 이송마크(feed mark)를 **파형**(waviness)이라 하고, 일반적으로 이송마크를 포함한 값을 **표면 거칠기**로 표시한다. 나사를 절삭하는 경우에 나사산 면의 거칠기도 중요하지만 이송마크를 제외한 거칠기인 주절삭날 다듬질면의 거칠기가 문제가 된다.

표 5-2는 절삭가공에서 **주절삭날 다듬질면**이나 **날끝 다듬질면**이 모두가 중요한 가공의 실례이다. 본래 다듬질 거칠기란 날끝 다듬질 거칠기 H_T로 표시되고, **그림 5-1**(c)나 **그림 5-2**(a)의 경우가 여기에 해당된다.

이상적인 절삭상태에서는 절삭날의 상태와 이송에 의해 기하학적으로 결정되는 거칠기(이송마크의 요철 포함)가 있다. 이와 같은 이상적인 다듬질 거칠기는 실제로 측정한 다듬질 거칠기가 보다 약간 크다.

[표 5-2] 각종 절삭법과 주된 다듬질면

- 주 절삭날 다듬질면이 문제가 되는 예 : 평면밀링, 브로치 절삭, 리머 절삭, 나사절삭(탭, 다이스, 나사바이트, 나사산 밀링) 그 외, 일반 총형절각.
- 날 끝 다듬질면이 문제되는 예 : 평삭, 보통선삭, 평면밀링절삭, 드릴절삭, 창성치차절삭(홉, 피니언 커터)
- 양면 다듬질이 문제되는 예 : 홈, 단부 등 복잡한 면을 동시에 절삭하는 경우(브로치, 옆면밀링, 산형밀링, T홈 커터, 엔드밀(end mill)류 등)

즉, 다듬질 거칠기는

① 공구형태와 이송, 운동기구에서 기하학적으로 구해지는 거칠기(이상 거칠기) H_1

② 구성인선의 생성하거나 탈락에 의해 생기는 거칠기(구성인선 거칠기) H_2

③ 절삭기구 자체가 가진 불안정 요소나 재료의 팽창 등에서 생기는 거칠기 H_3

④ 절삭날–공작물의 상대 위치가 변동(진동, chattering)으로 생기는 거칠기 H_4

⑤ 절삭날의 손실이나 마찰로 생기는 거칠기 H_5

의 5가지가 있다.

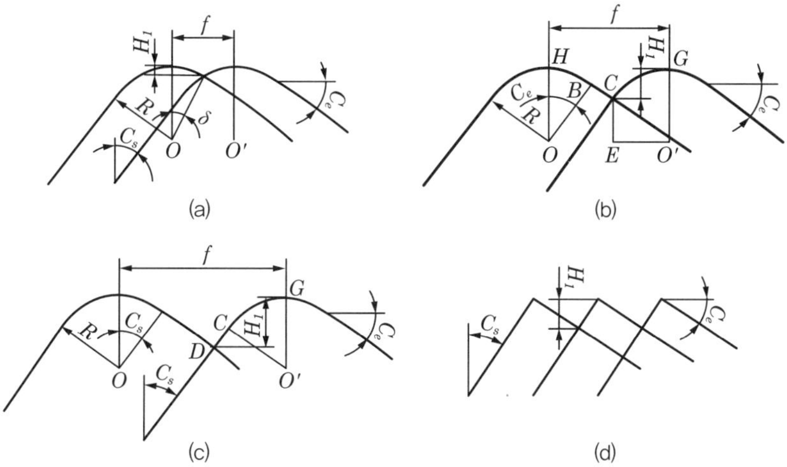

[그림 5–4] 절삭공구에 의한 이상 다듬질 거칠기(이송마크 거칠기)

먼저, 이상적 거칠기(이송마크) H_1을 계산하여 보자. **그림 5–4**(a)와 같이, 이송이 극히 적고 거칠기의 산이 원호인 경우, 즉 $f \leqq 2R\,sinC_e$에서는 기하학적 관계로부터

$$
\left.\begin{aligned}
H_1 = R(1-cos\delta) = R(1-\sqrt{1-sin^2\delta}\,) \fallingdotseq \frac{R}{2}sin^2\delta = \frac{f^2}{8R} \\
f \leqq 2R\ sin\ C_e
\end{aligned}\right\} \qquad (5-1)
$$

가 얻어진다. **그림** (b)는 이송이 약간 큰 경우이지만, 다음과 같은 식과 조건을 만족해야 한다.

$$H_1 = R\left[1-\cos C_e\left(1-\frac{f}{R}\sin C_e\right)-\sin C_e\sqrt{2\frac{f}{R}\sin C_e-\left(\frac{f}{R}\sin C_e\right)^2}\right]$$

$$= R\left[1-\cos C_e+T\cos C_e-\sin C_e\sqrt{T(2-T)}\right] \quad (5\text{-}2)$$

$$2R\sin C_e \le f \le R[1-\sin(C_s-C_e)]/\sin\ C_e$$

단, $\widehat{GC}$ 부분은 원호이며, 직선은 포함되지 않고 $T=(f/R)\sin C_e$이다. 이런 공구는 잘 사용되지 않으나 $\widehat{GC}$는 원호이고 $\widehat{HBC}$ 부분은 원호와 직선으로 각도 C_s, C_e가 대단히 크다.

그림 (c)는 이송이 아주 클 때에 산의 경사면처럼 거칠기가 원호와 직선이 되는 경우이다. 즉, 이송이 작아도 옆면 절삭날각 C_s의 크기에 좌우된다. 이러한 조건에서 다듬질 거칠기는 다음과 같다.

$$\left.\begin{aligned} H_1 &= R+\frac{1}{\cos(C_e-C_s)}(f\sin C_e\cos C_s-R\cos C_s-R\sin C_e) \\ f &\ge R[1-\sin(C_s-C_e)]/\sin\ C_e \end{aligned}\right\} \quad (5\text{-}3)$$

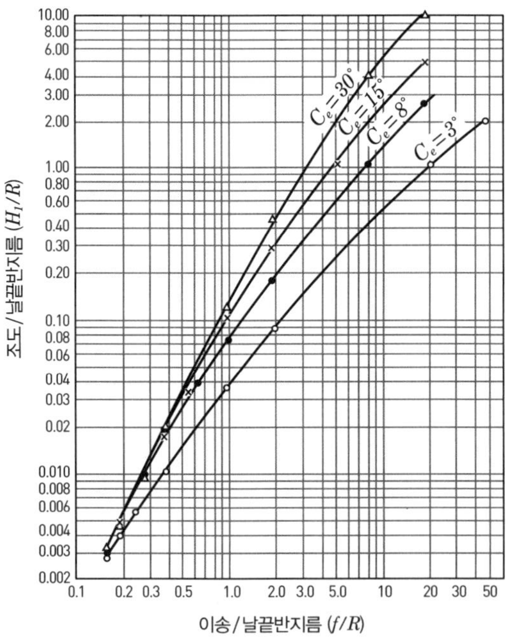

[그림 5-5] $C_s=0°$일 경우의 이상 다듬질 거칠기의 계산 도표

또, 공구의 날 끝 반경이 없는 경우는 식 (5-3)에서 $R=0$이고 **그림** (d)의 톱날형의 다듬질면이 생성된다.

$$H_1=f\frac{sin\,C_e\,cos\,C_s}{cos(C_e-C_s)}=\frac{f}{cot\,C_e+tan\,C_s} \tag{5-4}$$

일반적인 절삭조건에서 **그림** (a), (b)의 절삭 상태 가장 많다. **그림 5-5**에서 $C_s=0$의 경우에 식 (5-1), (5-2), (5-3)으로 계산한 이상 거칠기 H_1이 f, R에 따라 어떻게 변화하는지 표시하였다. 이송량이 크고, 공구의 nose 반지름이 작을수록 거칠기는 증가한다. 위에서 설명한 것과 같이, C_s, C_e는 이상 거칠기에 관계되지만, 옆면 경사각 α_s나 윗면 경사각 α_b에도 전혀 관계가 없고, 절삭속도, 절삭유, 공구 및 피삭재에도 무관하다.

그러나 구성인선에 의한 다듬질 거칠기 H_2는 이상적인 거칠기 다음으로 다듬질 거칠기에 가

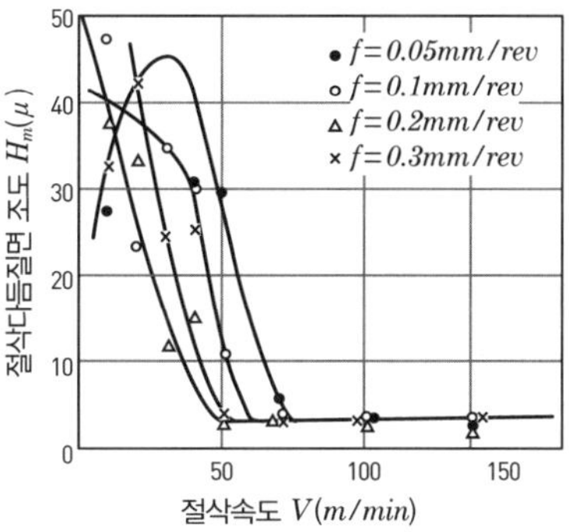

(a) 주절인 다듬질면 조도

합금강 SCM-4, 초경 S2 [0, 0, 6, 6, 8, 0, 0.5], 건절삭

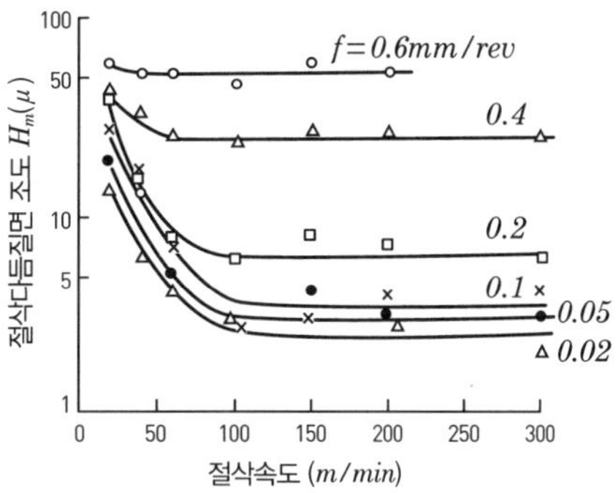

(b) 날끝다듬질면 조도

S45 C 탄소강, 초경 P20 [0, 5, 6, 6, 15, 15, 0.8], 건절삭

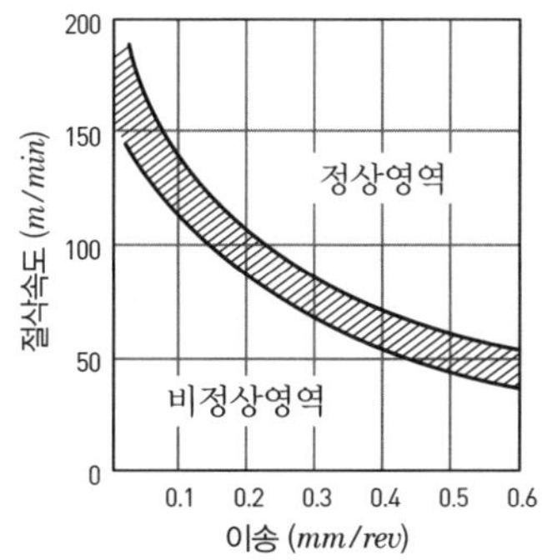

(c) 날끝다듬질면 조도의 정상영역과 비정상영역 S15C~S55C

[그림 5-6] 다듬질면 거칠기의 절삭속도, 이송에 의한 변화

장 큰 영향을 미치는 인자이다. 그러나 절삭속도가 증가하면 구성인선이 생기면서 다듬질면은 개선되므로 통제가 가능하다. 일반적으로 **그림 5-6**과 같이 구성인선이 소멸되는 임계 조건을 넘으면 급격히 거칠기는 일정 값으로 안정되고 그 후에는 큰 변화가 없다. 이처럼 구성인선이 발생하는 영역을 비정상영역이라 하고, 구성인선이 소멸하는 영역을 정상영역이라고 한다.

따라서 **그림 5-7**과 같은 정상 영역에서 다듬질 거칠기는 이상적인 거칠기 H_1과 잘 일치하는 경향이 있다. 그러므로

$$H_m = \frac{f^2}{8R} + H_0 \ (H_0\text{는 보정정수}) \tag{5-5}$$

와 같이 선형 보정항만 추가하더라도, 실제 거칠기의 값을 구할 수 있고 좋은 공작기계에서 H_0는 약 2μ정도가 된다고 한다.

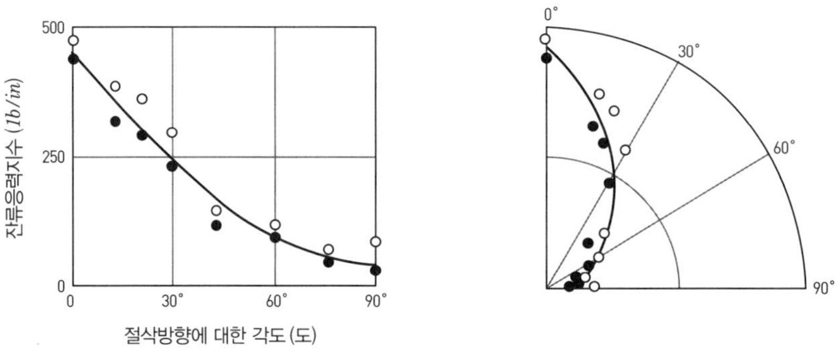

합금강 *SCM-4*, 초경 *S2* [*0, 0, 6, 6, 8, 0, var*], 절삭깊이 *2mm*,
이송 *0.2mm/rev*, 절삭속도 *100m/min*, 건절삭

[그림 5-7] 날끝 반지름과 날끝 다듬질 거칠기

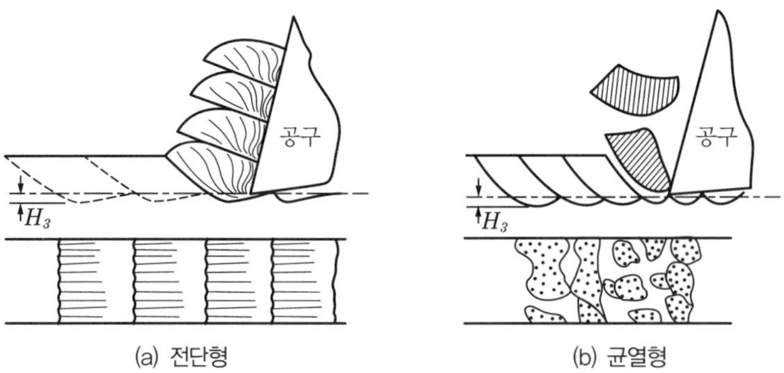

[그림 5-8] 불연속형 칩과 절삭 다듬질면

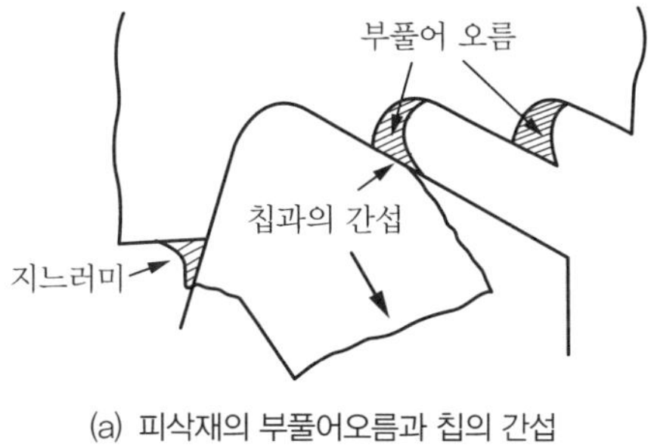

(a) 피삭재의 부풀어오름과 칩의 간섭

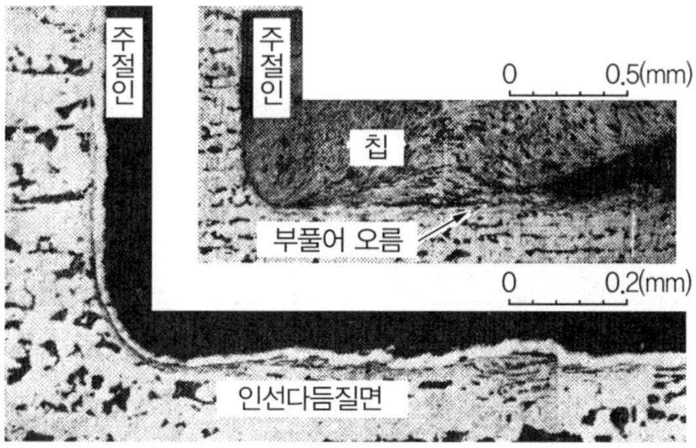

(b) 칩 안쪽에서 전절인부의 관찰

[그림 5-9] 부풀어 오름에 의한 거칠기요소 H_3

절삭기구 자체에서의 거칠기 H_3는 크게 나누어, 두 가지 요인이 있다. 제 1요인은 유동형 칩이 아닌 형태에서 볼 수 있는 **그림 5-8**과 같은 비정상적인 모형이다. 전단형 칩이 생성되면 경사면에 생긴 구성인선으로 과절삭 상태가 되고, 거시적 slip파괴와 대류영역이 반복되면서 다듬질 거칠기가 악화된다.

균열형 칩은 날 끝에서 생긴다. 공구가 진행되면 균열은 주응력 방향에 가까운 아래쪽으로 기울어진 방향에서 발생하여, 위 쪽을 향하여 방향을 바꾼다.

따라서 예정 절삭면보다 보다 깊게 파여지므로 그 만큼 다듬질 거칠기가 나빠진다.

또 경작형(pluck off type)은 전단각이 작고 불규칙한 칩으로 다듬질면에 경작 흔적을 남긴다.

제 2요인은 **그림 5-9**(a)와 같이 피삭재가 탄성이 생겨 **부풀어 오름**이다. 비교적 이상적인 절삭 상태에서, 거칠기 곡선의 파형 높이가 **그림 5-4**의 H_1 보다 큰 것은 칩과 다듬질면 사이의 간섭현상에 의해 부풀어 오름이 생기기 때문이다. 이러한 **부풀어 오름**이 칩 생성기구와 어떤 관련이 있는지는 아직까지 자세히 밝혀지지 않았다. 그러나 일반적으로 2차원 절삭에 일어나는 측면유동(side flow)과 같은 응력의 정수압 성분에 의한 자유면 변형의 일종이라고 생각된다.

절삭날–공작물간의 상대위치 변동은 공작기계의 주축, 베어링(bering)의 회전정도, 각 sliding

안내면의 형상오차 등이 운동기구를 흔들리게 한다. 피삭재의 불균일성, 불연속 칩 생성 등이 절삭력의 변동을 일으켜서, 공구와 공작물의 탄성변위를 변동시킨다. 그 결과, 절삭두께나 절삭폭이 변화하는 절삭날 다듬질면에서는 주로 절삭폭 방향의 변동이 다듬질 거칠기 H_4를 좌우한다. 위의 불안정 요소의 하나는 절삭계의 **자려진동**(self induced vibration)으로 상대위치가 변동하여 진폭을 증가시킨다.

다듬질 거칠기 H_4는 각종 nose의 강제진동에 의한 채터링(chattering)이 중첩된 결과이다.

그림 5-10(a)는 같은 공작기계(선반)로 같은 공작물과 절삭조건에 따라 절삭할 때에 거칠기 곡선을 비교한 것이다. 즉 다듬질 거칠기는 공작기계의 성능에 따라 큰 차이가 생긴다.

번호	회사별	조도곡선	이송	H_{max}
1	A 회사 B 회사	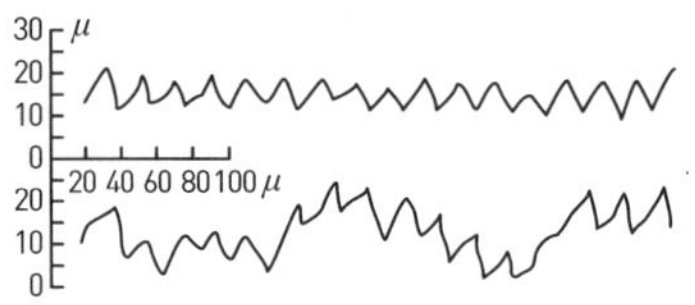	0.2 0.2	9 22
2	C 회사	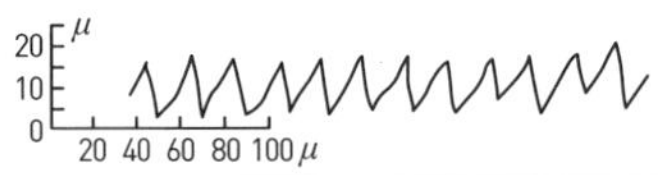	0.2	15
3	D 회사		0.2	11
4	E 회사	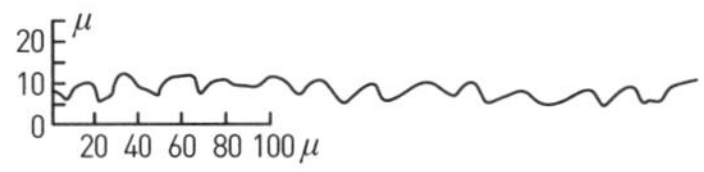	0.2	7.5
5	F 회사 G 회사	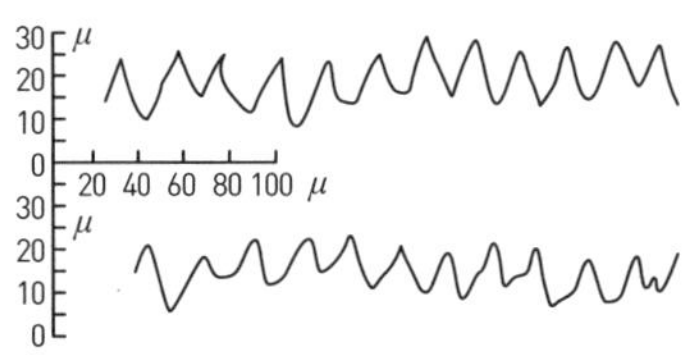	0.2 0.2	16 15

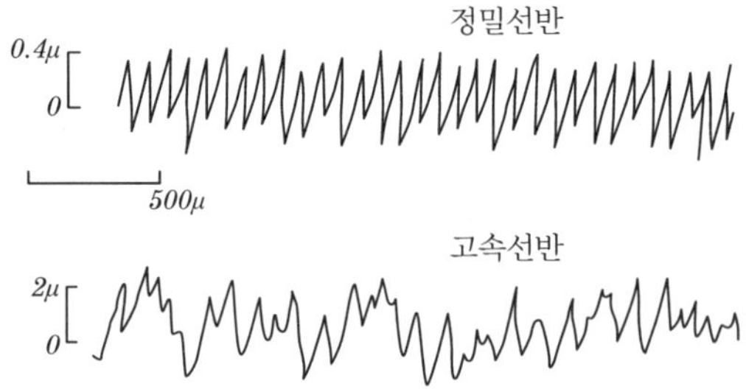

[그림 5-10] 공작기계의 정도에 의한 다듬질면의 상이

그림 5-10(b)는 작은 이송으로 다듬질 선삭을 하는 경우에 정밀선반과 보통선반의 정밀도를 비교한 것이다. 따라서 정밀한 다듬질면이 필요하면 알맞은 공작기계를 잘 선택해야 한다.

다듬질 거칠기가 정상영역에 속하고 공구마모나 결손이 없는 유동형 칩이라고 가정하면, H_3와 H_4는 거칠기 곡선의 파형 분석으로부터 구할 수 있다.

그림 5-11에서 H_1이 계산된 이상 거칠기이다. 이 파형과 거칠기 곡선의 길이와 높이를 비교하여 전체의 거칠기 H_m에서 $H_1 + H_3$를 빼면 H_4가 구해진다. H_3는 양호한 유동형 칩인 경우에, 앞에서 설명한 부풀어 오름에 해당된다. **그림 5-12**는 H_1, H_3, H_4가 어떤 비율로 분포되었는지 나타낸 것이다. 조건에 따라 다르지만 H_3와 H_4는 chattering이 없는 경우에 거의 같은 비율로 분포한다고 해도 좋다.

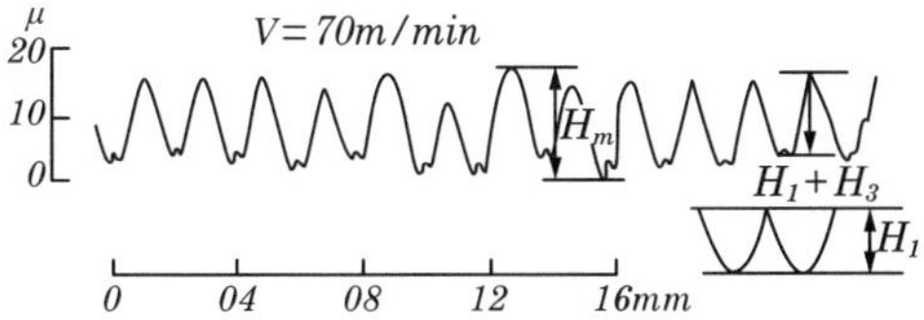

[그림 5-11] 거칠기 곡선에서 H_3, H_4의 도출

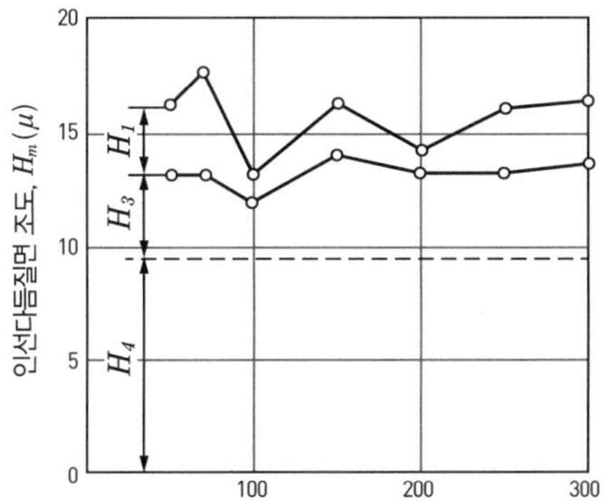

S15 C 탄소강, 초경 *S2* [*0, 0, 6, 6, 8, 0, 0.5*], 절삭깊이 *2mm*, 이송 *0.2mm/rev*, 건절삭

[그림 5-12] 날끝 다듬질 거칠기의 구성요소

결손과 마모로 발생하는 거칠기 H_5중에서 결손을 제외하면 마모에 의한 거칠기만 생긴다. 또 공구가 마모되면 앞에서 설명한 여유면 마모나 경사면 마모와 함께 절삭날의 날끝 모서리에 마모가 생긴다. **그림 5-13**은 서로 다른 날끝 모서리를 가진 공구로 선삭을 했을 때, 시간에 따른

다듬질 거칠기의 변화이다.

확실히 **날끝 모서리**(切刃陵)가 큰 공구일수록 다듬질 거칠기는 커지며, 이것은 **그림 5-9**의 부풀어 오름이 발생하기 때문이라고 생각된다.

저속영역에서는 날끝 모서리 부근의 소성유동이 구성인선으로 전환되는 경우도 많다. 또, **그림 5-13**에서 $p = 20\mu m$인 경우, 절삭 도중에 다듬질면이 좋아지면서 $p = 20\mu m$의 곡선과 일치한다. 그 이유는 마모가 약간씩 진행되면서 결국, 날끝 모서리의 반경이 감소하여 모든 공구가 같은 날끝 모서리 반경으로 되어버리기 때문이다. 이와 같이 날끝 모서리 반경은 공구 마모가 작은 범위에서 작업하는 정밀 다듬질인 경우에 매우 중요하다. 그러나 약간의 마모만 발생하는 보통의 절삭에서는 마모에 의한 거칠기가 더욱 중요하다.

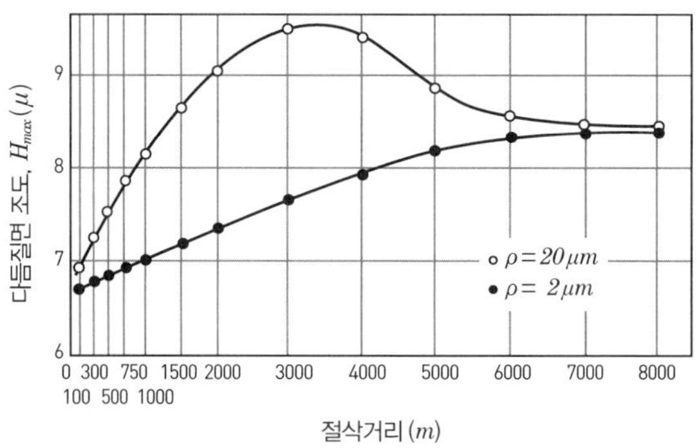

탄소강(인장강도 72kg/mm²), 초경 P25(경사각 5°, 여유각 5°, 편인바이트), 절삭속도 80m/min, 이송 0.64mm/rev, 건선삭

[그림 5-13] 절인능의 모서리가 다듬질 거칠기에 미치는 영향

그림 5-14는 **그림 5-4**(a)의 선삭 상태에서 여유면 마모가 진행된 경우를 표시한 것이다. 기하학적 관계에서

$$H = h + \delta \tag{5-6}$$

$$h = \frac{(f-x)^2}{8r} \fallingdotseq \frac{f^2}{8(R - V_B\, tan\gamma)} \tag{5-7}$$

$$\delta = (V_B' - V_B)tan\gamma + (V_B^{2\prime} - V_B^2)/D$$

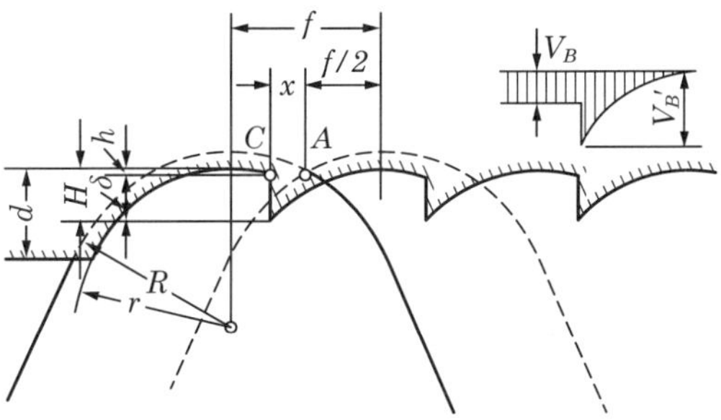

[그림 5-14] 전면 여유면의 경계마모에 의한 거칠기의 증대

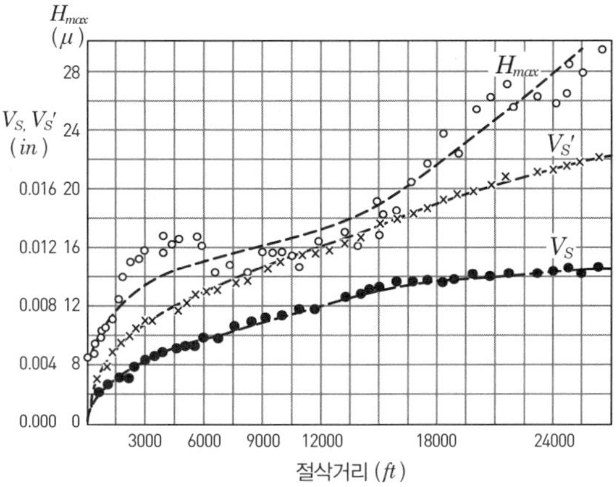

0.45% 탄소강, 초경공구, 경사각 *0°*, 여유각 *8°*, 절삭깊이 *0.25mm*, 이송 *0.2mm/rev*, 절삭속도 *230m/min*, 건절삭

[그림 5-15] 절삭거리에 의한 다듬질 거칠기, 전면여유면 마모 폭의 변화

따라서

$$H_m = \frac{f^2}{8(R - V_B\, tan\gamma)} + (V_B' - V_B)tan\gamma + \frac{V_B^{2\prime} - V_B^2}{D} \tag{5-8}$$

가 된다.

단, V_B'는 전면 여유면의 경계 마모 폭, V_B는 **경계마모**를 제외한 부분의 평균 마모 폭, γ는 공구 여유각, D는 피삭재 지름, R은 마모가 없을 때의 nose 반지름, f는 이송량이다.

일반적인 조건에서는 식 (5−8)의 제3항은 아주 작고, 제1항은 $f^2/8R$와 큰 차이가 없으므로 마모에 의한 거칠기의 증가량 H_5는 제2항에 해당한다고 생각해도 좋다. **그림 5-15**는 V_B', V_B 및 H의 절삭거리에 의한 변화를 나타낸 것이며, 그림의 점선 곡선은 식 (5−8)에 의한 거칠기를 계산한 결과이다. 계산 결과가 실제 값과 잘 일치하는 것을 알 수 있다. 보통은 마모의 진행과 함께 다듬질 거칠기가 악화되지만 도중에 갑자기 개선되는 경우도 있다. 이러한 이유는 마모상황에 따라 nose 반지름이 커지고, V_B'의 성장이 정지되면서 V_B만이 증가하기 때문이다. 그러나 거칠기는 양호하더라도 마모에 의해 다듬질면의 규칙성을 잃거나, 광택 등 외관상의 가치가 감소되는 것은 피할 수 없다. 지금까지 다듬질 거칠기에 대해서 설명하였지만 주 절삭날 다듬질면은 이송마크만 제외하면 날끝 다듬질 면의 특성과 같다.

또, 다듬질 거칠기에 대한 **절삭조건**(절삭속도, 이송, 절삭깊이, 절삭재), 공구(형상, 재질, 다듬질, 정도, 강성), 공작물(재질, 형상, 강성, 설치 방법), 공작기계(각부의 정밀도와 강성)의 영향을 개별적으로 설명하지는 않았다. 그러나 이미 설명한 거칠기의 다섯 가지 요소는 공구 경사각, 절삭온도, 구성인선, 공구마모 및 절삭저항 및 진동 등에도 밀접하게 관계된다. 또한, 밀링 절삭이나, 드릴가공과 같이 절삭방법이 다른 경우에도 다듬질 거칠기 요소가 공통적으로 적용되므로 각각의 특성을 잘 검토해야 한다. **표 5-2**는 각기 다른 절삭방법에 따라 얻어지는 거칠기의 범위를 표시하였다.

5.2 구성인선

5.2.1 구성인선과 그 영향

구성인선(built-up edge, built-up nose)이란 공구날의 경사면이나 여유면에 고착된 퇴적물로, 절삭날을 대신하여 절삭작용을 하는 것이다. 그러나 실제로 퇴적물은 아주 다양한 형태이므로 "어디까지를 구성인선으로 볼 것인가?"가 중요하다. 예를 들면, **그림 5-16**(a)의 전형적 구성인선에 대해서, **그림** (b)는 공구날의 일반적인 절삭 상태이고, **그림** (c)는 우발적인 부착물일지도 모르며, **그림** (d)는 구성인선보다는 **대류층**인 소성흐름에 해당된다.

이러한 점에서 너무 깊게 설명하는 것도 본 교재의 목적이 아니라고 생각된다.

따라서 구성인선은 퇴적이 고착하여 거시적(절삭두께의 몇 분의 일 정도)퇴적두께를 가지고 절삭상태를 변화시킨다면 날끝의 부착물이나 대류층까지도 포함되어야 한다.

구성인선의 생성기구를 완전히 설명할 수 있는 정량적 해석은 아직도 없고, 정성적으로 밝혀진 연구들이 많다. 우리는 이를 검토하면서 구성인선의 발생, 성장에 대하여 고찰하여 보자.

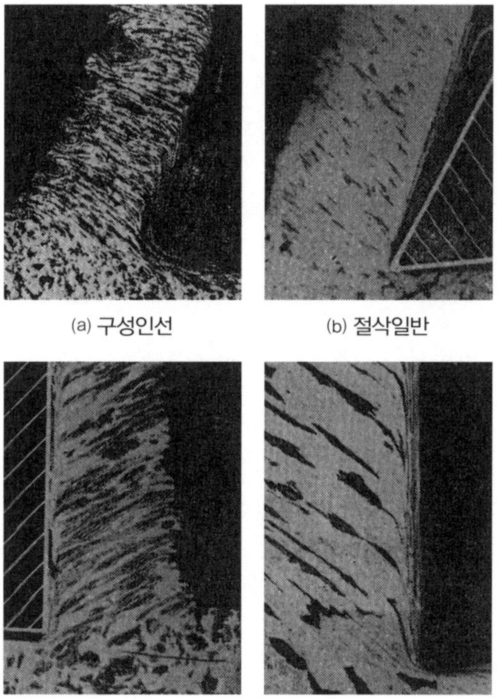

(a) 구성인선 (b) 절삭일반

(c) 부착물 (d) 대류층

[그림 5-16] 구성인선과 그 유사상태

X-선 회절, 화학분석 및 금속조직을 관찰하면, 구성인선은 특수한 다른 물질이 쌓인 것이 아닌, 피삭재의 일부가 큰 소성변형을 받은 상태로 퇴적되었기 때문에 금속조직이 모재와 다르지 않다. **그림 5-16**의 조직의 유동 상태를 살펴보아도 구성인선은 큰 소성변형에 의해 가공경화된 것이라고 생각된다. 한편 **그림 5-17**과 같이 구성인선, 모재 및 칩의 경도를 비교해 보면, 구성인선의 경도가 아주 높다. 이러한 경도가 냉각 후의 시편을 측정한 것이므로 공구 날끝을 대신하여 절삭 작용을 할 만큼 절삭 중(**그림 5-17**)에 경도를 유지한다고 생각되지는 않는다.

또한 가공경화로 구성인선의 경도가 높지만 모재와 동일 조직이며, 재결정도 생기지 않는다.

만약 구성인선이 발생하는 물리적 배경이 가공경화에 의한 압력융착 기구라고 가정해 보자. 구성인선은 칩 금속이 경사면에 부착되므로 **그림 5-16**(a)와 같이 실제 접촉부에서 발생하기 쉽다.

칩이 소성변형과 함께 가공경화에 의해 파단한다면, 연한 금속의 안쪽에 미세한 금속분을 남기게 될 것이다. 그러면 미세한 금속분의 부착 개수나 크기도 증가하여 부착된 금속막에 가까운 두께를 가진다. 이런 상태에서 칩이 연속적으로 퇴적되면 구성인선은 마치 얇은 종이를 포개어

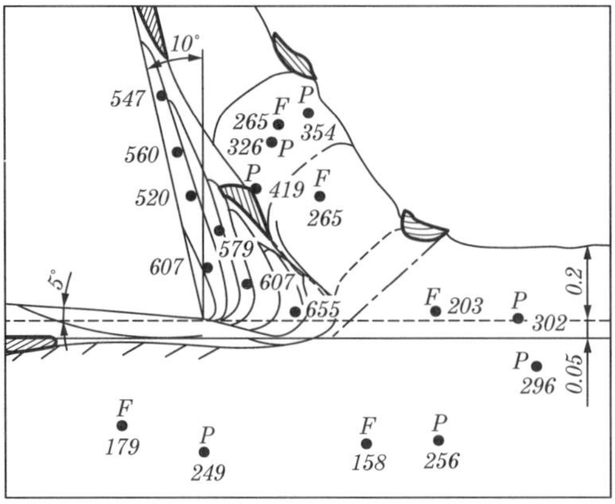

마이크로 비커어스경도(하중 *50g*), *P pearlite*, *F ferrite*, *0.3%* 탄소강(풀림), 초경 *S2*, 경사각 *10°*, 절삭두께 *0.2mm*, 절삭 폭 *3mm*, 절삭속도 *22m/min*, 건절삭

[그림 5-17] 구성인선, 칩, 피삭재의 경도 차이

놓은 것처럼 성장하게 된다. 이러한 퇴적과정으로 구성인선이 생성되었다면 금속 조직의 재질은 비결정질이며, 모재와 다른 유동된 상태로 관찰될 것이다. 실제로는 비정질층이 발견되지 않으므로 위에서 언급한 압력응착기구로 보기는 어렵다. 한편 절삭날 부근의 경사면 일부에 집중적으로 칩이 부착되고 접촉면에서 떨어진 내부에서 파단되며 눈으로 보일 정도의 **구성인선 핵**이 생긴다. 다만 핵의 크기는 실제 접촉점의 치수와 관계가 없다.

그림 5-18은 측면에 세로방향의 선이 있는 6-4 황동 판을 평삭할 경우에 구성인선의 핵이 발생한 기구로, 경사면에서의 2차 소성유동의 일부가 돌연 분리하여 핵으로 발생할 수 있다. 또 **그**

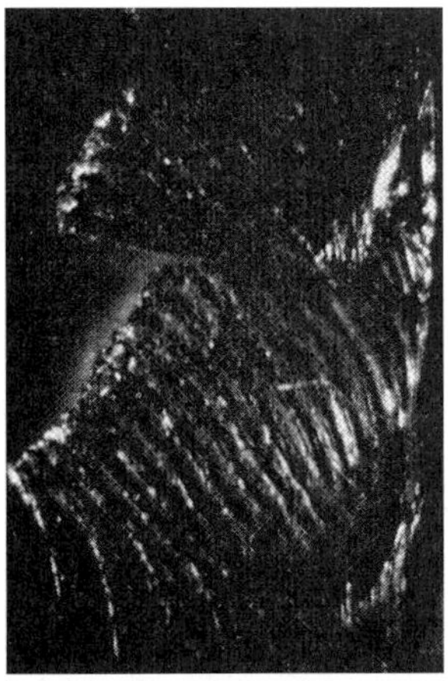

4-6 황동, 고속도강 *SKH-3*, 경사각 *5°*, 절삭두께 *0.8mm*, 절삭속도 *0.2 m/mm*, 건절삭

[그림 5-18] 구성인선 핵의 발생

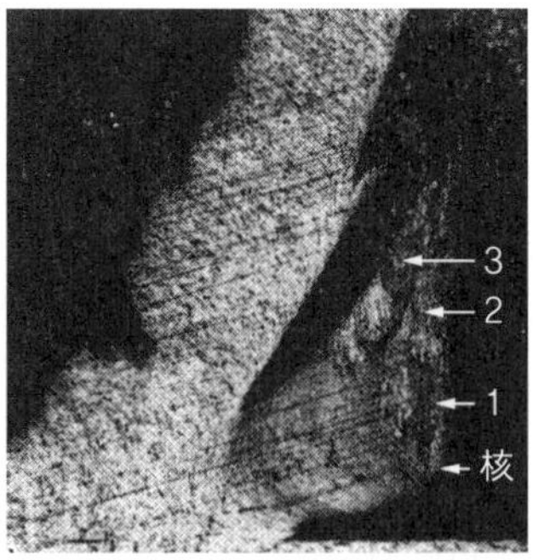

[그림 5-19] 구성인선의 층상조직과 간헐적 성장과정

림 5-19의 부식 현미경 사진을 보면, 구성인선은 핵이 발생한 후에 계속 성장하면서 가끔 칩이 내부 파단할 때, 나온 분리 편이 퇴적되면서 구성인선으로 형성되는 것을 알 수 있다. 특히 구성인선의 **층상조직**이 2차 소성유동과 같이, **펄라이트**(Pearlite)와 **페라이트**(Ferrite)층으로 구별되고 2차 소성유동의 일부가 크게 분리하여 퇴적되었지만, 마모분과 같은 미립자가 연속적으로 퇴

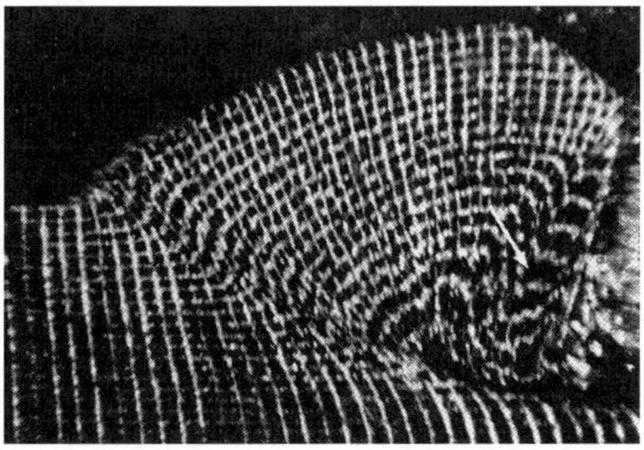

4-6 황동, 고속도강 SKH-3, 경사각 15°, 두께 0.9mm, 절삭속도 13 m/min, 건절삭

[그림 5-20] 전단형 칩생성에서 구성인선의 경사면 변형영역

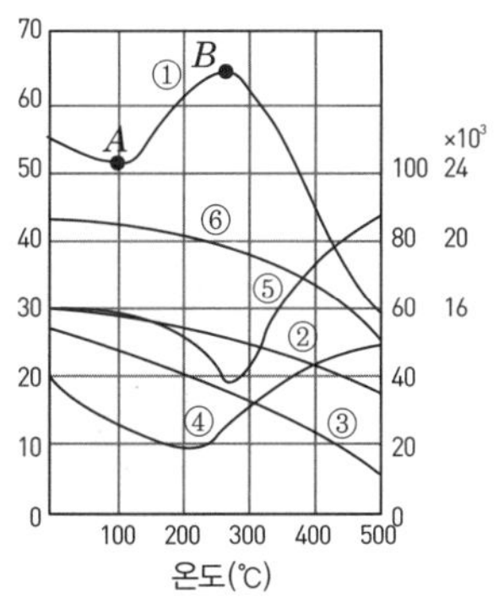

(a) 0.25% 탄소강

① 인장강도, ② 항복점, ③ 탄성한도(kg/mm^2) ④ 연신율, ⑤ 교차율(%) ⑥ 종탄성계수(kg/mm^2)

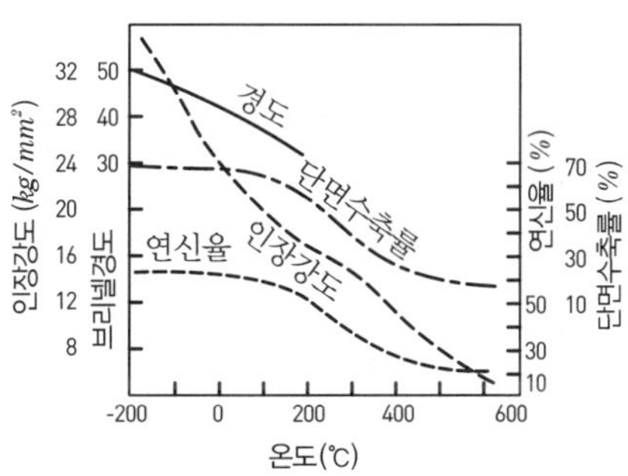

(b) 순동

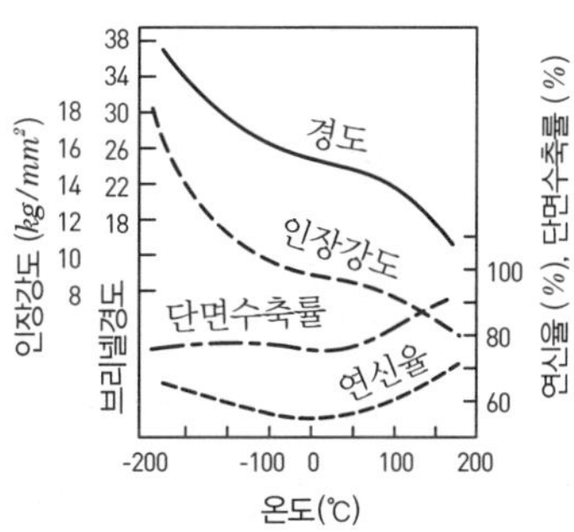

(c) 알루미늄

[그림 5-21] 온도변화에 의한 각종 재료의 기계적 성질

적한 비결정질 구조는 아니라고 생각된다.

이와 같이, "구성인선이 발생되는 원인은 절삭날 부근의 칩 내부에 어떤 소성 조건이 구비되면 내부 파단이 가능할 것인가?"라는 거시적 문제이며, 응착기구나 그 밖의 계면물질과 같은 미시적 문제는 아니라고 할 수 있다. 그러므로 압력응착과 가공경화는 구성인선이 발생하는 예비적조건에 지나지 않는다. 만약 이것이 필수 조건이라면 어떤 금속에서도 구성인선이 발생할 수 있기 때문이다. 그러나 실제로 구성인선은 강류, 알루미늄합금, 4-6 황동 등 한정된 재료(공작물) 이외에는 발생하지 않는다.

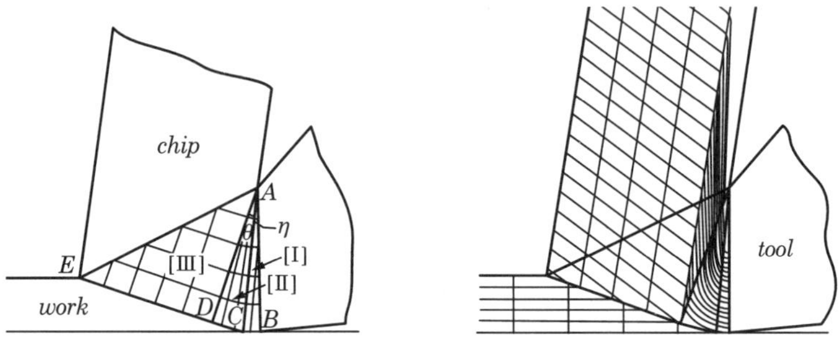

(a) 접촉면 구속공구의 미끄럼선장과 격자변형의 이론 해석

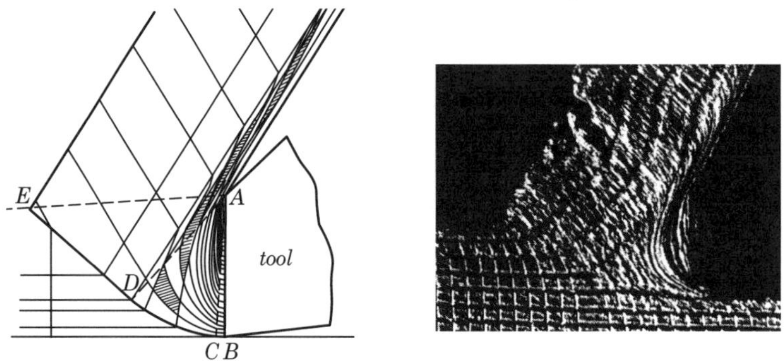

(b) 절삭두께에 대한 접촉길이를 충분히 작게 한 경우

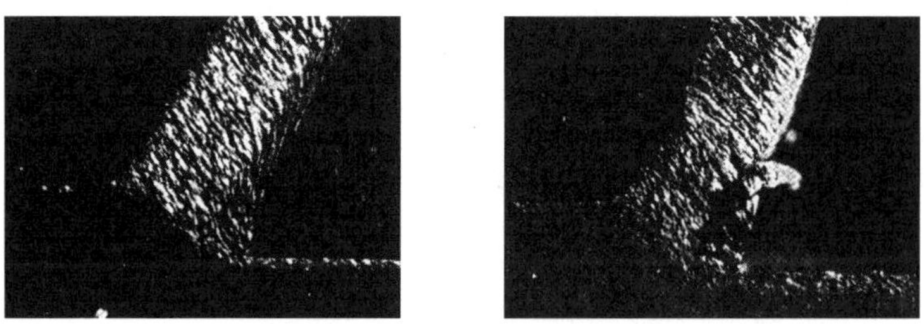

(c) 동일 절삭조건에 있어서 구성인선의 돌연발생

[그림 5-22] 칩 접촉길이의 구속과 구성인선

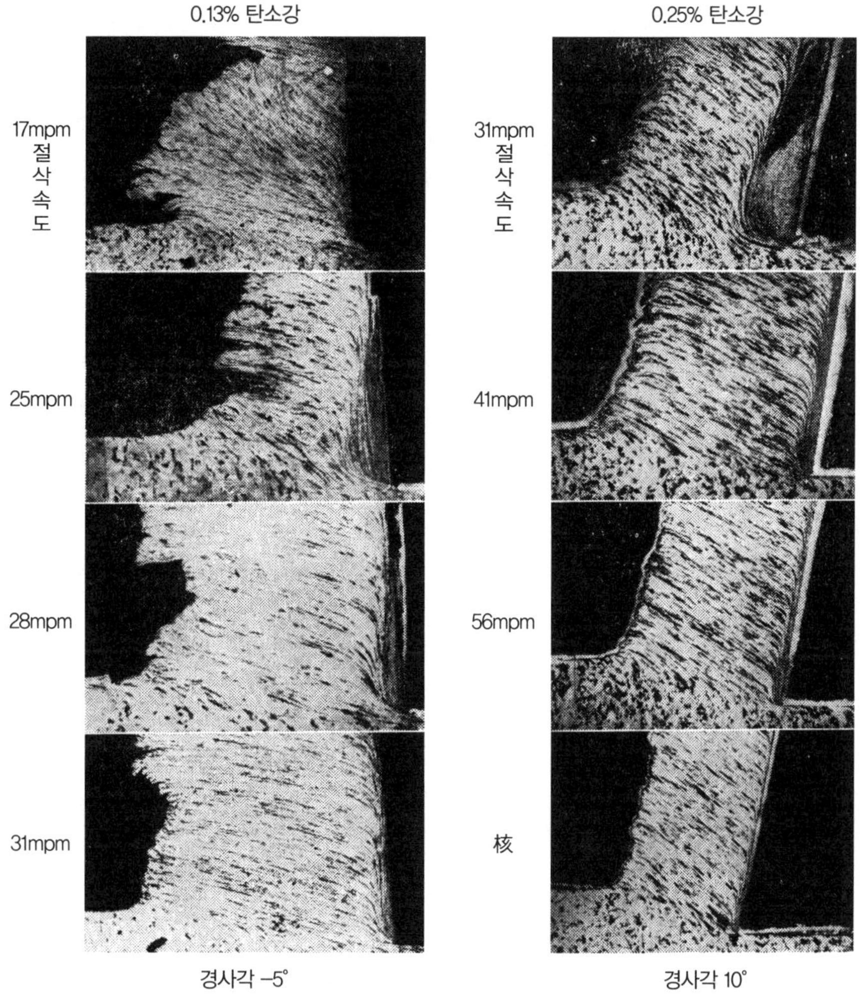

초경공구(P20), 절삭 폭 3.5mm, 절삭두께 0.3mm, 건절삭

[그림 5–23] 절삭속도에 의한 칩 생성의 변화

또한 확실한 경사면 응착이라면, 절삭방정식에서 전단각은 아주 작고, 칩은 불규칙한 경작형(pluck off type)이나 전단형(shear type)이 되므로 다른 곳에서 먼저 파단될 것이다. 물론 순수한 강, 순수한 알루미늄 등의 저속절삭에는 이런 경우도 있다. 내부 파단 발생은 **그림 5–20**과 같이 칩 본체와 경사면 응착 사이에 제1미끄럼선(제1slip선)방향에 강한 전단 변형의 집중으로 발생하지만 실제로는 온도, 변형 및 변형 속도, 가공경화, 이방성 등이 복잡하게 관계된다.

상세한 해석은 아직도 불충분하나 하나의 암시를 주는 이론은 M. C Shaw의 **청열취성**(blue brittleness)이다. 청열취성은 주로 강 종류를 절삭할 때에 재료강도와 관계되는 온도 특성이 있으로, **그림 5–21**과 같이 특정 온도(200~300℃)에서 고온강도가 저온강도보다 큰 현상을 말한다. 이것은 시효경화 현상으로, 변형 속도나 탄소량이 클수록 구성인선은 고온 영역에서 발생한다.

7장 **그림 7-27**의 온도분포처럼 끝에서 경사면으로 향할수록 온도가 높기 때문에 **그림 5-21** (a)의 B점이 경사면에 대응되고, A점이 내부파단의 발생 위치에 해당되므로 열에 의한 강도 차이로 구성인선이 생성 탈락된다.

즉 **그림** (b), (c)와 같이 동, 알루미늄에는 청열취성이 적고, 강 종류에서 큰 것은 청열취성과 같은 구성인선의 발생 현상과 관계가 깊다. 물론, 청열취성이 문제되지 않는 금속이라도 파단을 일으키는 역학적 조건을 만족하는 특수한 공구(拘束工具)를 사용하면 구성인선이 발생한다. 예를 들면, **그림 5-22**와 같이 경사면과 칩 사이의 접촉길이를 인위적으로 구속 축소시킨 공구는 **그림** (a), (b)와 같은 소성유동이 경사면 앞쪽에 발생하면 **그림** (c)와 같이 쉽게 구성인선으로 전환하기 쉽다. 결손된 절삭날에 구성인선이 쉽게 발생하는 것은 소성유동의 핵분이 침전되어 사재(死材)로 고정되기 때문이다.

다음은 절삭조건에 따른 구성인선의 발생과 소실에 대하여 생각해 보자. 구성인선이 발생하는 물리적 배경이 압력응착과 가공경화에 있으므로, 공구를 재결정온도 이상으로 가열하면 가공경화성을 잃어버리고 구성인선은 소실된다고 한다.

그림 5-23은 탄소강을 각종 절삭조건으로 절삭할 때, 생성된 칩의 현미경사진을 비교한 것이다. $V = 25\mathrm{m/min}$정도에서 최대였던 구성인선은 절삭온도와 함께 절삭 날에서 퇴화되거나 경사면에서 2차 소성유동과 함께 탈락된다. 즉, 절삭속도가 증가하면 2차 소성유동 층의 두께가

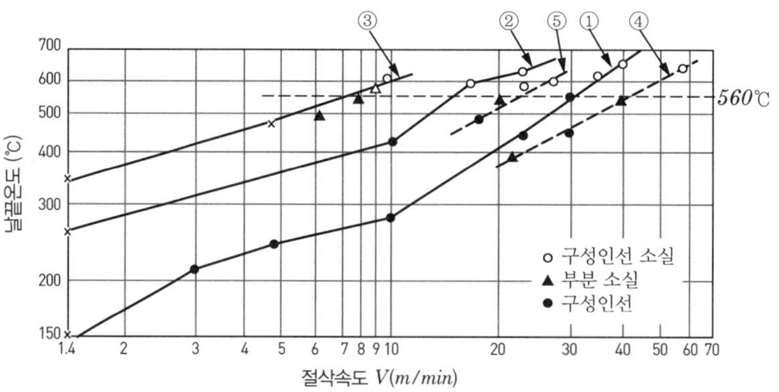

① 2차원 절삭, 이송 0.1mm/rev　② 전기로에서 200℃로 가열해서 절삭, 2차원절삭,이송 0.1mm/rev
③ 전기로에서 400℃로 가열해서 절삭, 2차원절삭,이송 0.1mm/rev　④ 3차원절삭, 이송 0.1mm/rev
⑤ 3차원철삭, 이송 0.2mm/rev

0.4% 탄소강, 초경 S1, 경사각 0°, 절삭깊이 2mm

[그림 5-24] 절삭온도와 구성인선의 소실

증가하면서 얇은 퇴적과 함께 일부는 칩에서 분리되여 구성인선으로 전환된다.

분명히 구성인선이 부착되지 않는 절삭온도가 고속영역에서 존재하고 이러한 온도는 절삭조건과 관계없이 거의 일정하다. **그림 5-24**와 같이 절삭형식, 절삭두께 및 공작물 가열 유무에 관계없이 구성인선이 부착되지 않는 온도는 약 560℃ 정도로 일정하다.

입력 energy u의 값이 V, t_1에 따라 변화하면, 절삭온도는 $\sqrt{Vt_1}$에 비례하고, **그림 5-25**(a)에서와 같이 일정한 Vt_1의 값(일정온도) 이상에서 구성인선이 부착되지 않는다고 한다. 또, 공구경사각이 크면, 제7장에서 설명한대로 절삭온도가 감소하더라도 **그림** (b)와 같은 Vt_1의 값까지 구성인선이 존속한다. 이러한 이유로 냉각성이 높은 절삭유재를 사용하면 고속영역까지 구성인선이 소실되지 않는다(**그림 5-30** 참조). 또한 구성인선은 칩의 뒷면이나 절삭 다듬질 면이 매끈할 때, 날끝에 구성인선이 부착되지 않는다고 하지만, 아직도 대류층이 남아있고, 전자현미경으로 관찰하면 **그림 5-26**과 같이 칩 본체와의 분리된 연쇄적인 크랙(crack)군도 보인다. 그리고 대류층을 구성인선으로 본다면 상당한 고속까지 소설되지 않는다고 생각된다. 결국은 구성인선의 소실온도는 **재결정 온도**와 깊은 관계가 있다. 재결정 온도란 소성변형에 의해 변형 또는 세립화 된 결정립이 성장(再結晶)을 개시하는 온도이며, 결정립의 성장과 함께 가공경화가 소실되어 가는 과정이다.

아공정 탄소강(0~0.85% C)을 압연 등 냉간가공 했을 때에 약 500~550℃에서 재결정이 일어나고, 600℃ 정도에서 활발하게 결정립이 성장한다.

본래 재결정 온도는 가공도와 관계되고 높은 변형을 받을수록 낮아진다. 또, 결정립의 성장은 당연히 가열 시간이 길수록 빠르지만 경사면의 진실 접촉부에서 **가공경화**가 발생하지 않도록 경화와 함께 충분히 재결정이 진행되어야 한다. 또 "공구 경사면에 있는 페라이트(Ferrite)와 펄라이트(Pearlite)의 칩 조직에서 재결정이 일어나느냐?"는 확인되지는 않았지만, 실제로 접촉부에서 칩이 변형할 시간이 짧으므로 충분히 재결정이 진행된다고 보기는 어렵다.

구성인선이 소실되는 원인은 재결정과는 직접 관계되지 않더라도, 절삭 중 경사면의 연화로 가공경화가 없어지면, 경사면의 실제 접촉부의 강도는 칩 본체와 차이가 없기 때문이다. 결과적으로 접촉부에서 파단된 금속편이 퇴적되어 있다가 다시 소멸하는 과정이라고 볼 수 있다. 이 상태의 온도는 거의 일정(560℃)하고, 보통 강재의 재결정온도와 비슷하다. 이상은 탄소강의 구성인선에 대해서 설명하였지만 다른 재료에서도 일정온도가 되면 구성인선이 소실된다고 한다. **그림 5-25**는 공구재료에 의한 구성인선의 탈락 속도를 비교한 것이다.

그림 5-26의 해석에 의하면, 열전도율이 작은 공구재일수록 구성인선이 발생하는 온도는 높

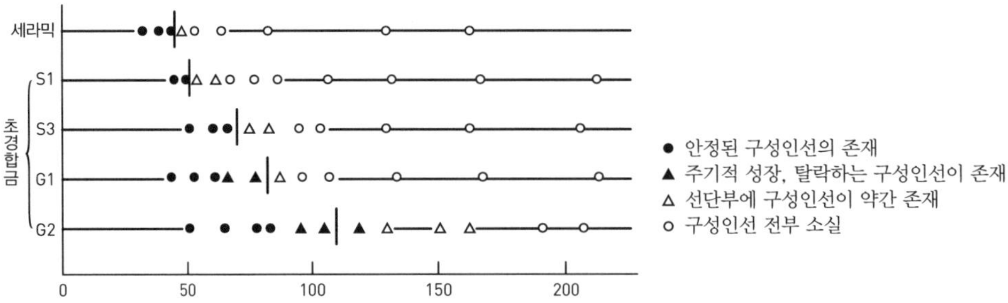

0.45% 탄소강(풀림), 공구형상[*0, 6, 6, 6, 8, 0, 0.5*], 절삭깊이 *1mm*, 이송 *0.1mm/rev*, 건절삭

[그림 5-25] 공구재질에 의한 구성인선 소실속도의 차이

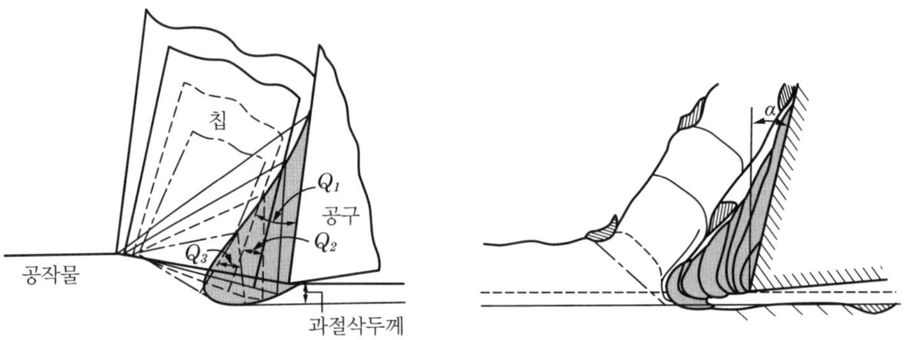

(a) 구성인선의 성장기구 모형 (b) 구성인선 성장의 실제

[그림 5-26] 구성인선의 성장과 절삭상태의 변화

지만 그 만큼 낮은 절삭속도에서 소멸한다. 또한 **그림 5-23**과 같이, 구성인선은 낮은 속도영역에서 다시 발생하지 않는다.

이유는 충분히 알려져 있지 않지만 칩의 온도분포가 균일하므로, 구성인선으로서 분리되어야 할 2차 소성 유동의 집중이 경사면 부근에 생기지 않는다는 것과, 낮은 절삭온도에서 변형의 취성적 경향이 증가하므로, 구성인선으로 분리되기 전에 전단면과 기타 부분에서 먼저 파단이 일어나기 때문이라고 생각된다.

일반적으로 취성재료(보통 주철, 청동, 유리, 대리석)에는 구성인선이 발생하지 않는 현상은 칩을 파단할 때 생기는 불규칙한 충격응력으로 대류층이 퇴적되거나 성장을 억제하기 때문이라고 생각된다.

다음에는 구성인선이 발생됨에 따른 영향을 설명한다. **그림 5-16**(a)와 같이 큰 구성인선이 있는 경우에 칩은 구성인선의 경사면에 밀착하지 않고 주로 그 끝 부분에 의한 절삭 작용이 이루진다. 그 근거로는 칩 뒷면에 부착된 구성인선이 탈락되거나 생성된 후에도 다시 **연마**(burnishing)된 상태가 발견되지 않기 때문이다. 따라서 구성인선을 가진 절삭 기구는 **그림 5-22**(a)와 같이 접촉면적을 구속한 공구에서 자주 볼 수 있다. **그림 5-16**(a)의 경우에는 "어디까지가 고착(固着) 구성인선이고, 어디부터가 소성유동인가?"라는 구별은 어렵지만, 평균적으로 마이너스 경사각을 이루는 접촉면의 상태를 구속 공구로 보는 것이 타당하다.

접촉면적을 구속한 공구의 절삭기구는 특이한 것이므로 생략하겠지만, 일반적으로 구속한 접촉면적이 적을수록 절삭저항은 감소하고, 평균 전단각은 증가하여 칩 두께가 얇게 된다. 앞의 설명과 같이 2, 3개의 분리 편이 쌓여서 구성인선의 기반이 조성되면 자연적으로 경사면 칩 사이의 접촉 길이는 약간 구속되므로 축소한다. **그림 5-22**(a)와 같이, **구속공구**의 특유한 성질은 경사면에 소성유동이 생기고, 일부는 고착화되어 다시 접촉 길이가 짧아진다. 그리고 **그림** (b)의 유심선형 slip선장이 확대되면 평균 전단각이 증가한다. **그림 5-26**(a)는 이러한 기구에 의한 구

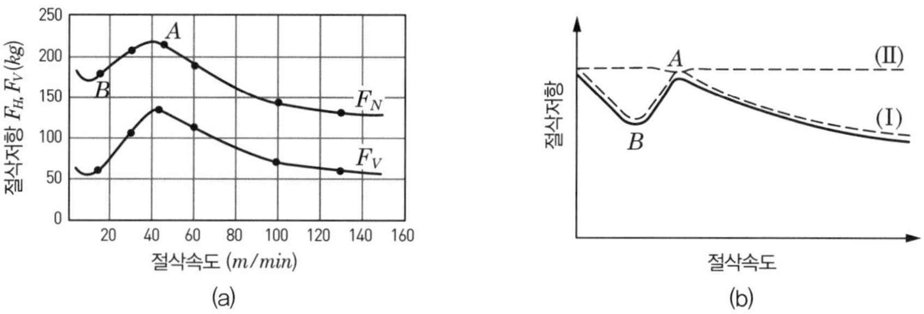

0.8% 탄소강, 고속도강[*10, 0, 5, 5, 0, 0, 0.13*], 절삭깊이 *2.54mm*, 이송 *0.3mm/rev*, 건절삭

[그림 5-27] 구성인선과 절삭저항

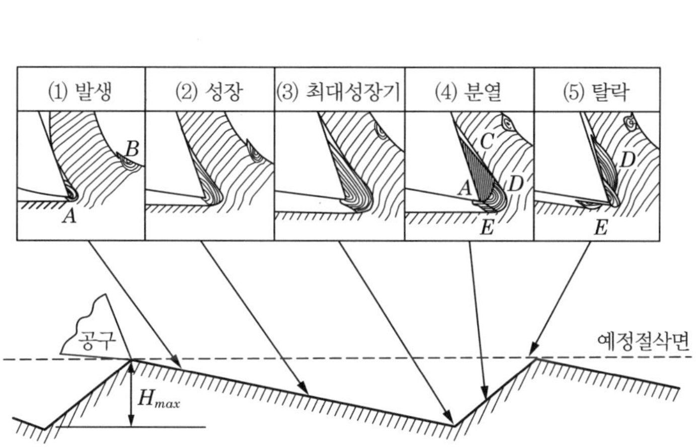

[그림 5-28] 구성인선의 성장 분열과 다듬질면 조도

성인선의 발달과 절삭상태의 변화를 모형적으로 표시하였고, **그림** (b)는 Hoshi에 의해 관찰한 결과를 비교한 것이다.

구성인선이 계속 발달하여 성장하면 작용하는 절삭력 모멘트가 증가하기 때문에 적당한 크기로 탈락된다. 그리고 Lee–Shaffer의 슬립 선장 이론에 의하면, 날 끝의 부착 물질로 작은 구성인선이 발생할 수 있다고 하였으나 보통의 구성인선에는 이 이론을 적용할 수 없다. 또, **그림 5–26**(a)에서 구성인선의 최대 성장기에는 절삭저항이 가장 적고, 칩은 얇게 된다. 구성인선의 끝에서 나온 칩은 공구경사면에 충돌한 후에 크게 구부러진다. **그림 5–27**(a)는 구성인선이 생성될 경우의 속도에 따른 절삭저항 특성이다. 반대로 구성인선이 없는 경우의 속도 특성은 **그림** (b)의 점선 (Ⅰ)이고, 구성인선을 고려하면 점선(Ⅱ)가 된다. 모든 점선을 통합해 보면 실선과 같은 특성 곡선을 얻는다. B점은 구성인선의 **최대성장**, A점은 소실에 해당된다.

다음에 다듬질 거칠기에 관한 영향을 조사해 보자. **그림 5–26**에서와 같이 구성인선에 의해 약간 아래쪽에 표면 거칠기가 형성되었다. 그러나 공구 끝보다 실제 날 끝은 더 깊게 파지므로 그림과 같이 과절삭(overcut) 상태가 된다. 구성인선은 전체적으로 안정되지만 공구 끝에서 생성 또는 탈락 과정을 반복하는 **그림 5–28**과 같은 주기성을 가진다. 이에 따라 과절삭 두께만큼 다듬질 거칠기가 커지고, 불규칙한 구성인선이 생성 또는 탈락되면 다듬질 거칠기는 본래보다 더욱 악화된다.

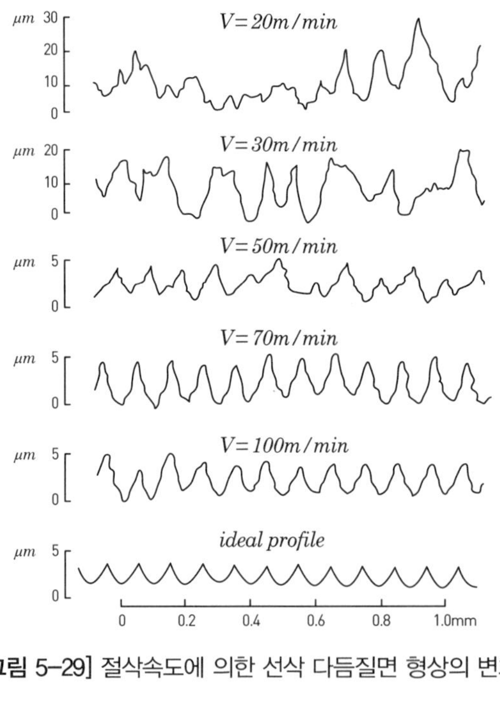

[그림 5–29] 절삭속도에 의한 선삭 다듬질면 형상의 변화

그림 5-29는 선삭가공에 대한 거칠기곡선의 예이다. $V = 50$mpm정도에서 구성인선은 소실하고 공구 날끝 형상을 이송량(feed) 만큼 비껴 주면 규칙적인 **파형곡선**(ideal profile)이 나타나면서 거칠기는 급격히 개선된다. **그림 5-30**은 연삭가공에 대한 절삭속도방향의 다듬질 거칠기의 특성으로, 구성인선이 발생하는 속도에서 매우 악화되는 것을 알 수 있다. 또는 그림에서 절삭유제의 냉각 작용이 구성인선의 범위를 고속 쪽으로 이동시키고 있다.

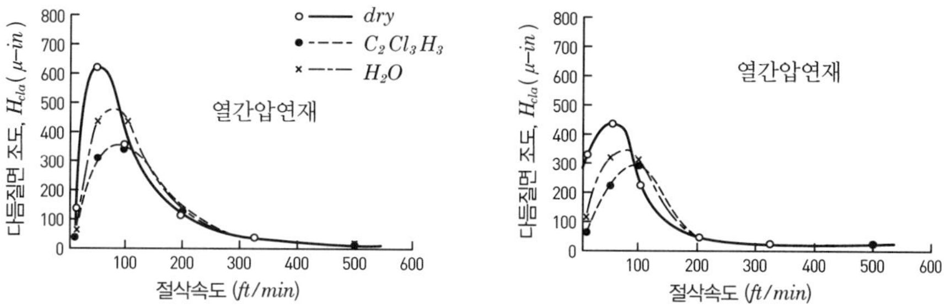

0.8% 탄소강, 고속도강[*10, 0, 5, 5, 0, 0, 0.13*], 절삭깊이 *2.54mm*, 이송 *0.3mm/rev*, 건절삭

[그림 5-30] 절삭속도, 절삭유제에서 절삭방향의 다듬질면 조도의 변화

또, 구성인선 끝은 예리하지 않고 큰 nose "R"과 마이너스 경사각을 가진 공구로 재료를 억지로 밀어내는 둔한 절삭상태로 바꾼다. 이것은 다듬질면에 잔류 변형층을 증가시킨다. 이에 대한 자세한 설명은 5-3절을 참조하기 바란다. 구성인선이 공구수명에 미치는 영향은 다음에 설명하겠지만 그림은 구성인선이 안정, 불안정 영역에서 공구마모에 미치는 영향을 살펴보자. 예를 들면, 인선 끝에서 부분적인 분열이 생기면 구성인선의 경질 파편이 다듬질면을 과절삭하거나, 경사면 위로 배출되면서 경사면 마모를 일으킨다.

*Ferrite*계 구상흑연주철, 초경공구*[0, 5, 10, 5, 15, 15, 0.8]*

[그림 5-31] 구상흑연주철의 절삭에서 여유면 구성인선

또 일반적인 구성인선과는 다른 형태로, 구상흑연 주철, 아연합금 등을 절삭할 경우에 공구 여유면에 **그림 5-31**과 같은 퇴적물이 발생한다. 특히, 이것을 **여유면 구성인선**(flank built-up edge)이라 하여, 일반 구성인선과는 달리 절삭저항, 다듬질 거칠기 및 공구마모 등에 좋은 영향을 미친다. 그러나 발생하는 이유나 공구수명에 대한 구체적인 내용은 별로 알려지지 않았다. 단지 특수한 피삭재(Ca-Si탈산)에서 이러한 구성인선이 발생하기 쉽다고 한다.

5.3 가공 변질층과 잔류응력

(1) 가공 변질층

공구의 절삭날이 아주 예리한 절삭기구라고 한다면 큰 가공 변형층은 아니더라도, 온도분포에 의한 **열변질**(조직의 상변태와 열응력에 의한 소성 변형 포함)층은 잔류한다. 실제로 일정하게 변형하는 전단영역이 존재하므로, 절삭날의 모서리(nose)나 여유면에 마모가 생긴다. 따라서 다듬질면에 가공 변형층이 잔류하는 것은 불가피하다.

그림 5-32(a)는 가공 변형층이 생성되는 기구를 모형적으로 표시한 것이고, **그림** (b)는 조직의 표면에 유동상태가 관찰된다. 이처럼 표면에는 열변질, 조직의 섬유상화, 가공경화, 잔류응력 등이 생긴다. 이와 같이 모재와 다른 성질을 가진 표면을 **가공 변질층**(damaged layer)이라고 한다. 가공 변질층(그림참조)은 표면에 수십 Å정도의 **베일비층**(Beilby layer)이라는 비정질층과, 바로 아래에 섬유조직층, 미립화 결정층이 있고, 끝에는 탄성 변형층이 본래(母)조직과 연결되어 있다. **그림 5-33**은 알루미늄 단결정을 결정학적으로 조사한 것이다. 만약 변질층이 존재하

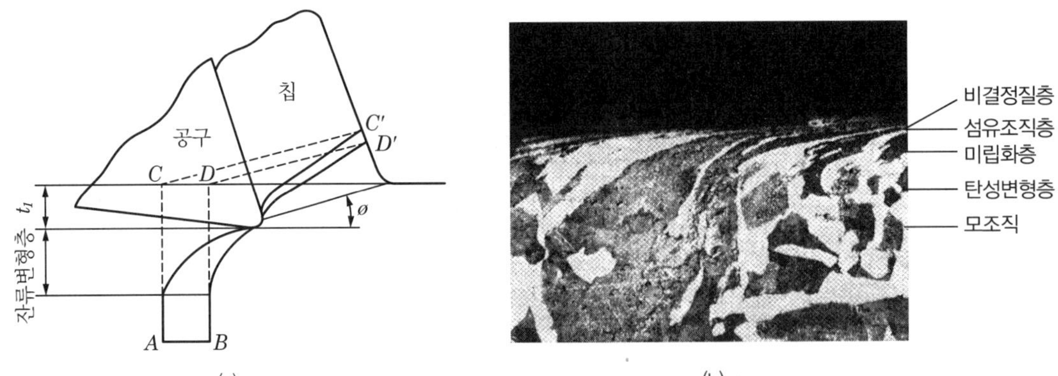

(a) (b)

[그림 5-32] 가공 변질층

면 다듬질면의 내마모성이나 내식성을 저하시키고, 제품의 피로강도, 내충격성, **경년경화**에도 큰 영향을 준다. 특히 섬유 조직층의 경도는 높지만 대부분의 미시적인 균열이나 비결합부를 가진 취성구조이다.

따라서 마모와 함께 부분적인 파괴가 생기거나, 균열에 의한 응력집중은 피로강도나 내충격성을 저하시킨다. 특히 활성이 큰 새로운 면에 균열이 생기면 다른 원소와 잘 결합하여, 내식성을 저하시키는 원인이 된다. 변질층에서 잔류응력이 제거되거나 균열에 따라 유리 원소가 석출되면 시간에 따라 표면상태 또는 형상치수가 변화하는 **경년변화**를 일으킨다.

절삭가공에서, 열 변질층이 발생하기 쉬운 담금질 강, 특수열처리 및 표면처리를 한 재료를 절삭하지 않거나 여유면 마모가 과도하지 않으면, 다듬질면의 표면온도는 절삭온도(경사면 평균온도)보다 비교적 낮은 편이다.

지금까지 연구의 대부분은 중 · 저속 절삭영역에서 실험하였기 때문에 열 변질층에 관한 자료가 많지 않다. 그러나 최근 세라믹 공구나 초경공구로 고속 절삭을 할 경우는 열 변질층도 무시할 수 없다.

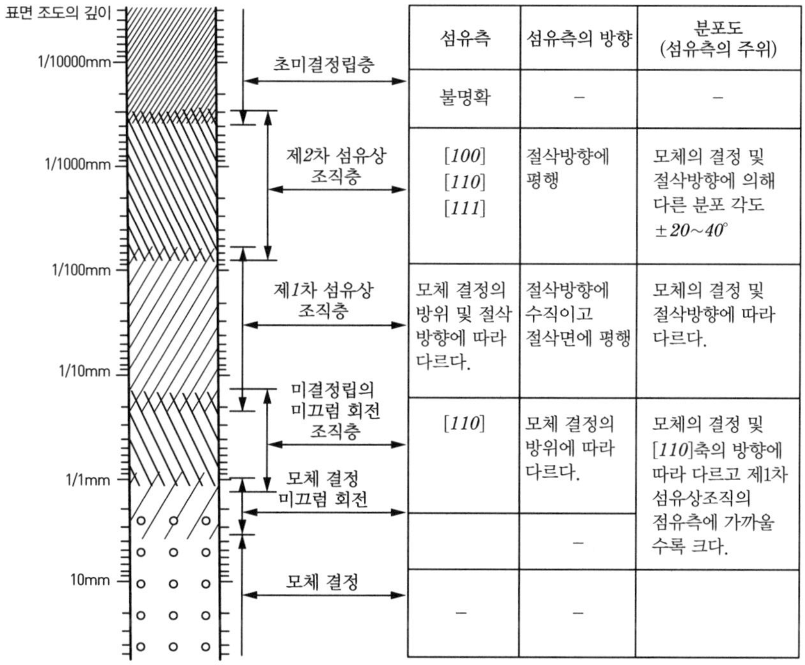

고속도강 공구 [경사각 30°, 여유각 15°] 절삭두께 0.2mm, 절삭속도 50m/min, 건절삭, 2차원절삭

[그림 5-33] Al 단결정의 절삭가공 변질층

[표 5-3] 가공변질층 깊이의 특징과 방법에 따른 결과 차이

고속도강 *SKH-3 [14, 0, 8, 8, 45, 45, 0]*, 이송 *0.14mmpr*, 절삭속도 *14mpm*, 건절삭

(a) 가공변질층 길이의 측정방법

명칭	측정요령
부식법	표면에서 부식을 시키고, 부식속도를 측정해서 부식속도가 일정하게 되는 부식 깊이를 구한다.
현미경법	표면에 수직한 매끈한 면의 현미경조직을 관찰해서 조직의 교란되어 있는 길이를 구한다.
X선법	표면층의 X선회절상을 촬영해서 깊이 방향의 회절상의 변화로 결정이 교란되어 있는 깊이를 구한다.
경도법	표면에 수직한 면에 있어서 경도분포를 측정해서 경도가 일정하게 될 때까지의 깊이를 구한다.
재결정법	시편을 적당한 온도로 가열하여 재결정을 일으키는 두께를 현미경으로 관찰한다.

(b) 가송법에 의한 가공변질층 깊이 측정치의 차이(단위 μ)

공작물재료	절삭깊이(mm)	부식법	현미경법	X선법	경도법	재결정법
0.2% C강 (풀림)	0.1	15~20	30~40	42~55	50~90	50~80
	0.5	30~40	50~60	45~50	130~150	100~130
0.63% C강 (풀림)	0.1	25~35	30~50	30~55	50~130	90~130
	0.5	40~70	60~70	55~65	100~180	160~200

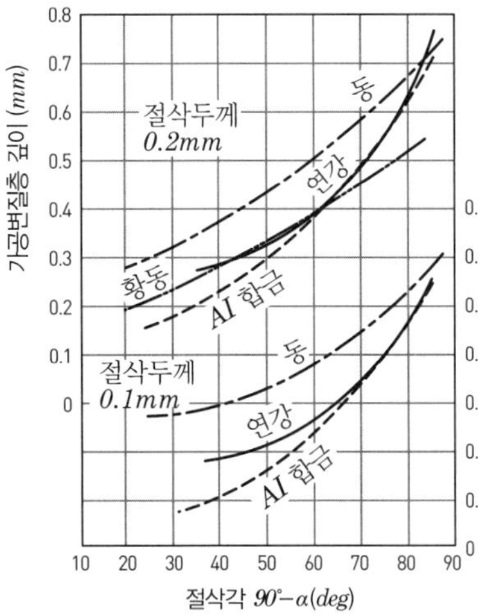

(a) 절삭각(경사각의 보각)에 의한 고공 변질층 깊이의 변화

*X*선법, 고속도강 및 공구강(여유각 *5°*), 절삭두께 *0.1mm*, 절삭속도 *1.1m/min*, 건절삭

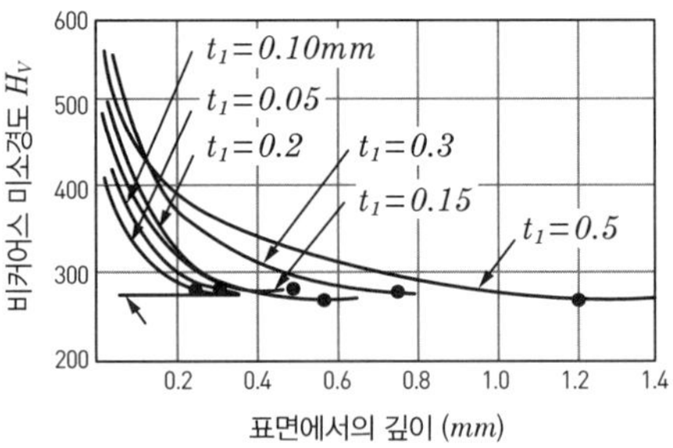

(b) 절삭두께에 의한 변질층 경도분포의 변화

경도법, *18-8* 스테인리스강, 고속도강, *SKH-4* (경사각 *10°*, 여유각 *7°*), 절삭폭 *3mm*, 절삭속도 *7.2m/min*, 건절삭

[그림 5-34] 경사각, 절삭 두께에 의한 가공 변질층의 변화(2차원 절삭)

하나의 예를 들면, 가열 다듬질면의 급냉에 의한 조직 변화나 마텐자이트 변태의 발생, 강중의 잔류 오스테나이트의 분해, 열응력에 의한 잔류응력이 증대하는 곳에는 반드시 열 변질층을 고려해야 한다. 지금까지는 주로 열 변질층의 영향을 받지 않는 중 저속도로 절삭하기 때문에 고속 절삭에 관련된 자료는 매우 부족하다.

가공 변질층에는 **그림 5-32**(b)의 탄성 변형층도 포함되지만 보통은 미세화층까지의 깊이를 가공 변질층의 두께로 본다. 가공 변질층의 두께를 측정하기 위해, **표 5-3**(a)와 같은 각종 측정법이 있고, **표 5-3**(b)에는 각 측정법에 따른 변질층의 깊이를 표시하였다. **그림 5-34**(a)는 2차원 절삭에서 가공 변질층 깊이와 공구경사면의 관계이고, **그림** (b)는 절삭두께에 따른 가공 변질층 깊이를 표시하였다.

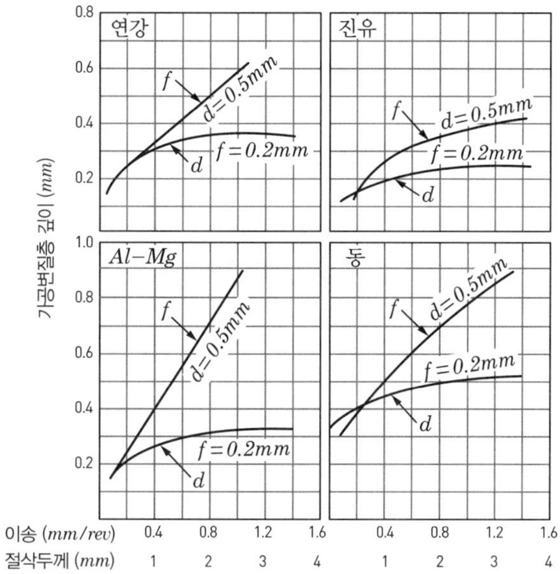

날끝 다듬질면 고속도강 *SKH-4* [10, 23, 6, 6, 30, 30, 1], 절삭속도 5m/min, 건절삭

[그림 5-35] 절삭 두께, 이송에 의한 가공 변질층의 변화

그림 5-35는 3차원 절삭(날끝 다듬질면)에서 절삭깊이와 이송에 따른 변질층 깊이의 변화이다. 두 그림에서, 변질층 깊이는 절삭면적이 크고 경사각이 작을수록(열악한 절삭 상태), 크게 됨을 알 수 있다. 가공 변질층의 발생 원인을 살펴보면, 중 저속 절삭영역에서 가공 변질층은 **그림 5-36**과 같이 거의 절삭저항에 비례하는 경향이 있다.

또, 구성인선이 발생하면 절삭저항은 감소하지만 구성인선의 끝은 분명히 마이너스(-)의 경사각이나 큰 노즈(nose) 반지름을 가지므로 일반적으로 가공 변질층 깊이는 증가한다. 또, 구성인선이 발생하지 않아도 저속영역에는 작은 전단각과 큰 절삭저항에 의하여 전단형 또는 경작형 등의 불규칙한 칩 형태가 되기 쉽고 변질층 깊이도 증가한다. 반대로 절삭속도가 커지면 변질층 깊이는 감소한다.

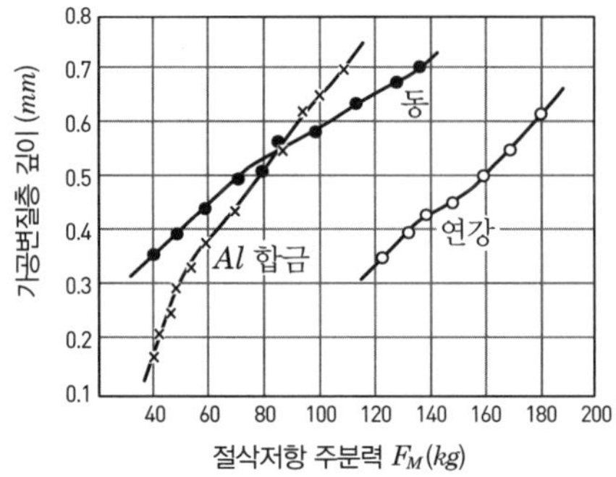

절삭조건은 그림 5-18(a)와 같음, 단 $V = 6.7m/min$, X선법

[그림 5-36] 절삭저항과 가공 변질층의 깊이의 관계

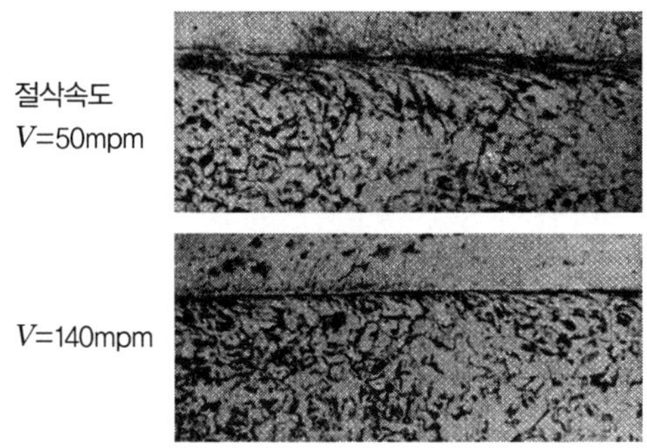

(a) 가공변질층의 절삭속도에 의한 변화

망간-크롬강, 고속도강($V = 50m/min$) 및 초경공구($V=140m/min$), 경사각 14°, 건절삭

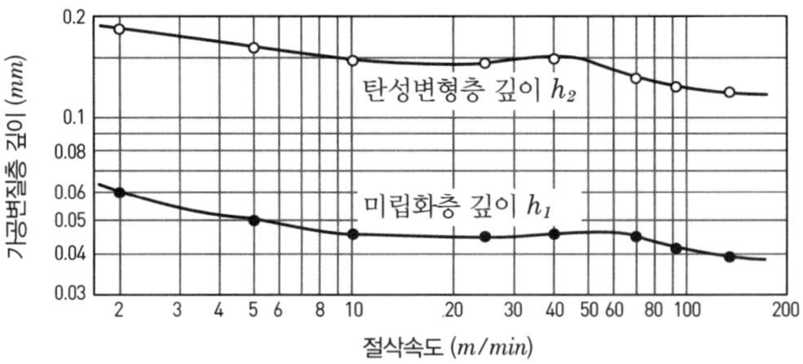

(b) 가공변질층 깊이의 절삭속도에 의한 변화

연상, 고속도강공구, 경사각 30°, 여유각 8°, 절삭두께 0.1mm, 2차원건절삭, X선법

[그림 5-37] 가공 변질층 깊이의 절삭속도에 의한 변화

그림 5-37(a)는 저속영역과 고속영역에서 표면층의 조직을 비교한 것이고, (b)는 절삭속도에 따라 변질층 깊이의 변화를 표시하였다. 변질층 깊이는 공구마모가 진행될수록 증대하고 반복 절삭 회수가 많아 질수록 다소 증대하는 경향이 있다.

그림 5-34(b)는 변질층 깊이에 따른 경도 분포로 변질층 내부의 소성 변형의 상태를 알 수 있다. 즉 내부로 들어 갈수록 가공경화가 감소한다.

보통, 변질층의 경도는 소성 변형과 관계되기 때문에 절삭속도에 따라 감소하는 경향이 있다. 그렇지만 담금질강을 연삭할 경우는 열 변질층의 영향이 강하기 때문에 그 분포현상이 매우 복잡하다. **그림 5-39**는 가공경화가 많은 경우, 각종 공작 방법에 따른 변질층의 경도 분포를 비교한 것이다. 결과는 작업조건에 따라 달라지거나 약간의 차이가 생길 수 있다.

정밀한 다듬질을 할 경우에 가공 변질층 깊이가 점점 감소하는 현상은 다듬질에 작용하는 가공 압력이 적어지기 때문이라고 생각된다.

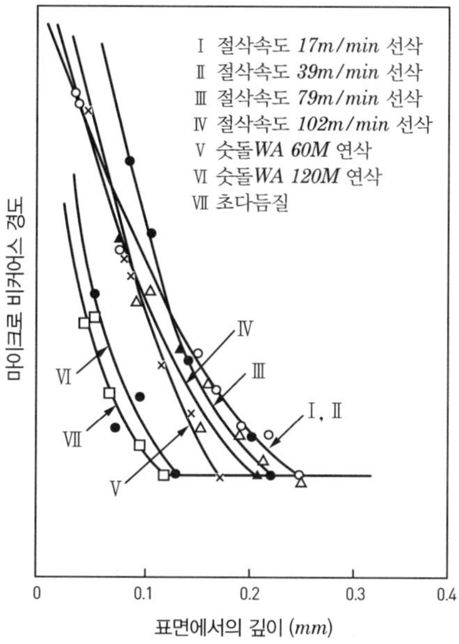

[그림 5-38] 경사각에 의한 다듬질면 경도의 변화

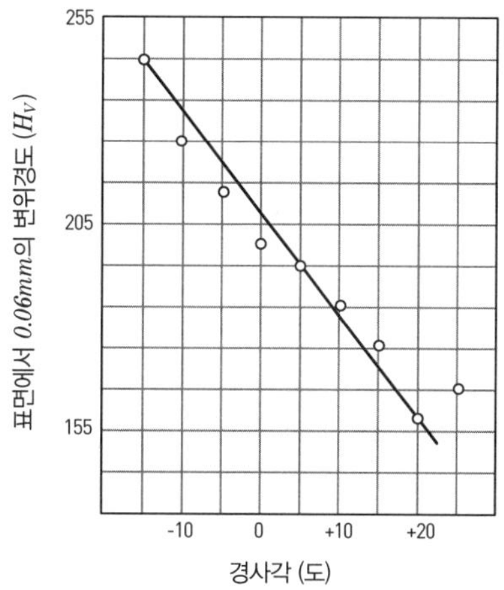

[그림 5-39] 공작법에 의한 가공변질층 경도의 차이

다듬질면에서 가공 변질층의 발생이 불가피하더라도 그것을 경감시키는 하나의 방법으로 **그림 5-40**와 같은 반전 다듬질면 절삭법이 있다. 황삭이나 다듬질가공에서 계속 같은 방향으로 다듬질하면 변질층이 증대하지만, 역방향으로 다듬질하면 표면의 큰 소성 변형이 깎여나가고 아래쪽에 유동 조직이 원상태로 회복한다.

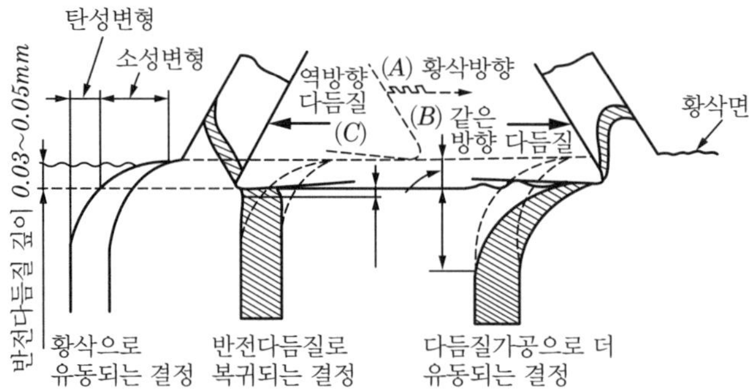

[그림 5-40] 반전 다듬질면 절삭법

즉, 반대 방향의 부하가 작용하면 **바우싱거(Bauschinger)효과**에 의해 가공경화는 다시 회복되고, 아래에 생긴 탄성변형부의 변형 에너지가 점차 소멸된다.

반전 다듬질한 가공면은 일반 다듬질 면보다 다듬질 거칠기가 좋고, 내마모성이 우수하다고 한다.

(2) 잔류응력

잔류응력(residual stress)이란 응력이 작용하지 않는 물체 중에 부분적으로 잔류하고 있는 응력이다. 그러나 내부에서 부분적인 균형을 이루면 밖으로 나타나지 않는다. 그러나 **석출경화**(析出硬化) 등의 원인으로 균형상태가 깨어지면 시간에 따라 치수, 형상의 변화(경년변화)가 생기고 균열이 발생하기 쉽다.

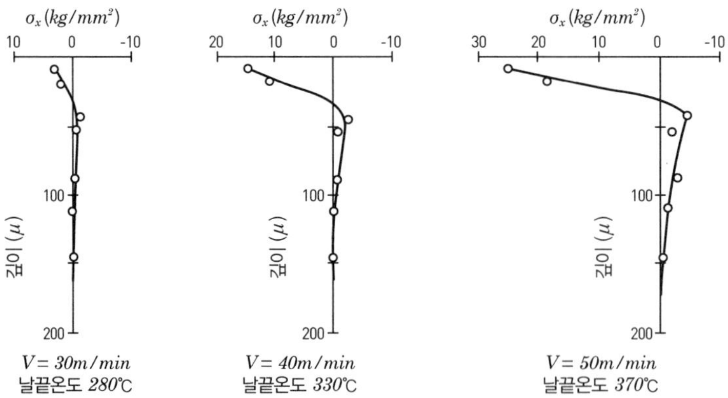

15 C 탄소강, 고속도강 *SKH-4*, 경사각 *20°*, 여유각 *8°*, 절삭두께 *0.1mm*, 절삭폭 *3mm*, *2*차원전절삭

[그림 5-41] 수치해법에 의한 절삭방향 잔류응력의 깊이분포

절삭가공에 대한 잔류응력은 ① **조직변화**(相變態)에 의한 체적 변화로 생기는 것, ② 열응력으로 발생하는 것, ③ **잔류소성 변형**(변형)에 의한 것 등이 있다.

그러나 잔류응력을 해석하는 것은 대단히 복잡하므로 개념만 설명하겠다. 먼저 상용 절삭조건에서 주로 다듬질면 표면층의 온도는 변태점(탄소강: 720℃)이하 이고, 가열시간도 짧으므로 상 변태는 진행되지 않는다. 실제로 마모가 큰 고속절삭을 하지 않으면 거의 조직변화가 없다고 생각된다.

열응력에 대해서는 다음과 같다. **그림 5-41**과 같은 온도분포에서, 가장 고온인 날끝 바로 아래의 열응력이 재료의 항복 응력을 넘으면 소성 변형한다.

냉각시켜 열응력을 제거하면 회복되지 않는 탄성 변형이 남아서 잔류응력이 생긴다. **그림 5-41**은 수치적인 방법으로 계산한 결과이다.

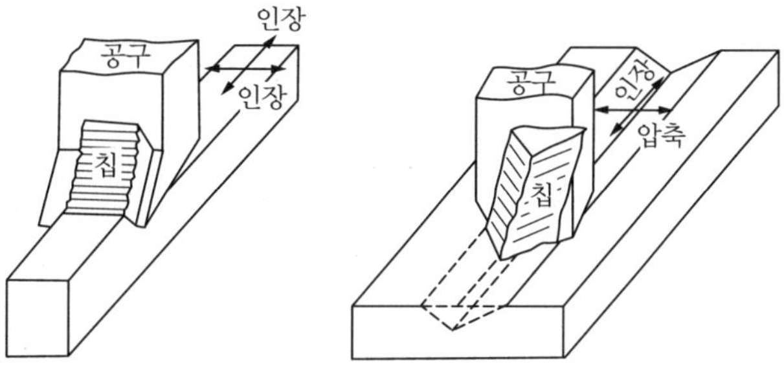

(a) 2차원절삭 (b) 3차원절삭

[그림 5-42] 2차원 절삭과 3차원 절삭의 잔류응력

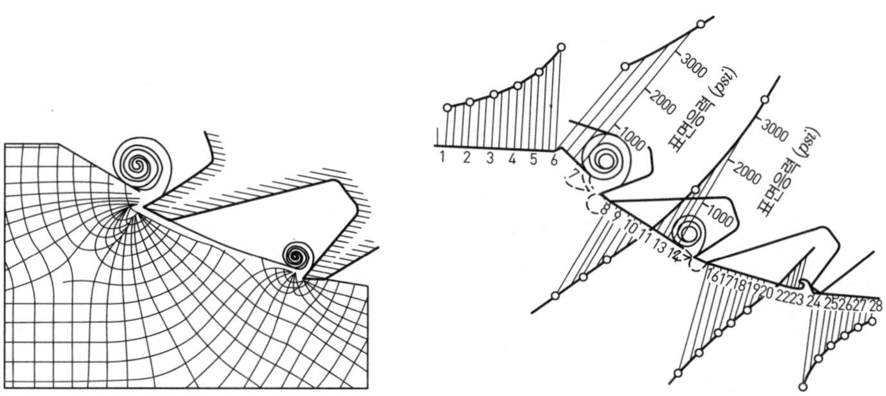

(a) 주응력선도 (b) 절삭면, 다듬질면의 절삭방향 응력 σ_x의 분포

셀룰로이드, 밀링지름 *3.5in*, 날수 *22*, 경사각 *30°*, 여유각 *5°*, 절삭깊이 *3/8in*, *1* 날당의 이송 *0.08in*, 저속 건절삭

[그림 5-43] 직인 평면 밀링절삭에서 공작물중의 응력분포

표면 근방의 열응력은 인장응력이 작용하므로 인장 잔류응력이 생긴다. 이에 대응한 내부 응력은 압축 잔류응력이 발생한다. **그림 5-42**(a)와 같이, 2차원 절삭을 할 때에 소성변형에 의한 잔류응력을 나타낸 것이다. **그림 5-43**(a)는 **광탄성재료**(셀룰로이드(celluloid))를 2차원 절삭한 경우의 주 응력선도이다. 표면에서 절삭방향에 대한 수직응력 σ_x의 분포는 **그림** (b)와 같다. 즉 다듬질 면에서 인장응력이 생기고 공구 앞쪽의 표면에는 압축응력이 작용한다. 그림과 같은 광탄성 실험에서 절삭폭 방향의 수직응력 σ_z의 분포는 알 수 없지만, 2차원 절삭할 때에 재료는 절삭폭보다 다듬질면의 폭이 넓다. 그러므로 다듬질면에 생기는 **잔류응력**은 절삭날의 중앙에서 최대가 되고 절삭폭 방향으로 감소한다. 따라서 절삭이 끝나고 작용하는 응력이 회복하면 다듬질면에는 부분적으로 인장응력이 회복되지 않고 잔류한다. 이러한 잔류 인장응력은 **그림 5-41**과 같이 표면에서 중심부로 갈수록 압축응력이 작용하여 평형을 유지한다고 생각된다. 같은 이유로 **그림 5-42**(b)의 3차원 절삭에서 절삭방향의 잔류응력은 인장응력이지만, 절삭속도에 직각방향은 산형 재료에 구속되어 압축응력이 작용한다. 즉 표면과 직각방향에는 재료가 압축을 받아서 압축 잔류응력이 된다. 상황에 따라 다르지만 밀링 공구처럼, nose angle이 180°에 가깝게 되면 인장 잔류응력으로 바뀌는 경우도 있다.

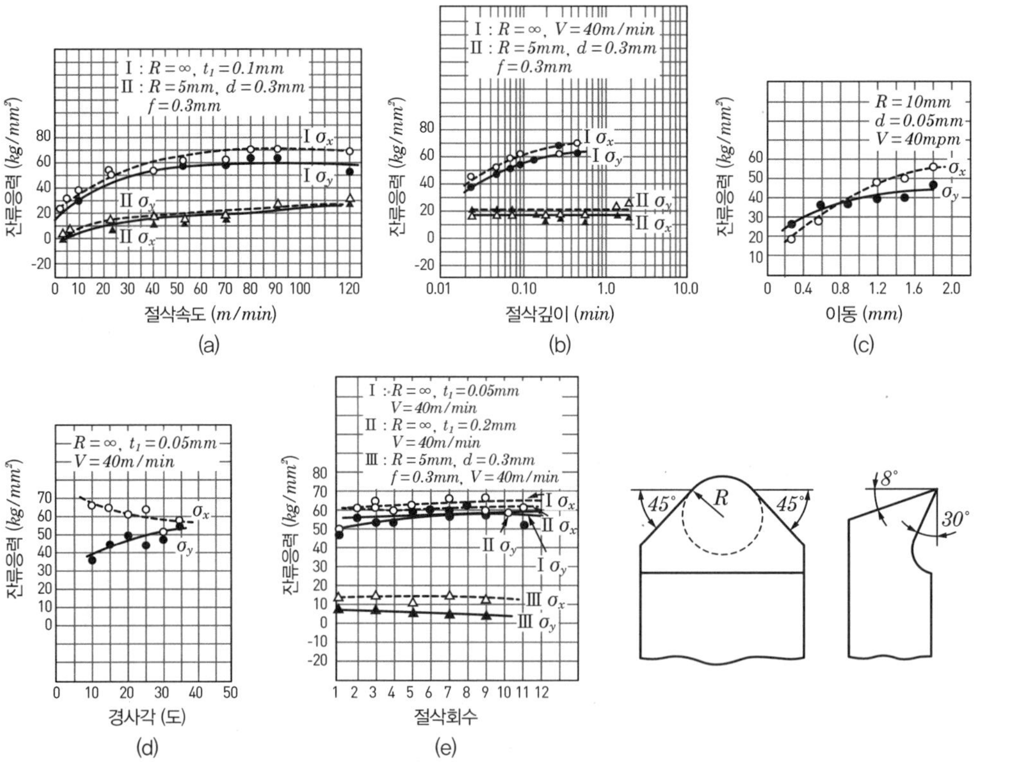

[그림 5-44] 2차원 평삭 절삭에서 다듬질면의 잔류응력(연강, 고속도강 공구, 건절삭)

그림 5-44는 절단형 또는 원형 날끝 절삭공구로 연강을 평삭하였을 때에 다듬질면 표면의 잔류응력이다. 2차원 절삭 상태이므로 절삭방향 응력 σ_x, 직각방향 응력 σ_y은 모두 인장 응력이다. **그림 5-47**은 3차원 절삭의 잔류응력으로 절삭방향의 응력 σ_x가 직각방향의 응력 σ_y보다 큰 방향성을 가지고 있다.

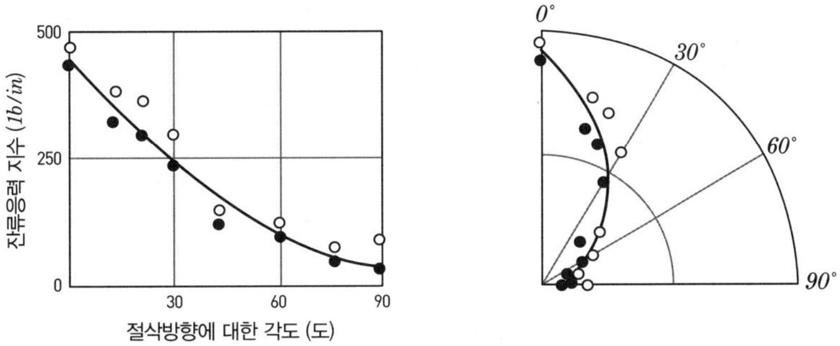

0.35% 탄소강, 건절삭공구(수직횡경사각 *16°*, *nose*반지름, *0.084in*), 절삭깊이 *0.02in*, 이송 *0.04ipr*, 절삭속도 *52fpm*, 건절삭

[그림 5-45] 다듬질면 잔류응력의 방향성

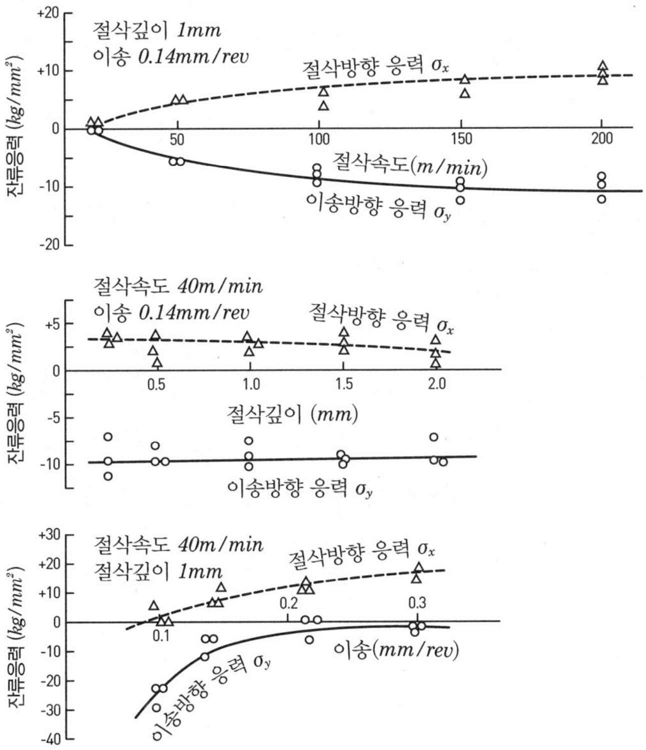

0.37% 탄소강, 초경 *S 2* [*0, 0, 5, 5, 15, 15, 0.5*], 건절삭

[그림 5-46] 3차원 선삭에서 다듬질면 잔류응력

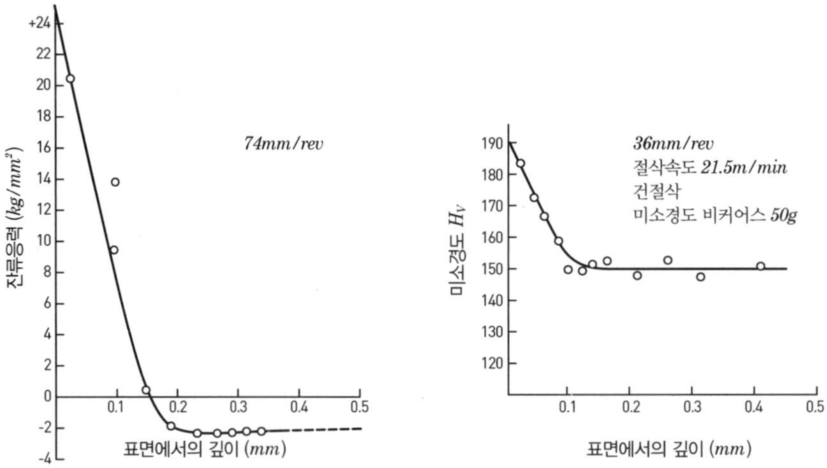

(a) 잔류응력 σ_x의 깊이 방향 분포 (b) 미소경도의 깊이 방향 분포

0.3% 탄소강, 고속도강측 밀링(바깥지름 *6in*, 경사각 *9°*, 날수 *32*매), 절삭깊이 *1mm*, 이송

[그림 5-47] 평면 밀링 다듬질면의 잔류응력, 미소경도의 분포

그림 5-46은 연강을 3차원 선반으로 가공하여 잔류응력을 측정한 예이고, 직각 방향에 압축응력이 작용하는 경우이다. **그림 5-4**와 비교하면 공구 끝의 반경은 매우 작다.

그림 5-44(a)와 같이 절삭속도가 증가하면 항상 잔류응력이 증가하고, 가공 변질층은 반드시 감소하지 않는다.

따라서 표면층의 가공 변형량은 **변질층** 깊이와 반드시 대응되지 않는다. 또한 경사각, 절삭폭의 영향도 변질층 깊이와 반드시 대응하지 않는다. 절삭조건에 따라 잔류응력의 변화는 2차원절삭과 3차원 절삭에서 각각 다르고 복잡하다.

그림 5-47(a)는 표면에서부터 깊이에 따른 잔류응력의 변화로, 인장 잔류응력층의 아래쪽에는 압축 잔류응력층이 생겨서 평형을 유지한다. 또한, **그림 5-47**(b)는 같은 절삭조건에서 얻어진 가공변질층의 경도 분포로, 인장응력층과 변질층의 깊이는 거의 같은 경향을 나타낸다.

The theory of production and processing

제6장

공구마모

6.1 공구 마모의 여러 특성

절삭공구는 기계부품의 마모와 전혀 다르며, 아주 열악(또는 苛酷)한 조건에서 마모된다.

① 경사면의 마찰응력은 칩의 전단강도에 가깝고, 여유면 마모도 같은 상태라고 가정한다.

② 접촉면을 스치고 지나가는 칩 표면은 활성이 높은 새로운 면으로, 산화막 등에 의한 오염이나 마모분이 퇴적되지 않는다.

④ 접촉면의 온도는 약 800~1,000℃ 정도의 고온이다.

이와 같이 **열악한 조건** 때문에 절삭공구의 마모속도는 대단히 빠르고, 강한 온도 의존성, 대규모의 확산 및 합금 생성 등 보통의 마모과정에서 볼 수 없는 특징을 가지고 있다. 또 마모속도가 크기 때문에 공구의 교환이 빠르고 기계가공비 중에서 공구비가 차지하는 비중이 높다.

(1) 공구 마모의 기초적 고찰

보통, 연속적인 마모의 기본적인 마모 기구는

① 모재중의 경입자의 긁힘에 의해서 깎여 나가는 **긁기마모(abrasive wear)**

② 마찰면에 생기는 응착에 의한 **응착마모(adhesive wear)**

2가지가 있다. 전자는 입자를 경(經) 절삭할 때에 공구의 경입자와 상대측 재료의 경도 차이로 발생한다. 후자의 **응착마모**(adhesion wear)란 두 종류의 금속고체에서 원자 간 거리를 과도하게 접근시켰을 때에 생기는 결합을 말한다. 마찰면의 실제 접촉부에서는 높은 수직압력으로 소성 변형되면서 응착을 일으킨다. 이처럼 저온 영역에서 압력 때문에 생기는 응착을 **압력응착**(pressure adhesion) 또는 압착이라고 한다. 반면에 고온영역의 접촉부가 연화되어 변형하기 쉬운 상태가 되고, 열이 발생하면 원자는 힘의 potential장벽을 뛰어넘어 접근할 가능성이 높다. 즉 고온 영역에서 응착하기 쉬운 상태에서 온도에 의해 응착하는 경우를 **온도응착**(temperature adhesion)또는 용착(welding)이다. 물론 압력응착이나 온도응착도 원래는 같은 응착이지만 압력과 온도의 계수 중에 어느 쪽의 효과가 큰가에 따라 구별한다. 한편 마찰면의 응착부가 파괴되면 **그림 6–1**(a)와 같이, 파괴면은 두 재료의 경계뿐만 아니라 연한 금속이나 경한 금속 쪽에도 생긴다. 마찰시키면 합금 내부에 파단이 생겨서 마모분이 발생한다. 이것이 응착마모의 원리이다.

지금까지 많은 마모이론 중에서 가장 기본적인 것이 R. Holm의 이론이다. 이는 매우 중요하기 때문에 다음에 구체적으로 설명하겠다.

그림 6–1(b)에서와 같이 접촉면의 실제 접촉부에는 **평균간격** a로 원자가 배열되어 있다고 하자. 위쪽의 재료가 아래쪽에 대해 어떤 거리 dL만큼 움직이면 위쪽의 원자는 dL/a회만큼 아래쪽의 원자와 만난다.

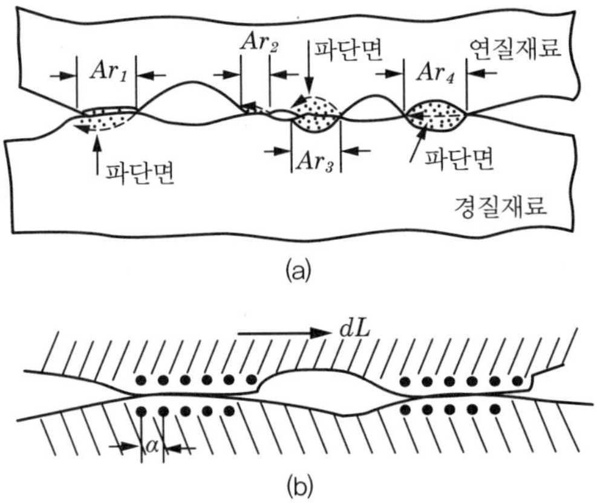

[그림 6–1] 마찰면의 진실 접촉부

실제 접촉면적 A_r중의 원자 수는 A_r/a^2이므로 전체 만나는 수는 $(A_r/a^2)\cdot(dL/a)$된다. 또 만나는 도중에 마모체적(위쪽 금속)을 W라 하면, 마모된 원자 수는 W/a^3이므로 1회에 만나서 마모될 확률 z는

$$z = \frac{W}{a^3} / \frac{Ar\ dL}{a^3} = \frac{W}{Ar \cdot dL} \tag{6-1}$$

이 된다. z는 1회 만남에서 1개의 마모원자가 생길 확률을 **Holm의 마모확률**이라고 한다.

z는 접촉 금속의 종류, 분위기, 마모속도, 온도에 따라 변화한다. 또 접촉면의 전체 하중을 N_t, 접촉부의 연한 금속의 경도를 H라고 하면

$$N_t = Ar \cdot H \tag{6-2}$$

이다. 식 (6-2)를 식 (6-1)에 대입하면

$$W = \frac{N_t}{H} \cdot z \cdot dL \tag{6-3}$$

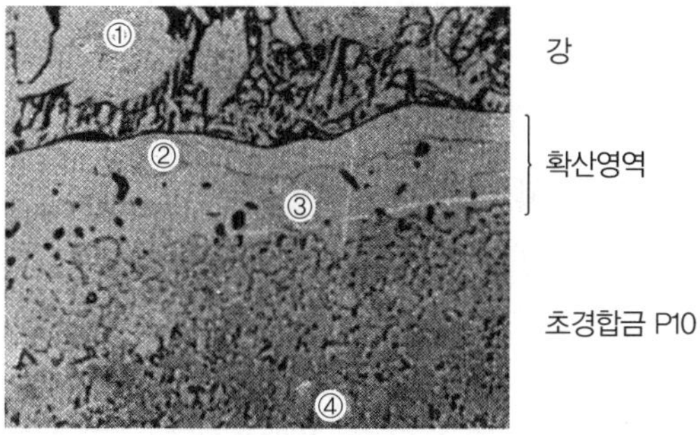

(a)

초경(*P10*) = *0.15%* 탄소강의 확산영역 *1200*℃,
미소경도(*Hv*) ① *200* ② *600* ③ *1100* ④ *1950kg/mm²*

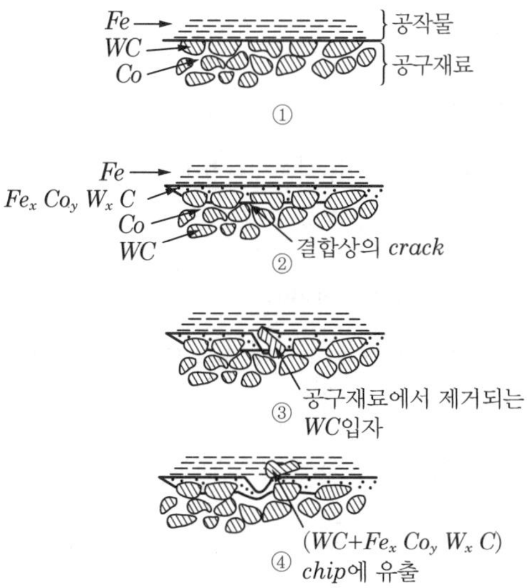

(b) 확산마모과정의 모델

[그림 6-2] 확산영역과 확산마모 과정

여기서 다른 조건이 일정하면 마모량은 하중과 마찰거리에 비례한다. 또 z의 값은 일반적인 마모실험에서 약 10^{-4}~10^{-5}정도이다. 또 실제 마모분은 원자치수보다 훨씬 크므로 Holm의 이론을 약간 수정하여 사용한다.

이상의 일반적인 마모과정에 비하여 절삭공구의 손모(損耗)는 더욱 복잡한 요소를 포함하고 있다. 먼저 공구마모에서는 연속적 마모 외에 각종의 결손이 항상 중첩(重疊)되어 있다. 기계적 충격에 의한 손실에는 대형과 소형으로 나누고, 마찰면의 피로나 균열에 의한 손실도 있다. 손실부에 연속마모가 중복되면 파손되는 경우도 있다. 고온에서 공구재가 연화되어 날 끝이 절삭력에 견디지 못하고 파단되는 손모가 있다. 일반적인 마모과정에서, 응착부에는 한쪽 공구재의 원소가 모재 쪽으로 확산되어 합금을 만든다. 절삭공구의 재질 중에 Co나 C의 탄화물이 다량으로 칩에 확산되면, 공구의 표면에는 Holm의 확률 z가 다른 재질로 바뀐다. **그림 6-2**(a)는 확산에 의해 재질이 변화된 사진이고, **그림 6-2**(b)는 B. Gregory에 의한 **확산마모**의 Model이다. 공구 표면의 재질은 절삭유제 중의 활성화된 첨화물의 화학작용으로도 변화된다고 한다.

상온에서는 긁혀서 깎이는 긁기마모가 발생하고 고온에서는 응착, 피로 및 균열 등의 응착마모가 발생하기 쉽다. 따라서 모든 공구의 손모를 분류하면 다음과 같다.

1) 공구의 손모

① 기계적 작용에 의한 손모

ⓐ 경입자의 긁혀서 깎이는 긁기마모(abrasive wear)

ⓑ 충격에 의한 결손(chipping)

ⓒ 응착, 확산, 부식 등에 의한 마모(adhesion, diffusion, corrosion)

② 열적, 화학적 작용에 의한 손모

ⓓ 날 끝의 연화, 용융에 의한 파단(arrosion)

ⓔ 열피로, 열균열 등에 의한 결손(thermal fatigue, thermal crack)

이와 같이, 절삭공구의 손모는 대단히 복잡하여 구체적으로 분류하기 어렵지만, 크게 나누면 온도의 영향(온도 의존성)이 적은 것과 큰 것으로 분류한다.

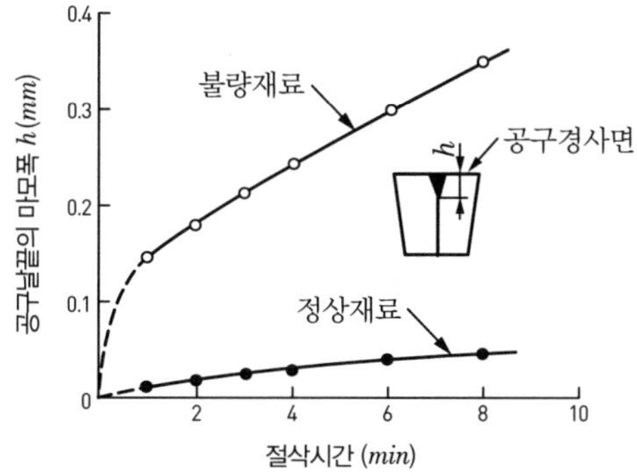

Pb 쾌삭황도, 고속도강 *SKH*−*3* [*0, 0, 7, 7, 60, 30, 0*], 이송 *0.11mm/rev*, 절삭속도 *80m/min*, 건절삭

[그림 6-3] 분량 및 정상 황동에 있어서 공구 날끝의 마모의 차이(Takeyama)

ⓐ, ⓑ의 경우로, **그림 6-3**은 황동 중에 불순 철분이 공구마모에 미치는 영향을 나타낸 것으로, 철분의 긁히는 작용에 의해 마모가 크게 촉진되고 있다. 다음은 구성인선에 의해 공구수명을 단축시키는 실례를 설명하겠다.

2) 기계적인 손모

ⓐ는 모 조직 중의 **경탄화물**과 구성인선(B. U. E)의 탈락편 등 피삭재 중의 불순물에 의한 것이다.

ⓑ의 충격에 의한 손실은 초경공구나 세라믹 공구에서 항상 문제가 되고, 초경 face cutter와 같은 단속절삭에도 자주 발생한다.

ⓒ의 응착, 확산, 부식은 확실한 **속도과정적**(速度過程)(rate process)이고, 속도에 영향을 받는 마모이다.

다음에 설명하는 바와 같이 절삭공구의 마모는 경사면과 여유면에 발생하고, 특히 경사면 마모는 고속절삭에서는 현저하다. K. J. Trigger나 B. T. Chao에 의하면 경사면 마모는 주로 응착마모이지만 확산이나 합금이 생기면 마모는 더욱 촉진된다. 속도 과정적 특성을 고려한 식 (6−1)에서, R. Holm의 확률은 다음 식으로 표시된다.

$$z = Const.e^{-\frac{E}{K\theta t}} \qquad (6-4)$$

즉 K는 **볼츠만(Boltzmann)**상수, $\overline{\theta}_t$는 경사면의 절대온도, E는 공구와 절삭재의 조합으로 결정되는 활성화 에너지이다.

또 마찰면의 실제 접촉면의 경도 H는 변형속도나 가공경화가 없다고 가정하면

$$H = Const.e^{\frac{E'}{K\bar{\theta}_t}} \tag{6-5}$$

식 (6-4), (6-5)를 식 (6-3)에 대입하여

$$\frac{W}{N_t \cdot V_c \cdot t} = Const.e^{-\frac{E+E'}{K\cdot\bar{\theta}_t}} \tag{6-6}$$

또는

$$log\frac{W}{N_t \cdot V_c \cdot t} = logC + \left(-\frac{E+E'}{K\cdot\bar{\theta}_t}\right) \tag{6-7}$$

가 얻어진다. 다만, V_c는 칩 속도, t는 절삭시간, C는 상수이다. 초경공구로 강을 절삭하는 경우에는 이러한 한계 범위에 있어야 하므로 **그림 6-4**와 같은 관계가 성립된다.

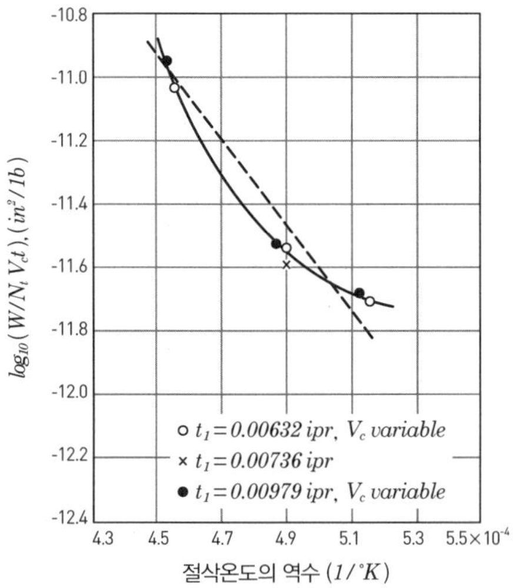

*AISI 4142*강, 초경공구[0, 6, 7, 7, 10, 0, 0.015], 절삭깊이 0.1m, 건절삭

[그림 6-4] $log_{10}(W/N_t V_c t)$와 절삭온도의 역수와의 관계(K. J. Teigger and B. T. Chao)

결국, 그림과 같이 마모속도에 해당하는 $log(W/N_t \cdot V_c \cdot t)$는 일정한 온도 θ_1에 따라 변화하고, 식 (6-7)과 같이 직선적인 경향을 나타낸다. 그리고 Takeyama 등은 여유면 마모에 대하여 다음과 같이 해석하였다. 마찰거리에 비례하는 여유면 마모는, 상온의 **긁기(abrasive) 마모**와 온도에 영향을 받는 응착마모로 나눈다. 그러므로 식 (6-6)을 참조하여

$$\frac{dW}{dL} = A + Be^{-\frac{E}{K\theta}} \tag{6-8}$$

식을 얻는다. 다만, A, B는 상수, θ는 여유면 마모의 온도이다.

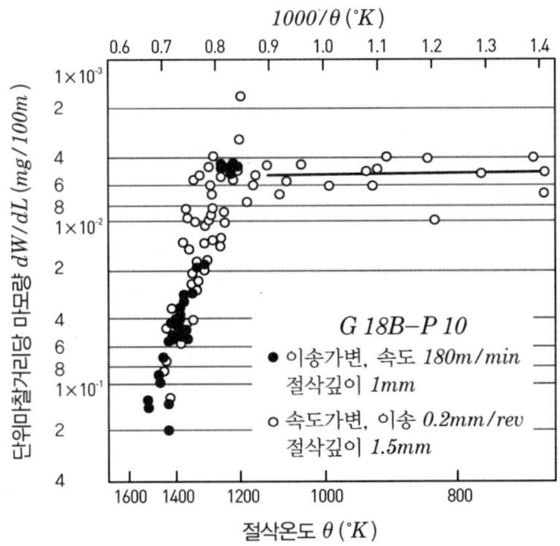

내열강($G18B$), 초경공구 $P10$ [0, 15, 6, 6, 15, 15, 0.5], 건절삭

[그림 6-5] 단위 마찰거리당 flank면 마모량과 절삭 온도와의 관계(Takeyam, Murato)

그림 6-5는 내열강을 초경공구로 절삭하는 경우의 $log(dW/dL)$와 $1/\theta$의 관계이며, θ를 변화시키기 위해 절삭속도, 이송, 마모 폭을 여러가지로 변화시킨다. 다만, θ는 직접 측정이 불가능하므로 다음에 설명 할 공구–공작물 열전대 방식으로 측정하였다. 그림에서 저속범위(낮은 온도범위)에서는 식 (6-8) 우변의 제1항이 지배하지만, 1,200°K(약 900℃)이상에서는 제2항이 지배한다. 두 범위에서 마모량이 어떻게 변화하는지는 다음에 설명하겠다. 결과적으로 고속범위에서 직선으로 나타나는 것은 마모가 속도 과정적인 특성을 가지기 때문이다. 또 화학적 부식작용에 의한 마모의 예는 **그림 6-6**과 같다.

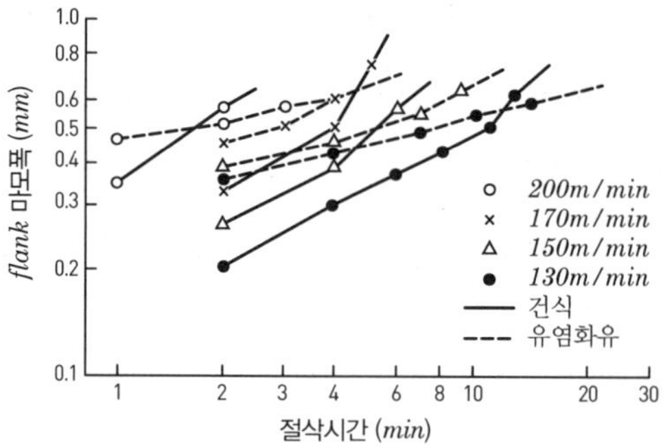

8–8 스테인리스강, 초경공구 P20 [0, 10, 7, 6, 15, 15, 0.5], 절삭깊이 2mm, 이송 0.25mm/rev

[그림 6–6] 유염화유의 부식작용에 의한 마모의 증대(Takeyama)

앞에서 분류한 (d)의 연화용융에 의한 파단은 고속도강 공구의 수명을 결정하기 위한 중요한 인자이다. 또 초경공구에서 잘못된 절삭조건을 선택하거나, 부적당한 고속 중절삭을 했을 경우에도 발생한다. 그리고 (c)의 열피로나 열균열은 초경의 정면공구(face cutter)로 평삭할 경우에 발생하기 쉽다.

속도과정(rate process)이란 퍼텐셜 장벽(barrier)을 넘은 원자나 분자가 하나의 안정된 배열에서 다음의 안정된 배열로 이동하는 과정을 말한다. 다음 식은 속도과정에서 과정속도를 표시한다.

$$\frac{dM}{dt} = Ae^{-\frac{E}{K\theta}} \tag{a}$$

여기서, dM/dt는 과정의 속도, K는 볼츠만(Boltzmann)상수, θ는 절대온도이며, A는 빈도계수, E는 활성화 에너지이다.

속도과정에는 **단위 과정**(unit process)이 있으며, 크게 보면 단위 과정의 효과가 쌓여서 최종

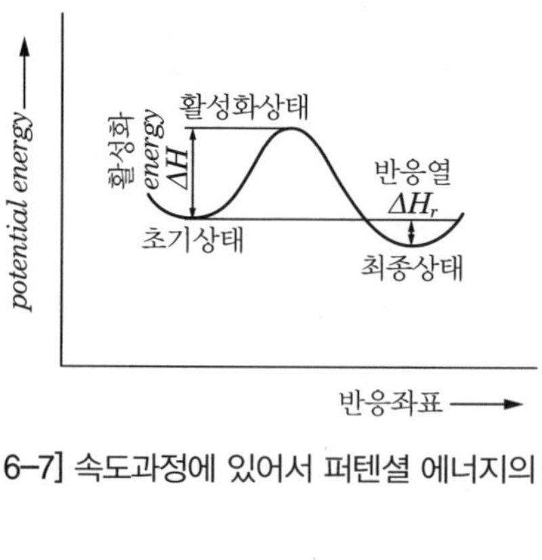

[그림 6–7] 속도과정에 있어서 퍼텐셜 에너지의 장벽

적인 결과를 나타낸다. 하나의 원자나 원자집단이 초기상태에서 최종상태로 이동하기 위해, 최소 경로에 따라 일정한 열에너지를 얻어야 한다. 속도과정에 관계되는 원자나 원자집단이 최소한의 일정 에너지를 얻은 상태를 **활성화**(activated)라고 한다. 또 천이에 필요한 최소에너지를 **활성화 에너지**라고 한다.

그림 6-7은 단독과정을 표시하였지만, **활성화에너지**($\varDelta H$)는 초기상태와 최종상태의 에너지 차($\varDelta H_r$)와는 무관하다.

속도과정의 이론은 화학반응이나, 액체의 활성연구에서 시용되었고 최근에는 확산과정, 소성유동 및 파괴 문제에도 널리 적용된다.

또, 응력의존성 **속도과정**(stress−dependent rate process)에서는

$$\frac{dM}{dt} = Ae^{-\frac{E-\alpha S}{K\theta}} \tag{b}$$

이고, S는 응력, α는 계수이다.

지금까지 설명한 절삭공구의 여러가지 손모기구가 있지만 연속절삭에서 큰 영향을 미치는 항목은 (a)와 (c)항이다. 이러한 것을 고려하여 상용절삭 조건에서 공구의 손모 특성을 설명하겠다. 이에 관한 기존의 연구가 부족하지만 종합적으로 이해하기 위해서 개념만 설명할 것이다.

온도 θ와 단위 마찰거리당의 마모량 dW/dL의 관계를 생각해 보자. 온도가 높아지면 피

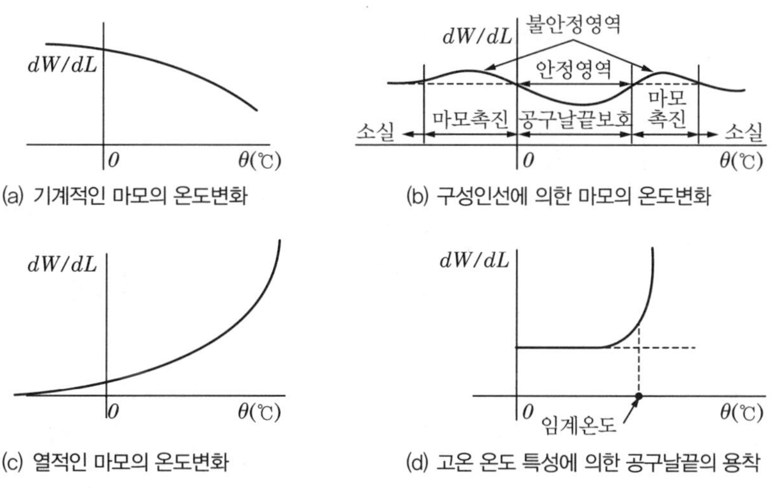

[그림 6-8] 공구마모의 각 요소의 온도변화

삭재나 공구도 경화되지만 **그림 6-1**(a)와 같이, 피삭재의 열연화가 더 크므로 기계적 긁기(abrasive) 마모에 의한 dW/dL은 **그림 6-8**(a)처럼 θ에 따라 약간씩 낮아진다. 다만, 강재(鋼材)를 저온범위로 절삭하면 구성인선(B. U. E.)이 발달하여 기계적인 마모에 중첩되기 때문에 전체적인 마모는 증가한다.

구성인선은 절삭날의 보호 효과와 탈락 편에 의한 마모 촉진 효과가 공존한다. "이 중에 어느 쪽이 큰 것가?"에 대해서도 아직까지 많은 논란이 있다. 일반적으로 안정된 범위에서 보호효과가 우선하고, 불안정한 범위에서는 마모 촉진효과가 지배한다고 생각된다.

한편, 식 (6-6), (6-8)을 참조하면, 응착 마모는 지수적인 관계가 있으므로 **그림 6-8**(c)와 같은 특성을 나타낸다. 또 고속도강 공구와 같이 고온경도의 저하가 큰 공구 재는 임계온도 부근에서 긁기마모와 응착마모가 모두 급증하는 고온 마모 특성을 잘 나타낸다.(**그림 6-8**(d))

또 온도변화에 따른 기계적 마모율, 열적 마모율 및 종합 마모율은 대략 **그림 6-9**와 같다.

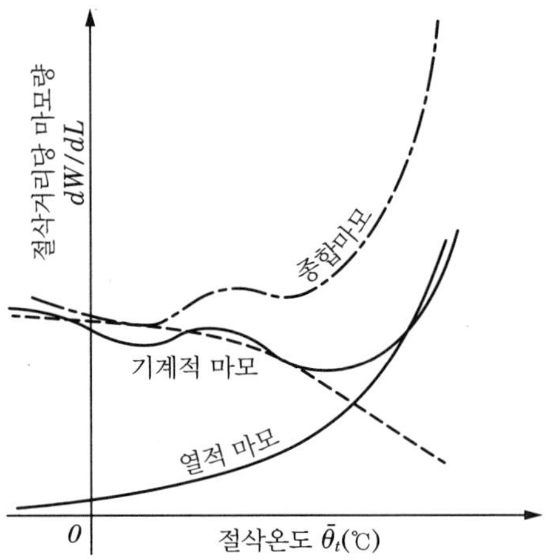

[그림 6-9] 공구마모율의 온도특성

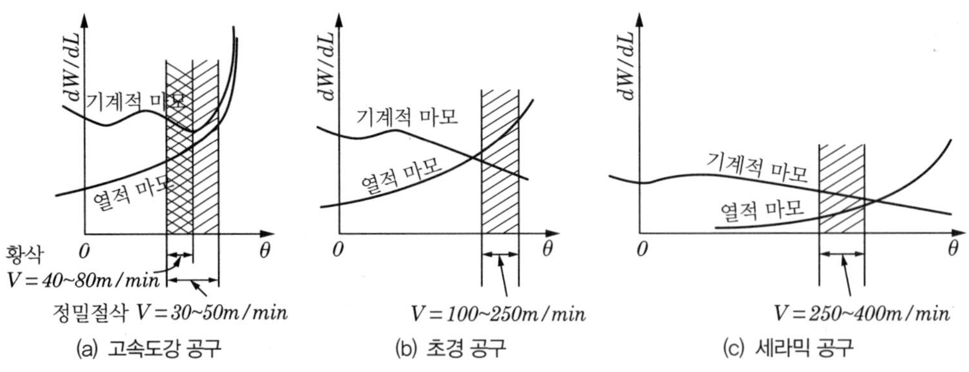

[그림 6-10] 각종 공구재료의 마모 특성과 상용의 절삭속도

물론 각종 공구재질에 따라 온도특성이 다르기 때문에, 이에 따라 상용 절삭속도나 이송의 범위를 결정한다.

예를 들면, 비교적 저온에서도 고속도강 공구의 경도가 급격하게 저하하므로 **그림 6-10**(a)와 같이, **임계 절삭온도**보다 약간 낮은 절삭속도나 이송을 선택해야 한다. 이에 비해 초경공구에서는 **그림 6-10**(b)와 같이 열적마모가 지배적인 온도인, 고속 절삭속도 범위에서 절삭해야 한다. 또 **그림 6-10**(c)와 같이 세라믹 공구는 고속(고온) 범위에서 사용하는 공구이므로 기계적 마모(약함)가 강조된다.

(2) 마모 형태와 마모 경과

다음에는 실제의 공구 마모 형태와 특성을 설명하겠다. 절삭 공구로 3차원 절삭을 한 예로, 탭, 드릴 및 각종 밀링(milling)공구 등이 있다. 공구의 경사면과 여유면에 생기는 마모를 입체

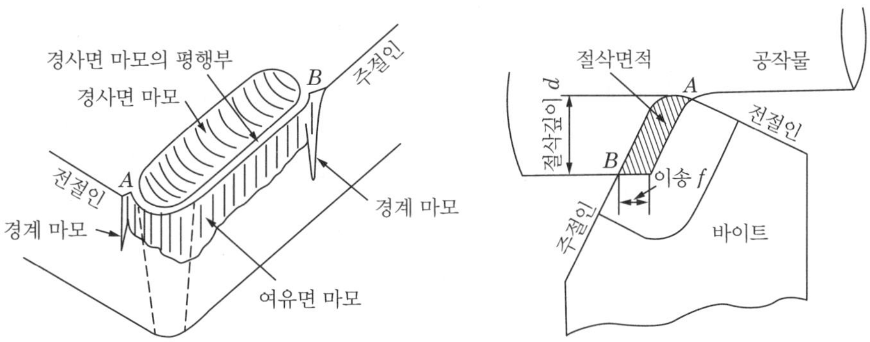

[그림 6-11] 선산공구의 마모 형태

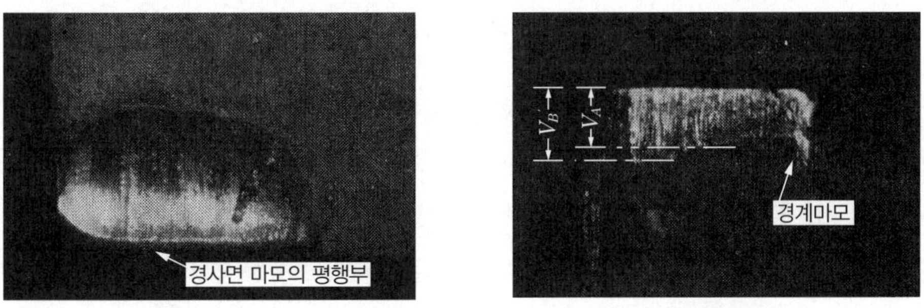

(a) 경사면 마모　　(b) 여유면 마모

0.47% 탄소강, 초경합금 P20[−5, −5, 5, 5, 30, 30, 0.8], 절삭 깊이 2mm,
이송 0.34mmpr, 절삭 속도 170mpm, 건절삭, 절삭시간 20min

[그림 6-12] 초경바이트의 마모 형태

적으로 표시하면 **그림 6–11**의 (a), (b)가 된다.

또 경사면이나 옆면 여유면의 수직방향에서 공구를 보면, 각각 **그림 6–12**의 (a), (b)와 같다. 경사면의 마모는 **경사면 마모**(crater wear), 여유면의 마모는 **여유면 마모**(flank wear)라고 한다. 마모량은 경사면 마모는 크레이터의 최대깊이 K_T로, 여유면 마모는 마모의 최대 폭 V_B 또는 평균 폭 V_A로 표시한다(**그림 6–12**(b) 참조). 주 절삭날에서 경사면 마모의 형상은 칩의 유출방향에 따라 변화한다. **그림 6–11**의 모형과 같이 절삭폭이 절삭두께에 비해서 충분히 크면, 윗면 경사각 α_b가 크지 않는 범위에서 주 절삭날에 따라 거의 일정한 단면을 갖는다. **그림 6–13**은 마모된 중앙에서 절삭날의 수직단면으로 경사면 마모의 발달 과정을 나타낸 것이다. 마모는 절삭날에서 떨어진 위치를 중심으로 발생하여, 곧 전후로 확대되지만 절삭폭은 크게 변화지 않고 주로 깊이만 증가한다. 날 끝에서 떨어진 위치로부터 최대 깊이가 생기는 것은 경사면의 온도가 최고로 높기 때문이다. 경사면 마모의 형태와 마모과정은 절삭재료, 공구재료, 및 절삭날각 등에 따라 변화하지 않고, 주로 폭과 깊이에만 관계된다. 여유면 마모의 형상은 피삭재, 공구 및 절삭조건 등에 따라 복잡한 변화를 일으키지만 일반적으로 **그림 6–11**과 같이 노즈(nose)의 끝 부분의 마모 폭이 크고, 그림의 A, B점에 상당하는 부분이 깊이 파진 홈 형태로 마모된다.

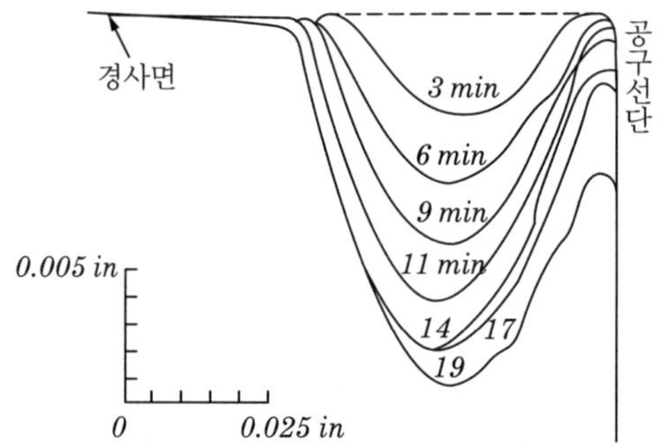

유황쾌삭강(0.25S, 0.08C), 초경 K2S [0, −7, 7, 15, 0, 0.3], 절삭깊이 0.1in, 이송 0.046ipr, 절삭속도 1000fpm, 건절삭

[그림 6–13] 경사면 마모의 절삭 시간에 의한 변화

A, B부분의 마모를 **경계마모**라고 하고, 특히 앞면 절삭날에 발생한 경계마모는 다듬질 거칠기에 큰 영향을 준다. 이곳에서 **경계마모**가 발생하는 원인는 큰 응력집중과 온도 기울기(傾斜)가 있기 때문이라고 생각된다.

보통 최대 마모 폭 V_B는 경계마모가 아니고, 모서리(nose)의 마모 폭을 말한다. **그림 6–14**(a)는 절삭시간에 따른 경사면 마모 깊이 K_T의 변화이다.

절삭조건에 따라 다르지만, 그림과 같이 K_T는 절삭시간(즉 절삭거리)에 비례하여 증대하고, 양 대수눈금으로 표시하면 **그림 6-14**(b)와 같이 45°경사도를 가진 직선으로 표시된다.

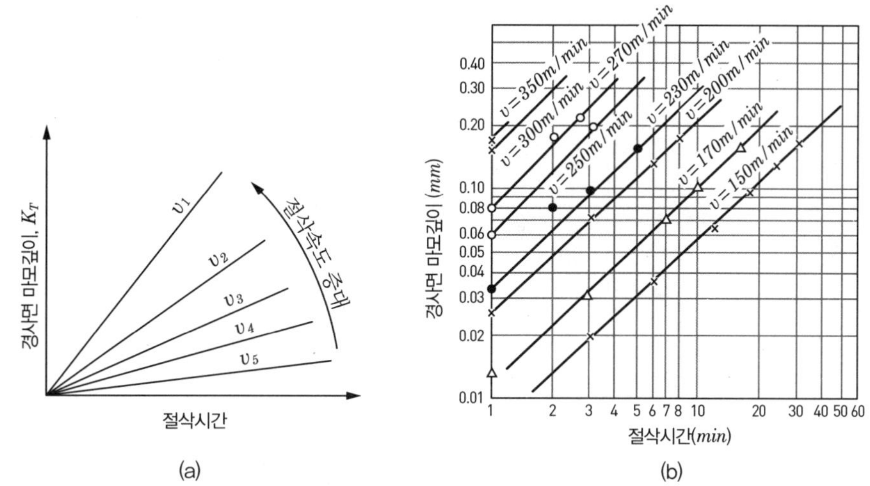

유황쾌삭강(0.8S, 0.47C), 초경 P20 [−5, −5, 5, 5, 30, 30, 0.8], 절삭깊이 2mm, 이송 0.34mm/rev, 건절삭

[그림 6-14] 경사면 마모 최대깊이 의 절삭 시간에 의한 변화

초경공구로 강류를 절삭할 때, 경사면 마모 폭과 최대깊이의 관계이며 마모 폭에 비해 마모 깊이가 빠르게 증가한다.

이때 생기는 마모의 단면은 포물선 형태이므로 다음 식을 적용하여 마모 중량을 구한다.

$$G = \frac{2}{3}\rho \cdot d_e \cdot l \cdot K_T \tag{6-9}$$

다만, ρ는 공구밀도, d_e는 유효 절삭날 길이, l은 마모 폭이다.

식 (6-9)에 **그림 6-15**의 지수관계를 대입하면 각 피삭재에 대하여 같은 경향을 갖는다.

$$\left.\begin{array}{ll} \text{합금강 SNCM-8} & G = 0.0308{K_T}^{1.231} \\ \text{S47C 탄소강} & G = 0.0662{K_T}^{1.482} \\ \text{유황쾌삭강} & G = 0.0326{K_T}^{1.312} \end{array}\right\} \tag{6-10}$$

이고, 단, $G(g)$는 마모량, K_T(mm)는 최대깊이이다.

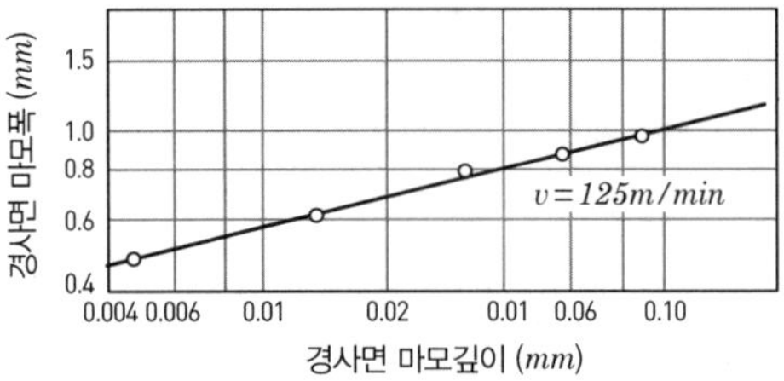

(a) 합금강 SNCM 8

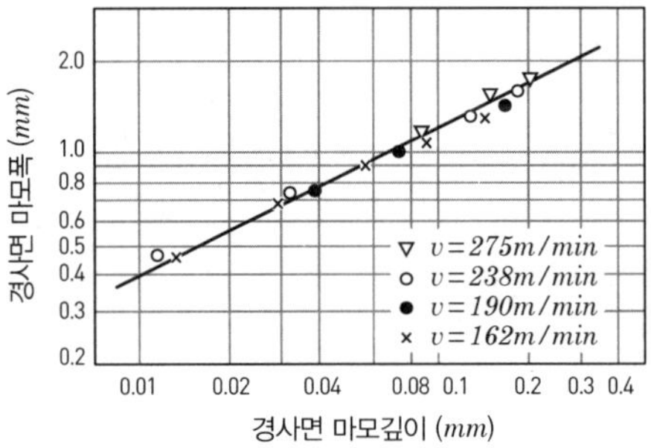

(b) 탄사강(0.47% C)

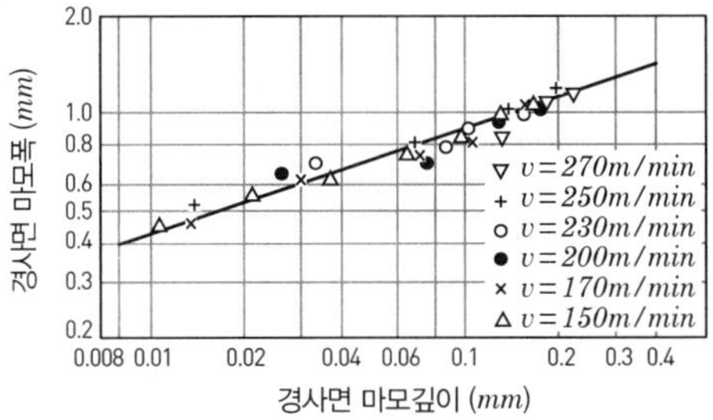

(c) 유황쾌삭강(C, 18 S, 0.47 C)

[그림 6-15] 경사면 마모 폭과 최대 깊이와의 관계

예를 들면 SNCM-8강인 경우의 마모속도는

$$\frac{dG}{d} = 0.0379 \cdot {K_T}^{0.231} \cdot \frac{dK_T}{dt} \qquad (6-11)$$

지금 **그림 6-14**와 같이 $dK_T / d_t = const.$이고, 0.231의 지수 값을 무시하면 체적 마모속도는 거의 일정하다. 일정한 조건에서 마모거리에 따라 마모량이 비례한다는 긁기(abrasive)마모나 응착마모의 일반적인 원칙을 만족시킨다. **그림 6-16**은 실측된 절삭시간과 체적 마모속도와의 관계를 표시하였다.

그림 6-17(a), (b)는 절삭시간에 따른 여유면 마모 폭(V_B 또는 V_A)의 변화를 나타낸 것이다. **그림 6-17**(a)의 초경공구인 경우에, 처음 절삭을 개시할 때에 초기 마모영역이 존재하다가 어느 정

도의 정상적 영역을 지나서 마모가 급증하는 영역에 도달한다. 만약에 절삭속도가 커지면 마모속도도 증가한다.

이것에 대해 6–17(b)의 고속도강 공구에서는 마모 폭이 완만하게 증대하고, 일정한 시간이 지나면 공구의 노즈(nose) 부분 전체가 갑자기 용해되어 절삭할 수 없다. 그러나 이 공구는 낮은 절삭속도에서 마모량은 거의 변화하지 않으므로, 전체적인 파단이 발생하기 전까지는 사용할 수 있다. 이와 같이, 공구마다 마모 특성이 다른 것은 **상용 절삭속도** 범위와 공구 재질에 따른 고온 경도 특성 때문이라고 생각한다.

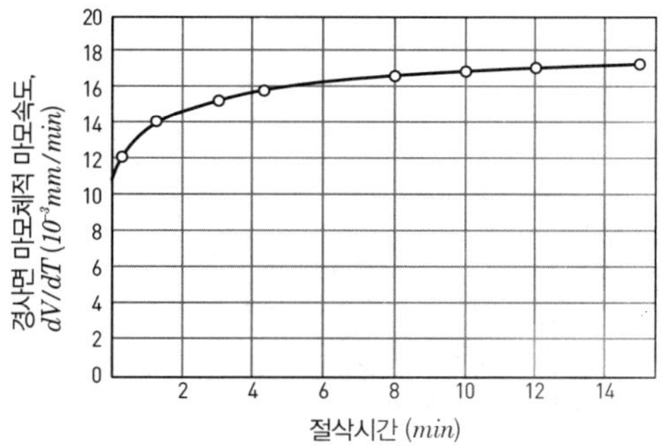

[그림 6–16] 경사면 체적 마모속도와 절삭시간과의 관계

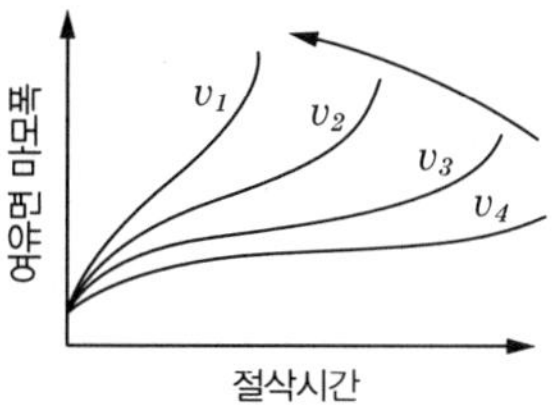

(a) 초경공구의 마모경과

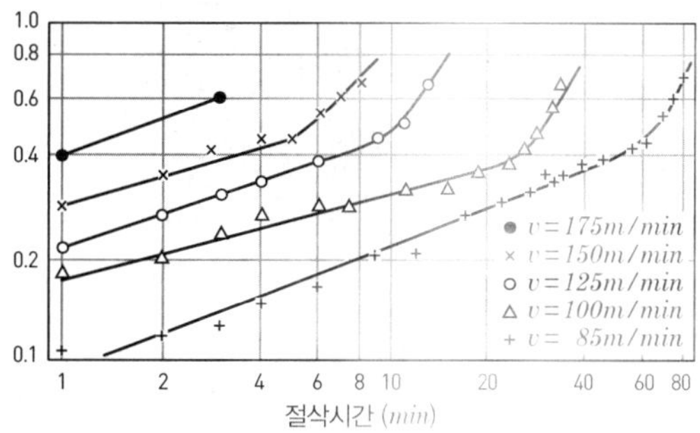

(b) 합금강 SNCM 8–초경 P20

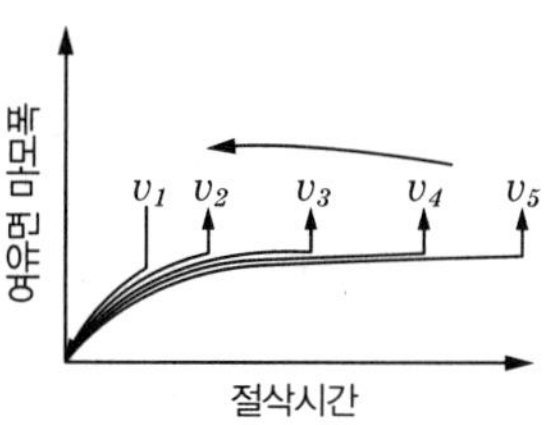

(c) 고속도강 공구의 마모경과

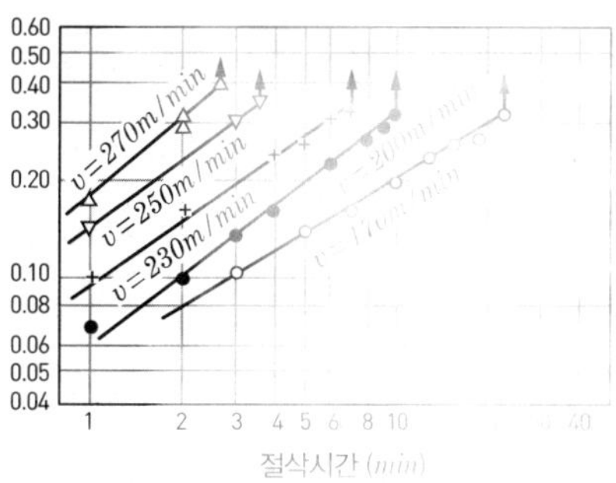

(d) 유황쾌삭강–초경 P20

[그림 6–17] 여유면 마모 폭의 절삭시간에 의한 변화

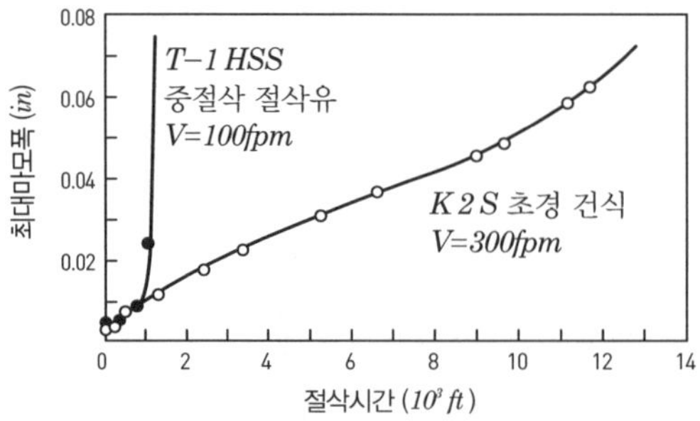

공구강 M-2(220 B_H), 고속도강[0, 10, 5, 5, 5, 0, 0.015], 초경공구[0, 0, 5, 5, 5, 0, 0.015], 절삭깊이 0.06in, 이송 0.0104in, 절삭속도 100ft/min(H.S.S), 300ft/min(Carbide)

[그림 6-18] 초경공구와 고속도강 공구의 마모속도 비교

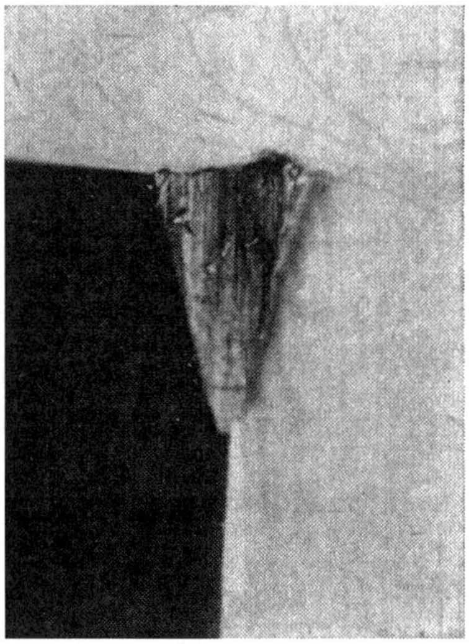

[그림 6-19] 고속도강 공구의 전체 파단

또, 여기서는 **그림 6-18**과 같이, dW/dL의 변화가 아니고 단위절삭 시간당의 마모 dW/dt인 것에 주의해야 한다. **그림 6-18**과 같이 같은 절삭조건인 경우 dW/dL은 고속도강 공구 쪽이 커지만 상용 절삭속도 범위가 저속영역이므로 dW/dt와 비교하면 마모속도는 매우 작다. 또, 절삭속도가 큰 폭으로 변화하지 않으면 마모속도는 거의 변화하지 않는다. 보통 강 종류를 절삭하는 경우, 초경공구는 150~250mpm, 고속도강 공구는 40~80mpm가 **실용 절삭속도 범위**이다.

이러한 의미에서 dW/dL을 비교하는 것이 합리적이지만 절삭시간을 비교하면 쉽고 편리하다. 고속도강 공구의 전체 파손은 온도가 높아지면 마모와 함께 공구의 경도가 급격히 저하됨으로 날 끝이 절삭력에 견디지 못하고 파단 된다.

물론, 연화가 급속히 진행하면, 마모속도가 빨라지면서 파단을 가속화시킨다. **그림 6–19**는 고속도강 공구의 전체적인 파단을 나타낸 것이다. 또, **그림 6–17**(a)의 초경공구에서 후반의 마모가 급증되는 것은 고온경도로만으로 설명할 수는 없다. 그러나 **그림 6–17**(a)와 같이 초경공구의 경화는 매우 적다. 확실한 근거는 없지만 가능한 설명은 식 (6−8)의 활성화 에너지 E가 온도에 의해 변화한다는 것이다. 또, 초경공구의 마모경과는 **그림 6–17**(c)와 같이 양 대수눈금에서 경사가 다른 2개의 직선 군으로 나타난다.

여유면 마모와 절삭시간과의 관계는

$$V_B = a\,T^b \tag{6-12}$$

이며, 경사도 b는 절삭속도에는 큰 차이 없이 그림처럼 거의 평행한 직선이 된다. 또 초경공구로 절삭할 때도 **그림 6–17**(d)와 같이 화살표 방향으로 꺾이기 전에, 전체가 파손 될 수도 있다.

이러한 예는 탄소강의 절삭에서 많으며, **그림 6–11**의 경사면 마모가 앞면 절삭날까지 도달하여 절삭날의 강도를 저하시키므로 전체적인 파단을 일으킨다. 이때, 여유면의 평균 마모량을 V_m이라 하면 마모체적은

$$W = const.\ V_m^2 \tag{6-13}$$

이 된다. 예를 들면 $\alpha_s = \alpha_b = C_s = 0$, nose 반지름이 없는 경우는

$$W = \frac{1}{2} d_1 V_m^2\ tan\zeta \tag*{(6-13)$'$}$$

가 된다. 다만, d_1은 절삭깊이, ζ은 여유각이다. 지금 W는 절삭거리에 비례하므로

식 (6−13)을 식 (6−3)에 대입한다. H, z를 일정하다고 가정하면

$$V_m = const.\,(N_t\ dL)^{\frac{1}{2}} \tag{6-14}$$

지금 마모가 수직하중 N_t가 V_m에 비례하면

$$V_m = const.\, dL \tag{6-15}$$

단, N_t의 변화가 무시할 만큼 작으면

$$V_m = const.\, (dL)^{\frac{1}{2}} \tag{6-16}$$

이 된다. 즉 식 (6−11)의 지수는 1~0.5 정도 이지만 **그림 6−16**(c), (d)와 같이 실제로는 어느 범위에 한정되지는 않는다. 여유면 마모에는 진동에 의한 충격으로 미세한 치핑(chipping)의 집적되거나 긁기(abrasive) 마모 등 경사면 마모에 없는 복잡한 현상이 나타난다.

지금까지 초경공구와 고속도공구의 마모를 중심으로 설명했지만, 여러가지 공구를 보면 다음과 같다. 탄소공구강이나 합금강에는 고속도강의 마모 특성이 강조되고, 스텔라이트(stellite)는 고속도강과 초경합금의 중간적 특성을 가진다.

한편, 서멧(cermet)은 초경합금과 성질이 거의 같고 세라믹 공구는 초경합금과 비슷한 **치핑**(chipping)또는 **박리**(separation)등 취성적인 경향이 많다.

6.2 공구수명의 판정과 공구수명 방정식

절삭공구가 마모되면 예리한 새로운 공구로 교환하여 작업을 계속해야 한다. 이와 같이 **공구수명**이란 절삭개시에서 공구교환까지의 총 절삭시간이나 총 절삭거리로 정의한다. 원칙적으로 미리일정한 마모량에 이르는 공구의 수명시간을 측정해야 한다. 그러므로 처음부터 정해진 마모량에 도달 할 때까지의 절삭시간 또는 절삭거리를 공구수명이라 한다.

그러나 실제로는 마모량에 의하지 않고 어떤 일정 값에 도달한 **간접량**으로 공구수명으로 정하는 경우가 많다. 예를 들면 Hob, pinion cutter 등 (기어 절삭공구, 총형 절삭공구의 날이 제품형상과 같고, 절삭에 의해 날형이 제품에 傳寫됨)에서는 제품 형상이나 치수가 허용 오차를 넘을 때를 수명으로 한다. Broach절삭에서는 마모에 따라 절삭저항이 증가하고 제품의 치수 정밀도와 함께 저하한다. 따라서 일정한 값 이상의 절삭저항이 걸릴 때를 수명으로 설정한다. 이것은 절삭할 동안, 브로치(Broach)에 큰 절삭력이 걸리면 절삭날이 절손되거나 공작물이 이탈될 위험을 방지하기 위한 것이다.

또, 자동선반 작업에서 소형의 시계부품 등을 절삭할 때에 제품의 형상치수가 일정 정밀도를 유지하더라도 마모의 진행과 더불어 절삭에 의해 버어(burr)가 발생하거나, 다듬질면에 **무늬면**(紅面)을 잃어버린다던가 하는 문제가 생긴다. 따라서 이러한 상태에 도달하면 공구수명이 다한 것으로 규정한다.

이와 같이, 제품의 형상, 치수 정밀도, 절삭력, 다듬질면의 상태 등에 따라 공구수명을 규정한다. 결국, 공구를 기계에서 분리하여 마모량을 측정하면 생산성을 저하시킨다. 이런 경우는 간접적으로 수명을 결정해도 큰 차이가 없다. 그러므로 공구의 어느 부분의 마모와 관계되는지 알 수 없더라도 간접량으로 수명을 규정하는 것이 편리하다.

상황에 따라서 작업내용에 알맞은 수명 판정기준을 설정하는 것이 바람직하지만, 우리는 일반적인 절삭작업에서 나타나는 V_B, K_T 또는 절삭날 파단을 수명 판정기준으로 삼는 직접량을 설명하겠다. 이제까지 간접량으로 수명 판정기준으로 결정하였더라도, "V_B, K_T의 설정치가 어떤 값으로 설정할 까?"는 공구의 재연삭비, 공구 탈착시간에 따른 경제성 등을 고려하여 다른 각도에서 검토해야 한다. 여기서는 V_B, K_T의 설정 값에 따른 직접량에 대하여 설명하기로 한다.

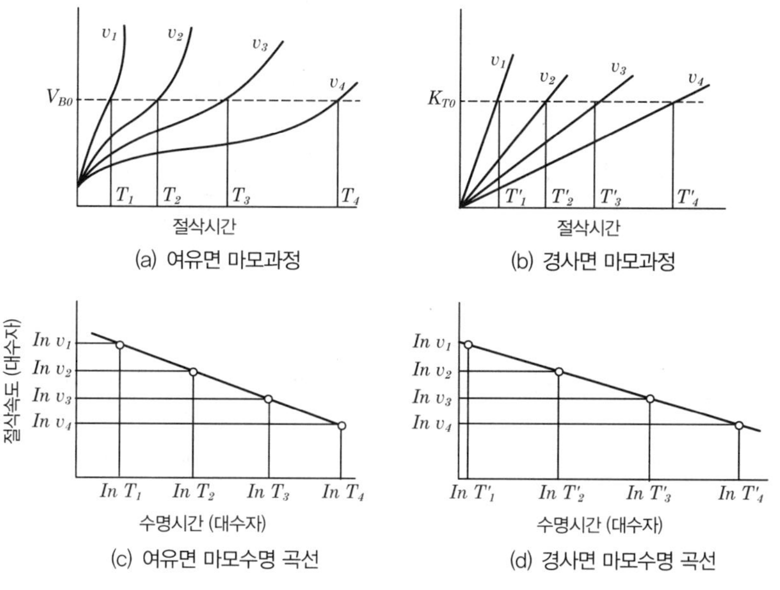

[그림 6-20] 초경공구의 수명곡선

지금 **그림 6-20**(a), (b)의 초경공구의 마모 경과곡선에 따라 수명 판정기준[ISO로 규정] $V_B = V_{B0}$, $K_T = K_{T0}$가 설정되었다고 하면 각 절삭속도에 대한 공구수명시간은 그림과 같이 구해진다. 수명시간과 대응하는 절삭속도를 양 대수눈금으로 나타내면 **그림 6-20**(c), (d)와 같은 직선적 관계를 얻는다. 즉,

$$VT^n = C \tag{6-17}$$

다만, V는 절삭속도, T는 공구수명, n ,C는 정수이다. 또, **그림 6-14**, **그림 6-17**(c)에 대응하는 식 (6-12)의 지수 b'나 b는 일정한 절삭속도에서 수명 판정기준만 변화시켜서 **그림 6-21**과 같은 평행한 수명곡선 군을 얻을 수 있다.

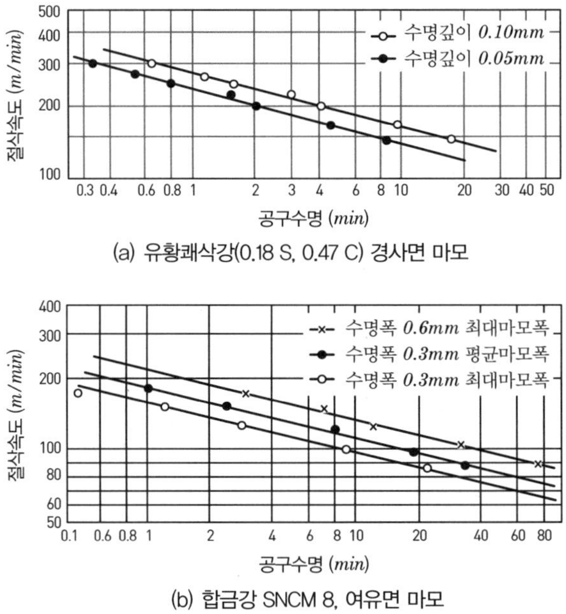

[그림 6-21] 수명판정 기준에 의한 수명곡선의 변화 절삭조건은 그림 6-15와 같다.

또, 절삭 거리로서 공구수명을 정의하면($T = VT$)를 대입하면 식(6-17)이 됨),

$$VT^A = B \qquad (\because\ T = \frac{L}{V}) \tag{6-18}$$

다만, L은 **수명 절삭거리**이며, 두 식의 지수와 정수 사이에는 다음의 관계가 있다.

$$
\left.
\begin{aligned}
n &= \frac{A}{1+A} \\
A &= \frac{n}{1-n} \\
B &= C^{A+1} = C^{1/(1-n)}
\end{aligned}
\right\} \qquad (6-19)
$$

※ 직접량에 의한 공구수명 판정

ISO 공구수명규정	$V_2 = 0.2$(정밀절삭)	$V_B = 0.4$(특수강절삭)	$V_B = 0.7$(주철.강)
	$K_T = 0.05 \sim 0.10$mm	$K_T = 0.05+0.15$f	

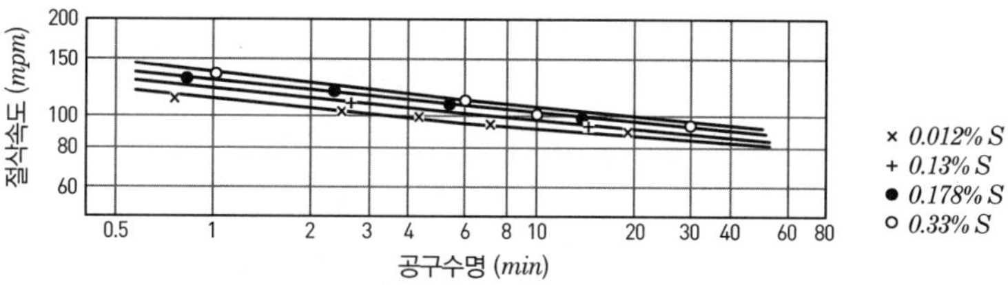

0.14% 탄소강을 모재로 한 유황쾌삭강, 고속도강 *SKH-3 [0, 25, 7, 7, 15, 0, 0.5]*,
절삭깊이 *1mm*, 이송 *0.26mm/rev*, 건절삭

[그림 6-22] 고속도강 공구의 수명곡선

고속도 공구의 경우는 전면 파단이 발생할 때까지의 절삭시간을 수명으로 판정하면 식 (6-17)에 의한 공구수명은 **그림 6-21**과 같다. 이것은 F.W. Taylor가 1907년에 탄소공구강의 공구수명을 실험한 것으로, 특히 식 (6-17)을 Taylor의 **공구 수명곡선**이라고 한다. 식 (6-17)은 실험한 것이므로 실제의 수명곡선은 직선이 되지 않는 경우도 있다.

그림 6-23은 구성인선의 영향을 고려한 예이다. 구성인선이 생기지 않더라도 직선이 되지 않는 경우도 있다. 초경공구는 상용 절삭속도 범위가 구성인선의 영역을 넘어가기 때문에 수명곡선은 직선이 되지만 저속영역에서는 **그림 6-23**과 같이 직선상에 놓이지 않은 경우도 있다. 특히, 저속절삭으로 단속 절삭하는 경우, 부착된 구성인선이 절삭날에 불규칙적인 충격을 주면 공구가 결손 또는 파괴되어 공구수명을 크게 저하시키기 때문이다. 또 그림과 같이 저속영역에서 공구수명이 감소하거나 반대로 연장되는 예도 있다. 결국, 구성인선이 불안정하여 탈락편이 공구를 긁게(abrasive)되거나, 아니면 안정되어 날 끝을 보호하였는가에 따라 다르다.

또, 고속도강 공구에서 간접량(정밀절삭의 경우)이나 절삭날 파단(거친 절삭의 경우)중에 어떤 수명 판정기준을 선택하더라도 큰 문제는 없다. 그러나 초경공구는 V_B와 K_T중 어떤 수명 판

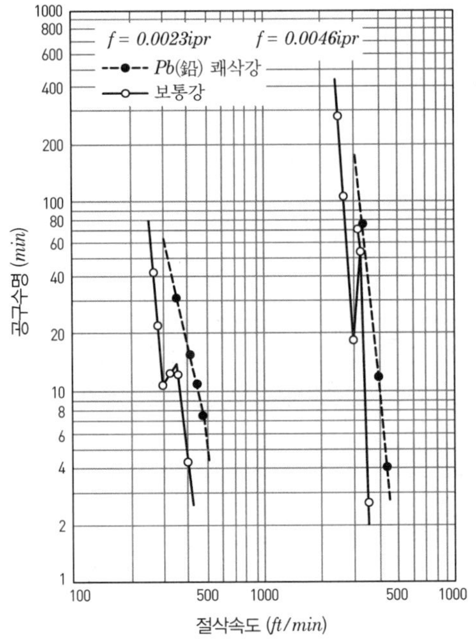

0.14% 탄소강을 모재로 한 Pb(鉛) 쾌삭강(0.22% Pb), 고속도강 M−2, 경사각 15°, 날 끝 반지름 0.032in, 절삭깊이 0.1in, 건절삭

[그림 6-23] 복잡한 공구수명곡선의 예

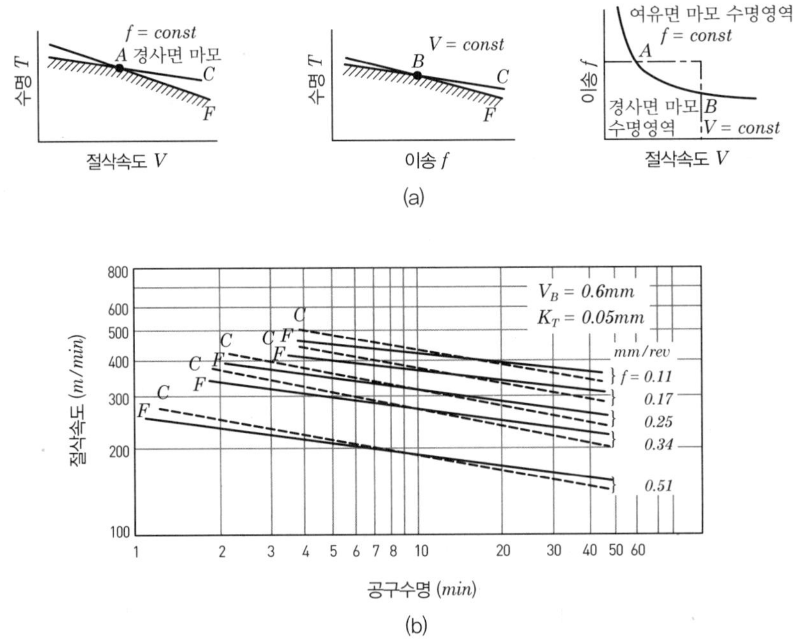

13 크롬 스테인리스강(SUS2), 초경공구 P10 [0, 10, 6, 6, 15, 15, 0.5], 절삭깊이 2mm, 건절삭

[그림 6-24] 여유면 마모수명곡선과 경사면 마모수명곡선이 곡선이 교차하는 경우의 공구수명판정

정기준으로 설정할까에 따라서 많은 차이가 있다. 이 중에서 가장 짧은 것을 수명시간으로 결정하는 경우가 많다.

그림 6-24와 같이 두개의 수명곡선이 교차되는 경우에는 그림에서의 사선으로 표시한 부분을 수명곡선으로 정한다. 그리고 초경공구와 고속도 공구 등에는 수명곡선의 경사도, 즉 식 (6-17)의 지수 n의 값을 알아야 한다. **그림 6-21**과 같이, 고속도강 공구의 수명곡선 경사도는 매우 작기 때문에, 절삭속도가 조금만 증가하더라도 크게 수명이 변한다.

다음에 설명하겠지만 절삭속도는 절삭온도에 큰 영향을 준다. **그림 6-22**의 수명 특성과 같이, **열민도**(thermal sensitivity)가 높은 고속도강 공구는 발생한 절삭 열로 인하여 날 전체가 파손되기 쉽다.

구체적으로 고찰하기 위해, 다음과 같이 해석해 보자. 먼저 마모량 W(V_B 또는 K_T)이 절삭거리에 비례하는 경우라면

$$W_0 = AL = AVT$$

따라서

$$VT = \frac{W_0}{A} = const. \tag{6-20}$$

이며, 이것은 식 (6-17)의 $n = 1$이 되는 특별한 경우이다. 반면에 공구수명이 절삭온도나 절삭속도에 아주 민감하게 영향을 주는 극한의 상태라고 가정하면 식 (6-17)의 경사도는

$$\left| \frac{dT}{dV} \right| = \left| \frac{-T^{n+1}}{nC} \right| = \infty \tag{6-21}$$

$n = 0$이므로, 즉

$$V = const. \tag{6-22}$$

식 (6−20), (6−22)의 공구 수명곡선은 **그림 6−25**와 같고, 열민도가 높은 공구는 수명곡선의 경사도가 작다. 실제의 공구수명곡선에서 초경공구는 두 수명곡선의 중간에 위치하고, 경사도는 **고속도강** $n = 0.11$, **초경공구** $n = 0.2 \sim 0.23$, **세라믹(ceramic)공구** $n = 0.4$(경우에 따라서는 $n = 1$에 가깝다)정도이다.

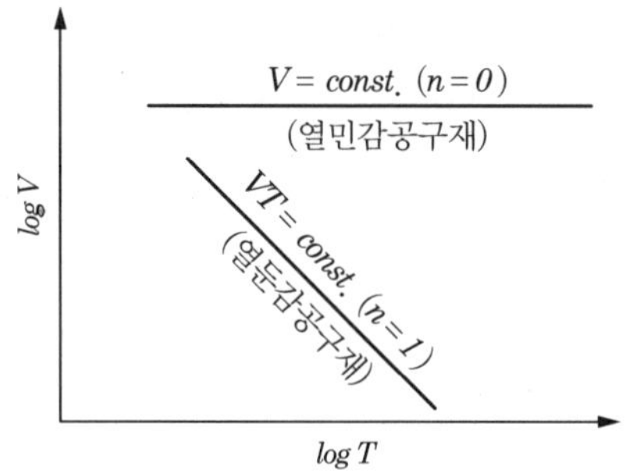

[그림 6−25] 공구수명곡선에서 열민도의 양극단

그림 6−26은 같은 재료를 고속도강, 초경합금 및 세라믹 공구로 절삭하는 경우, 여유면 마모 수명곡선(고속도강에서 전체 파단수명)을 비교한 것이다.

특히, 세라믹 공구는 내열성이 높아서 고속 절삭할 때, 큰 능력을 발휘(**그림 6−10**참조)하지만, 저속에서 절삭하면 초경합금보다 수명이 떨어지는 특성을 가지고 있다.

또, 공구의 수명특성을 쉽게 이해하기 위해, 60분 수명 절삭속도 V_{60}을 비교해 보자. **그림 6−21(b)**에서 수명 판정기준에 의한 60분 **수명 절삭속도**는 $V_{60} = 90,\ 80,\ 70\text{m/m}$이다.

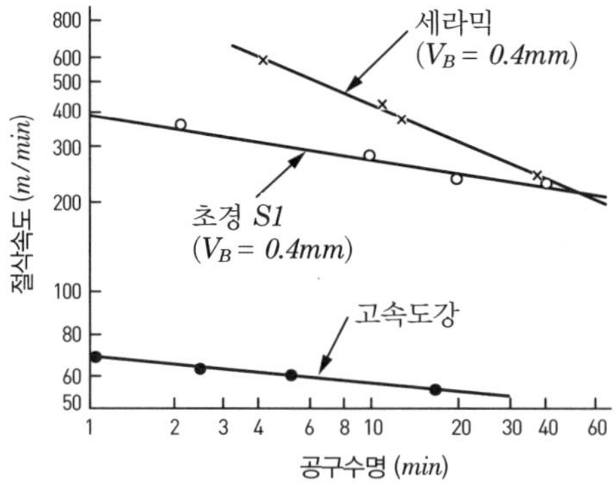

[그림 6−26] 각종 공구재질의 수명곡선의 비교 합금강

다음에는 절삭속도 이외의 절삭조건을 검토해 보자. 다른 조건이 일정하고, 이송(f)이나 절삭깊이(d)만을 변화시킨 경우에 각각 식 (6-17)과 같이, 실험적 관계는

$$\left.\begin{aligned} f\,T^{n_1} &= C_1 \\ d\,T^{n_2} &= C_2 \end{aligned}\right\} \tag{6-23}$$

가 된다. 수명 판정 기준(W_0)에 따라서 식 (6-17), (6-23)을 종합하면, 일반적으로 공구수명은 다음과 같다.

$$V d^{\xi} f^{\eta} T^{\zeta} = \lambda W_0{}^{\delta} \tag{6-24}$$

단, ξ, η, ζ, λ, δ는 정수이다. 예를 들어, JIS SUS-22(페라이트계 스테인리스강)을 초경합금 [ISO P20(0,10,5,5,15,15,0.5)]으로 선삭하면

$$\left.\begin{aligned} &\text{여유면 마모}: V d^{0.1} f^{0.45} T^{0.13} = 261\, V_B^{0.267} \\ &\text{경사면 마모}: V f^{0.47} T^{0.18} = 378\, K_T^{0.1752} \end{aligned}\right\} \tag{6-25}$$

JIS SUS-7(오스테나이트계 스테인리스강)로 초경합금[ISOP20(0,10,6,6,15,15,0.5)]을 선삭하면

$$\left.\begin{aligned} \text{여유면 마모}(V_B \geq 0.4mm) &: V f^{0.88} T^{0.2} = 75\, V_B^{0.239} \\ \text{경사면 마모} &: V f^{0.5} T^{0.25} = 310\, K_T^{0.247} \end{aligned}\right\} \tag{6-26}$$

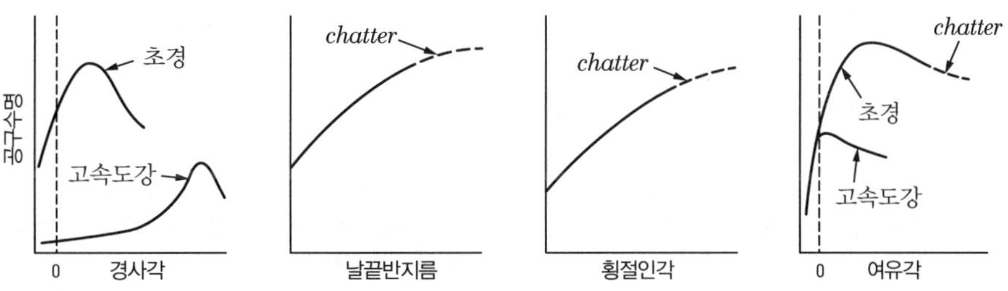

[그림 6-27] 절삭날 형상과 공구수명의 정성적 관계

V(mpm), d(mm), f(mm), T(mim), V_B(mm), K_T(mm)이다. 지수 ζ, η는 절삭속도 대한 절삭깊이나 이송이 공구수명에 미치는 영향을 상대적으로 나타낸 것이다. 이러한 수식에 따르면, 절삭깊이, 이송, 절삭속도의 순서로 공구수명에 영향을 미친다.

절삭깊이는 절삭폭과, 이송은 절삭 두께와 관계가 있다. 그리고 위와 같은 순서는 절삭온도의 영향을 고려할 때에 실제 절삭과 잘 일치된다. **그림 6-27**은 공구날의 형상이 수명에 미치는 영향을 개념적으로 표시한 것이다.

그림 6-27(a)에서 경사각 (α_s)의 영향에 대해서 생각해 보자. 다음에 설명하겠지만, 경사각이 증대하면 절삭온도가 상승하지 않으므로 공구수명은 개선될 것이다.

사실상, 열민도(thermal sensitivity)가 큰 고속도강 공구는 **그림 6-28**(a)와 같이 경사각 30° 정도에서 최대수명을 얻는다. 만약 경사각이 너무 크면 절삭날의 기계적 강도가 떨어져서 결손되기 쉽다. 또한 날 끝에서 절삭열의 방열도 불충분하므로 공구수명이 오히려 감소한다. 이에 대하여, 초경공구나 세라믹 공구는 열민도가 높은 고속도강 공구와 달리, 경사각을 증대시키더라도 절삭온도는 별로 낮아지지 않고 오히려 인성만 저하시켜 치핑(chipping)되기 쉽다. **그림** (b)를 살펴보면, 경사면 마모의 공구수명은 커지만 여유면 마모의 공구수명은 경사각 약 2～3°에서부터 다소 감소한다. 그러므로 고속도강 공구의 상용 경사각을 20～30°, 초경공구는 −5～10°정도로 설정한다. 또한 윗면 경사각(α_b)을 주면 **그림 6-29**(b)와 같이 유효경사각(α_e)을 증가시킨다. 따라서 경사각(α_s)이 공구 수명에 미치는 영향은 위의 그림과 같이 표시된다.

그림 6-27(b)는 nose 반경에 대한 공구수명을 나타낸 것이다.

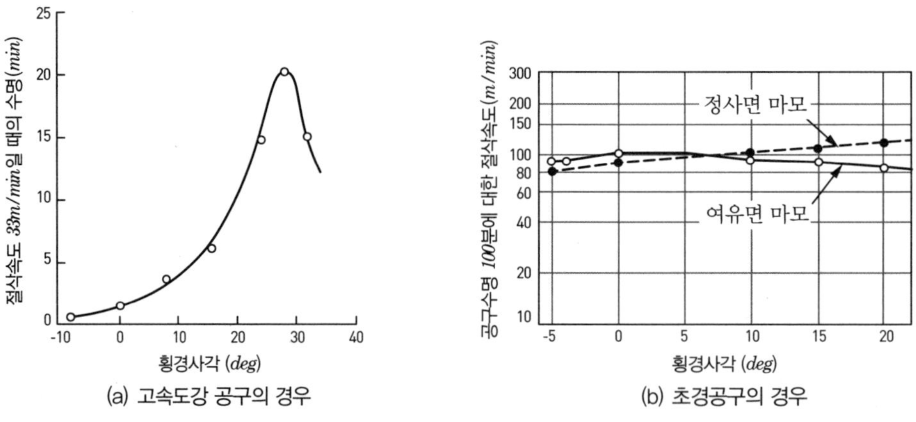

18-4-1 고속도강[0, var, 6, 6, 6, 15, 0.25],
절삭깊이 1.25mm, 이송 0.15mm/rev,
절삭속도 33m/min, 건절삭

ISO P20 [0, var, 6, 6, 15, 15, 0.5],
절삭깊이 2mm, 이송 0.25mm/rev, 건삭,
V_B = 0.6mm, K_T = 0.05mm

[그림 6-28] 18-8스테인리스강의 선삭에서 횡경사각과 공구수명의 관계

공구의 nose 반경이 작으면 끝단에 열이나 응력이 집중되거나, 열민도가 높은 고속도강에서는 끝 부분의 마모가 집중되어 전체 날을 파단시키고, 초경공구나 세라믹에서는 치핑(chipping)이 발생하기 쉽다. 따라서 nose반경은 클수록 좋지만, 너무 크면 유효 절삭날의 길이가 증가되어, 떨림(chattering)이 발생하므로 적절히 제한한다.

먼저 옆면 **절삭날각**(C_s)의 필요성을 생각해 보자. 예를 들면 **그림 6-29**(a)의 선반가공에서는 공작물 끝에서 절삭이 시작될 때, C_s가 (0) 또는 (−)이면 절삭날은 전체 길이가 동시에, 또는 끝 부분만 절삭하므로 날은 파손되기 쉽다. 그러나 (+)이면 공구 끝에서 떨어진 절삭날부터 절삭되므로 충격에 강하고 결손되지 않는다. 그러므로 테이퍼 제품을 절삭할 경우에 적당한 C_s를 주면 매우 편리하다. 반면에 **그림** (b)와 같이 절삭깊이(d), 이송(f)일 때, 옆면 절삭날각(C_s)를 만들면 유효절삭두께 $f\,cos C_s$가 감소되어 절삭온도를 저하시킨다. 이때, 공구수명은 연장되지만 유효 절삭날 길이 $d/cos C_s$는 증가하기 때문에 **채터링**(chattering) 진동이 발생하기 쉽다. 또 과도한 절삭깊이(d), 이송(f)도 **그림 6-27**(c)의 특성과 같이 채터링이 발생한다.

마모량이 절삭거리에 비례하므로, 여유각이 클수록 공구수명은 길어진다. 여유각이 크면 식 (6−13)′에서 같이 일정한 V_B에 대해서 마모되는 공구의 체적도 그 만큼 증가한다. 그 이유는 $W \propto L$이고 $L \propto tna\zeta$로 되기 때문이다.

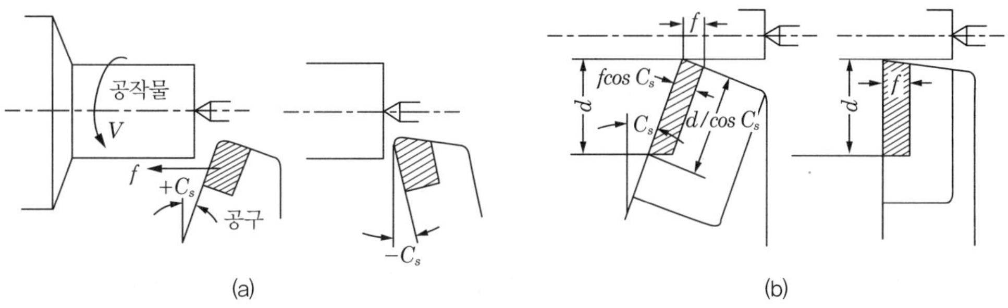

[그림 6-29] 횡 절삭날각의 효용

실제로 여유각이 너무 크면 절삭날의 기계적 강도가 떨어져서 치핑(chipping)이 되기 쉽고, 또 절삭열의 방열도 불충분하므로 수명은 감소한다. **그림 6-27**(d)는 이런 현상을 표시한 것이다. 공구 수명만 고려한다면 여유각이 5∼10°보다 큰 값을 취하는 것이 좋다. 너무 크면 **그림 6-30**과 같이 일정한 V_B에 대해서 절삭날의 후퇴량(S)이 커지고, 공구를 다시 연마할 때에 제거량이 많아서 공구비가 증가한다. 즉, 공구를 다시 연마하기 위해서 많은 비용이 필요하다. 그러므로 상용 여유각은 최대수명인 상태를 유지하기보다 약간 작게 선택한다.

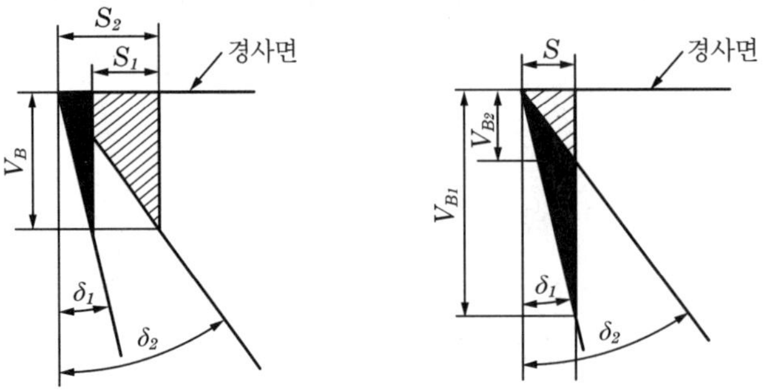

(a) 마모폭 일정 (b) 날 끝후퇴량 일정

[그림 6-30] 경사각과 마모량, 날끝 후퇴량

한편 같은 V_B라도 **후퇴량** S가 적으면 제품의 치수가 정밀하게 가공될 수 있다. 예를 들어, 브로칭(broaching) 가공과 같은 치수 정밀도가 극히 높은 경우에 여유각을 1～3°로 작은 것도 이러한 이유 때문이다. 물론 날 끝의 위치를 변경할 수 있는 심은 날 절삭공구는 치수정밀도를 위하여 여유각을 제한하지 않지만 일반적인 여유각을 사용하는 것이 좋다.

이 외에 절삭유제를 사용하면 공구수명이 개선되는 현상은 다음에 설명할 것이다. 앞 또는 본항에서 밝혀진 바와 같이 공구마모에 의한 공구수명은 절삭온도와 밀접한 관계가 있다.

예를 들면, 공구수명은 T와 **초기절삭온도**(마모가 없을 때의 절삭온도) θ와의 실험적 관계는

$$T \cong C_1 e^{C_2/\theta} \tag{6-27}$$

단 C_1, C_2는 정수이다.

와 같다. 현재 C_1, C_2를 해석적으로 구할 수는 방법은 없고, θ도 마모과정에 따라 변화하기 때문에 위 식을 그대로 적용할 수는 없다. 앞으로 절삭온도의 해석과 함께, 각종 재료의 물성값과 마모 특성을 적절히 조합하면 해석적으로 공구수명을 구할 수 있다. 그러나 현재로서는 공구 수명 시험에 의존할 수밖에 없고, 경제성을 고려한 절삭가공의 최적 절삭조건은 식 (6-25), (6-26)과 같은 실험식을 이용한다.

제7장

절삭에서의 열적현상

7.1 절삭열의 발생

7.1.7 절삭할 때의 에너지(energy by cutting)

제1장에서 설명한 절삭기구의 고찰에서 절삭열이 어디에서 어떻게 발생하는가를 생각해보자.

절삭에 소요되는 동력, 즉 단위시간당 일량 E_0는 절삭속도 V와 그 방향의 절삭저항(주 절삭저항) F_c를 곱한 것이므로,

$$E_c = F_c \cdot \overline{V}_c \tag{7-1}$$

로 나타낼 수 있다. 이러한 동력의 대부분(95% 이상)은 열로 변하여, **그림 7-1**과 같이 전단면 및 공구의 경사면에 작용하는 저항에 이겨 운동량으로 소모된다.(이 외에 여유면과 가공면과의 마찰등도 있지만 상대적으로 적으므로 생략한다.)

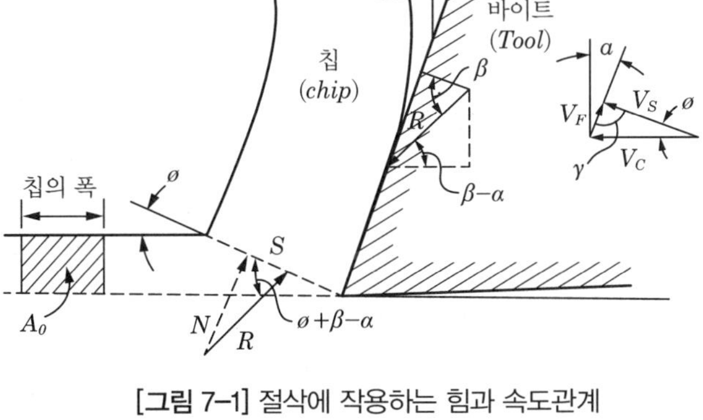

[그림 7-1] 절삭에 작용하는 힘과 속도관계

즉 칩의 전단면에 작용하는 속도를 $\overline{V_s}$ 공구면에 작용하는 속도를 V_f라고 하면 전단면 및 공구면의 단위시간 당 일량 E_s E_f는 각각 $F_s \cdot V_s$ 및 $F_f \cdot V_f$이다. 즉

$$E_s = F_s \cdot V_s, \text{ 또한 } E_f = F_f V_f \tag{7-2}$$

V_c, V_s 및 V_f 사이에는 **그림 7-1**과 같이 삼각형으로 표시고, 전단변형

$$\gamma = 90-(\phi-\alpha)$$

이므로

$$\frac{V_c}{sin90-(\phi-\alpha)} = \frac{V_s}{sin(90-\alpha)} = \frac{V_f}{sin\phi}$$

가 된다.

따라서

$$V_s = V_c \frac{cos\alpha}{cos(\phi-\alpha)} \tag{7-3}$$

$$V_f = V_c \frac{sin\alpha}{cos(\phi-\alpha)} \tag{7-4}$$

$$\begin{aligned} E_s &= F_s \times V_c \times \frac{cos\alpha}{cos(\phi-\alpha)} \\ &= (F_c\, cos\phi - F_T\, sin\phi) \frac{V_c\, cos\alpha}{cos(\phi-\alpha)} \end{aligned} \tag{7-5}$$

$$\begin{aligned} E_f &= F_f \times V_c \times \frac{sin\phi}{cos(\phi-\alpha)} \\ &= (F_c\, sin\phi + F_T\, cos\alpha) \frac{V_c\, sin\phi}{cos(\phi-\alpha)} \end{aligned} \tag{7-6}$$

또는

$$E_f = f(F_c \, sin\alpha + F_r \, cos\alpha)\, V_c \, r_c \tag{7-7}$$

한편 F_s 및 F_c는 제2장에서 이미 설명한 절삭저항의 해석에서 구할 수 있다. **그림 7-1**과 같이 공구에 미치는 절삭저항의 합력을 R이라 하면, 절삭방향의 힘 F_c(주분력)와 직각 방향의 힘 F_T(**배분력**)를 측정하여 합성한다.

7.1.2 절삭열 발생 영역과 절삭온도

절삭할 때 생긴 에너지는 대부분이 열로 소비된다. 절삭열은 ① 전단면에서 전단변형을 일으키는 열, ② 공구표면의 마찰열, ③ 여유면에 생기는 열 등 3구역으로 나눈다. 즉 **그림 7-2**에서 절삭에 필요한 일은 절삭저항에 대응하여 절삭날 부근의 전단면 AB에서 생기는 전단변형, 공작물에서 깎이는 칩의 소성변형과 마찰(칩이 공구표면인 AC를 가압하면서 통과할 때 생기는 마찰) 및 공구날 끝이 절삭 표면인 AO면을 통과할 때 생기는 마찰 등이 있다. 이처럼 열은 마찰로 인하여 발생한다.

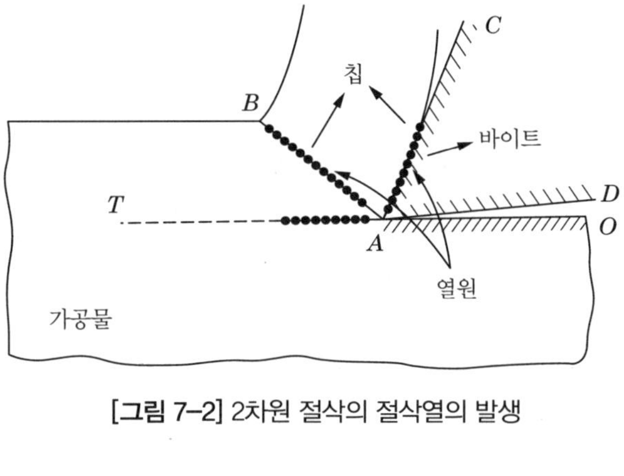

[그림 7-2] 2차원 절삭의 절삭열의 발생

이 때 발생된 열의 일부는 절삭할 때에 칩으로 나가고, 일부는 공구에 전달되며, 나머지는 공작물의 내부에 들어가서 일정한 열은 절삭날에 잔류한다.

이와 같이 잔류하는 열을 **절삭온도**(cutting temperature)라고 한다.

Trigger는 절삭현상에 관한 발열상태에 대하여 이론적 해석을 발표하였다.

위에 표시한 2차원적인 **절삭열의 분포**는 다음과 같다. 즉

① 칩의 전단면 온도,

② 공구의 경사면(rake angle) 상의 칩의 마찰온도,

③ 계산에 의한 칩의 온도,

④ 바이트(공구)와 공작물의 열전대에 의한 측정온도,

이와 같이 분류된 온도를 **그림 7-3**에 표시하였다.

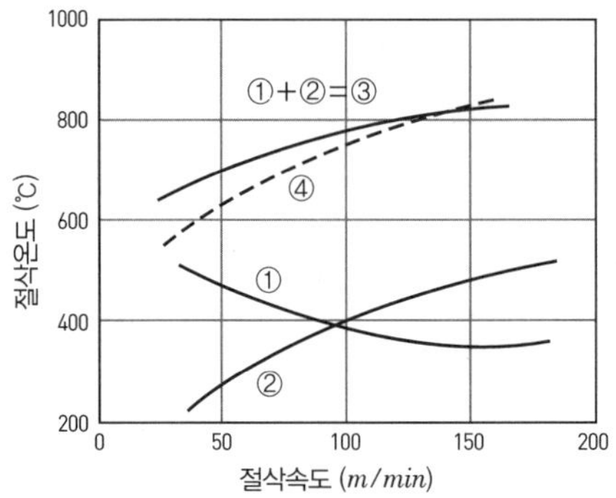

① 칩의 전단에 의한 전단온도
② 바이트와 칩의 마찰에 의한 온도 상승
③ 계산에 의한 온도측정(실선)
④ 공구와 공작물의 열전대에 의한 측정온도(점선)

[그림 7-3] 절삭온도와 절삭속도와의 관계

그림 7-3과 같이 절삭온도가 낮은 부분에서는 전단면의 소성변형으로, 높은 절삭온도에서는 마찰로 인하여 열이 발생한다. 칩을 제거할 때 가지고 있는 열은 절삭속도의 증가와 더불어 크게 된다. 또 공구의 경도 저하와 재료를 전단할 때에 저항의 증가로 인하여 공구 마모가 촉진된다. 그러므로 최근에는 절삭열의 문제가 대단히 중요하다. 최근에는 초경공구에 의한 고속, 고온절삭과 함께 절삭열에 대한 관심은 많아지고 있다.

예제 1 탄소강으로 된 두께 1.6mm의 파이프를 절삭깊이 $t=0.11$mm로 2차원 절삭할 때 절삭 주분력 $F_c = 70.3$kg, 배분력 $F_r = 50$kg이고 칩의 평균 두께 $t_2 = 0.781$mm이다. 이때 E_s와 E_f를 계산하라. 단 절삭속도 $V=100$m/min, 경사각 $\alpha = 8°$이다. 또한 E_s 및 E_f가 전부 열로 변환하였을 때 각 열량을 계산하라.

풀이 전단각 ϕ는

$$tan\phi = \frac{\frac{t_1}{t_2} cos\alpha}{1-\frac{t_1}{t_2} sin\alpha} = \frac{\frac{0.110}{0.781} cos8^\circ}{1-\frac{0.110}{0.781} sin8^\circ} = 0.1755$$

$$\therefore \phi = 9^\circ 57'$$

(i). (7−5)식에서

$$E_s = (F_c cos\phi - F_T sin\phi) \frac{V_c sin\phi}{cos(\phi-\alpha)}$$

$$= (70.3 \times cos9^\circ 57' - 50 \times sin9^\circ 57') \times 100 \times \frac{cos8^\circ}{cos(9^\circ 57' - 8^\circ)}$$

$$= 6000(kg \cdot m/min) = 100(kg \cdot m/sec)$$

$$= \frac{100}{75}(PS) = 1.33(PS)$$

(ii). (7−7)식에서

$$E_f = (F_c sin\alpha - F_T cos\alpha) V_c r_c$$

$$= 59.10 \times 100 \times \frac{0.110}{0.781} \fallingdotseq 17kg \cdot m/sec$$

$$= \frac{17}{75}(PS) = 0.23(PS)$$

(iii). 전단면에 발생하는 열량을 U_s라고 하면 1kcal는 427kg · m에 상당하므로

$$U_s = 100(kg \cdot m/sec) \times \frac{17}{427}(kcal/kg \cdot m)$$

$$= \frac{100}{427}(kcal/sec)$$

(iv). 경사면에 발생하는 열량을 U_f라고 하면

$$U_f = 17(kg \cdot m/sec) \times \frac{17}{427}(kcal/kg \cdot m)$$

$$= \frac{17}{427}(kcal/sec)$$

7.2 절삭온도의 측정법

오래된 절삭열을 측정하는 실험으로는 1789년에 C. Rumford가 황동제 대포를 보링할 때, 발생하는 열을 측정하여 Royal Society of London에 발표하였다. Rumford는 열량계 측정법 (calorimetric −method)을 사용하여 공작물, 공구 및 칩 등의 열에너지를 산정하였다.

1924년에 공구와 공작물의 **열전대법**을 처음 Shove가 소개하였고, 1925년 K. Gottwin이 개량하여 널리 보급되었다. 복사와 칼로리미터(calorimeter)에 의한 절삭온도 측정은 F. Schwerd가 1933년에 발표하였고, 1951년에는 M.C. Shaw가 공구와 공작물에 의한 열기전력 회로를 개선한 온도 교정법을 보고하였다. 한편 K.J. Trigger 및 H. Opitzb등도 절삭이론 및 절삭온도의 측정에많은 기여를 하였다.

현재의 절삭온도 측정에는 다음과 같은 여러가지 방법이 사용되고 있다.

① 칩의 색깔에 의한 방법

② 칼로리미터에 의한 방법

③ 삽입된 열전대(inserted thermo−couple)에 의한 방법

④ 시온도료에 의한 방법

⑤ 공구와 공작물을 열전대(thermo−couple)로 하는 방법

⑥ 복사고온계를 사용하는 방법

7.2.1 칩 색으로 측정하는 법

강을 비교적 고속으로 절삭하는 경우에는 칩이 여러가지 색으로 변색되는 것을 경험하게 된다. 이 색은 칩의 온도에 따라서 변색하므로 반대로 색상에 따라 칩의 온도도 구할 수 있을 것이다. 그러므로 이 색은 뜨임(tempering)할 때 생기므로 **뜨임 색**(temper color)라고 한다.가열시에 표면에 생긴 산화막으로 발생하는 것을 연삭 변색이라고 한다. 금속이 가열되면 그 표면에 투명한 엷은(10분의 수micron 정도) 산화막이 생겨 **그림 7–4**와 같이 외부의 빛 일부는 산화막의 표면에서 반사하고, 나머지는 산화막을 투과하여 금속자체의 표면에서 반사한다. 따라서 이 두 개

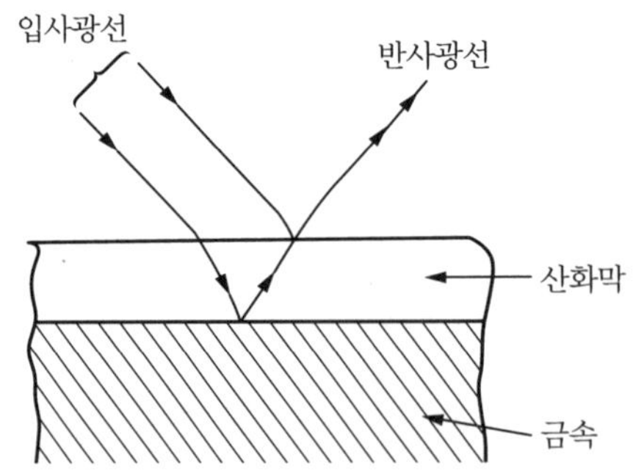

[그림 7–4] 산화막의 반사

의 빛에는 위상차가 생겨 간섭을 일으키기 때문에 착색되어 간섭색처럼 보인다. 빛의 위상차는 산화막의 두께에 의해서 결정되므로 결국 색은 산화막의 두께에 의하여 변화한다.

그리고 산화막의 두께는 가열온도 뿐만이 아니라, 온도를 유지하는 시간에 따라 크게 변화한다. 그 일례가 **표 7-1**에 표시되어 있다.

예를 들어, 같은 볏짚색(고색)이라도 200℃에서 6분간 가열 되었는가, 275℃에서 30초간 가열된 것인가는 알 수 없고 색상만 보아서도 가열온도를 구별할 수 없다. 절삭에서 칩이 공구 표면 위를 아주 짧은 시간(보통 절삭속도에서는 수 10분의 1초 정도)동안 미끄러지기(슬라이딩) 때문에 색상은 절삭속도, 절삭깊이 및 공구의 형상 등에 따라 달라질 수 있다.

[표 7-1] 가열온도 및 가열시간과 산화색과의 관계

	산화색	볏짚색	갈 색	자 색	농남색	회남색
가열온도(℃)	200	6분	47분	–	–	–
	220	3분	33분	63분	–	–
	250	1분	10분	39분	–	–
	275	0.5분	3분	11분	27분	40분

그러므로 어떤 온도(약 200℃)이상을 지속하는 시간은 최초의 가열된 온도와 냉각속도에 의하여 결정되고, 색상은 다음 순서로 변한다.

담황색→농황색→황갈색→담자색→자색→농남색→회색

예를 들면, 같은 조건에서 절삭할 때에도 칩의 색상 변화에 따라서 절삭온도의 상승과 공구의 깎이는 맛(切味)이 변화하는 것을 알 수 있다.

7.2.2 칼로리미터(calorimeter)에 의한 측정

이 방법은 유출하는 칩을 바로 **칼로리미터**(calorimeter) 중에 넣어서 칩이 가진 전열량을 측정하고, 이것을 칩의 중량과 비열로 나누어 평균온도를 구한다. 여기서는 천평, 한난계, 칼로리미터만 있으면 되고, 칼로리미터도 이중병(마법병)이나, 동판으로 만든 용기의 외측을 간단히 절연할 수 있으므로 비교적 손쉽게 측정할 수 있다. 오직 도중에 방열되지 않으면 비교적 정확한 결과를 얻을 수 있다. 그러나 칩이 공구면을 지나갈 때에 내부의 온도를 알고 싶어도 평균치 밖에 얻을 수 없는 단점이 있다.

절삭열이 칩, 공구 및 공작물에 어떠한 비율로 분포되는지를 실험적으로 구하기 위하여 A.O.Schmidt 등은 칼로리미터를 써서 다음과 같은 실험을 하였다(계산으로 구할 수 있음).

그림 7-5에서 드릴(drill) A를 드릴링머시인의 척(chuck)에 고정하고, 드릴에 동심이 되도록 척으로 작은 직경의 피삭재 E(환봉)를 테이블 위에 고정한다. 그리고 피삭재의 중심에 구멍을 뚫어서 드릴의 웹(web)부가 접촉되지 않도록 한다. 이렇게 하여 드릴을 회전시켜 절삭하면 2차원 절삭이 된다.

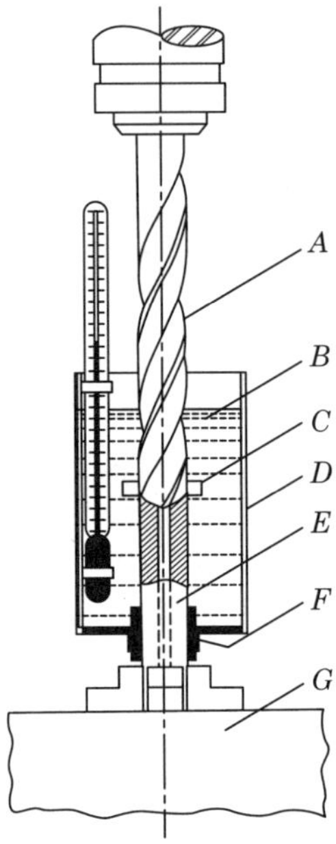

[그림 7-5] 절삭온도 측정장치

먼저 전 칼로리미터를 열로 외부와 차단하여 물을 넣은 용기 안에 넣는다. 그리고 일정한 양을 절삭하여 전후의 온도차를 측정한 뒤에 다음 식으로 간단히 전열량을 계산한다.

$$Q = \overline{w} \times (t - t_0) cal \qquad (7-8)$$

여기서, $\overline{w}$: (물의 중량)+(칼로리미터의 수당량)(gr)

t : 절삭후의 물의 온도(℃)

t_0 : 절삭전의 물의 온도(℃)

다음에는 드릴에 들어간 열량 Q_T를 측정하기 위하여, 절삭한 후에 바로 드릴만 칼로리미터에 넣어서 온도가 높아지면 위와 같은 방법으로 열량을 구한다.

마지막으로 칩에 들어간 열량 Q_c는 칩이 모두 칼로리미터 속에 떨어지게 하여 상승한 온도를 측정하여 계산한다. 피삭재 중에 들어간 열량 Q_w는 이들을 제외한 나머지가 되므로

$$Q_w = Q - Q_T - Q_c \tag{7-9}$$

로부터 계산된다.

7.2.3 공구에 삽입된 열전대(inserted thermo-couple)를 사용하는 방법

공구 끝의 여러 곳에서 옆면으로 작은 구멍을 뚫고 소형 열전대(thermo-couple)를 삽입하여 각점의 절삭 온도를 측정한다. 실제로는 경질의 공구에 작은 구멍을 뚫기가 곤란하고 더구나 날 끝 부근에는 구멍을 뚫을 수도 없으므로, 날 끝의 온도를 측정하기는 매우 어렵다. 그러므로 이 방법은 많이 사용되는 않는다. 그러나 최근에는 방전가공 및 **초음파가공법**의 발전으로서 초경 바이트에도 쉽게 작은 구멍을 뚫을 수가 있다.

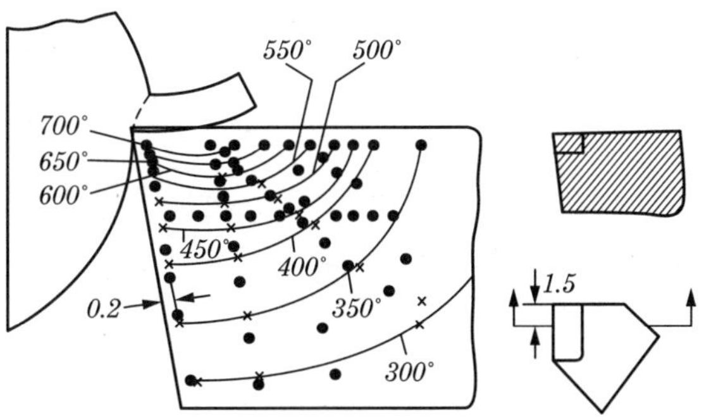

공작물 : *40 Mn 4강*, 공구=초경바이트, $\alpha=0°$, $\gamma=6°$, $v=150m/min$, $F=2.5\times0.2mm$

[그림 7-6] 절삭공구내의 온도(Opitz)

그림 7-6은 Opitz가 측정한 공구온도 분포를 표시한 것이다. 바이트 내부에 직경 0.5mm의 구멍을 방전 가공법으로 뚫고, 직경 0.04mm의 가는 열전대선을 삽입하여 측정한다. 이와 같은 측정법을 사용할 경우에 측정부에 구멍을 뚫어서 측정점의 온도가 높아지면 오차가 생길 수 있

다. 그러나 열전대에 전달된 열은 방열되면서 상쇄되기 때문에 구멍의 크기와 열전대의 직경을 적절히 선택하면 비교적 정확한 온도를 측정할 수 있다.

그림 7-6을 보면, 경사면 위에서의 최고온도의 위치는 바이트 끝에서부터 약간 뒤쪽으로 떨어져 있고 표면부근의 등온선의 모양은 크레이터(crater)와 유사하다. 이것은 크레이터가 절삭온도와 밀접한 관계가 있다고 생각되기 때문이다. **그림 7-7**은 Künster의 절삭 공구온도를 측정하는 방법이다. 여기서는 1개의 바이트에 2개의 열전대를 삽입하여 **그림 7-8**의 절삭속도와 절삭온도를 정확히 측정하였다고 보고된다.

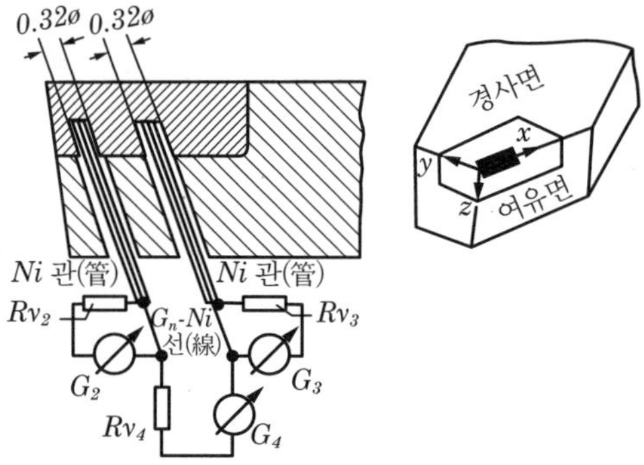

[그림 7-7] 바이트에 2개의 열전대를 삽입(Künster)

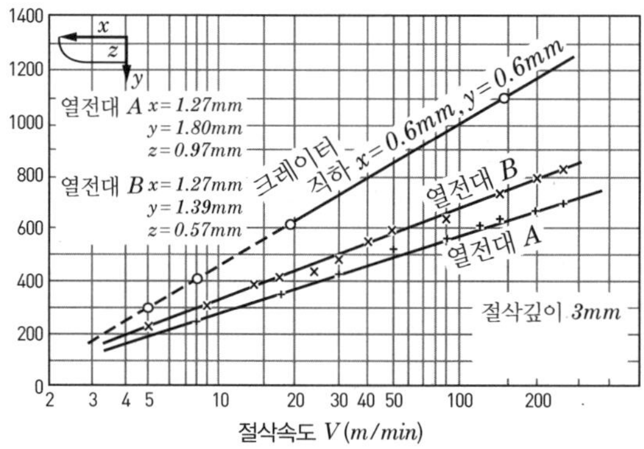

[그림 7-8] 절삭속도와 공구온도(Künster)

7.2.4 시온도료에 의한 방법

시온도료는 일정한 온도까지 가열하면 변색되는 도료의 특성을 이용하여, 온도를 측정하고 싶은 물체의 표면에 칠해 두면 어느 온도에 도달했는지를 알 수 있다. 도료법은 최근 수 십 년간의 많은 연구로 여러 종류가 개발되어 있으며 이러한 표면온도 측정법은 베어링(bearing), 열기관, 전기기계, 기타 각 방면에도 많이 이용된다.

현재 시온도료 제조회사에서는 변색온도가 60℃에서부터 450℃까지 약 20℃의 간격을 가진 22종류의 도료를 만들고 있으며, 가역성인 것도 5종이나 된다.

바이트의 여유면(clearance surface)에 도료를 알코올에 녹여 두께 0.03~0.07mm정도로 칠하여 건조한 다음에 절삭하면 ,**그림 7-9**에 표시한 것처럼 끝에서 가까운 곳으로 부터 변색되므로 경계선으로부터 **변색온도**를 알 수 있다. 같은 방법으로 변색온도가 다른 각종 도료를 사용하여 **그림 7-10**과 같이 바이트 여유면 표면의 온도분포를 알 수 있으며, 날 끝에서 부터 등온선과 거리를 표시하였다.

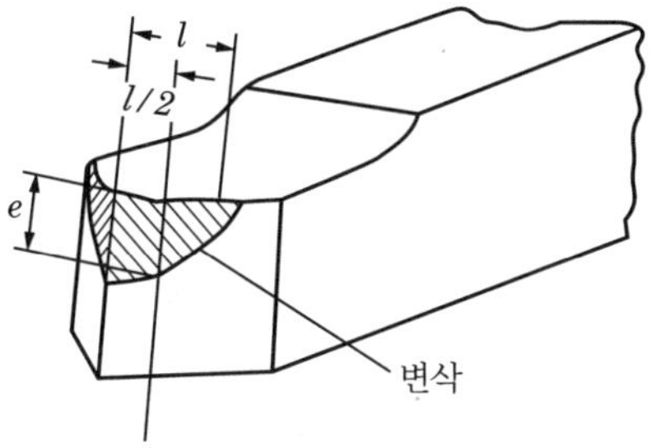

[그림 7-9] 칩의 색깔

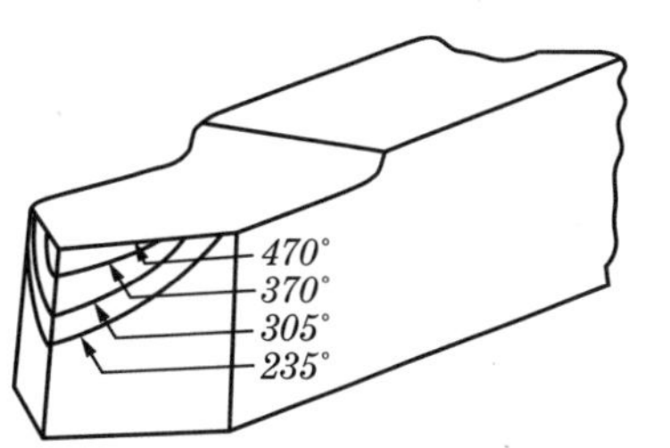

[그림 7-10] 시온도로 사용

7.2.5 공구와 공작물을 열전대(thermo-couple)로 사용하는 방법

절삭에서 공구와 피삭재를 하나의 열전대로 가정하면, 공구와 칩의 접촉부 온도에 비례하여 **기전력**이 발생하므로, 이를 측정하면 그 곳의 온도를 알 수 있다. 이것을 Herbert-Gotwein의 방법이라고 부르고, 1925년 경 부터 널리 사용되고 있다. 이 방법은 장소에 따라 접촉부의 온도가 다르므로 칩과 공구의 접촉부의 온도와 평균값만 알 수 있다. 그러나 절삭에서 가장 고온이 되는 곳은 접촉부이므로, 공구의 수명과 실제 절삭작업에 큰 영향을 준다. 따라서 보통 절삭온도라고 할 때에는 이 부분의 온도를 말한다.

선반과 같이 회전하는 공작물에서 도선을 끌어내고, 마찰열의 영향을 감소시키기 위해 공작물과 같은 재질인 브러시(brush)를 접촉시킨다.

그림 7-11은 이를 잘 나타내고, 비록 간단한 장치라고 하더라도 이 곳의 접촉저항이 문제가 될 때도 있다. 그러므로 공작물에 접촉저항이 적은 링(ring) 재(예 : 황동)를 고정하고, 같은 재질의 브러시를 접촉시키는 방법도 사용된다.

이러한 문제를 해결하기 위해서 가끔 **그림 7-12**와 같이 공작물을 왼쪽으로 연장하여 원판을 붙이고, 수은(Hg)을 넣어서 접촉저항을 제거하는 방법도 사용된다.

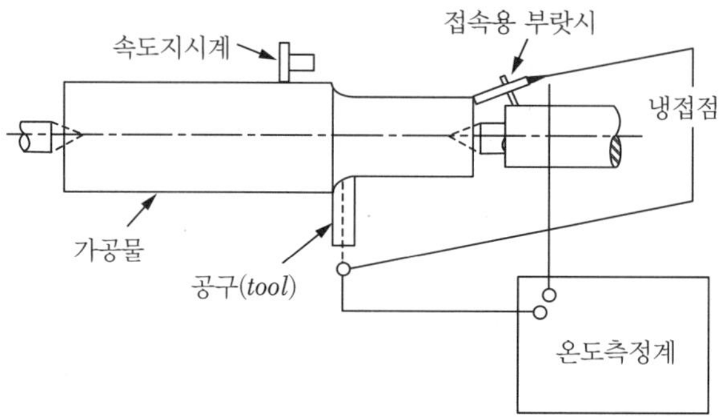

[그림 7-11] 공구와 공작물간의 열전대법에 의한 절삭온도의 측정방식

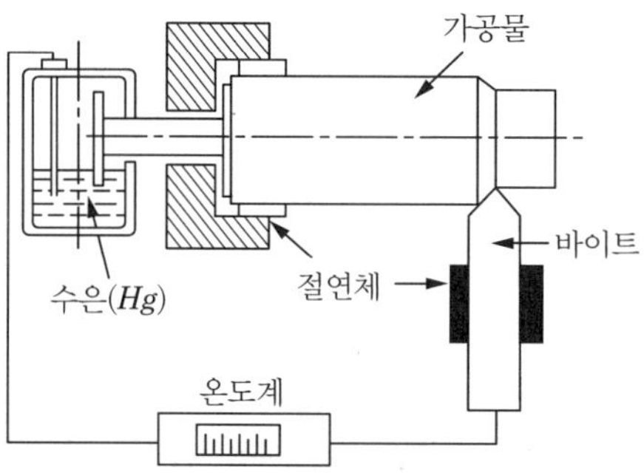

[그림 7-12] 공구와 공작물간의 열전대법에 의한 절삭온도의 측정방식

7.2.6 복사고온계(radiation pyrometer)에 의한 방법

이상에 설명한 방법은 모두 칩의 평균온도와 함께 날 끝의 온도만 알 수 있다. 따라서 절삭열의 발생기구를 살펴보면 절삭 점 부근에 다양한 온도가 분포되어 있으므로, 절삭현상을 깊이 알기 위해 이러한 **온도분포**를 측정해야 한다.

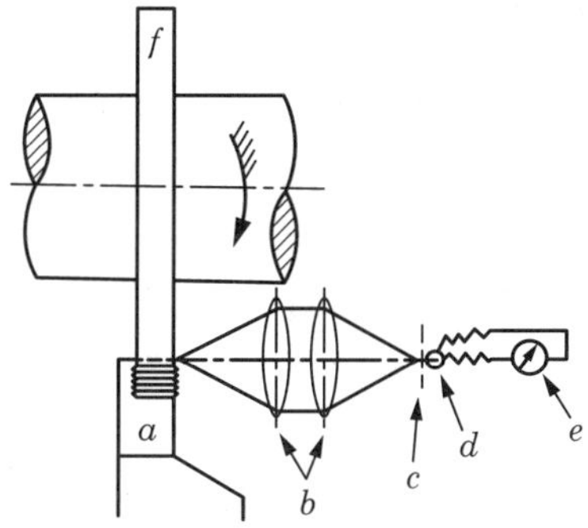

a : 바이트, *b* : 암염, *lens c* : 광원조정장치,
d : *thermo−couple*, *e* : *galvanometer*, *f* : 피삭물 원판

[그림 7–13] 복사열고온도계

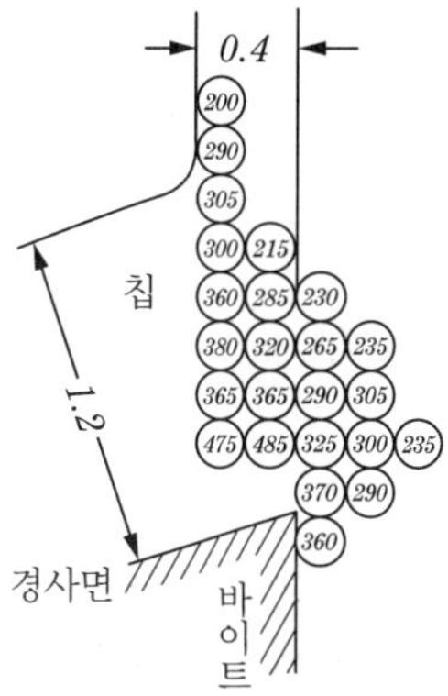

[그림 7–14] 절삭점 근방의 온도분포,
공작물 = 탄소강, 인장강도

이를 위하여 1933년에 F. Schwerd가 radiation pyrometer를 사용한 실험에 성공하였다.

원리는 **그림 7–13**에 표시하는 것과 같이, 어떤 칩(옆면)상의 1점의 온도를 측정하는 데 옆에 **암염**(즉 파장이 긴 적외선을 투과하기 위하여 형석을 사용)으로 만든 렌즈를 놓고, 그 점에서 나온 열선을 흡수하여 적은 thermo−couple에 전달하면, 온도에 비례하여 열기전력이 생긴다. 이것을 감도가 좋은 **갈바노미터**(galvanometer)로 측정하면 그 부분의 온도를 알 수 있다. 크기를 제한하기 위해서 중간에 광원 조절 장치를 놓고, 측정점을 조금씩 이동하여 많은 점의 온도를 측정할 수 있으므로 온도분포를 쉽게 알 수 있다.

그림 7–14는 측정결과의 실례로서, 항장력 41kg/mm^{2}의 구조용 강을 경사각 15°의 바이트로, 절삭속도 50~60m/min, 절삭깊이 0.4mm에서 절삭할 때의 날 끝 주위의 온도분포이다.

이것은 각 점에서 2~5회씩 측정하여 평균값을 낸 것이다. 예를 들면 평균값 475℃의 점에서는 최고 490℃, 최저 465℃이다. 이때 분산범위는 비교적 적고, 측정정도는 약 30℃ 정도이다. 측정결과를 보면 예측한 대로 절삭점의 온도는 공구의 날 끝에서 조금 위쪽에 있다. 또 전단면 근방의 온도는 이 보다 약 100℃낮고, 공작물의 내부까지 온도가 높아진다. 또 더욱 고속에서 실험하면 온도가 상승하는 영역이 좁아지며, 이것은 변형영역이 감소하기 때문이다.

이 실험결과는 아주 우수하고 좋은 방법으로 최근 발달한 절삭이론의 대표적인 방법이라고 생각된다. 그러나 조작이나 검정이 까다롭고 사전에 여러가지 예비실험이 필요하기 때문에 잘 사용되지 않는다.

이것은 암염 렌즈의 후방에 열전대 대신에 적외선 건판을 놓고 적외선 사진을 찍으면 생성된 상의 흑화도가 온도와 직접적인 관계가 있다는 원리를 이용한 것이 있다. 이전의 방법보다 편리하지만, 실제로는 감광 재료의 성능이 부족하므로 실현되기가 어렵다.

절삭연구에서 절삭온도의 측정이 매우 중요하지만, 위의 방법이 실현되기 어려운 것은 절삭 공구의 끝에 온도가 상승하면 연화되거나 쉽게 마모되기 때문이다. 이에 따라 공구수명도 감소하므로 공구 재료는 반드시 고온경도가 큰 것을 사용해야 한다.

7.3 절삭온도와 공구수명

일반적으로 절삭속도가 증대하면 절삭온도가 높아진다. Taylor는 700℃이하의 공구재료의 온도와 수명관계를 **그림 7-16**과 같이 표시하였다.

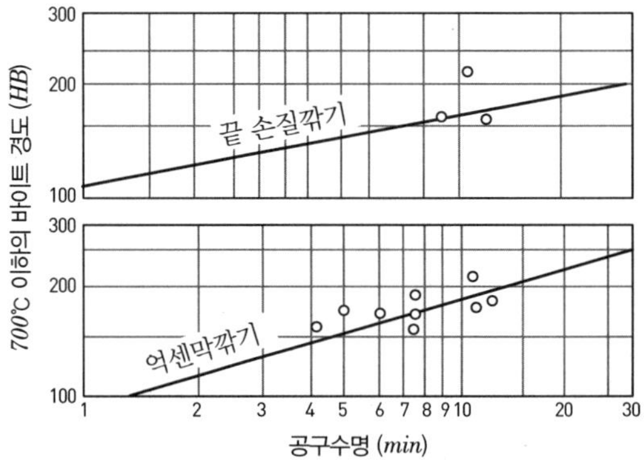

(상도) 공작물 : *3.5% Ni* 강철, $t=0.25mm$, $s=0.3mm$, $V=24m/min$
(하도) 공작물 : *3.5% Ni* 강철, $t=4.76mm$, $s=0.71mm$, $V=21.59m/min$

[그림 7-15] 700℃이하에서 바이트 수명과 H_B의 관계

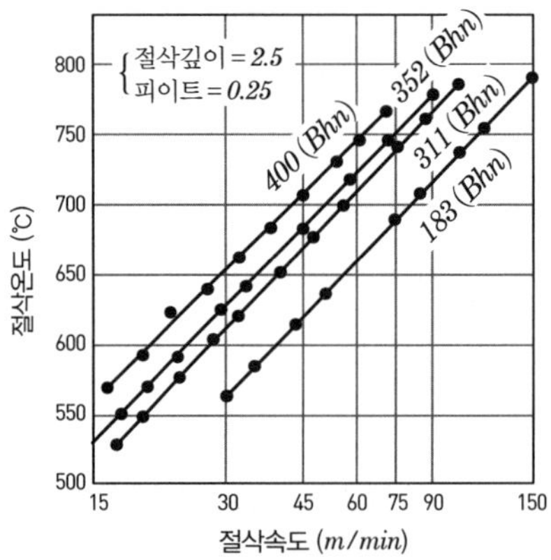

[그림 7-16] 고속도강의 3종의 내구시간과 절삭온도와의 관계

Taylor의 절삭속도에 의한 공구 수명을 계산하기 위하여, Schallbroch와 Schaumann이 제시한 실험적 절삭온도의 결과로부터 다음과 같은 절삭온도와 내구시간의 관계를 발표하였다.

$$\theta T^m = C \tag{7-10}$$

단, θ = 절삭온도(℃), T = 다시 연삭할 때까지의 실제 절삭시간(min),

C = 상수, m = 지수, $m = \frac{1}{25} \sim \frac{1}{10}$ 의 범위의 값이고, C는 대략 800이다.

이와 같이 절삭온도가 조금만 변하여도 내구시간에 큰 영향을 준다.

예를 들면 Schallbroch, Schaumann 및 Wallichs 등이 여러가지 고속도강(HSS)공구를 사용하여 구조용 강을 절삭할 때의 실험식으로 표시하면,

① $C = 2.5\%$의 18-4-1계의 HSS로 절삭 하였을 때

$$\theta T^{\frac{1}{11.5}} = 750 \tag{7-11}$$

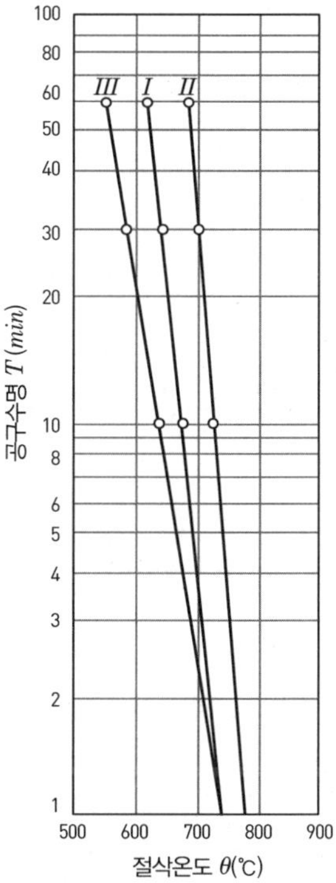

[그림 7-17] 절삭온도와 절삭속도와의 관계

② $C_0 = 10\%$의 18−4−1계의 HSS로 절삭 하였을 때

$$\theta T^{\frac{1}{22}} = 765 \tag{7-12}$$

등으로 된다. 즉 HSS에 Co를 많이 첨가할수록 고온에서 내마모성이 증가되고, 절삭공구 수명이 1분이 걸리는 절삭온도가 750에서 765℃로 증가된다. 이때의 공구수명은 각각 절삭온도의 11.5배나 22배로 단축된다. 이것은 절삭온도가 공구수명에 얼마나 중요한 지를 설명해 준다.

이 문제에 관하여 F.F. Ling and E Saibel은 (Trans, ASME 1957−7)에서 공구의 파괴에 작용하는 전단 응력에 의해 생기는 **속도과정 이론**(Theory of the rate processes)이라고 하였다. 또한 Trigger and Chao(Trans. ASME 1957−7)는 마찰법칙과 속도과정 이론을 결합하여 공구수명과 절삭온도의 관계를 설명하였다.

또한 M. C. Shaw는 절삭온도의 일반식을 다음과 같이 발표하였다.

$$\theta_T = K V C^{\alpha} \tau^{\beta} \tag{7-13}$$

여기에서 θ_T = 절삭온도, V = 절삭속도, τ = 칩의 평균두께, C = 비열, K, α, β 등은 공작물 및 공구의 재질, 그리고 각도 등에 따라 결정되는 상수, 고속도강 HSS(제3종)를 사용하여 탄소강을 절삭할 때, 상수 값은 **표 7–2**와 같다.

[표 7–2] K, α, β 등 상수

가공물재료	K	α	β
0.08%C 탄소강	248	0.38	0.31
0.45%C 탄소강	196	0.41	0.30
0.70%C 탄소강	134	0.50	0.30

절삭온도와 관련된 최근의 연구 중에는 공작물을 가열하여 절삭하기 쉬운 상태에서 **고온절삭**하는 방식으로 실용화되고 있다. 그러나 반대로 공작물을 저온으로 냉각하여 **절삭**하는 것도 좋은 방법의 하나이다. 따라서 절삭온도를 자유롭게 자동 조절하는 것은 최상의 절삭 방법이므로 이를 위하여 각종의 절삭제를 사용하기도 한다.

7.4 절삭온도의 이론적 해석

위에서 설명한 공구, 칩, 공작물의 열적인 상태를 알기 위해서 조건에 따른 여러 인자들의 물리적 성질과 열역학적인 관계지식이 필요하다. 그리고 절삭조건에 영향을 주는 여러가지 인자들이 많기 때문에 해석적인 방법으로 절삭온도를 계산해 보자.

7.4.1 열역학적 고찰

열역학 제 1 법칙에서

$$dQ - dW = dE \tag{7-14}$$

여기서 dQ : 물질 내에서 흘러 들어가는 순수한 열 유동

dW : 이 물질에 의하여 단위체적 외부에 한 일

dE : 이 물질의 내부 에너지의 변화

고체의 열전달에 관한 실험식인 푸리에 방정식(Fourier equation)은 다음과 같다.

$$dQ = k\,dA\,\frac{d\theta}{ds} \tag{7-15}$$

여기서 dA : 면적요소

$\frac{d\theta}{ds}$: 유동방향의 온도 경사

k : 열전달계수 BTU/in^2/sec/(°F/in)

이것은 면적 dA를 통하여 흐르는 1차원 열 유동방향에서 온도 기울기 $\frac{d\theta}{ds}$와 비례상수 k(열전달계수)를 곱한 것과 같다.

고체의 내부 에너지의 변화는 다음과 같이 온도변화로 표시할 수 있다.

$$dE = c\,d\,\theta\,\rho\,dV \tag{7-16}$$

단, 여기서 ρ : 체적 dV인 물체의 밀도

c : 비열(specific heat) BTU/lb°(1°F)

금속에서는 온도의 증가와 더불어 c의 값도 증가한다.

위에서 설명한 식 (7−14), (7−15), (7−16)의 온도 및 에너지 관계를 알기 위해서 **그림 7-18**과 같은 미소체적($dx \cdot dy \cdot dz$)을 고려하면, 온도 에너지의 관계를 나타내는 편미분방정식을 얻을 수 있다. 그러므로 먼저 x방향의 열 유동을 생각해 보면 증가된 열량은

$$\left\{dQ_x + \frac{\partial(dQ_x)}{\partial x}dx\right\} - dQ_x = \frac{\partial}{\partial x}(dQ_x)dx$$

증가량을 식 (7−15)를 써서 표시하면

$$\begin{aligned}\frac{\partial}{\partial x}(dQ_x)dx &= \frac{\partial}{\partial x}\left\{kdA\frac{d\theta}{\partial x}\right\}dx(dA = dy \cdot dz)\\ &= k\frac{\partial^2\theta}{\partial x^2}dx\,dy\,dz\end{aligned}$$

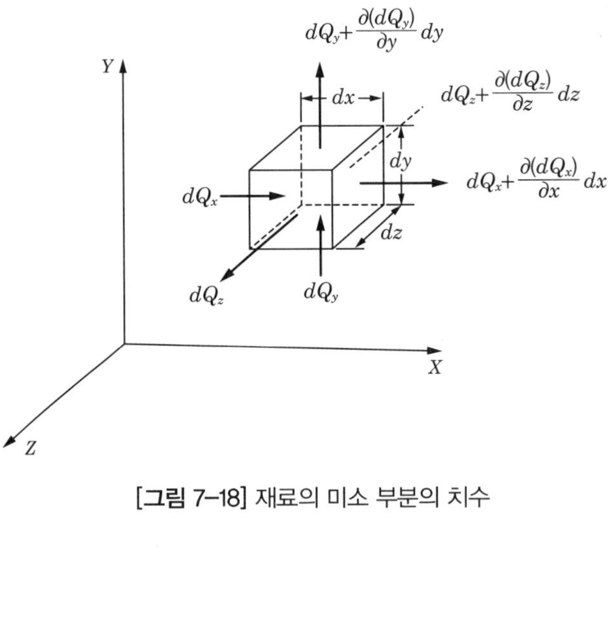

[그림 7-18] 재료의 미소 부분의 치수

y, z 방향에 대해서도 같은 방법을 적용하면 전체 증가량은

$$k\left(\frac{\partial^2\theta}{\partial x^2}+\frac{\partial^2\theta}{\partial y^2}+\frac{\partial^2\theta}{\partial z^2}\right)dx\,dy\,dz \tag{i}$$

여기서 q를 일 또는 에너지(work or energy)가 단위 체적당의 계(system)에 첨가되는 율이라 하면, 미소체적에 의해서 외부에 주는 전체 일은,

$$-q\,dx\,dy\,dz \tag{ii}$$

식 (7−16)에서 단위 시간당의 내부 에너지의 편차양은

$$\frac{dE}{dT}=c\frac{d\theta}{dT}\rho dV=c\rho\frac{d\theta}{dT}dx\,dy\,dz \tag{iii}$$

(i), (ii), (iii)식을 식 (7−14)의 열역학 제1법칙에 적용하면

$$k\left(\frac{\partial^2\theta}{\partial x^2}+\frac{\partial^2\theta}{\partial y^2}+\frac{\partial^2\theta}{\partial z^2}\right)dx\,dy\,dz+q\,dx\,dy\,dz=c\rho\frac{d\theta}{dT}dx\,dy\,dz$$

즉

$$\frac{k}{\rho c}\left(\frac{\partial^2\theta}{\partial x^2}+\frac{\partial^2\theta}{\partial y^2}+\frac{\partial^2\theta}{\partial z^2}\right)+\frac{q}{\rho c}=\frac{d\theta}{dT} \tag{7−17}$$

여기서 q는 일 또는 에너지(work or energy)가 단위 체적당의 계(system)에 첨가되는 율로 표시된다.

q의 양은 ① 복사 에너지의 흡수, ② 발광 감퇴, ③ 마찰, 소성변형, 기타 여러가지 원인에 따라 영향을 받는다. 또 금속 절삭의 응용 분야에서 q의 값은 소성변형과 마찰에 영향을 받는다.

비정상상태의 열 계산식에서, $\frac{k}{\rho c}$ 의 값은 켈빈(Kelvin)에 의한 열확산율(thermal diffusibility)이라고 하고, K의 단위는 in^2/sec이다.

일반적으로 절삭에서는 (7-17)식을 풀기 어려우므로 해석적인 방법을 사용한다.

7.4.2 이동 열원(moving heat source)

공작기계의 기본적 절삭과정을 해석하기 위하여 필요한 열전달은 이동하는 열원으로부터 검토하는 것이 필요하다.

J. C. jaeger는 이동하는 열원의 문제를 철저하게 분석하였다. 즉 **그림 7-19**와 같이 속도 V' (in/sec)로 반무한 평면위에 따라 마찰로 슬라이딩 하는 열전도율이 영(zero)인 **완전절연체**(perfect insulator)를 가진 이상적인 **이동판**(slider)에 대하여 연구하였다.

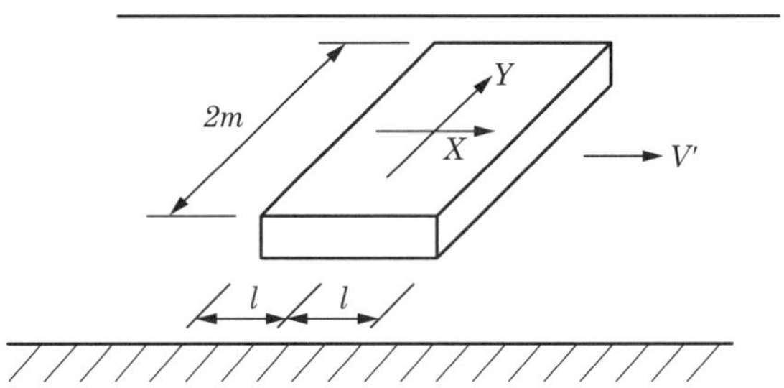

[그림 7-19] 마찰판(friction slider)

무차원 속도변수 L은 **그림 7-19**에 표시된 무차원 형상계수 $\frac{m}{l} > 2$일 때, 이 속도 범위에서 m의 영향이 무시되므로

$$L = \frac{V'l}{2K} \tag{7-18}$$

로 정의하면, $L > 0.2$일 때 표면 위의 평면에서의 마찰판 밑의 평균온도(θ) 및 최대온도(θ_m)는 다음과 같이 된다.

$$\overline{\theta} = 0.754 \frac{q \cdot l}{k\sqrt{L}} \tag{7-19}$$

$$\theta_m = 1.130 \frac{q \cdot l}{k\sqrt{L}} \tag{7-20}$$

단, 여기서 q는 마찰판 밑에서 증가된 마찰열(BTU/in²/sec)이다.

만약 q가 균일하지 않고 공급된 전체 열량과 같은 상태로 남아 있으면 위 식은 큰 변화가 없다.

마찰판에 가까운 면의 온도 분포 모양과 마찰판 끝에서의 표면 아래의 온도 분포 상태는 **그림 7-20**과 **그림 7-21**에 표시하였다.

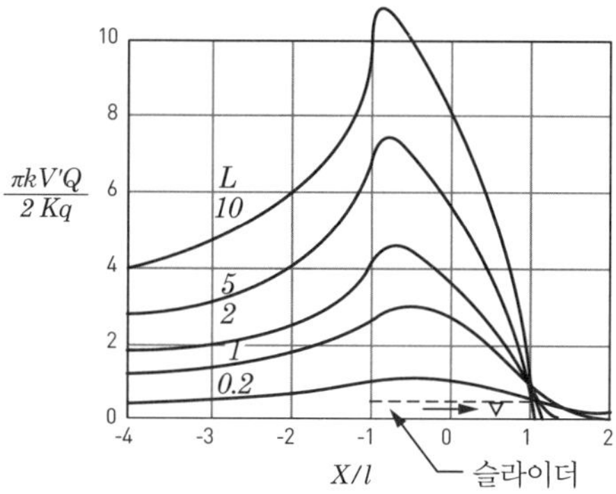

[그림 7-20] 열전달 표면 위에 무한대의 폭으로 슬라이딩하는 비전달성 마찰판의 온도분포곡선

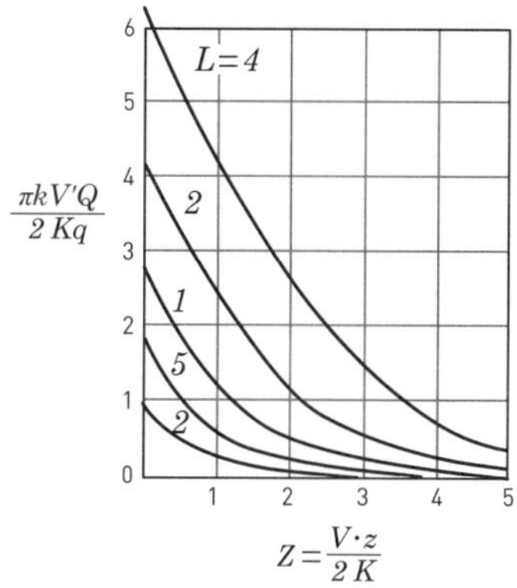

[그림 7-21] 마찰판의 끝 부분에서 마찰면에 수직방향의 온도분포곡선

속도(혹은 L)가 증가하면 온도분포 상태는 **그림 7-20**과 같이 마찰판의 접촉끝에 접근하기 위해 이동하는 동안에 최고점의 온도가 변한다. **그림 7-21**의 곡선은 표면 아래로 가면서 온도가 떨어지는 비율을 표시하고 있다.

7.4.3 평면 마찰판(plane slider)

앞에서 실용적인 방법으로 얻은 결과들을 평면마찰판(plane slider)에 적용해 보자. 이미 설명된이동열원 문제와 달리, 마찰판은 완전 절연체가 아니고 유한 전도율을 갖는 물체이다. 이

해석은 모든 마찰열이 정지된 표면에는 다시 발생기지 않고 그 방법이 매우 복잡하다. 블록(Block)은 어떤 면에 들어간 열의 비율(fraction) R을 알아내는 방법을 제안하였다. **이동 열원의 강도**(heat source of strength) R_q때문에 생긴 평면 위의 평균 온도는 식 (7-19)로 계산된다. 여기서, q는 단위 시간동안에 단위 면적에서 발생한 전체 마찰열이다.

이와 비슷한 평균 온도는 뒤에서 설명한 마찰판(slider) 식 (7-41B)으로 계산되며 **고정된 열원의 강도**(strength)는 $(1-R)q$를 사용하였다. 평균온도에 대한 방정식을 사용하여 R을 계산할 수 있고, R의 값을 알게 되면 평균온도는 다음 식의 어느 것을 사용해도 쉽게 계산될 수 있다.

(7-19)식으로부터 $$\bar{\theta} = 0.754 \frac{R \cdot q \cdot l}{k_1 \sqrt{L}} \qquad (7\text{-}21)$$

(7-41B)식으로부터 $$\bar{\theta} = (1-R)q \frac{m}{k_2} \bar{S} \qquad (7\text{-}22)$$

위의 식에서 k_1 및 k_2는 각각 고정면과 마찰판의 열전도율이다. 식 (7-21) 및 식 (7-22)를 사용하여 R을 구하면

$$R = \frac{1}{1 + \dfrac{0.754(k_2/k_1)}{\sqrt{L} \cdot \bar{S}(m/l)}} \qquad (7\text{-}23)$$

R은 ① 기하학적 형상$\left(\dfrac{m}{l}\bar{S}\right)$, ② 열전도율의 비($k_2$, k_1), ③ 속도 및 ④ 확산율(L)들을 설명하는 무차원 변수이다. 식 (7-21) 및 식 (7-22)로부터 얻은 결과는 물론 주위 온도보다 높은 온도이다. 식 (7-21) 및 식 (7-22)은 수학적으로 정확한 과정을 밟지 않은 단점이 있다.

그림 7-20을 참조하여 보면, 식 (7-21), (7-22)에 포함된 2개의 해답에서 온도 분포의 결과는 같지 않게 나왔다. 평균온도의 식을 유도하는 순서는 대단히 복잡하므로 근사치를 적용하였다. 단순한 결과를 얻기 위하여 이미 설명한 과정에 따라 계산하였으므로 이 값은 실제 값에 매우 가깝다고 생각다. 표시된 실례(숫자)는 다음과 같은 조건에서 탄소강 표면을 스쳐가는 스테인리스강(stainless steel)의 온도를 구할 때에 필요하다.

마찰판의 반길이	$(l) = 0.05''$
마찰판의 반폭	$(m) = 0.25'$
마찰판의 속도	$(V') = 20 in/sec$
마찰판에 가한 힘	$(P) = 100 lbs$
마찰계수	$(\mu) = 0.5$
면의 전도율	$(k_1) = 2.7 \times 10^{-4} BTU/in^2 sec/(°F/in)$
마찰판의 전도율	$(k_2) = 7.1 \times 10^{-4}$
면확산율	$(K_1) = 0.02 in^2/sec$

$$q = \frac{\mu PV'}{J4lm} \tag{7-24}$$

J : 열의 일당량($9340\ in-lb/BTU$)

$$\therefore q = \frac{(0.5)(100)(20)}{(9340)(4 \times 0.05 \times 0.25)} = 2.14 BTU \cdot in^2/sec$$

Shaw가 얻은 형상 계수를 쓰면 ……………… $\overline{S} = 0.36$

(7-18)식에서 ……………………………………… $L = 25$

(7-23)식에서 ……………………………………… $R = 0.82$

(7-21)식에서 ……………………………………… $\theta = 49°F$

표면에 전달되는 전체 열량은 82%이다. 만약 실온을 75°F라고 하면, 마찰판 바로 아래의 평균온도는 124°F가 되고, 식 (7-20)으로부터 최대온도는 149°F가 된다.

만약 스테인리스 강철(부수강)을 탄소강제의 마찰판으로 바꾼다면 어떻게 될 것인가는 대단히 흥미 있는 일이다. K의 값은 0.07이고, k_1, k_2의 값은 서로 바꿀 수 있다. 그러므로 $L = 71.5$이고 $R = 0.98$이다. q는 그대로 있고, 온도 $\overline{\theta}$는 13°F이며, 마찰판 평균온도는 88°F이다.

2개의 금속재료가 열전도율의 차이가 생기면 더욱 크게 될 것이다. 마찰판의 이동속도가 증가됨에 따라 R은 1에 접근하고, 결국에는 식 (7-21)은 다음과 같게 된다.

$$\bar{\theta} = 0.754 \frac{q \cdot l}{k_1 \sqrt{L}} \tag{7-25}$$

식 (7−18), (7−24)를 사용하면 위의 식은

$$\bar{\theta} = \frac{0.754 \mu P}{J(2m)} \sqrt{\frac{V'}{2l k_1 \rho_1 c_1}} \tag{7-26}$$

여기서 첨자 "1"은 먼저 설명한 것과 같이 고정된 상태의 표면에 붙였다. 고속 마찰판에 대하여 실제 평면에 흐르는 전체 열량 및 마찰판을 통하는 평균온도는 현저하게 변한다. 즉

① 단위 마찰판 폭(unit slider width)에 대한 마찰력에 따라 변하고

② 속도의 평방근에 따라 변화하고

③ 운동 방향에 있어 마찰판의 길이의 평방근에 반비례한다.

④ 열량($k_1 \rho_1 c_1$)에 대하여 반비례한다.

7.4.4 전단면 온도

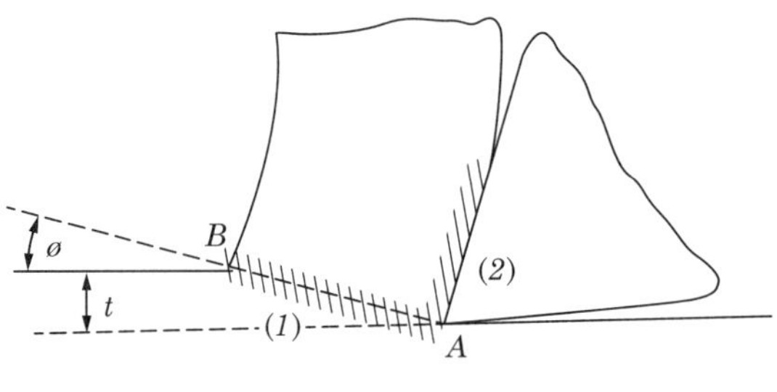

[그림 7−22] 금속절삭에서 열에너지가 발생하는 ① 전단면과 ② 마찰면의 위치

먼저 7.1에서 설명한 것처럼 금속절삭 과정에는 중요한 2가지 에너지가 있다. **그림 7−22**에서 보는 것과 같이, 에너지는 ① 전단면(shear plane)과 ③ 공구의 경사표면(tool face)에 따라 발생한다.

절삭 작업에서 모든 기계적 에너지는 전단면(shear plane) (1)과 경사면 (2)에 따라서 발생하는 열로서 변환되는 과정이다. 모든 전단 에너지가 열로 변한다고 가정하면 q_1(BTU/in^2/sec)의 값

은 전단면에 대하여

$$q_1 = \frac{F_s V_s}{J(\overline{AB} \cdot b)} = \left(\frac{F_s V_s}{J t b csc\phi} \right) \tag{7-27}$$

b, t : 절삭부분의 폭 및 깊이

V_s, F_s : 전단속도 및 전단력

전단면의 응력 τ_s, 전단스트레인 γ이므로 단위 전체에 대한 전단에너지 u_s는

$$u_2 = \tau\gamma = \frac{F_s V_s'}{bt V'} = \frac{(F_c cos\phi - F_T sin\phi) cos\alpha}{t\, b\, coc(\phi - \alpha)} \tag{7-28}$$

식 (7-27), (7-28)에서

$$q_1 = \frac{u_s V'}{J csc\phi} \tag{7-29}$$

전체 에너지 즉, 전단면에서 발생된 열 중에서 R_1이 칩으로 유입하고, 나머지 $(1-R_1)$은 전단면아래의 공작물에 들어간다고 할 때에 칩으로 흘러들어 가는 전체 열량을 구해보자. 전단면에 균일한 응력이 작용한다면 전단면에 있는 모든 점의 온도는 일정하게 되고, 그 때의 열량은

$$\overline{\theta_s} = \Delta\theta + \text{주위 금속온도}(\theta_0) = \frac{\text{열량}}{\text{비열} \times \text{유량}} + \theta_0$$

$$\overline{\theta_s} = \frac{R_1 q_1 bt\, csc\phi}{c_1 \rho_1 V' bt} + \theta_0 \tag{7-30}$$

혹은 식 (7-29)로부터

$$\overline{\theta_s} = \frac{R_1 u_s V'}{J csc\phi} \times \frac{csc\phi}{c_1 \rho_1 V'} + \theta_0$$

$$\overline{\theta_s} = \frac{R_1 u_s}{J c_1 \rho_1} + \theta_0 \qquad (7-31)$$

여기서 c_1 : 온도 $\overline{\theta_s}$와 θ_0사이의 공작물의 완전 평균비열, ρ_1 : 밀도(lb/in^3)

이 식에는 미지수 R_1이 포함되어 있으므로 이것만으로는 $\overline{\theta_s}$는 계산할 수 없다. 그러므로 이번에는 $(1 - R_1)\, q_1$의 열원에 의한 공작물의 온도상승($\overline{\theta_w}$)으로부터 전단면의 온도를 구한다. 이들 두 가지 방법에서 구한 전단온도는 당연히 같아야 한다는 조건을 적용하여 R_1의 값을 계산한다. R_1을 계산하기 위하여 **그림 7-23**(a)에 표시한 이상적인 모형도를 적용하여 이동열원을 해석할 수 있다.

이 과정에 적용한 근사법은 쐐기(wedge) A부에만 금속이 있다고 가정하고, 쐐기 B에 있는 금속은 무시한 것이다. A와 B가 관계를 갖고 유동되는 열은 서로 상쇄되려는 경향이 있으므로 전단면에 따른 마찰판은 근사관계가 성립한다.

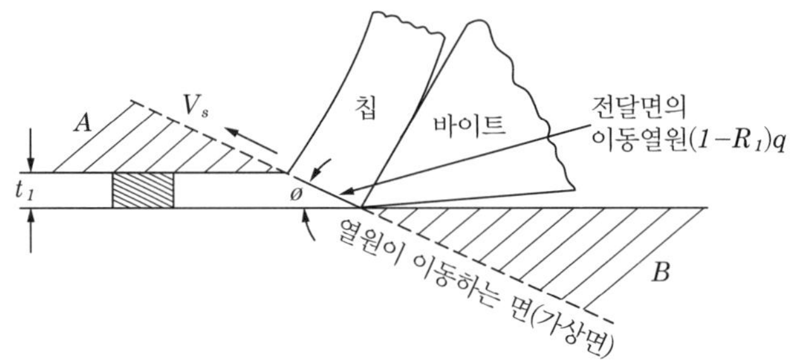

[그림 7-23] (a)열원이동에 대한 현상적인 이동전단면의 그림

식 (7-19)와 $l = \frac{t}{2} csc\phi$를 이용하면

$$\overline{\theta_s} = (1-R_1)q_1 \frac{0.754\, t\, csc\phi}{2k_1 \sqrt{L_1}} + \theta_0 \qquad (7-32)$$

여기서 k_1 : 온도 $\overline{\theta_s}$에서 공작물의 열전도율, 또한 L_1은 식 (7-18)에 따라

$$L_1 = \frac{V'_s l}{2K_1} = \frac{V'_s \cdot \frac{t_1 csc\phi}{2}}{2K_1} = \frac{V'_s tcsc\phi}{4K_1} \tag{7-33}$$

먼저 설명한 전단 속도 $V_s = \gamma V sin\phi$를 사용하면

$$L_1 = \frac{V' \gamma t}{4K_1} \tag{7-34}$$

여기서 K_1 : 온도 $\overline{\theta_s}$ 에서 공작물의 확산율

식 (7−30)과 (7−32)의 관계로부터 전단면의 발열량 중에서 칩에 들어가는 열 R_1을 구할 수 있다. Shaw에 의하면 이때의 R_1의 값은 $\frac{1}{K_1} = \frac{c\rho}{k_1}$ 이므로

$$R_1 = \frac{1}{1+\frac{0.664\gamma}{\sqrt[2]{L_1}}} \equiv \frac{1}{1+1.328\sqrt[2]{\frac{K_1\gamma}{V't_1}}} \tag{7-35}$$

이것을 사용하여 위에서 설명한 식 (7−30)으로부터 $\overline{\theta_s}$ 의 값을 구한다.

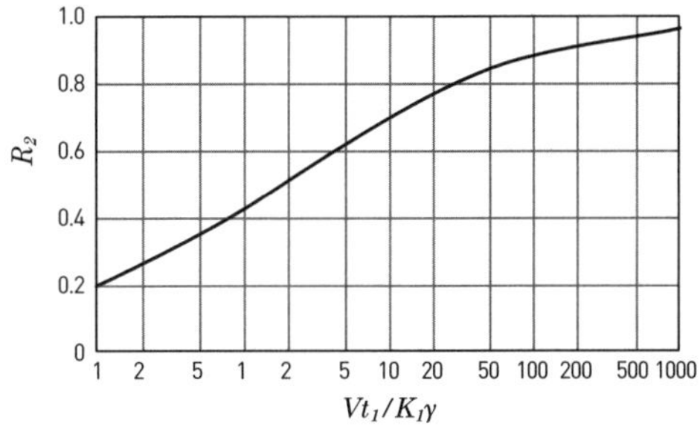

[그림 7−23] (b) R_1과 $Vt_1 / K_1\gamma$의 관계선도

그림 7−23(b)는 식 (7−35)를 계산하여 R_1와 $Vt_1 / K_1\gamma$의 관계를 표시한 그림이다. 이것으로부터 명백히 알 수 있는 것은 전단면에 발생한 열중에서 칩에 들어가는 비율 R_1은 $V't_1 / K_1\gamma$

가 증가될수록 커진다. 즉 칩속에 있는 열은 절삭속도와 절삭깊이가 증가 할수록 크고, 공작물의 열전달 계수와 칩의 전단 스트레인이 작아질수록 증대한다. 여기서 얻은 결과는 A. O. Schmidt의 실측 칼로리미터 결과와 일치된다.

7.4.5 공구 경사면에서의 마찰온도

해석적인 관점에서 볼 때 칩과 공구 사이의 마찰은 칩으로 이동하는 열원(moving heat source)과 공구로 들어간 정상적인 열원(stationary heat source)의 두 가지로 생각할 수 있다. 먼저 설명한 것과 같이 칩과 공구사이의 마찰 에너지를 계산하면 칩의 단위 체적 에너지 u_f와 전체 경사면의 마찰 에너지 q_2(BTU/in^{2}sec)는 다음과 같다.

$$u_f = \frac{F \cdot V'_c}{bt\,V'} = \frac{(F_c\, sin\alpha + F_T\, cos\alpha) r_c}{t \cdot b}$$

$$q_2 = \frac{F \cdot V'_c}{Jab} = \frac{u_f V' \cdot t}{Ja} \tag{7-36}$$

여기에서 F = 공구면에 따라 생긴 마찰력, V'_c = 공구면의 칩 속도, a = 운동하는 방향에 대한 공구와 칩의 접촉거리

만약, 마찰 에너지 q_2의 R_2배가 칩에 들어간다고 하면, 공구에 전달된 열은 $(1 - R_2)$이고, 공구와 칩과의 접촉면은 $(1 - R_2)$의 마찰열이 된다. Jaeger의 해석에 의하면 마찰로 높아지는 표면 평균온도($\overline{\theta_f}$)는 식 (7-19)에서

$$\overline{\theta_f} = \frac{0.754(R_2\, q_2) \times \frac{a}{2}}{k_2 \sqrt{L_2}} \tag{7-37}$$

단, k_2 : 최후 온도에서의 칩의 열전도율, L_2 : 최후 온도에서의 칩의 열확산율

$$L_2 = \frac{V'_c \frac{a}{2}}{2K_2} = \frac{V'_c \cdot a}{4K_2} \tag{7-38}$$

그러나 칩은 먼저 경사면에서 가열되어 $\overline{\theta_s}$로 되므로 경사면을 따라 생기는 평균온도(θ_t)는 전단 및 마찰로 유도된 온도 등으로부터 M. C. Shaw는 다음과 같이 구하였다. 즉

$$\overline{\theta_t} = \overline{\theta_s} + \overline{\theta_f} = \overline{\theta_s} + \frac{0.377(R_2 q_2)a}{k_2\sqrt{L_2}} \tag{7-39}$$

R_2를 구하기 위하여 **그림 7-24**에 표시된 열원 해석법을 적용한다. M. C. Shaw에 의하면 공구에 작용하는 열의 해석법에는 열 가상(heat images)이론과 평면에 대한 **반무한체**의 절삭과정을 적용한다. 공구는 칩의 접촉면에서 마찰열 $(1 - R_2)$로 가열되고 공구표면은 칩과의 접촉면의 크기에 비하여 충분히 크다고 가정한다. 그러면 **그림 7-25**의 (a)와 같이 날끝의 옆면으로 절삭할 때 공구는 $\frac{1}{4}$ 무한체로, (b)와 같이 날끝으로 절삭할 때에는 $\frac{1}{8}$ 무한체로 볼 수 있다.

※ (정기학회편 … 정밀공작편람, 코로나사, page61참조)

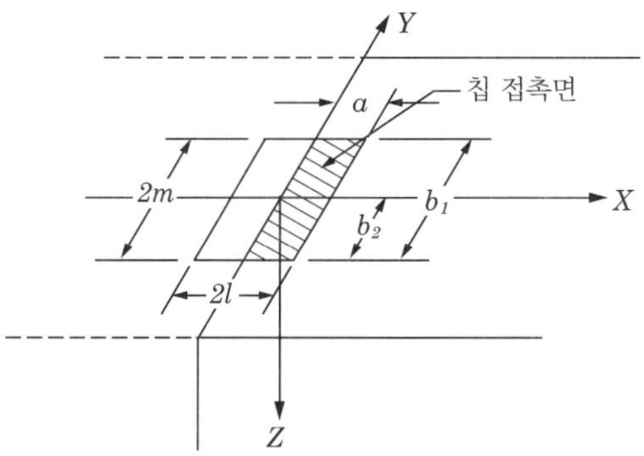

[그림 7-24] Shaw 2차원 절삭공구와 반무한체

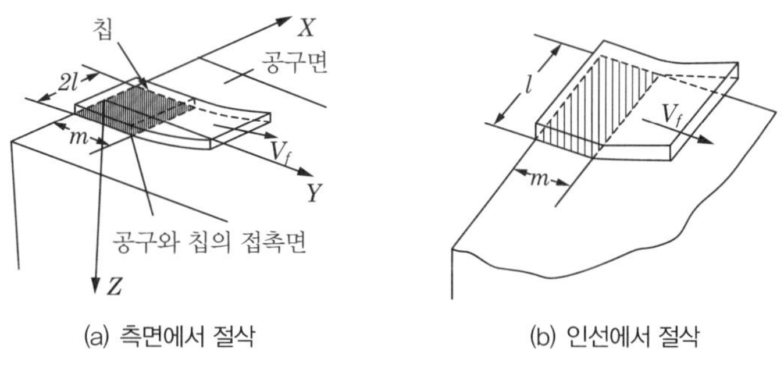

[그림 7-25] 경사면의 마찰

(a)의 경우에 접촉면의 폭은 $2l$, 길이를 m, 또 (b)의 경우 접촉면의 폭 l, 길이를 m이라고 하면 **그림 7-26**의 반무한체 표면의 폭 $2l$, 길이 $2m$의 정상 열원과 같다.

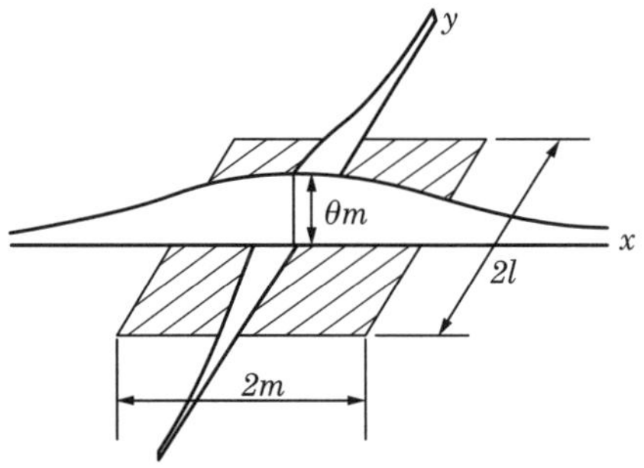

[그림 7-26] 반무한 물체 위의 정상상태 열원교차부의 온도분포 설명도

Shaw에 의하면 2차원 절삭에서 형상인자($\overline{S}$) 또는 형상계수(aspectratio) $\left(A_R = \dfrac{m}{l}\right)$는 다음과 같다.

$$A_R = \frac{m}{l} = \frac{b_1}{2a} \tag{7-40}$$

공구의 코너(corner)로 절삭하는 보통 선반용 바이트(lathe tool)를 해석하기 위해, 위와 비슷한 방법으로 반무한체를 1/8 무한체의 공구로 깎는다고 생각한다. 이때 절삭폭을 b_2라고 하면 형상계수 A_R은

$$A_R = \frac{m}{l} = \frac{b_2}{a} \ (\text{보통 절삭}) \tag{7-41A}$$

단, 정상상태 열원에 대한 식은 Milton C. Shaw저서, 즉 공작기계 절삭이론(廉永夏譯) P336의 (11)식을 참조하면 다음 (7-41B)식과 같이 정의된다.

$$\overline{\theta} = \frac{q \cdot m}{k} \overline{S} \tag{7-41B}$$

를 바로 사용할 수 있다. 따라서 형상인자 $\overline{S}$는 형상계수 A_R의 함수이며

$$\overline{\theta_t} = (1-R_2)\frac{q_2 \cdot b_2/2}{k_3} \cdot \overline{S} + \theta_0 \tag{7-42}$$

여기서 k_3 : 온도 θ_t에서 공구재질의 열전도율이다.

식 (7−39), (7−42)의 $\overline{\theta_t}$에 대한 2개의 방정식으로부터 R_2를 구할 수 있다. 즉

$$R_2 = \frac{q_2 \dfrac{b\overline{S}}{2k_3} - (\overline{\theta_s} - \theta_0)}{q_2 \dfrac{b\overline{S}}{2k_3} + q_2 \dfrac{0.377a}{k_2\sqrt{L_2}}} \tag{7-43a}$$

이 식의 q_2와 L_2에 식 (7−36) 및 (7−38)의 값을 대입하고, 또 $V_c = \gamma_c V$의 관계를 사용하면

$$R_2 = \frac{\dfrac{u_f V' t_1 \overline{S}}{JK_3} - \overline{\theta_s} + \theta_2}{\dfrac{u_f V' t_1 \overline{S}}{JK_3} + \dfrac{0.754 u_f}{J\rho_2 C_2}\sqrt{\dfrac{V' t_1}{\dfrac{a\gamma_c}{t_1} K_2}}} \tag{7-43b}$$

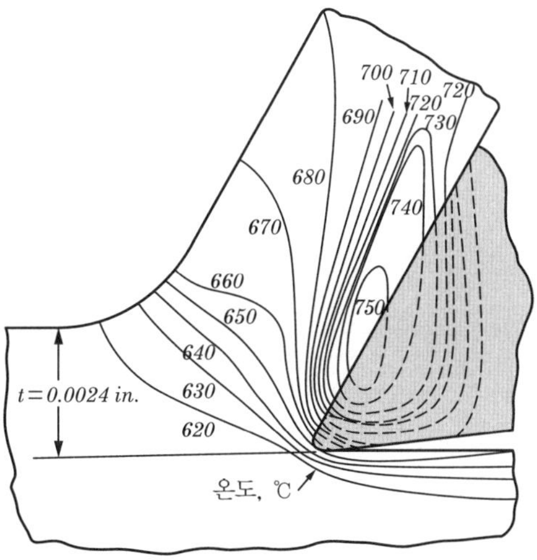

공작물 : 쾌삭연강 75ft/min, 0.25in, 30°, 70, 공작물의 가열온도 611℃

[그림 7−27] 적외선사진법에 의한 절삭온도 분포(Boothroyd)

R_2를 사용하면 식 (7-39)로부터 공구 경사면의 온도 $\overline{\theta_t}$를 구할 수 있다. 절삭열의 해석은 이상적인 열에너지 상태로 가정하므로 약간의 차이는 있으나 평균온도의 이론적인 계산 값과 실험값은 비교적 잘 일치한다. 공구 경사면의 마찰 에너지의 일부는 공구 칩의 접촉면에서 소산되고, 또 일부는 전단면 내에서 소산된다. Boothroyd는 마찰면에 생긴 열적인 변화를 적외선 사진으로 찍고 수치 해석을 하면 **그림 7-27**과 같이 **등온선**으로 표시된다.

발생열은 날끝 근처에서 가장 크고, 전단영역까지 감소하면서 퍼져나간다. 열 소산상태를 보면 공구 날끝 부근에서 최대가 되고, 공구의 최대 온도점은 분명히 공구면 보다 위쪽에서 발생한다. Chao등은 적외선 방법을 사용하여 공구 옆면의 온도를 해석하기위해 평평한 공구 경사면을 깎을 때에 최대온도는 근사적으로 접촉 길이의 65% 지점에서 발생한다고 하였다.

7.4.6 계산 실례(sample calcularion)

(1) [계산 예 1]

위에 설명한 여러가지 공식들이 사용되는 방법을 알기 위하여, 계산 실례를 들어 설명하고, 공구 열전대 방법(tool-work, thermocouple)으로 측정된 온도와 결과를 비교하겠다.

1) 실험적으로 측정한 값들

① 공작물의 재질 ·························· SAE B-1113 steel

② 공구 재질 ······························ 초경합금 K2S-carbide, 경사각 = 20°, 여유각 = 5°

③ 절삭 방식 ······························ 2차원 절삭

④ 절삭속도 ······························ $V = 445$(fpm) 혹은 $V' = 89$(in/sec)

⑤ 절삭깊이 ······························ $t = 0.0023''$(inch)

⑥ 절삭폭 ································ $b = 0.151''$

⑦ 절삭부의 접촉 길이 ················· $a = 0.009''$

⑧ 칩 길이의 비(칩 length ratio) ······ $r_c = 0.51$

⑨ 절삭력 ································ $F_H = 80$ lbs

⑩ 트러스트 힘(thrust force) ·········· $F_V = 28$ lbs

⑪ 강의 열역학적 성질 ················· **그림 7-28**에서 **그림 7-30**까지 참고로 한다.

⑫ 밀도 ·································· $\rho = 0.28$ lb/in^3

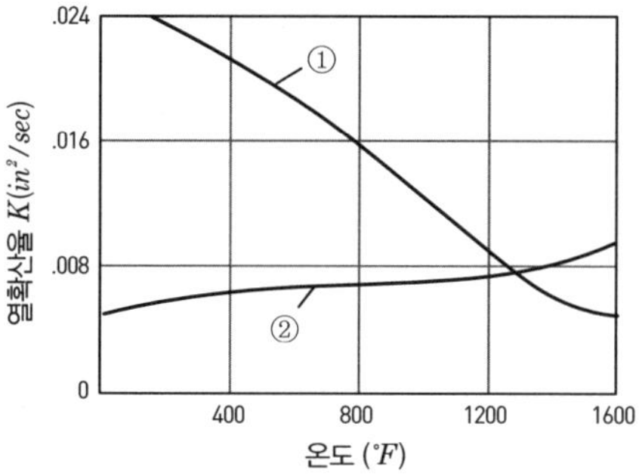

①은 저탄소 강
②는 18-8 스테인리스강 곡선

[그림 7-28] 열확산률 K의 변화곡선, 곡선

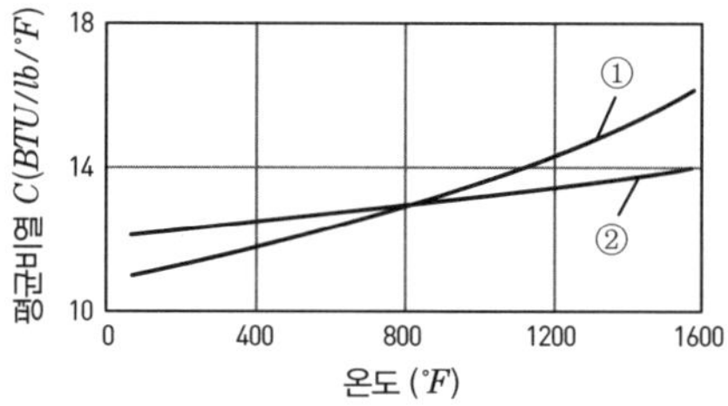

곡선 ①, ②는 그림 7-15와 같은 재질

[그림 7-29] 평균비열곡선

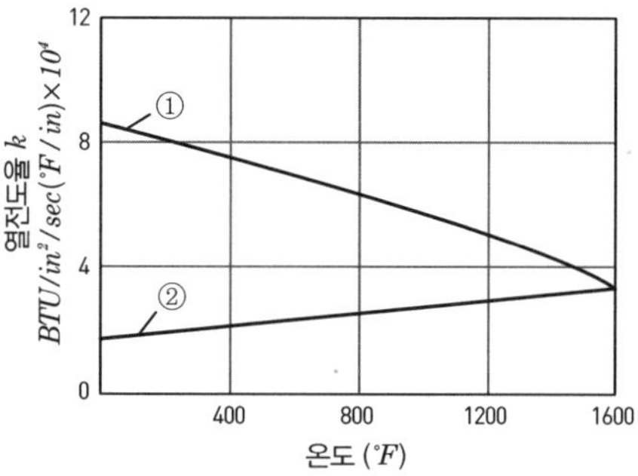

곡선 ① 및 ②는 그림 7-28과 같은 재질

[그림 7-30] 열전도율 변화곡선

2) 3장에서 계산한 값들

① 평균전단 스트레인 ····················· $\gamma = 1.91$

② 평균전단 에너지 ······················· $u_s = 153,000 \text{ in lb/in}^3$

③ 전단각 ································ $\phi = 30°$

④ 칩 속도 ································· $V_c' = 45.4\,\text{in/sec}$

⑤ 전단 속도 ······························· $V_s' = 85\,\text{in/sec}$

⑥ 마찰력 ································· $F = 53\,\text{lb}$

3) 7장의 공식을 사용하여 얻은 값들

① $\overline{\theta_s}$의 가정치 $\overline{\theta_s} = 500$°F

② $k_1 = 0.020\,\text{in}^2/\text{sec}$(**그림 7-28**에서 500°F인 때)

③ $L_1 = 4.88$ 식 (7-34)로부터

④ $R_1 = 0.636$ 식 (7-35)로부터

⑤ $(\overline{\theta_s} - \theta_0) = 310$°F 식 (7-32) $c_1 = 0.120$ **그림 7-29**에서 500°F때 만약 $\theta_s = 75°$이면 $\overline{\theta_s} = 385$°F가 된다.

⑥ 만약 $\overline{\theta_s}$의 가정치와 계산치의 차이가 50°F보다 크면 위의 ②항부터 ⑤항까지 반복한다. 이 때의 반복에 의해 $\theta_s = 385$°F를 얻는다.

⑦ $\overline{\theta_t}$를 800°F로 가정한다.

⑧ K_2 및 k_2의 값은 800°F에서 **그림 7-28** 및 **7-30**으로부터 각각 다음과 같다.

$K_2 = 0.016\,\text{in}^2/\text{sec}$

$k_2 = 6.6 \times 10^{-4}\,\text{BTU/in}^2/\text{sec}(°\text{F/in})$

⑨ $L_2 = 6.38$(식 (7-39)로부터)

⑩ 길이의 비(형상계수) $\dfrac{m}{l} = b/2a = A_R = 8.4$

⑪ $\overline{S} = 0.255$(Shaw의 실험결과로부터 얻은 형상인자)

⑫ $q_2 = 192\,\text{BTU/in}^2/\text{sec}$ 식 (7-36)으로부터

⑬ $A = q_2 \dfrac{b\overline{S}}{2k_3}$로써 정의되는 값으로서 여기서 k_3는 카바이트-공구의 열전도율로써 $k_3 = 7.63 \times 10^{-4}\,\text{BTU/sec/in}^2/°\text{F/in}$라고 하면 $A = 4850$

⑭ $B = q_2 \dfrac{0.377a}{k_2\sqrt{L_2}}$ 로서 정의되는 값으로 $B = 381$

⑮ 식 (7-34)로부터

$$R_2 = \frac{A - (\overline{\theta_s} - \theta_s)}{A + B} = 0.87$$

⑯ 식 (7-37)로부터

$\overline{\theta_f} = R_2B$, 그러므로 $\overline{\theta_f} = 331$°F

⑰ 식(7-39)로부터

$\overline{\theta_t} = \overline{\theta_s} + \overline{\theta_f} = 717$°F

⑱ $\overline{\theta_t}$를 800°F로 가정한 값을 비교하여 차이가 생기면 ⑦항에서 ⑰항까지 반복한다. 그러면 $\overline{\theta_t}$의 실험적 결정값은 735°F가 됨을 알 수 있다.

이미 설명한 조건에 대한 $\overline{\theta_t}$의 실험 결과값은 737°F 이다. 이것은 실험의 정확성, 열 성질에 대한 근사치 및 여러가지 열의 분석에서 일어나는 가정들과 칩-공구 열전대 온도 측정법으로 측정되는 평균치를 평가하기 위한 것이다. 그러나 약간의 문제는 있으므로 일치하지 않는 현상도 존재한다. 위의 계산 실례에서 $\overline{\theta_s}$와 $\overline{\theta_t}$의 계산값이 열에 대하여 온도 변화에 민감하지 않으므로 변화량을 정확하게 기대하기는 어렵다.

(2) [계산 예 2]

1) 절삭조건은 계산 예 1과 같다. 단, 미터식 단위로 계산한다.

① 공작물의 재질 ························ 쾌삭강(SAE B 1113)

② 절삭공구 ······························ 초경합금(US규격 K-2S 또는 JIS 규격 S3)

경사각 ·································· $\alpha = 20°$, 여유각 $\gamma = 5°$

③ 절삭속도 ······························ $v = 136$ m/min $= 226$ cm/sec

④ 절삭깊이 ······························ $t_1 = 0.059$ mm $= 0.0059$ cm

⑤ 절삭폭 ································ $b = 3.84$ mm $= 0.384$ cm

2) 측정값

① 주절삭분력 ···························· $F_c = 36.3$ kg $= 36.3 \times 10^3$ gr

② 배분력 ································ $F_T = 12.7$ kg $= 12.7 \times 10^3$ gr

③ 절삭비(chip ratio) ···················· $r_c = 0.51$

④ 칩의 접촉 길이 ························ $a = 0.23 = 0.023$ cm

(이것은 절삭 후 바이트를 공구현미경으로 보면 칩 접촉부분이 측정됨)

공작물의 열적인 여러가지 성질과 상수들은 **그림 7-31**에서 구한다.

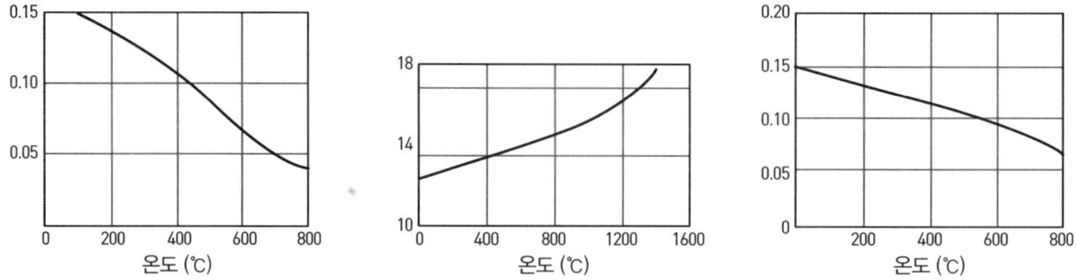

[그림 7-31] 저탄소강(Mn=0.39%)을 함유한 재료의 열적성질

3) 계산값

① $tan\phi = \dfrac{\gamma_c \, cos\alpha}{1-r_c \, sin\alpha}$ 에서 $\phi = 30°$

② $\gamma = cot\phi + tan(\phi - \alpha)$에서 shearing 변형 $\gamma = 1.91$

③ $u_s = \dfrac{F_s V_s}{t_1 b V} = \dfrac{(F_c \, cos\phi - F_T \, sin\phi) cos\alpha}{t_1 b \, cos(\phi - \alpha)}$ 에서 $u_s = 1.12 \times 10^7$ gr · cm/cm³

④ $u_f = \dfrac{FV_f}{t_1 b V} = \dfrac{(F_c \, cos\alpha + F_T \, cos\alpha) r_c}{t_1 b}$ 에서 $u_f = 5.51 \times 10^7$ gr · cm/cm³

⑤ 만약 $\overline{\theta} = 260$℃라고 가정하고, 실온이 20℃라면,

$(260℃+20)\dfrac{1}{2} = 140$℃에 대한 K_1 및 $\rho_1 c_1$의 값을 그림 7-31에서 구하면

$K_1 = 0.15$cm²/sec, $\rho_1 c_1 = 0.95$cal/cm³℃

⑥ $\dfrac{Vt_1}{K_1 \gamma} = 4.65$

⑦ 따라서 R_1의 값은 식 (7-35)에서

$$R_1 = \frac{1}{1+\dfrac{0.0664\gamma}{\sqrt{L_1}}} = \frac{1}{1+1.328\sqrt{\dfrac{K_1\gamma}{V't_1}}}$$

또는 그림 7-23(B)로부터 $R_1 = 0.62$

⑧ 식 (7-34), (7-29), (7-32) 등으로부터 $\overline{\theta_s} - \theta_0 = 162$℃, $\theta_0 = 20$℃ 따라서 $\overline{\theta_s} = 182$℃

⑨ 이때의 의 값은 ③에서 가정한 260℃와는 다르다. 따라서 이번에는 ℃라고 하고, ⑤~⑧의 계산을 다시 한다. 그러면 그 결과 $\overline{\theta_s} = 190$℃로 된다.

⑩ 다음에 θ_t의 값 대신 400℃라고 가정하고, 그림 7-31에서 K_2및 $\rho_2 c_2$의 값을 구한다. 즉 $K_2 = 0.11$cm²/sec, $\rho_2 c_2 = 1.2$cal/cm³℃

⑪ Shaw에 의하면 로 주어질 때 형상인자

⑫ 초경합금 공구의 열전도도 $K_2 = 0.137\text{cal/cm} \cdot \text{sec} \cdot ℃$이므로

$$D = u_f V t_1 \overline{S} / J K_3 = 3320$$

⑬ $$B = \frac{0.754 u_f}{J \rho_2 c_2} \sqrt{\frac{V' t_1}{\frac{a r_c}{t_1} K_2}}$$

⑭ 식 (7–43b)에 식 (7–8), (7–12), (7–13)의 관계를 대입하여 R_2를 계산하면

$$R_2 = \frac{D - \theta_s + \theta_0}{D + B} = 0.90$$

⑮ 식 (7–37)에서 $\overline{\theta_f} = 178℃$

⑯ 식 (7–39)에서 $\overline{\theta_t} = \overline{\theta_s} + \overline{\theta_f} = 368℃$

⑰ 여기서 얻은 의 값은 ⑩에서 가정한 400℃와 다르므로 $\overline{\theta_t} = 368℃$라 하고 ⑩에서 ⑯까지의 계산을 반복하면 결국 $\overline{\theta_t} = 373℃$로 된다.

실제 1개의 바이트로 절삭온도를 측정한 결과 390℃이고, 계산값은 여러가지 가정치를 사용하였지만 실제 측정치와는 비교적 잘 일치하는 것을 알 수 있다. 위의 계산은 상당한 시간이 필요하고, 또한 온도를 측정하는 대신 절삭저항의 2성분을 측정해야 하므로 이에 알맞은 공구동력계가 필요하다.

7.4.7 절삭속도 및 에너지 밸런스(energy balance)

(1) 절삭온도와 절삭속도

그림 7–32는 공구에 전달된 전체 평균온도(θ_t), 전단변형의 온도($\overline{\theta_s}$)와 경사면의 **마찰온도**($\overline{\theta_f}$)등에 의해 계산된 온도 곡선을 실선, 실측된 온도 곡선을 점선으로 표시하였다. 실측온도와 계산온도는 매우 인접해 있으나 실측온도가 약간 높다. 전단면에서 단열의 대부분은 공작물의 과 함께 잔류되므로 계산한 평균온도는 일반적으로 약간 작아진다.

그림 7–32에서 극히 저속일 때, 마찰 성분인 $\overline{\theta_f}$는 (–), 마찰열의 값은 –(negative)가 된다. 이것은 마찰열 외에도 전단열의 일부가 공구 내부로 유동 된다는 것이다. 일반적으로 측정온도 및 계산온도는 각각 측정한 $V^{\frac{1}{2}}$에 비례하는 포물선에 가깝다.

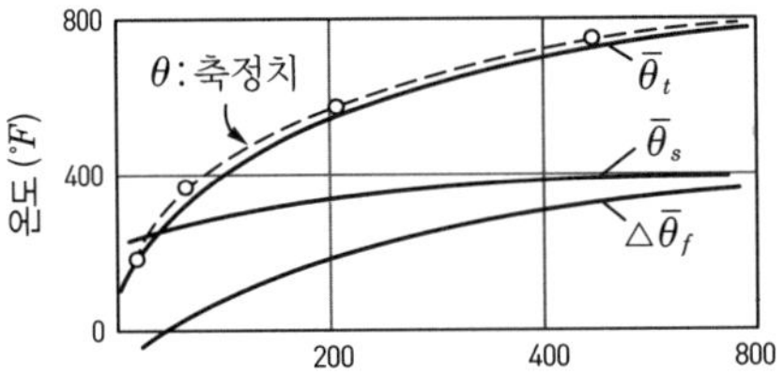

공작물 재질 : *SAE. B.1113*강, 공구 : 초경바이트, $\alpha \fallingdotseq 20°$, 절삭깊이 t : *0.0023"*

[그림 7-32] 계산온도와 실측온도의 비교

또한 전단변형에서 칩에 들어간 R_1과 경사면 마찰로 발생한 열이 칩에 들어간 량 R_2의 변화는 **그림 7-33**과 같다.

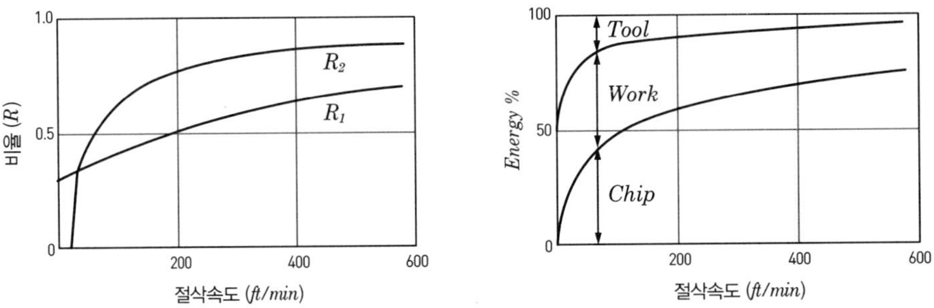

[그림 7-33] 절삭속도와 R_1 및 R_2의 변화

(2) 에너지 밸런스

공작기계에서 절삭되는 금속의 단위 체적에 대한 칩, 공구 및 공작물에 들어가는 에너지를 각각 u_A, u_t, u_w라고 하면 R_1, R_2, R_3(단위 체적당의 전단 에너지) 및 u_f는 단위 체적당의 마찰 에너지의 함수로 표시된다.

$$u_A = R_1 u_s + R_2 u_f \qquad (7-44)$$

$$u_t = (1 - R_2) u_f \qquad (7-45)$$

$$u_w = (1 - R_1) u_s \qquad (7-46)$$

위의 방정식에 **그림 7-32**와 7-33의 실험에서 얻는 결과를 적당하게 대치하면 **그림 7-34**에 표시한 에너지 분포 곡선이 얻어진다. NE9445강철(USA규격)을 절삭할 때에 발생하는 열은 공작물, 절삭공구 및 칩 등에 어떤 분포인지를 나타낸다. 절삭속도가 증가함에 따라 칩(chip)에 들어가는 전체 에너지의 비율은 증가하고 반대로 공구 및 공작물에 유입되는 열 비율은 감소한다는 사실을 **그림 7-34**에서 알 수 있다. 한편 칩에 들어가는 열은 절삭속도에 영향을 받지만 전단 변형으로 생긴 열은 절삭속도에 큰 영향을 주지 않는다.

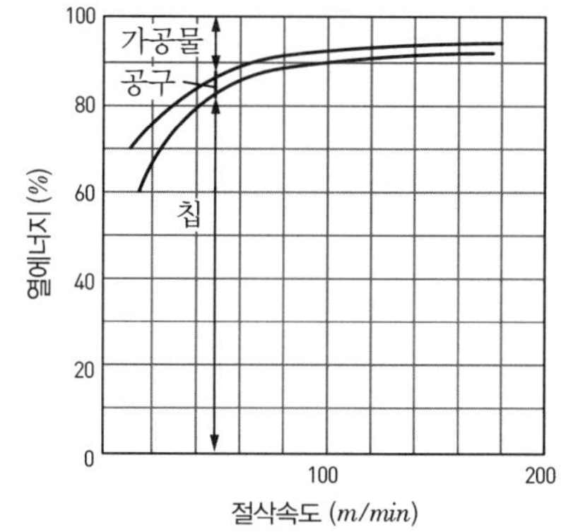

공작물 : *NE9445*, 공구 : 초경바이트 $\alpha = 0°$, $t = 2.6mm$, $s = 0.25mm/sec$ (*Trigger*)

[그림 7-34] 절삭 에너지 분포

그림에서 전체 에너지 비율은 절삭속도 v = 180m/min에서 93%정도이지만 칩을 제외한 나머지는 공구와 공작물에 전달된다. 그 다음으로 공작물에 전달되는 에너지는 v = 15m/min에서 30%정도가 되고 v = 180m/min에서 약 6%가 된다. 마지막으로 공구에 전달되는 열은 가장 작아서 v = 180m/min에서 2~3%에 불과하다.

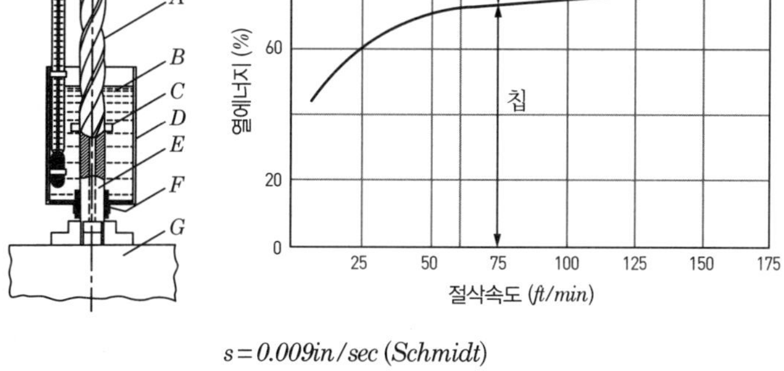

$s = 0.009in/sec$ (*Schmidt*)

[그림 7-35] 절삭작업에 대한 전체 에너지 분포(Dow metal의 드릴 시험결과)

Schmidt는 탁상 드릴프레스를 사용하여 칼로리미터(calorimeter)로 Dow metal을 절삭하면서 열을 측정한 결과가 **그림 7-35**이다. 재질의 차이는 있으나 일반적인 경향은 **그림 7-34**와 **그림 7-35**는 비슷하다.

7.4.5 절삭온도와 관련 있는 기타 인자

(1) 절삭폭과 절삭깊이의 영향(effect of width and depth of cut)

절삭온도는 공구의 기하학적 형상에 따라 어떤 영향을 미치는 가를 검토하기 위해서 공구의 폭과 절삭깊이에 따라 계산한 것과 실험치를 비교하면 **그림 7-36, 그림 7-37**과 같다.

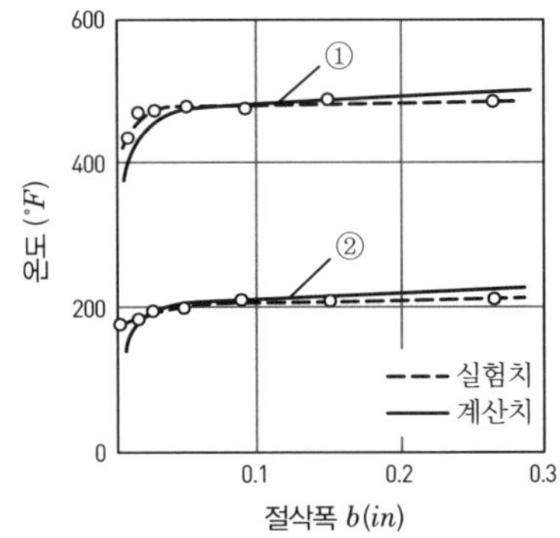

공작물 : *SAE-B-1113*강, 공구 : 초경합금, 경사각(α)=*20°*, 절삭깊이 t=*0.0023in.*
절삭속도 : ① *226fpm*, ② *15fpm*

[그림 7-36] 절삭폭과 절삭온도의 관계

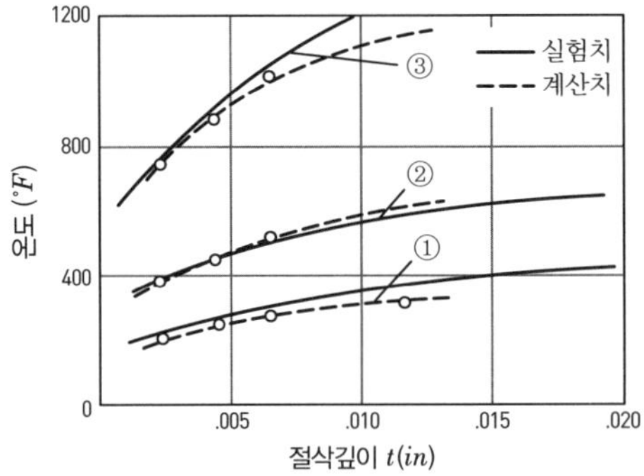

공작물 : *SAE-13-1113*강, 공구 : 초경바이트, 경사각(α)=*20°*
절삭속도 : ① *10ft/min*, ② *60ft/min*, ③ *450ft/min*

[그림 7-37] 절삭깊이와 절삭온도

(2) 가공재료의 경도와 절삭온도

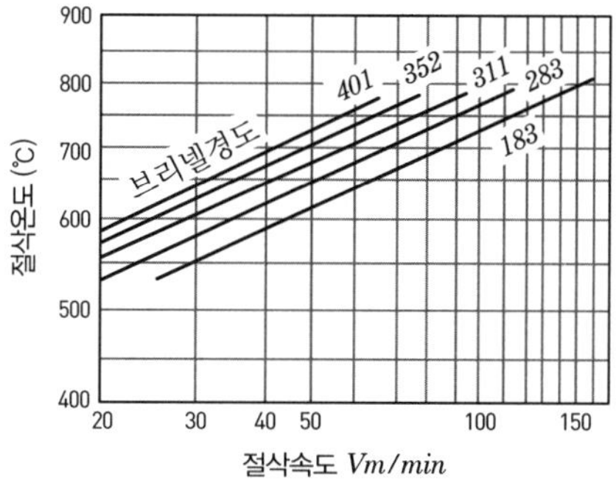

공작물 : *SAE 9445*, 공구 : 초경바이트 $t = 2.6mm$, $s = 0.25mm/sec$

[그림 7-38] 공작물의 경도와 절삭온도(Trigger)

그림 7-38은 SAE 9445강을 열처리하여 경도를 변화시켜 절삭하였을 때에 절삭온도와 절삭속도의 관계를 표시한다. 공작물의 경도가 증가함에 따라 절삭온도가 높아진다. 예를 들면 경도 183H_B의 공작물을 30m/min로 깎을 때 공구온도는 555℃가 되나, 경도 401H_B을 깎으면 절삭온도는 645℃가 된다.

(3) 절삭온도와 절삭저항의 관계

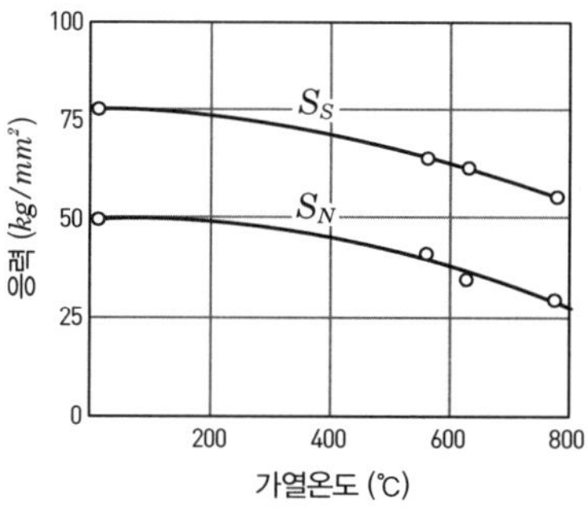

[그림 7-39] 공작물의 가열온도와 절k저항의 관계

절삭온도가 증가하면 절삭저항은 감소한다. 그 원인은 절삭열로 공작물이 연화되기 때문이라고 생각되기 때문이다. 물론 특수 공구강으로 만든 바이트는 절삭열로 연화되지만 초경바이트는 그 영향이 작다.

그림 7-39는 공작물을 가열하고 초경바이트로 깎을 때에 온도가 상승하면 전단면의 전단응력 S_s과 압축응력 S_N등이 감소하는 경향을 표시한다. 그림에서 공작물을 800℃로 가열하면 압축응력 S_N은 25kg/mm^{2}로 감소하여 상온 S_N 값(50kg/mm^2)의 약 1/2로 된다. 이와 같은 사실로부터 공작물이 가열하면 절삭저항이 감소한다는 것은 확인할 수 있다.

7.5 절삭온도와 절삭제

절삭속도가 낮으면 절삭제는 공구의 경사면의 마찰을 감소시키고 빌트 업 에지(built-up edge)를 방지하지만 주로 윤활작용을 한다. 그러나 절삭속도가 높아서 공구의 온도가 증가하는 경우에는 공구에서 절삭 열을 빼앗는 냉각작용을 한다. 절삭제를 냉각 목적으로 사용할 때에는 될 수 있는 대로 비열이 큰 것을 사용하는 것이 좋다. 냉각제는 비열이 큰 것이 좋기 때문에 물을 용해한 절삭제를 사용한다. **그림 7-40**은 물을 용해한 절삭제의 냉각효과를 조사하기 위하여 SAE 1015강을 2차원 절삭하고, 그때에 공구-공작물을 열전대로 사용하여 기전력을 측정한 결과이다.

그림 7-40에 의하면 절삭깊이가 작고, 저속일 경우에 절삭제는 경사면에서의 마찰 온도를 저하시키는 작용을 한다.

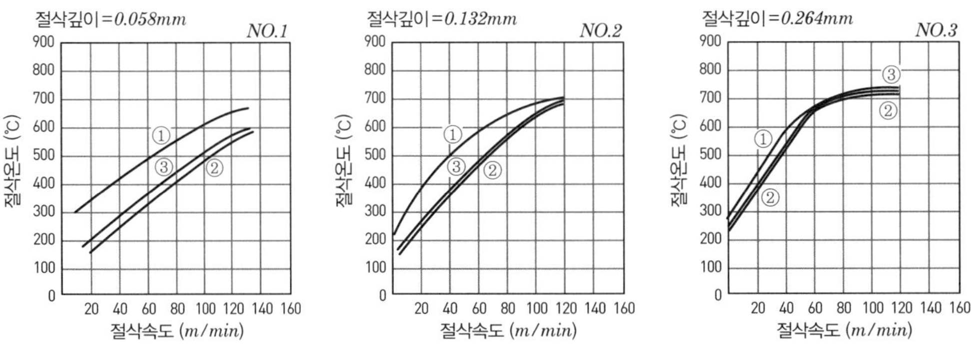

(a) 절삭제 없음 (b) 유화성 절삭제 (c) 수용성 절삭제

[그림 7-40] 절삭제의 냉각효과

절삭깊이 $t = 0.058$ mm와 실험 절삭속도에서 절삭제를 사용하였을 때에 절삭온도를 100~200℃ 감소시키지만, $t = 0.132$ mm와 절삭속도 $v = 120$m/min 이하의 경우에 온도는

저하되지만 $v = 120\,\text{m/min}$이상에서는 냉각 효과가 아주 작은 것으로 보고된다.

한편 절삭깊이 $t = 0.264\text{mm}$와 $v = 60\text{m/min}$에서부터 냉각효과가 급감된다. 위의 결과를 종합하면, 절삭깊이가 클수록 낮은 절삭속도에서는 냉각효과가 없다는 것을 알 수 있다.

한편 "일반적으로 냉각제를 공급하였을 때에 칩과 공구 사이에서 유체 윤활이 진행되고 있는가, 또는 그렇지 않은가?"에 대하여 윤활 이론에 근거하여 검토한 결과, 절삭에서는 유체윤활 상태가 생기지 않는다는 K. E. Bishop 등의 연구가 있다.

그러므로 접촉면에서는 **경계윤활** 상태가 되거나 절삭제중의 유제가 금속비누 또는 기타 화합물을 형성하여 마찰을 감소시키는 것이 아닌가 보고 있다. 이와 같은 절삭제의 작용에 대해서는 아직도 충분한 이론적이 규명되어 있지 않은 실정이다.

제8장

절삭력의 측정

8.1 절삭저항의 측정

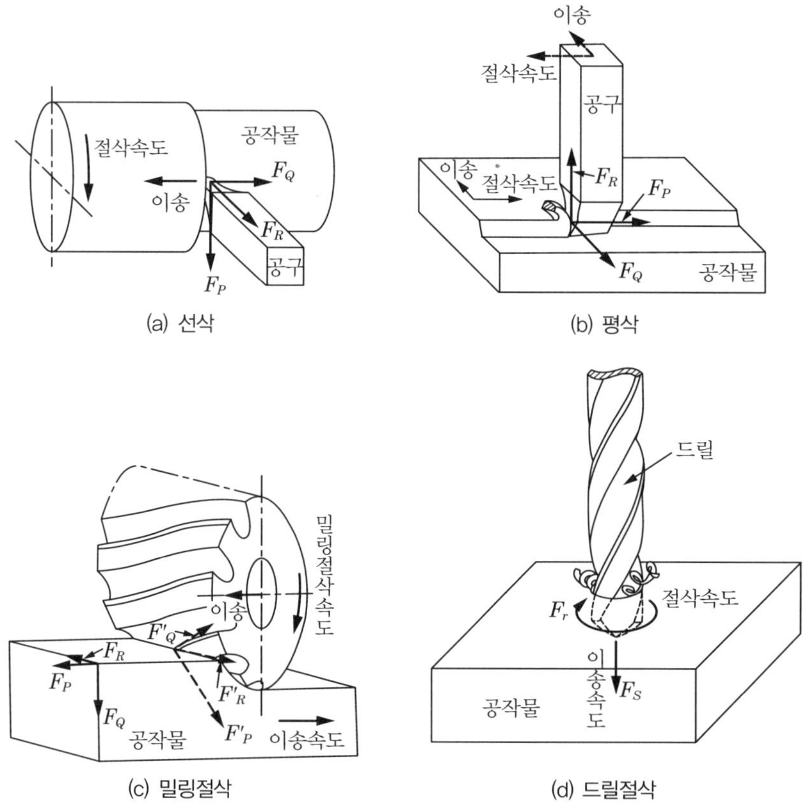

(a) 선삭 (b) 평삭

(c) 밀링절삭 (d) 드릴절삭

[그림 8–1] 각종 절삭법의 절삭저항력

그림 8–1(a)에서 표시하는 선삭과 같이 절삭공구가 회전하지 않는 경우에는 절삭속도 방향의 힘 F_p, 이송방향의 힘 F_Q와 F_p, F_Q에 수직인 공구 shank축 방향의 힘 F_T를 측정하는 것이 보통이다. 이 경우 F_p는 **주분력**, F_Q는 **이송분력**, F_R은 **배분력**이라고 한다. F_p, F_Q는 각각 2차원

절삭에 대한 수평분력 F_H, 수직분력 F_v이다. 또, 선삭과 같이 공작물이 회전하는 경우에는 공구에 작용하는 힘을 측정하는 것이 편리하지만 **그림** (b)의 평삭과 같이 공구나 공작물이 회전하지 않는 경우에는 공작물에 작용하는 힘으로 측정한다. 어느 방법이던지 공작기계나 실험목적에 따라 측정하기 쉬운 방법을 선택해도 큰 문제는 없다. 그러나 **그림** (c)의 밀링(milling)절삭과 같은 회전 절삭공구에는 공작물에 작용하는 힘을 측정하기가 쉽다. 그러나 목적에 따라서는 절삭날 1개에 작용하는 힘을 기준으로 그림의 3분력 F_p, F_Q, F_R을 직접 측정할 필요가 있고, 필요에 따라 특별한 장치가 요구될 때도 있다.

그림 (d)는 드릴(drill), 리머(reamer), 엔드밀(end mill)등의 작은 지름을 가진 회전공구의 경우이고, 공작물에 걸리는 힘을 축방향 힘 F_s, 원주방향 힘 F_T(또는 torque)으로 측정한다.

또 측정한 절삭력을 3분력으로 나누기 위해 변환기가 달린 측정장치를 공구나 공작물에 부착시켜 다른 물리량으로 바꾸어야 한다. 이러한 장치를 **절삭동력계**(tool dynamometer)라 하며, 양호한 절삭동력계의 구비조건은 다음과 같다.

① 고감도, 고강성일 것

② 고유진동수가 클 것

③ 각 분력을 측정할 때, 서로 간섭이 생기지 않을 것

④ 하중-출력의 교정곡선이 직선이며, 이력곡선을 그리지 않을 것

⑤ 장시간 안정하게 작동할 것

⑥ 절삭력의 변화에 대한 감도가 커야 할 것

⑦ 가볍고 소형이여야 하며 제작이 쉬울 것

등이다.

또, 변환기로서는 수압부분의

① 변위를 다이얼 게이지(dial gauge), 광학 레버로서 측정하는 것

② 변위를 유체량으로 변환시키는 것(유압변화, 압력계, 공기 마이크로미터 등).

③ 변위를 전기저항으로 변환시키는 것(전기 용량변화 변환기, 저항선 및 반도체 변형 게이지, 압전효과(Piezo electric effect) 등).

등이 사용된다. 그러나 현재 가장 많이 사용되고 있는 변환기는 편리한 저항선이나 반도체 변형 게이지이다. 위의 구비조건을 구비한 장치라면 설계하기 쉽고 사용하기도 편리하다. 저항선 변형 게이지, 반도체 게이지(gauge)의 구조 및 사용 측정법에 대해서는 다른 참고서를 보기 바란다.

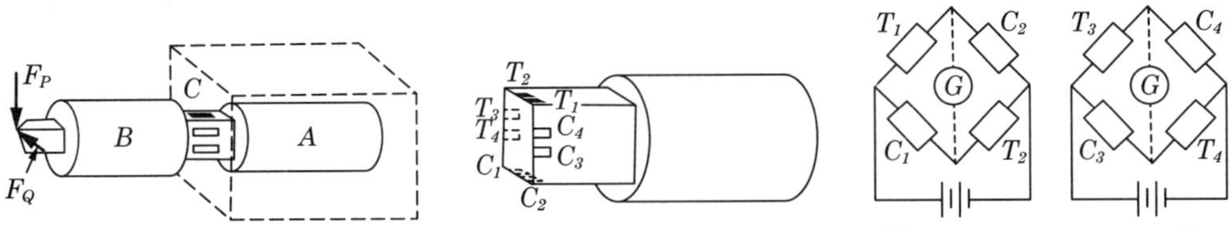

(a) 구조　　(b) strain gauge의 접점　　(c) strain gauge-bridge 회로

[그림 8-2] 외팔보의 변형을 이용한 2분력형 선삭동력계

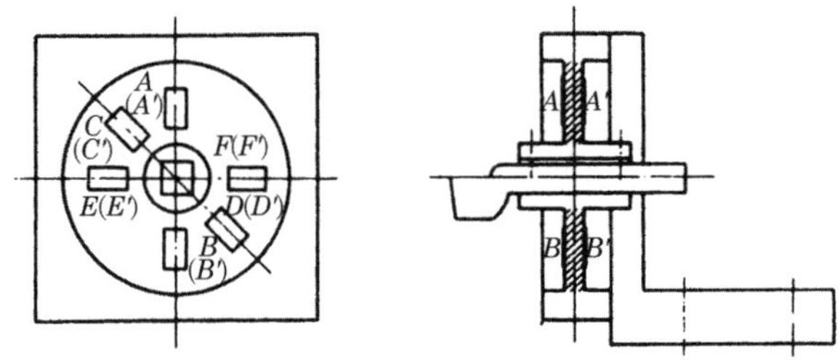

(a) 구조와 strain gauge의 접착

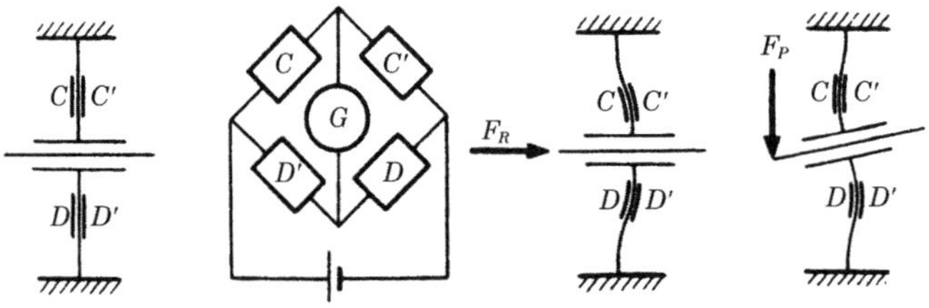

(b) F_R의 측정 원리

[그림 8-3] 탄성막의 변형을 이용한 3분력형 선삭동력계

그림 8-2는 가장 간단한 2분력형 선삭 동력계의 한 예이다. **그림** (a)의 A부분을 본체에 삽입시키고, B부분에 절삭공구를 지지시킨다. C부분은 날 끝 하중이 외팔보에 작용하는 구형단면을 가진 수감부이다. **그림** (b)와 같이 변형 gauge를 접착하고, **그림** (c)와 같은 **bridge회로**를 조립하면 주분력 F_p는 수감부에 생기는 변형게이지 T_1, T_2, C_1, C_2로 측정한다. T_1, T_2는 인장 변형, C_1, C_2는 압축 변형을 받는다. 이 경우에 F_p에 의해 T_3, C_4는 인장 변형, T_4, T_3는 동시에 압축 변형을 받기 때문에 변형은 아주 작다. **그림** (c)의 bridge 조립은 각 게이지의 출력을 제거하므로 F_P에 의한 F_Q bridge에는 출력이 없고 간섭도 생기지 않는다.

이송분력 F_Q는 T_3, T_4, C_3, C_4 bridge로 측정된다. 이러한 구조는 배분력 F_R에 의한 수감부의 변형이 작기 때문에 F_p, F_Q의 측정치에 큰 영향을 주지 않고 2분력을 측정할 수 있다.

그러므로 **수감부**는 반드시 구형단면일 필요는 없고, 큰 지름의 원통을 만들어 그 면에 직접 **변**

형 게이지를 접착시켜도 된다. 다만, 원통의 지름이 작으면 접착에 의한 초기 변형이 크고, 반도체 게이지가 파손될 위험이 있으므로 약간 평탄부를 만들어 설치해야 한다.

그림 8-3은 외주를 고정시킨 탄성막의 변형을 이용한 3분력형 절삭 **동력계**의 한 예이다. **그림** (a)의 해칭(hatching)부분이 탄성막에 해당된다. 절삭력에 의해 막이 변화하면 **그림** (a)의 게이지(gauge)와 (b)의 bridge회로로 분리하여 3분력을 측정할 수 있다.

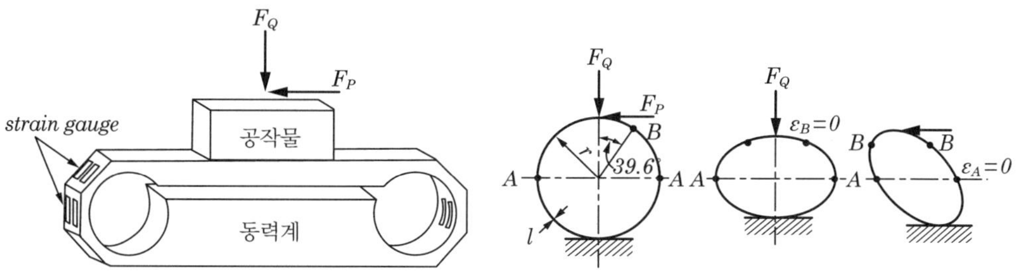

(a) 구조와 strain gauge의 접착

(b) 탄성 ring의 변형특성

[그림 8-4] 탄성 rIng의 변형을 이용한 2분력형 평삭 (밀링절삭)동력계

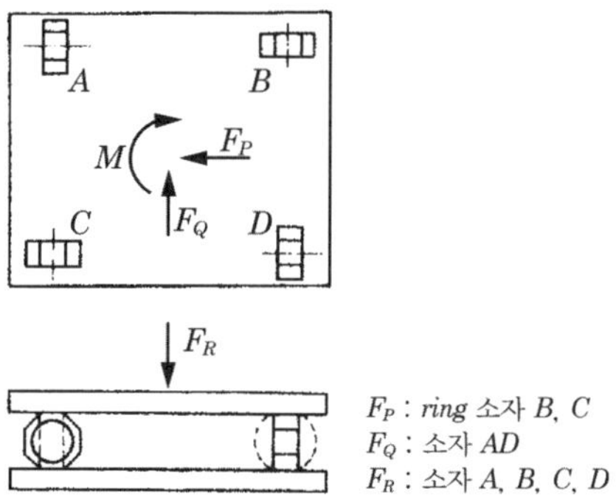

[그림 8-5] 탄성 rIng의 변형을 이용한 3분력형 밀링동력계

그림 8-4(a)는 밀링(milling)절삭 또는 평삭 절삭용 2분력형 동력계이며, 공작물에 걸리는 절삭력을 측정한다. 이 절삭동력계의 원리는 **그림** (b)에 표시한 탄성 링(ring)을 사용하여 주분력 F_p에 대해서 B점의 변형, 이송분력 F_Q에 대해서는 A점의 변형으로 측정하며, 양 분력을 분리할 수 있다. **그림 8-5**는 위와 같은 방법으로 3분력형을 측정한 것이다.

그림 8-6은 드릴 절삭 동력계의 한 예이며, 공작물에 걸리는 절삭력을 측정한다. 수감부는 그림에서 해칭된 얇은 박판 원통부이고, 배분력(thrust) F_s는 원통축이나 수직방향으로 접착한 변

형 gauge T_1, T_2, C_1, C_2로 측정하며, 토크(torque) F_T는 원통 축과 45°를 이루는 변형 gauge T_3, T_4, C_3, C_4로 측정한다.

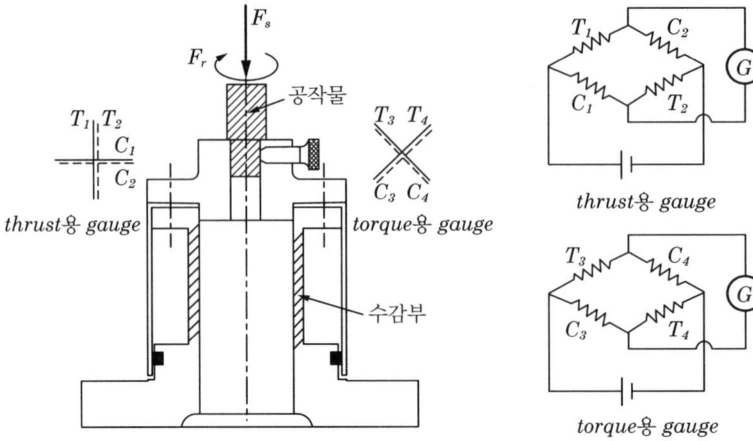

[그림 8-6] 드릴용 절삭동력계

8.2 절삭온도의 측정

그림 8-7은 가장 쉬운 방법으로 칩-공구 사이의 접촉면에 있는 평균온도를 측정한 것이다. 공구와 공작물은 열전도 능력이 다르기 때문에 그림과 같이 결합시켜 열전대 회로를 형성시키면, 절삭점의 온도 상승에 따라 열기전력이 생긴다. 이 방법은 칩 또는 공작물에서 뽑은 가는 봉선을 공구재와 결합시켜서 열전대를 만든다.

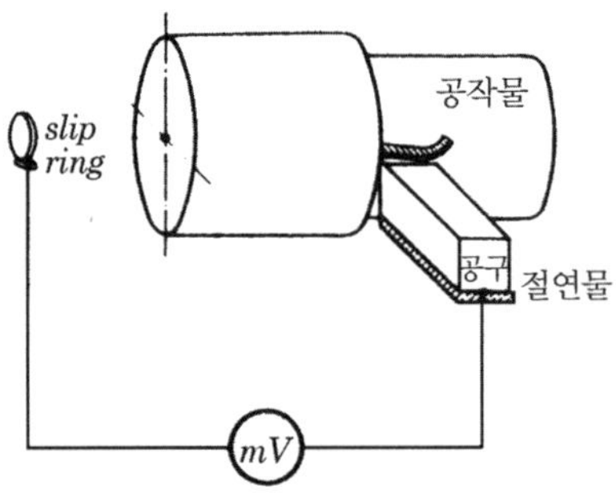

[그림 8-7] 공구–공작물 열전대 방식의 절삭온도 측정

그 다음에는 교정곡선을 만들어서, 절삭 시에 절삭점의 평균온도를 측정할 수 있다. 그림에서 열전대의 **냉접점**은 실온이다.

이 방법으로 측정하는 온도는 공구경사면이나 여유면 접촉부의 평균온도이다. 공구마모나 칩의 변형응력에 따라 온도, 부분 온도 및 온도분포를 측정하는 것은 좋지 않다. 그렇지만, 이 방법은 아주 간단하게 절삭온도를 측정할 수가 있다.

공구 내의 온도를 측정하기 위해 **그림 8–8**과 같이 방전가공이나 초음파 가공 등으로 공구에 가는 구멍을 뚫고 옆면을 절연한 **열전대선**을 삽입하여 아래의 부분과 용접시킨다. 그리고 구멍 위치를 변화시켜서 공구내의 온도분포를 측정한다. **그림** (b)는 실제 측정한 것으로, 공구 경사면 위의 온도분포를 측정하기 위해 **그림 8–9**의 방법을 사용했다.

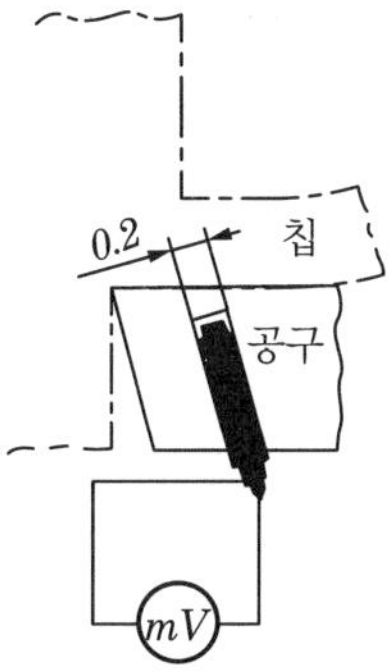

(a) 열전대의 삽입방법

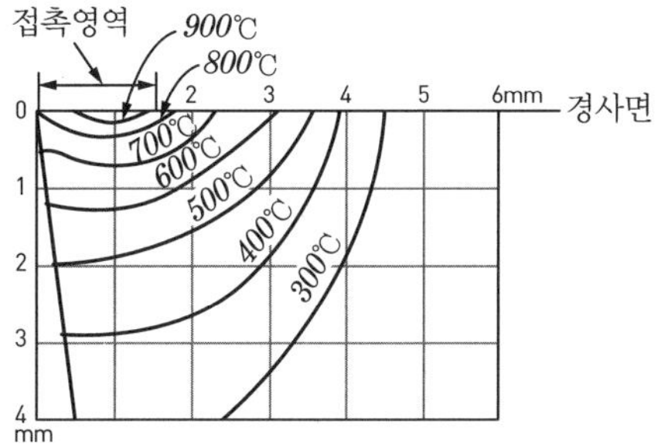

(b) 공구 안의 온도분포의 실측예

*30Mn 4*강, 절삭속도 *95mpm*, 절삭깊이 *3mm*, 이송 *0.25mmpr*

[그림 8–8] 삽입열전대에 의한 공구 안의 온도측정

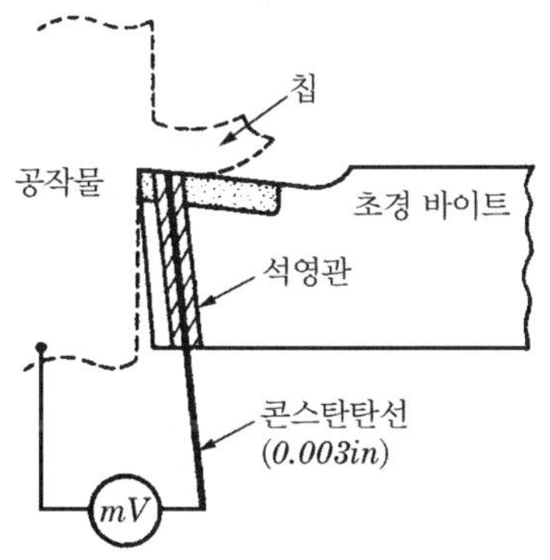

[그림 8–9] 노출열전대에 의한 경사면 온도측정

고강도의 석영관으로 공구와 콘스탄탄선을 절연하고 경사면에 노출시켜서 칩과 **콘스탄탄선** 사이의 열기전력을 측정한다. 노출부는 칩으로 파괴되기 때문에 경 절삭인 경우에만 사용한다.

그림 8-10은 공구 여유면(특히 마모 부분)의 온도분포를 측정하는 방법이다. 그림과 같이 공작물에 가는 구멍을 뚫고, 구멍이 여유면에 통과하면 가는 구멍 안의 열선의 열을 Pbs 양전지로 받아서 전기 신호로 변환시켜 측정한다.

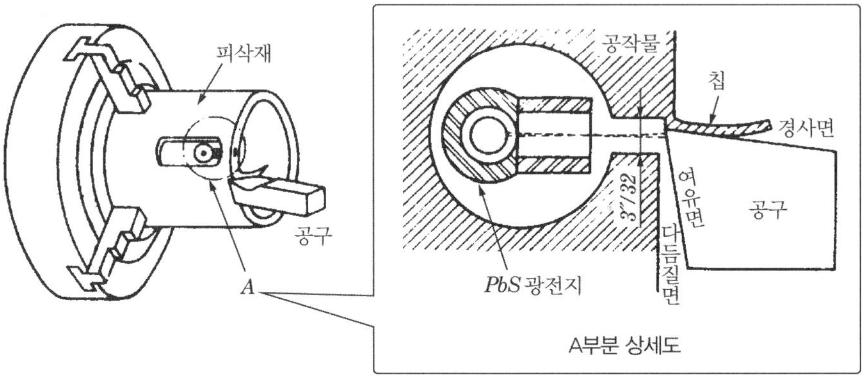

[그림 8-10] Pbs 광전지를 이용한 여유면 온도측정

이상은 공구에 관한 온도측정이지만 다듬질 표면의 온도분포를 측정하기 위해 **그림 8-11**의 방법을 사용한다. 그림에서 열전대의 출력을 오실로스코프(oscilloscope)의 가로축에 연결하고 세로축에서 뽑은 선을 움직이는 공작물에 접촉시키면 어떤 절삭깊이에서도 온도분포를 측정한다. 또한, 표면을 조금씩 절삭하면서 열전대의 위치를 변화시키면 다듬질면 표면의 온도분포를 쉽게 측정할 수 있다.

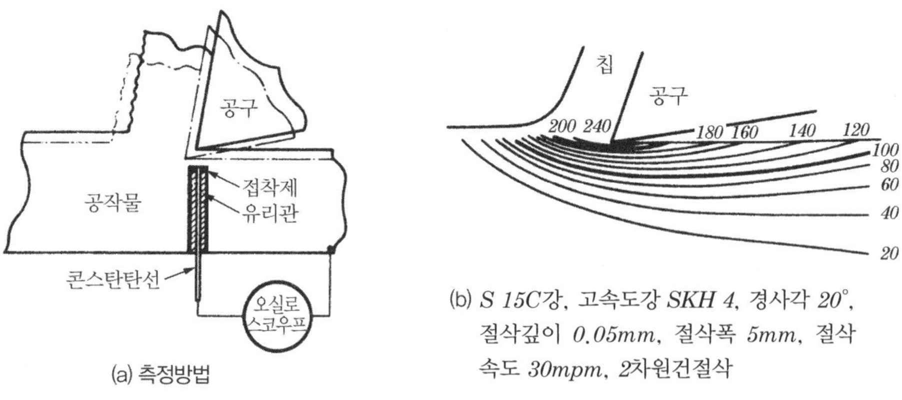

[그림 8-11] 삽입열전대에 의한 다듬질면 표면 온도측정

그림 (b)는 측정한 실례로, 공구나 공작물의 옆면에 시온도료를 칠하여 대략의 온도분포와 2차원 절삭에서 칩의 소성영역에 관한 온도를 측정할 수 있다.

다음에 설명할 적외선 건판법 외에 **그림 8-12**(a)와 같이 암염렌즈 방법은 소성영역의 미소부분에서 열선을 열전대에 집중시키는 것이다. 또 **그림** (b)는 반사경을 사용한 광학계로 열선을 광전도소자나 열선 척도(Thermistor barometer)소자 위에 집중시키는 방법도 있다. 또 **그림 8-13**과 같이 옆면에서 절삭폭 방향으로 열전대선을 묻어서 절삭한 다음에 유선에 따른 온도분포를 측정해도 좋다. 특히, 절삭두께가 큰 경우에는 아주 좋다.

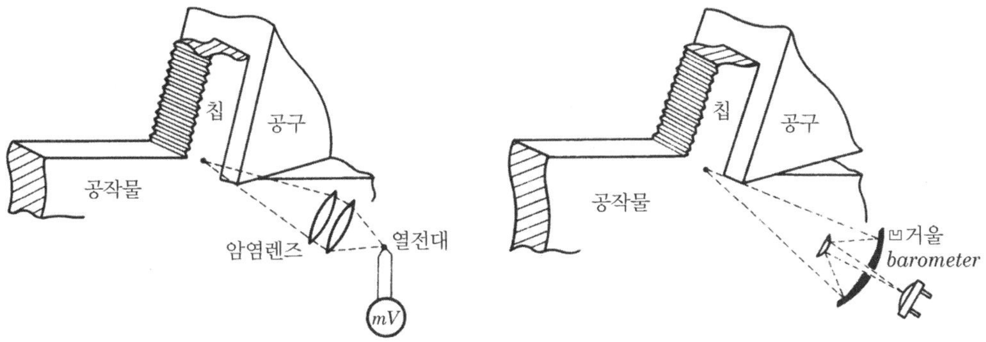

(a) 암염렌즈를 사용하는 것 (b) 반사 凹거울을 사용하는 것

[그림 8-12] 적외선 검출에 의한 칩 소성영역의 온도측정

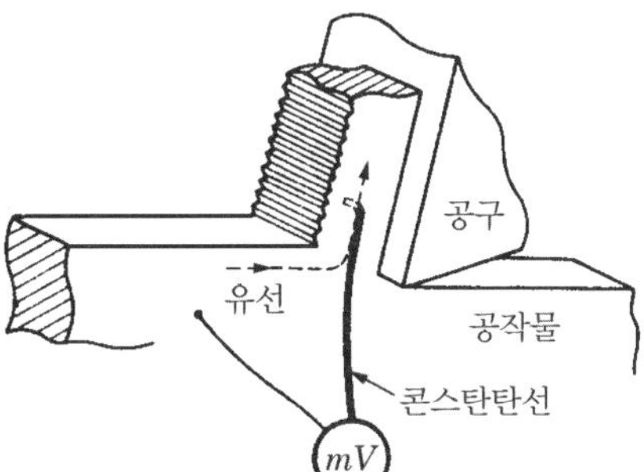

[그림 8-13] 삽입열전대에 의한 칩 소성영역의 온도측정

8.3 공구마모의 측정

이미 설명한 바와 같이 여유면 마모는 보통 각종 현미경이나 공구 현미경에 의해 마모 폭

을 측정한다. 특히 선삭 공구와 같은 일체식 바이트(bite)는 공구 현미경에 마이크로미터(micrometer)를 부착한 이동 공구대를 사용하는 것이 편리하다.

경사면 마모는 마모의 최대깊이가 중요하므로 이것만 측정하는 방법과 마모의 단면 형상과 함께 측정하는 방법이 있다. 전자 예로는 **그림 8-14**와 같다. 공구는 경사면에 수평이 되도록 이동 공구대 위에 놓으면 현미경 원통의 움직임이 다이얼 게이지(dial gauge)에 나타난다. 먼저 현미경의 초점은 마모가 없는 부분의 경사면에 맞추고 다이얼 게이지를 읽는다. 다음에 마모의 최심부에 초점을 맞추면 현재 지시값과 앞의 값과 차이로 최대 깊이를 구한다.

이 방법을 사용하기 위해 초점 심도가 얇은 현미경을 사용해야 한다. 후자의 예는 광절단법이나 배율이 낮은 시험재를 사용하고 절삭폭 중앙에 놓인 주절삭날에 직각인 마모의 단면형상에 관한 **확대상**을 얻는 방법이다.

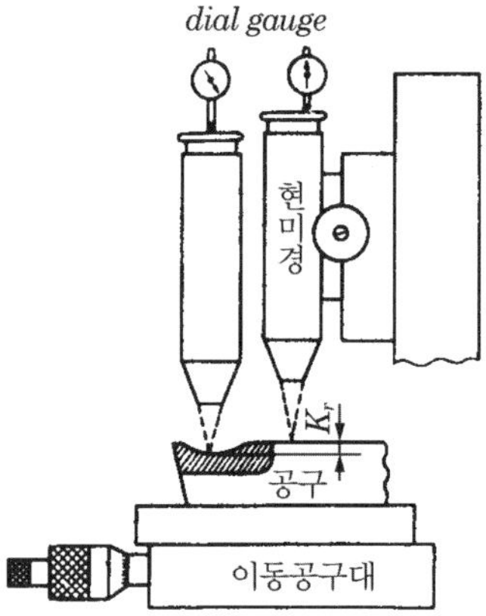

[그림 8-14] 경사면 마모 최대깊이 광학적 성질

그림 8-15는 마모 형상의 트레이스(trace)이고, **그림** (a)와 같이 촉침의 상하운동이 차동변압기로 출력되어 필요한 배율로 증폭된다. 한편 촉침은 **그림** (b)와 같은 구동 전동기로 전후로 이동되면서, 이송속도와 유출속도의 비율에 따라 기록지위에 마모된 형상의 가로 배율을 결정한다.

또 공구마모를 측정하는 특수한 예로서 **방사성 동위원소**(radio isotope)를 이용하는 방법이 있다. 이것은 원자로 내에서 방사화(放射化)된 절삭공구를 사용하고, **그림 8-16**과 같이 방사능을 가진 마모분을 칩에 부착시킨다. 그리고 마모분에서의 방사선을 계수하여 순간적인 체적마모속도를 알아내는 방법이다. 이미 설명한 바와 같이, 경사면의 마모체적은 절삭거리에 비례하므로 이러한 방법을 사용한다.

여유면의 마모체적은 비례하지 않으면 초기의 마모속도를 측정하더라도 공구수명을 정확하게 예측하기는 어렵다. 그러므로 공구수명 시험법을 함께 사용하면 별 문제가 없으나, radio isotope법으로 공구수명을 판정하기는 어렵다.

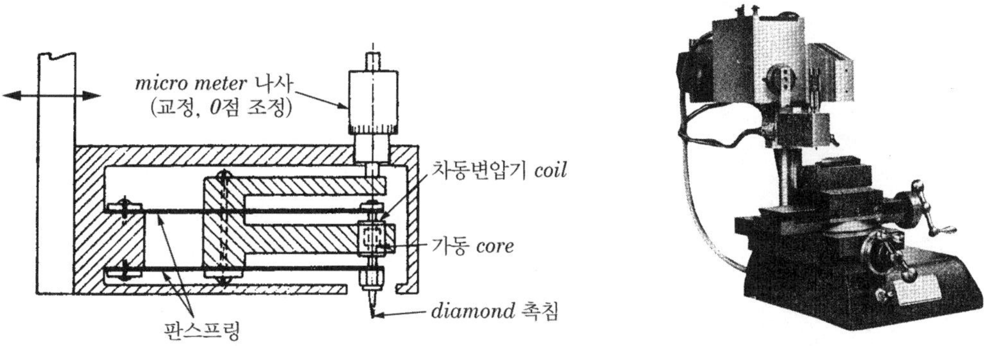

(a) 수감부의 구조 (b) 장치전경

[그림 8-15] 경사면 마모 드레서

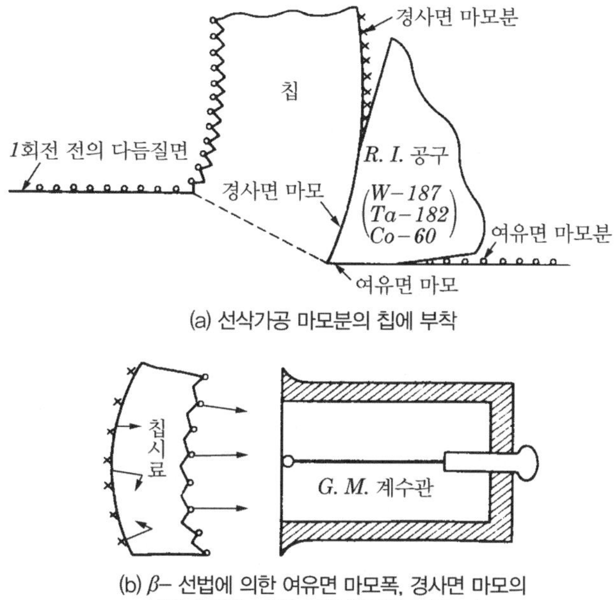

(a) 선삭가공 마모분의 칩에 부착

(b) β- 선법에 의한 여유면 마모폭, 경사면 마모의 분리 측정(β- 선은 칩을 투과하지 않는다.)

[그림 8-16] 초경 R. I. 선삭공구에 의한 공구마모 속도의 측정

제 2 편

연삭가공

제9장

선삭가공 정밀도

The theory of production and processing

9.1 가공 정밀도의 정의

(1) 가공 정밀도

선삭 가공은 피삭재의 **회전운동**과 공구의 **이송운동**(평면운동), 즉 축을 중심으로 회전시킨 회전 대칭면.원통면 · 원추면 · 구면 등과 축에 직각인 평면을 선삭 가공하는 것이다. 내면 가공은 회전면과 평면을 깎을 수 있는 내면 전용 선반을 사용한다. 일반적으로 내면은 공구를 회전시켜 가공하므로 선삭과 구조가 약간 다르다(평삭). 선삭 가공 정밀도는 주축의 회전운동과 가로방향의 직선 이송으로 가공되는 단순 원통면의 정밀도가 있다. 또한 공작물의 회전축(주축)에 세로 방향의 직각 이송으로 원통단면을 절삭하는 평면정밀도로 나눈다. 그러나 정확한 원통(원주)의 절삭은 선삭 가공의 정밀도를 향상시키는 기본 과제이다.

선반의 동적 공작 정밀도를 검사하기 위해, 원통면의 정밀도를 KS 규격으로 규정하고 있다. 일반적으로 가공 정밀도라고 하면 ① 치수 정밀도, ② 형상 정밀도, ③ 다듬질 거칠기, 굴곡 및 평탄도의 3가지를 말한다. 그러나 넓은 의미에서는, ④ 가공 변질층(보이지 않는 가공 정밀도), ⑤ 버어(Burr)를 포함한다. 지금 우리는 ①, ②에 대한 가공 정밀도를 설명하기로 하자.

(2) 형상 정밀도

선삭 가공에 있어서 ②의 형상 정밀도는 진원도, 원통도, 축선의 진직도, 모선의 평행도, 평면도, 평면부분의 평행도, 기타 각종 정밀도가 있다. 가공기술의 진보로 높은 가공 정밀도를 얻는 것이 가능하다. ①의 치수 정밀도만으로는 엄격하게 정밀도를 관리할 수 없으므로 기술적인 측면에서 형상 정밀도에 대한 많은 지식이 필요하다. 위에서 언급한 형상 정밀도는 다음과 같다.

① 진원도(○)

원통 부품의 **진원도**는 원통의 축 직각단면이 갖는 윤곽형상과 기하학적인 원(이상 원)의 차이로 그 크기를 표시한다. 가공된 원통을 2개의 동심원을 가진 기하학적인 원과 비교하여, 양쪽 원의 간격이 최소가 될 때에 두 원의 반지름 차이($R_{max} - R_{min}$)로 원통도를 표시하며,최소 영역중심법이라 한다. 진원도는 현재 시판되는 3차원 진원도 측정기를 사용하면 쉽게 측정할 수 있다.

또한 옛날의 진원도 측정법은 지름법, 반지름법(최소 자승중심법), 3점법의 3종류로 규정하고 있다. 그러나 최근의 최소 영역중심법은 반지름법에 가깝지만, ISO에서 규정한 방법은 과거의 진원도 측정방법과는 근본적으로 다르다. 일반적으로 반지름법이라는 진원도 판정법에는 **그림 9-1**의 4종류가 있고 (3)이 새로운 진원도 판정법, (4)가 옛날의 **반지름법**에 의한 진원도 판정법이다. 판정 법에 따라 각각 다른 값이 나올수 있으므로 측정값에는 반드시 판정방법을 명시해야 한다.

기록도형에서 진원도의 값을 얻기 위하여 투명한 플라스틱판에 일정한 피치간격으로 동심원을 그려 놓고 이 판 위에서 원통을 한 눈금씩 이동시키면서 진원도의 정의에 따라 측정한다. 또한 **그림 9-1**과 같이 두 개의 동심원의 중심은 진원도 판정법의 정의에 적합해야 하므로 기록지의 중심과 일치하지 않거나, 판정법의 위치에 따라 달라질 수도 있다.

이외에도 현장에서 간편하게 사용하는 진원도 측정법은 몇 개소의 지름을 측정하여 지름의 최대, 최소차로 측정하는 지름법, V Block 및 3점을 측정하는 Horse form swage gauge(ㄷ형태의

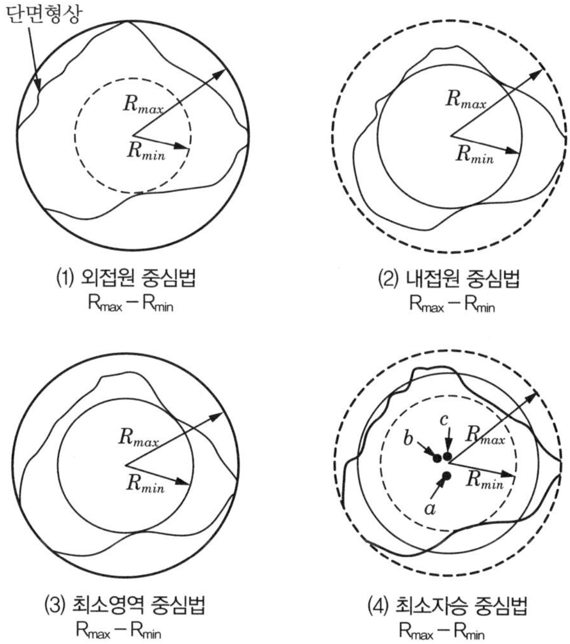

[그림 9-1] 진원도

게이지)가 있다. 같은 직경의 원이라도 변형되면 단면 형상의 윤각 오차를 측정하기 어렵다. 그러므로 지름법만으로 정확한 재료의 지름을 측정할 수 없다.

② 원통도(⌭)

실제 원통 부분과 기하학적 원통면의 차이로 표시하는 정밀도이다. 정량적으로 표시하기 위해, 원통 부분을 크기가 다른 2개의 동일 축의 기하학적 원통에 넣었을 때, 양쪽 원통면의 간격이 최소로 되면 원통면의 반지름 차이를 구해서 **원통도**를 $-\mu$m 또는 $-$mm로 표시한다. 이와 같은 방법은 진원도의 측정과 유사한 최소 영역법이다.

원통도는 어려운 절차를 거쳐서 결정해야 하므로 원통 부분의 가로 단면에서 윤곽선의 정밀도(진원도)와 세로단면에서 윤곽선의 정밀도(모선의 진원도와 평행도)로 원통 부분의 형상 정밀도를 표시한다. 먼저 중심축을 결정한 다음에 몇 개소의 가로 단면을 진원도의 기록도형에 놓는다. 그리고 이를 겹쳐서 진원도 측정과 같은 방법에 의해 두 개의 동심원의 간격이 최소로 될 때에 원주의 간격을 읽는다. 원통도의 측정은 3차원 측정기를 사용하면 편리하지만 장비가 비싼 것이 단점이다.

③ 진직도(—)

진직도는 제품의 실제 직선 부분이 기하학적 직선과의 차이(f)로 표시한다.

원통의 축심을 기준으로 축 직선 부분(축심)을 모두 포함하는 기하학적 원통 중에 가장 작은 지름을 가진 원통 지름으로 표시한다. 직선은 변하는 방향과 관계가 없으므로 방향을 정하지 않는 **진직도**라고 한다. **표 9-1**의 ②, ③과 같은 원통부분의 형상정밀도는 공작물을 선반에 설치한 상태에서 두 개의 다이얼 게이지(test indicator)를 사용하거나 또는 세 개를 동시에 측정하는 방법이 있다.

④ 평면도(⏥)

새들(saddle)을 고정하고 그 위에 가로 이송대(cross slide)를 이동시켜 공작물을 절삭하면 원통의 단면을 가공할 수 있는 데, 이 면의 절삭정밀도를 **평면도**라고 한다. 평면도는 평면 부분을 서로 평행한 두 개의 기하학적 평면으로 겹쳤을 때 양 평면의 간격이 최소가 될 때에 양쪽 평면의 간격 차이 (f)로 표시한다.

⑤ 면의 윤곽도(⌓, ⌒)

동시에 새들과 가로 이송대를 이동시키면 구, 구면 그 밖의 회전 대칭 면을 자유롭게 깎는다. 윤곽도는 이때의 윤곽 형상의 정밀도를 표시한 것이다. 이론적으로는 정확한 치수에 의해 정해진 기하학적 윤곽과 실제 절삭면의 윤곽 차이로 표시한다. 즉 기하학적 윤곽면 위에 중심을 둔

[표 9-1] 형상 및 위치의 정도의 설명

항목		설명도	정도 값
① 진원도		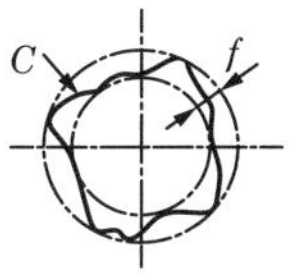	두 원의 반지름 차 f
② 원통도		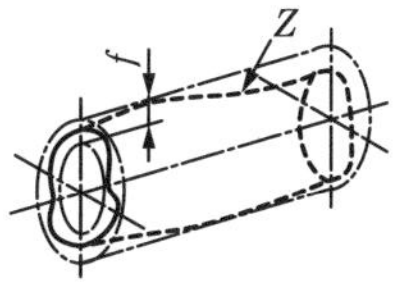	두 원통의 반지름 차
③ 진직도		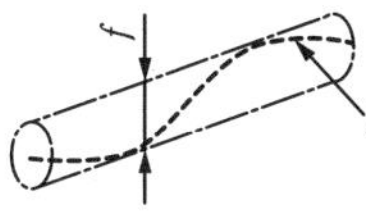	원통의 지름 f
④ 평면도		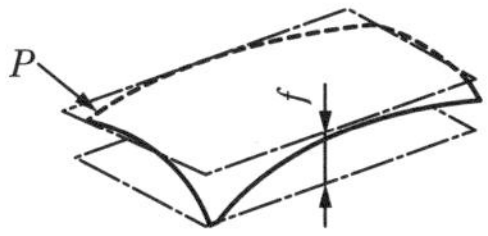	두 평면간 폭 f
⑤ 면윤곽도		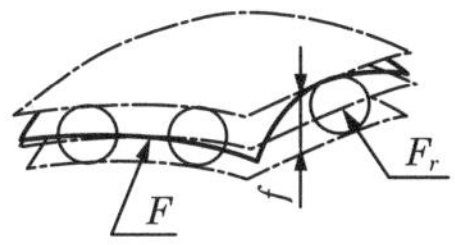	포락면의 간격(구의 직경) f
⑥ 평행도	기준직선에 직선	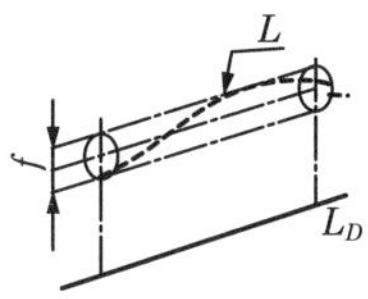	원통의 직경 f
	기준면에 평면	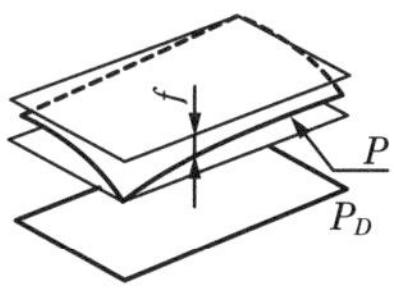	두 평면간격 f
⑦ 직각도	기준직선에 평면	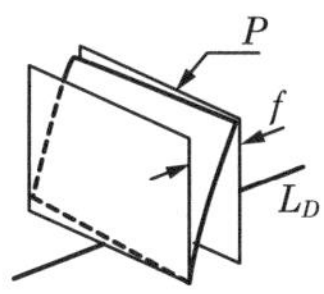	두 평면간격 f
	기준평면에 직선	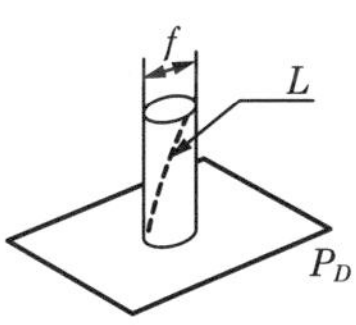	원통의 직경 f

동일 지름의 기하학적 작은 구(球)에 접하는 두 개의 포락면이 있다고 하자. **윤곽도**란 이 포락면이 실제 절삭면을 감쌀 때에 2면 사이의 간격이 최소인 작은 구의 지름으로 표시한다. 실제로 측정 방법은 **3차원 측정기**나 전자계산기를 사용하지만 정확하게 측정하기 위해서 많은 노력이 필요하다.

⑥ 평행도(//)

두 개의 평면 중에서 하나를 기준 평면으로 정했을 때, 실제 평면을 그 면과 평행한 기하학적 두 평면에 끼운다면 기하학적 두 평면의 거리 차이로 평행도를 나타낸다.

평행도는 지금까지 설명한 면과 면뿐만이 아니고 직선과 직선, 직선과 면 등을 측정할 수 있다. 선삭 가공에는 기준직선에 대한 직선의 평행도는 방향이 없는 **평행도**라고 하고, 진직도와 같이 기하학적 원통의 지름 차이로 표시된다.

⑦ 직각도(⊥)

선삭 가공에서 원추형 부품의 축선과 바닥면(단면)의 직각도를 측정하기 위한 것이다. 이러한 정도를 직각도라고 한다. 이 중에는 기준 직선에 대한 평면 부분의 직각도와 기준평면에 대한 직선 부분의 직각도로 구분한다. 뒤의 **직각도**는 진직도, 평행도와 같이 방향이 없는 경우로 기준평면에 수직이고 측정된 직선을 모두 포함한 기하학적 원통 중에서 가장 작은 원통 지름으로 표시한다.

⑧ 동축도(◎)

평면도나 동심도와는 구별되는 정밀도로 선반가공에는 척(chuck)으로 공작물을 다시 물리거나 현장에서 탈거하고 다시 절삭할 때, 또는 척(chuck)에 물림 부분을 깎을 때에 발생하기 쉬운 정밀도이다. 기준축선과 동일 직선상에 있어야 할 실제의 축선이 기준축선과의 차이를 **동축도**라고 정의한다.

⑨ 떨림(↗, ⮥)

기준축선을 중심으로 부품을 회전시켰을 때, 부품의 표면에 있는 고정점이 일정한 방향으로 변위를 일으키는 크기를 **떨림**(chattering)이라 한다. 일정한 방향이란 기준축선과 교차하거나 기준선에 대해 수직한 방향 또는 경사진 방향 및 기준축선에 평행한 방향이다.

실제에는 앞에서 설명한 정밀도보다 크고 몇 개의 정밀도가 합성되어 나타나므로 공작기계의 정밀도 검사 등에 반드시 필요하다. 측정 장치로는 테스트 인디케이터(test indicator)가 사용되며 TIR(total indicator reading)의 값으로 떨림을 표시한다.

9.2 가공방식과 가공 정밀도

선삭가공에서 가공방식을 살펴보면 바깥지름 절삭(원통 가로방향), 면 절삭(단면 또는 정면 절삭), 절단가공, 내면가공, 나사 절삭가공, 총형절삭 등으로 구별되고 각각은 고유한 몇 가지의 특성을 가지고 있다. 또 테이퍼 절삭, **곡면 절삭** 등의 가공에는 모방장치나 **수치제어(NC)장치**등 특수한 장치를 갖춘 선반을 사용한다.

이와 같이 어떤 특징을 가진 가공 시스템은 가공 정밀도에 영향을 미치는 기계적 장치를 부착하여 가공하므로 정밀도가 향상된다. 그러므로 일반적인 범용기계와 다른 점이 많다.

위에서 언급한 것 같이, 외면 절삭, 면 절삭을 중심으로 공작기계의 운동 정밀도와 가공물의 정밀도를 설명하겠다.

가공부품의 치수 정밀도를 높이기 위해, **치수 정밀도**뿐만 아니고 **형상 정밀도**와 관련된 **가공 정밀도**가 중요하며 치수 정밀도보다 더욱 공작기계의 **운동 정밀도**에 영향을 준다. 다시 말하면 공작기계의 메이커 측에서 본 제조상의 정적 정밀도뿐만 아니라 강성(탄성)변형, 열변형(熱變形), 진동특성, 가공중의 동적인 운동 정밀도에 크게 지배되기 때문이다. 또한 공작기계와 함께 공구의 가공 정밀도가 있다. 이 밖에 절삭저항, 절삭온도에 의한 공구의 변형, 깎기는 맛, 공구의 마모에 의해 변위 등은 가공 정밀도에 직접 관계되는 인자들은 가공방식과는 다른 영향을 준다. 또한 공작물, 절삭조건(절삭유제의 효과), 가공환경 등도 가공 정밀도에 영향을 주는 인자이다.

가공 중에서 동적 가공 정밀도에 영향을 미치는 각 인자들을 정리해 보면 **그림 9–2**와 같다.

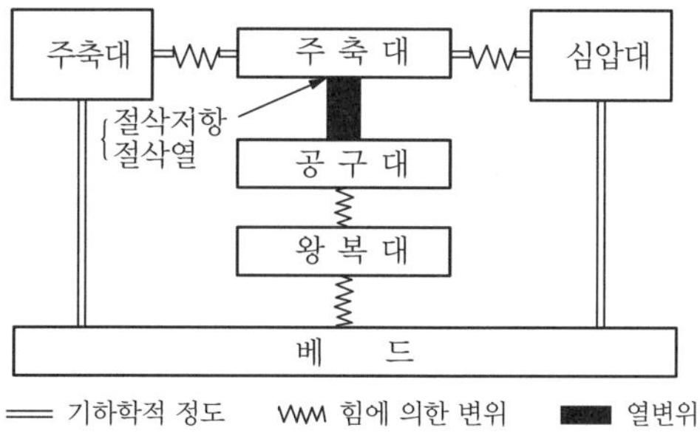

[그림 9–2] 선반 각부의 위상적 관계

그림 9–2는 치수 정밀도, 형상 정밀도와 가공 중의 변형 관계를 대략적으로 표시한 것이다. 절삭가공 중에서 가공 정밀도는 공구와 공작물의 상대운동과 관계되지만 이것은 공구 · 공작

물 · 공작기계의 변위 · 변형도 포함한다. 공작기계의 변형이나 운동의 변화는 공구와 공작물의 변위와 변형에 직접 영향을 준다. 또한 공구, 공작물은 상대운동뿐만이 아니라 정밀도와 단독으로 관계되는 경우도 많다. **표 9-2**는 공작기계 · 공구 · 공작물의 3요소에 관련된 중요 인자를 정리한 것이다.

[**표 9-2**] 선삭 및 가공 정밀도에 관계되는 주요한 지배인자

	구분	내용	지배인자
공작기계	정적 정밀도	주축, bed slide 면 심압대, 공구대 등의 사이에 상대위치 정밀도	고유 진동수, 설치 정밀도, 가공환경(실온, 햇빛 등에 의한 불균일 가열 등), 회전, 슬라이드 부분의 마모, 변형 등
		위치 결정장치, 이송장치의 정밀도	이송나사, 기어, 눈금, NC servo기구 등
	동적 정밀도	구동에 따른 발열	마찰열(베어링, 기어, slip면 등에서 운동 부분에 생기는 것), 전동기 등의 구동계, 원동계나 유압 작동유, 윤활유 등의 발열, 가열조건, 열강성
	동적 정밀도	운동부분의 운동에 의한 변위	회전수, 슬립 속도, 윤활유의 점도(온도), 하중, 습동(미끄럼) 부분의 형태.
		운동부분에 작용한 힘의 변동	회전체의 편심, 기어정밀도, 베어링 특성에 의한 기본 진동(인접기계의 영향에 의한 것)
	절삭에 따른 변형	절삭력에 의한 변동	절삭력의 크기와 방향. 정적강성
		떨림(chatter)	절삭력의 크기, 방향 및 진동계의 동적 강성
		절삭열에 의한 열변형	절삭 칩의 유입열량, 칩에서 공작기계의 전열 특성, 절삭유에 의한 열의 이동.
공구	정적 정밀도	날끝 위치 정밀도	Tip치수 정밀도, shank의 설치 정밀도.
		날끝 형상 정밀도	공구의 연삭정밀도.
	절삭에 따른 변형	절삭력에 의한 변형	절삭력의 크기와 방향 정적 강성
		chatter	절삭력의 크기, 방향 및 변동, 동적 강성
		공구 마모	
공작물	정적 정밀도	설치 정밀도	척·센터 구멍의 가공 정밀도, 설치 정밀도.
	절삭에서 열 변형	절삭력에 의한 변형 및 열변형	절삭력의 크기와 방향 강성, 설치강성, 공작물의 유입열량, 방열조건, 내열성.

9.3 공작기계의 정밀도와 가공 정밀도

선반이 공작물을 정확한 원통형으로 깎기 위해 (1) 공작물이 떨리지 않고 정확히 회전하고 (2) 공구가 수평면, 수직면 내에서 직선으로 이동하며, (3) 가로방향과 공작물 회전축의 방향이 평행해야 한다.

정적 조건에서는 충분할지 모르나 실제 가공에 있어서는 (1), (2), (3)이 가공 중에 항상 관리되어야 하고 공구가 공작물을 절삭하고 있는 동안에도 항상 주의해야 한다. (1)은 정적인 상태에서 낡은 선반으로 가공하여도 의외로 진원에 가까운 원을 깎을 수도 있다.

(1)에는 동적인 운동이 중요시 되는 경우이다. 또 (2), (3)은 정적 정밀도에 큰 영향을 받는다.

구체적인 예를 들면,

(1) 바이트 높이의 차이(바이트 중심에서 벗어난 경우)

이것은 (b)에 관련된 수직면 내의 세로방향(일반적으로 상하방향)의 정밀도이고, 왕복대의 위치에서 보면 바이트의 날 끝이 가공물에 대해 상하로 변위를 일으킨다. 우리가 직접 계산해 보면, 지름 20mm의 가공물에서 바이트가 0.1mm 높으면 지름 변화량은 0.001mm 정도이므로, 별로 큰 문제는 아니다.

(2) 베드(bed)의 비틀림

베드의 슬라이딩면이 수평을 이루지 않고 비틀림이 생길 때에 (2)에 관련된 수직면에서 가로방향 및 수평면의 진직도가 떨어지면 가공 정밀도에 큰 영향을 준다.

(3) 양센터의 높이차

주축과 심압대에 설치된 2개의 센터 사이에는 (c)에 관련된 정밀도를 얻기 위해 정확한 위치를 결정해야 한다. 수평면 내의 가로방향에는 심압대로 조절하므로 보정할 수 있지만 수직면에 서는 베드의 슬립 면에서 센터 위치까지의 변위, 즉 양쪽 센터 높이의 차이는 쉽게 조정할 수 없기 때문에 가공정밀도에 영향을 준다. 이러한 변위가 생기면 일반적으로 가공물의 가운데가 가늘어지므로 원통도를 저하시킨다. 그러나 이러한 현상은 바이트 높이의 차이와 같이 매우 작은 편이다.

이상과 같이 정적 정밀도에서도 공구와 공작물과의 관계 위치가 수평면의 가로방향으로 기울어지면 형상정밀도에 큰 영향을 미친다.

선반가공에서의 가공오차는 타나카(Takata) 등이 **그림 9–3, 9–4**로 분류하여 해석하였다.

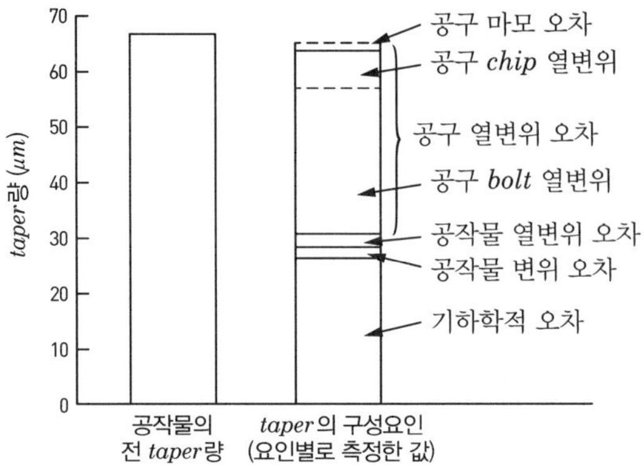

절삭속도 *150m/min*, 이송 *0.1mm/rev*, 절단면 *1mm*, 건절삭

[그림 9–3] 공작물 테이퍼의 원인

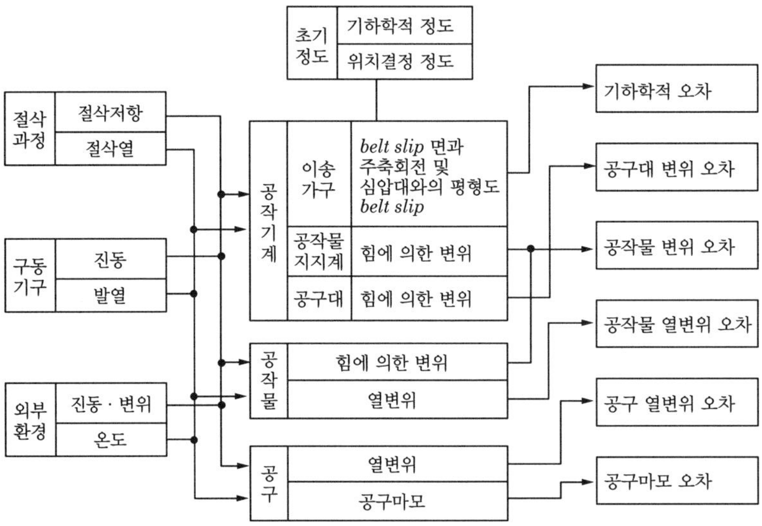

[그림 9–4] 선삭가공에 의한 가공 오차와 그 원인

즉 공작물의 치수나 형상을 결정하기 위해 절삭 중의 공구와 공작물의 상대적 위치관계 및 공작물의 열 변위가 존재한다고 가정하면 테이퍼 량 및 오차는 **그림 9–3, 9–4**와 같다.

그림의 왼쪽은 가공오차를 일으키는 힘과 열의 발생 원인이고 중앙에는 기계에 작용했을 경우에 일어나는 가공오차의 직접적인 요인이다.

더구나 오른쪽에는 공작물에서 발생할 수 있는 각종의 가공오차를 나타낸 것이다. **그림 9-3**은 5개의 전기 마이크로미터를 사용하여 각종 오차를 구한 결과이다. 가공 후 공작물의 테이퍼량을 왼쪽에, 각 요인별 측정 오차는 오른쪽에 표시하였다. 전체 테이퍼량의 95% 정도는 정확히 표시하였으나 기하학적 오차 41%, 공구 열변위 오차는 50%이고, 이들은 주로 테이퍼에 의해 발생한다. 공작물의 열이나 힘에 의한 변위는 모두 5%정도이다. 공구마모는 공구의 열팽창 오차를 감소하는 방향으로 나타나고 전체의 2%정도이다.단, 이때의 기하학적 오차는 왕복대에 대하여 공작물 회전 중심의 변위량으로 구한 값이다.

9.4 가공 중의 공작기계 정밀도

앞에서 설명한 것과 같이, 정적 정밀도만으로는 높은 가공 정밀도를 얻을 수 없다. 그 이유로는 동적 정밀도와 정적 정밀도의 차이라고 말하지만 기타 시간과 더불어 변화하는 기계, 공구, 공작물의 변위, 변형, 진동 등도 관계된다. 요컨대 가공물의 가공 정밀도에 있어서 동적인 공작 정밀도는 가공과 밀접한 관계가 있다. 다음에는 동적인 정밀도에 영향을 미치는 요인에 대하여 설명하겠다.

(1) 주축의 회전정밀도

선반의 주축 회전정밀도는 척(chuck)작업이나 외팔보(cantilever) 지지 및 양 센터에 의한 지지방법도 있으나 모두가 공작물의 회전운동을 지배하는 요인이다. 이 주축의 회전 정밀도는

① 회전축의 반지름방향 정밀도

② 원주방향 정밀도

③ 축 방향 정밀도

로 원래는 3차원 운동으로 정의해야 한다. 그러나 3개의 정밀도 중에서 가공물의 형상정밀도에 가장 관계가 깊은 정밀도는 ①의 회전축의 반지름방향 정밀도이다. 선반 주축은 롤러 베어링(roller bearing)을 사용하지만 베어링을 구성하는 내륜, 롤러, 외륜의 부정형상 및 마모 등에 의한 반지름 방향의 흔들림이 생기므로 선삭할 때에 주축을 진동시킨다.

(2) 가공과정에서 있어서 공작기계, 공구의 탄성변형

절삭할 때, 절삭저항에 의해 공작기계나 공구는 탄성변형을 한다. 이것은 하중의 크기, 방향, 공작기계의 자중 등과는 달리, 절삭조건이나 절삭점의 변화나 변위에 의한 것이다. 변형은 복잡하게 변화하므로 동적 가공 정밀도에서 검토할 필요가 있다. Tlusty는 선반으로 원통을 가로방향으로 절삭할 때, 공구의 위치와 양쪽 센터의 변위를 계산하였다(**그림 9-5**). 선반 새들의 안내면 및 공작물의 강성은 무한대이고 절삭공구가 오른쪽에서 왼쪽으로 이송하면 절삭공구에 작용하는 배분력 P는 일정하다고 가정한다. 공작물의 중심선이 공구 날끝에 대한 변위 y와 주축 변위 y_1의 최대치 y_{1max}의 비를 바이트의 위치 x/l에 대해서 구하면 **그림 9-6**이 된다.

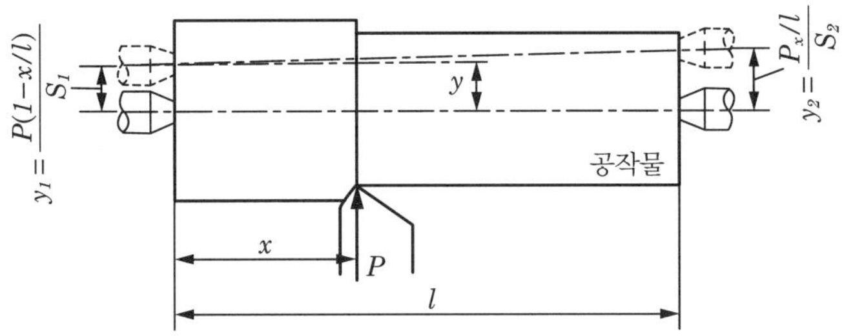

[그림 9-5] 절삭저항의 작용점의 이동에 의한 탄성

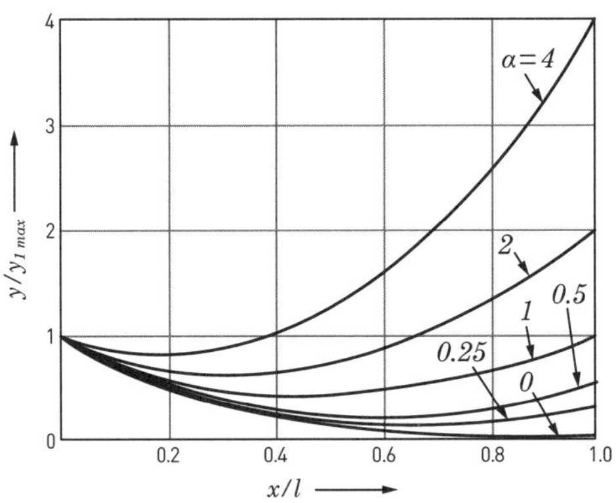

$$y_1/y_{1max} = (1-x/l)^2 + \alpha(x/l)^2$$

[그림 9-6] y_1/y_{1max}와 x/l의 관계(Tlusty)

파라미터(Parameter) α는 양쪽 센터 지지부의 강성 S_1, S_2의 비이다. α가 1일 때 양쪽 센터부의 변위가 각각 1로서 변위가 최소가 된다. 주축이나 심압대 쪽의 강성이 평형한 상태, 즉 $S_1 = S_2$, $\alpha = S_1/S_2 = 1$은 가공 정밀도 향상에 중요한 의미를 갖는다.

실제 선반은 심압대 쪽의 강성이 낮은 편인 데, 이유는 위의 설명과 같이 불합리한 설계에 있다고 생각된다. 정적 가공 정밀도는 공작물의 **탄성변형**도 포함하므로 다음에 설명하기로 한다.

9.5 가공 정밀도의 시간에 따른 변화

(1) 공작기계, 공구, 공작물의 열변형

기계가공에 있어서 절삭작업은 공작기계의 운동을 수반하므로 회전부분, 미끄럼부(습동부) 및 모터나 유압장치 등에 열이 발생하는 것을 피할 수 없다. 더욱이 절삭점에서 생성열, 칩에 의한 가열 등과 공작기계에서 척, 센터 등의 보조구, 지그(jig) 및 공구나 공구 지지구 등에 열 변형이 생긴다. 이들 중에서 기계 운동부에서 발생하는 열은 입력 에너지의 일부가 변화되기 때문에 시간과 함께 상승한다(과도적 현상).

이들은 모두 공작기계에 영향을 미친다. **그림 9-7**과 같이 선삭가공에서 발생하는 **열 변형**의 예로서 절삭시에 공급되는 입력 4kW중에 절삭동력은 1.5kW이고 나머지는 열손실로 없어지는 것을 나타낸다. 손실 중에 가장 큰 것은 주축, 칩 모터 등에 의한 것임을 알 수 있다.

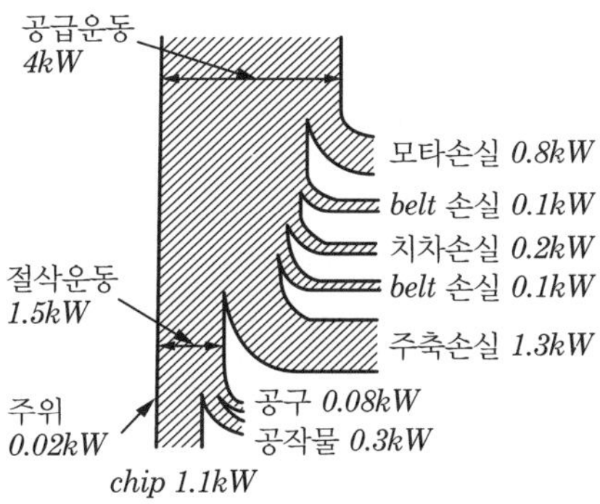

[그림 9-7] 선반 각부에 대한 동력소비량

주축의 회전에 대해서는 앞에서 설명한 열변형이 가장 중요하고, 온도상승은 공작기계의 각 부분에 불균일하게 열팽창을 일으킨다. 철강재료가 구속되지 않은 경우에 1센티그레이드(CentiGrade)의 온도가 상승하면 1m에 대해 10μm의 비율로 팽창하고 형상이나 구조에 따라서 늘어나거나 비틀림 등 복합된 변형을 일으킨다.

그림 9-8은 선반 주축의 열 변위를 표시한 한 예이다. 주축 선단을 지지하는 베어링 온도의 상승과 함께 주축 구멍에 부착한 테스트 바(test bar)의 수평, 수직방향에 변위가 생긴다.

시험용 주축 헤드에서 나타난 수평방향의 변위는 수μm정도 이지만 수직방향은 약 200μm 정도의 변위가 나타난다. 정적 정밀도에서 설명한 것과 같이 수직방향의 변위는 가공정밀도에 별로영향을 주지 않지만, 공구의 위치가 상대적으로 높은 터릿(turret)선반이나 자동 선반에서는 큰 문제가 된다. 다시 말하면, 주축의 열 변형은 베어링의 발열 뿐 아니라 주축의 윤활유 온도에도 영향을 준다고 한다.

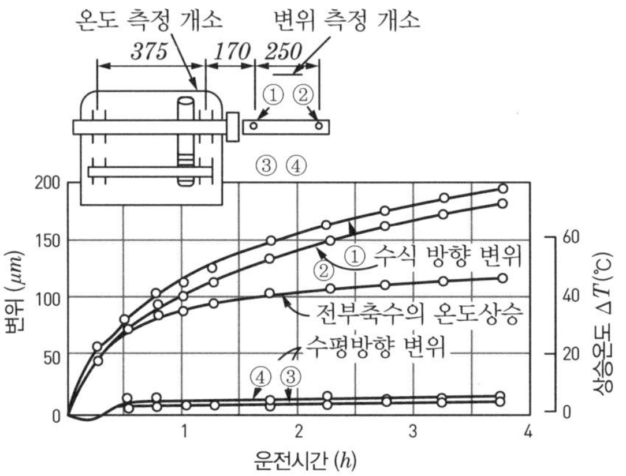

[그림 9-8] 선반 주축대의 열변형

The theory of production and processing

제10장

연삭가공

10.1 연삭가공 개념

연삭 가공은 숫돌을 사용하는 가공이다. 만약 숫돌로 칼을 갈면 느리지만 가공된 날은 예리하고 매우 아름답다. 연삭가공의 특징은 절삭 가공에 비해 **제거속도**(removal rate)가 작지만 정밀도가 높은 우수한 다듬질 면을 얻을 수 있다. 또 연삭은 칼날과 같은 고경도 물질을 갈아서 가공하므로 공구와 공작물의 경도 차이는 비슷하거나 같아도 좋다. 고경도 재료라도 정밀도와 깨끗한 다듬질면을 얻을 수 있으나 제거속도가 낮다. 그 이유는 보통 절삭 가공을 한 다음에 후 가공으로 정밀하게 연삭 가공하는 경우가 많기 때문이다. 물론 절삭 가공에 의해 필요한 정밀도와 다듬질면을 얻을 수 있으나, 고 정밀도의 정밀 다듬질 부품 또는 담금질한 표면처리부품은 연삭 가공을 하지 않을 수 없다. 특별히 초경합금이나 경질 비금속 재료 등은 반드시 연삭 가공을 해야 한다.

칼을 갈 때에는 숫돌을 강하게 눌러서 빠르게 왕복운동 한다. 이것은 숫돌을 구성하는 입자가 단위 시간당 연삭에 관여하는 횟수를 증가시키기 위한 것이다. 현재, 기계공작로 사용하는 연삭가공법은 **그림 10-1**(b)와 같은 회전 숫돌을 사용하여 **연삭**(grinding)한다.

그림 10-1(a)의 호닝, **초정밀 다듬질**(super finishing)등과 같은 연삭법은 제거능률이 약간 떨어지지만 숫돌, 운동기구 및 가공조건 선택 등에서 많은 장점이 있다.

이 장에서는 초정밀 가공보다 기본적인 연삭(grinding) 법에 대하여 주로 다룰 것이다. 연삭숫돌(grinding wheel)에 의한 연삭은 많은 숫돌입자(abrasive grain)가 관련되고 미소 절삭이 쌓여서 생성하기 때문에 다인(多刃)공구인 페이스 밀링(Face milling)과 비슷하다[**그림 10-1**(b)]. 보통 숫돌의 작용은 오래도록 가공하는 연마에 가깝지만 절삭량이 아주 커면 칩을 만드는 절삭 가공으로 취급할 수 있다. 즉 피삭재를 연마하기보다는 깎는 다고 하여 연삭이라고 부른다. 연삭 상태를 현미경으로 관찰하면 힘의 형태는 유동형, 전단형 및 경작형 등으로 나눈다.

(a) 호닝

(b) 연삭

[그림 10-1] 숫돌에 의한 2가지 가공 형태

연삭 가공의 본질은 하나의 절삭 가공이지만 기존의 절삭과는 다음과 같은 차이가 있다.

(1) 날이 무작위로 분포한다.

절삭공구는 절인의 형상이 일정하지만 연삭은 각 숫돌의 형상이 시간에 따라 변화하기 때문에 불안정하고 여유각도 일정하지 않다. 또한 숫돌 표면에 입자가 무작위로 분포되어서 연삭작용을 해석할 때에는 통계적 또는 확률적인 방법을 많이 사용한다.

(2) 한 입자의 절삭 두께가 작다.

절삭가공에서 리머, 브로치 다듬질 등의 최소 절삭 두께는 약 0.05mm이다. 이에 비하여 연삭 가공의 숫돌 입자 두께는 수 미크론(μm)이고 미소 절삭한 두께가 쌓여서 정밀한 다듬질면을 형성한다. 따라서 미소절삭 두께를 가공하므로 치수효과가 작용하여 비절삭저항이 크다.

(3) 연삭속도가 대단히 크다.

일반적으로 초경 공구의 절삭속도는 200rpm이하, 세라믹스는 400rpm이하 이지만 연삭숫돌의 주속은 이보다 약 10배 이상이 되는 2000~3000rpm이다. 연삭 속도가 빠른 것은 연삭온도에 따라 절삭유제의 효과가 작용하기 때문이다.

(4) 숫돌은 자생(自生)작용을 한다.

절삭공구는 마모나 결손이 생기면 절삭할 수 없으므로 다시 연삭해야 한다. 그러나 불규칙한 숫돌입자에 의한 미소절삭이 누적되는 연삭의 경우는 숫돌입자의 갈라짐에 따라 새롭고 날카로운 날이 생성, 탈락 또는 결손된다. 즉 연삭은 "숫돌입자가 갈라져서 적당히 탈락하면 다시 새로운 입자가 생성"되는 숫돌의 **자생작용** 때문이다. 만약 숫돌이나 연삭조건을 적절히 선택하면 공구가 자동으로 자생되므로 항상 예리한 숫돌 입자로 계속 연삭할 수 있다. 고경도 물질이라도 연삭이 가능한 이유는 결정 입자 자체의 경도가 커거나 비슷한 물체라도 숫돌이 소모되면서 자생작용을 하기 때문에 항상 예리한 절인으로 연삭할 수 있다. 자생작용은 숫돌 전체에 걸쳐 균일하므로 비록 숫돌이 소모되더라도 연삭면의 형상은 변함이 없다.

회전 숫돌을 사용하므로 숫돌형상은 다른 공구처럼 다양하지 않고, **그림 10-2**와 같이 연삭 작업의 종류도 많지 않다. 공작물의 형상(예:치차, 나사)에 따른 숫돌의 외주형상 및 운동기구는 다음과 같이 6종류로 분류한다.

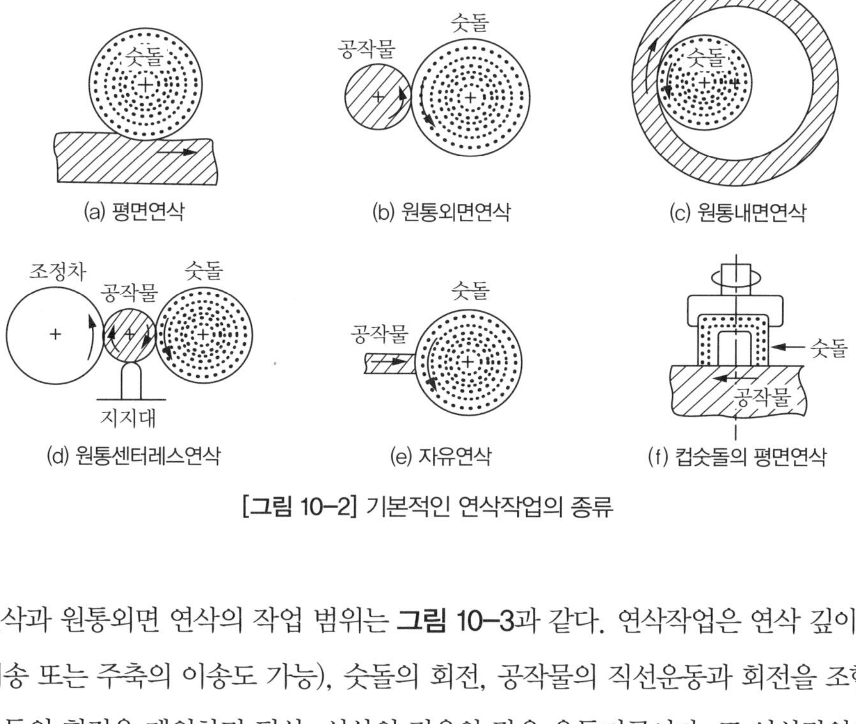

[그림 10-2] 기본적인 연삭작업의 종류

평면 연삭과 원통외면 연삭의 작업 범위는 **그림 10-3**과 같다. 연삭작업은 연삭 깊이, 이송(공작물을 이송 또는 주축의 이송도 가능), 숫돌의 회전, 공작물의 직선운동과 회전을 조합시킨 것이므로 숫돌의 회전을 제외하면 평삭, 선삭의 경우와 같은 운동기구이다. 또 연삭작업에서 1 스트로크(stroke)당 이송량을 이송이라 하지만 내 외면 연삭에서는 공작물 1회전 당 이송량을 이송이라 한다. 보통 이송은 숫돌 폭보다 아주 작아서 작업이 끝날 때까지 같은 지점의 공작물을 10회 이상 반복하는 경우도 많다. **그림 10-2**(d)의 **센터리스 연삭**은 지면에 수직방향으로 이송하고 조정축이 숫돌 축과 경사를 이루므로 단위 시간당 이송량으로 이송을 정의한다. 이처럼 **가로**

이송(cross feed)을 하는 것을 **트래버스(traverse)방식**이라고 한다. **그림 10-2**(e)는 숫돌 길이 방향만큼 이송(in feed)이 걸리는 자유 연삭이나 총형 연삭을 하기 위한 플런지 컷(plunge cut)방식 (f)이 있다. 특히 **그림** (a)의 평면연삭이나 **그림** (d)의 센터리스 연삭은 아래로 연삭하므로 **하향연삭**(down grinding)이라 한다. **그림** (a)의 평면 연삭은 숫돌–공작물의 접촉 면적이 크고 제거능률을 높은 강력한 연삭기가 필요하다. 그러나 상황에 따라 연삭숫돌, 공작물 속도, 이송과 숫돌길이 등이 변하므로 일률적으로 규정하기는 어렵다. 대략적인 연삭범위는

① 연삭속도 : 1500~3000rpm

② 공작물 속도 : 10~20mpm

③ 이송 : 거친 연삭 1~2mm 다듬질 연삭 0.2~0.4mm

④ 연삭 깊이 : 거친 연삭 5~25μ 다듬질 연삭 2.5μ정도이다.

정밀한 다듬질에는 연삭속도가 공작물의 속도보다 100배 이상 커야 한다. **그림 10-2**(e)와 같은 플런지 컷 방식의 절단 연삭은 거친 모따기 연삭(snaging) 또는 자유 연삭(off- hand grinding)과 같이 주괴 또는 단조물의 흑피면을 제거한다. 또한 고강도 재료의 연삭에서는 생산능률을 향상시키기 위하여, 중(重) 연삭을 한 다음에 한 번에 최종 다듬질을 하거나 플랜지 컷 방식을 사용하여 제거 능률을 향상시킨다.

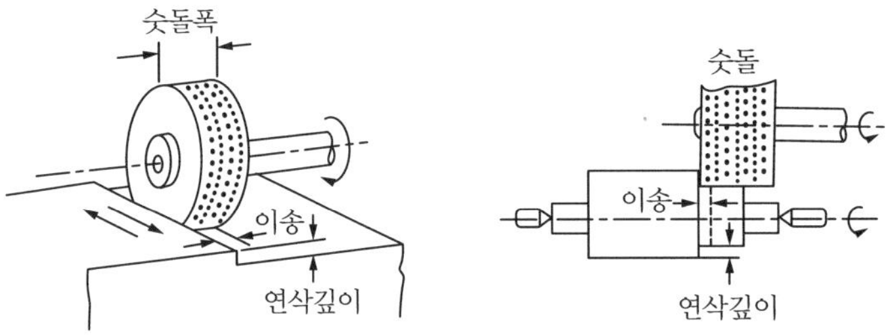

(a) 평면연삭 (b) 원통외면연삭

[그림 10-3] 평면작업의 운동기구

10.2 연삭숫돌

10.2.1 연삭숫돌의 3요소와 5가지 인자

그림 10-4와 같이 연삭숫돌을 확대해 보면 입자는 결합제로 지지 또는 연결되어 있고 그 사

이에 많은 기공이 포함되어 있다. 여기서 **숫돌입자**(abrasive), **결합제**(bond) 및 **기공**(pore)을 연삭의 3요소라 한다. 또한 입자의 종류, 입자의 크기(粒度), 결합제의 종류, **결합강도**(結合度) 및 숫돌의 조직 등의 5가지 인자는 숫돌의 성능을 좌우한다. 그러므로 숫돌에는 3요소와 5인자가 있다.

연삭숫돌의 입자는 다음과 같다.

① 천연입자 : 다이아몬드계, D입자

② 인조입자
- a. 산화 알루미늄계
  - A입자
  - W.A입자
- b. 탄화수소계
  - C입자
  - G.C입자

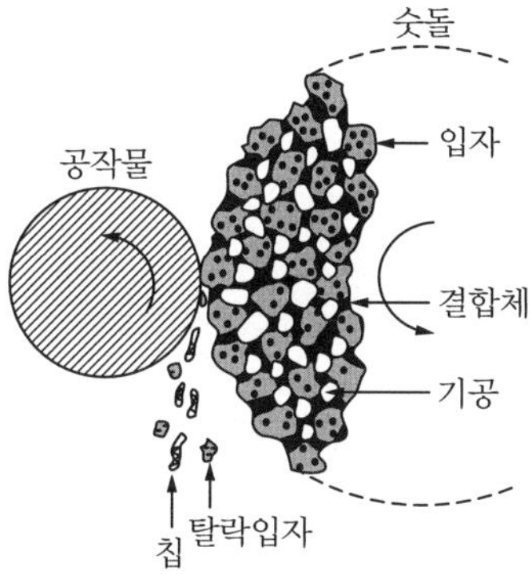

[그림 10-4] 연삭숫돌의 구조

대부분의 다이아몬드 연삭 숫돌 입자는 인조(人造)이다. A입자는 보크사이트란 원료로 적갈색이고 W.A입자는 알루미나의 백색 분말이다. 또 로즈입자(R.A)는 Cr_2O_3을 약간 함유한 것은 복숭아색 분말이다. 모두가 Al_2O_3가 주성분이지만 제조법에 따라 약간의 불순물이 들어 있다.

그리고 A계의 내부 단결정 입자를 M.A입자라 하고 C입자는 규소와 코크스를 원료로 하는 SiC 95%정도의 흑색 단결정이며 G.C 입자는 고순도(98%) SiC의 녹색 단결정이다.

또 A → W.A → C → G.C의 순서로 경도가 크지만 반대로 인성은 낮아진다. 숫돌입자는 이미 설명한 숫돌의 자생작용으로 하중점에서 내마모성이 크고 숫돌이 마모되면 갈라져서 새로운 입자가 발생해야 한다. 그러므로 내마모성과 인성이 서로 균형을 이루도록 결정입의 크기, 결정 조성 및 순도 등을 조절하여 적당한 특성을 부여해야 한다. 한편, 숫돌 입자는 A, W.A, C, G.C

[표 10-1] 연삭숫돌의 3요소와 5인자

연삭숫돌 – 숫돌 – 숫돌입종류

입자	중요 인조 숫돌입 A	A (특수)	A (강인)	다결정	WA	단결정	혼합입자	C	GC	자연 숫돌 D
KS 표시	A				WA	MA		C	GC	D
국내 회사	A		SM	TA	WA	SA SW DA		C	GC	
미국 노턴사	A	57A	75A R62 R61	44A	38A	32A	19A(38A+A) 23A (32A+57A)	37C	30C	
기타 미국회사					RA(독) PA(미)					

연삭숫돌 – 숫돌 – 입도

황목	10	12	14	16	20	24		
중목	30	38	46	54	60			
세목	70	80	90	100	120	150	180	220
미분	240	280	320	400	500	600	700	800

연삭숫돌 – 결합재 – 종류

기호	종류
V	비트리파이드
S	실리케이트
R	리버
L	레지노이드
E	세락
M	메탈
특수 본드	옥시그리피드 스폰지용본드

연삭숫돌 – 결합재 – 결합도

대별	국연	연	중	경	극경
기호	EFG	HIJK	LMNO	PQRS	TUVWXYZ

연삭숫돌 – 기공 – 조직

KS	기호	w2	w1		m2			m1			c2		c1	
	입자율(%)	39미만	39이상42미만		42이상46미만			46이상50미만			50이상54미만		54이상	
노턴	No.	12	11	10	9	8	7	6	5	4	3	2	1	0
	입자율(%)	37.5	39	40.5	42	43.5	45	46.5	48	49.5	51	52.5	54	55.5

를 조합한 혼합입자가 사용되고 다이아몬드(신 모스경도 15, 누우프 경도 8,000~8,500), 탄화규소계(13, 2,460~ 2,550), 산화알루미나(12, 1,950~2,000) 등 있다. 또 경강(RC60)의 누우프 경도는 730~760이다.

입자(grain size)의 크기는 10번에서 800번까지 KS로 규정하고, 220번 까지는 체눈으로 결정하며, 240~800번 까지는 일정하게 흐르는 물에 넣을 때, 낙하 지점의 차이로 구별한다. **표 10-2**는 입도 번호와 숫돌의 치수를 표시한다. 연삭숫돌의 입자가 10~20번에서 번호가 클수록 미세하지만, 체눈 방법은 침상 불록 등과 같이 형상을 구별하기가 어렵다. 연삭숫돌은 보통 단일 입자로 구성되어 있고 여러가지 목적을 위하여 입도가 다른 것을 혼합하기도 한다.

결합제에 필요한 기본적인 특성은

① 입자는 화학적으로 변화하지 않고 기계적인 결합으로 숫돌을 유지해야 한다.

② 연삭할 때는 입자를 유지하고 회전할 때에도 완전한 강도를 가져야 한다.

③ 처리법에 따라 결합력이 변하므로 숫돌 입자의 자생작용을 조절해야 한다.

④ 숫돌은 기공이 잘 형성되어야 한다.

[표 10-2] 결합제 번호와 숫돌 입자의 치수

숫돌 입도	일본 표준 체(KS) 체눈의 크기(m/m)	입자 거칠기	일본 표준 체(KS) 체 눈의 크기(m/m)	미분기호	평균 반경 (μ)
10	2.5	60	0.30	240	67.2
12	2.0	70	0.25	280	56.6
14	1.7	80	0.21	320	47.6
16	1.4	90	0.18	400	40.0
20	1.2	100	0.15	500	33.6
24	0.85	120	0.13	600	28.3
30	0.70	150	0.11	780	23.8
36	0.60	180	0.088	000	20.0
46	0.40	220	0.075	1,200	15.8
54	0.35			1,500	12.6
				1,000	10.0
				2,000	7.9
				2,500	6.3
				3,000	5.0

[표 10-3] 절삭조건에 의한 칩 형태 변화

숫돌의 종류	기호	결합제	특징, 용도 등
비트리파이드 숫돌 (Vitrified Wheel)	V	점토, 장석, 용제	큰 강성, 다공성 전 숫돌의 90%
실리게이트 숫돌 (silicate Wheel)	S	규산소다, 용제	약 본드, 앏은 연삭 등 저 연삭온도용
러버 숫돌 (Rubber Wheel)	R	생고무, 유황, 합성레진	얇고 유연한 숫돌 제작가능, 총형 연삭, 절단용
레지노이드 숫돌 (Resinoid Wheel)	B	베크라이트 인조수지	내 고속회전, 고 탄성, 자유 연삭, 절단 연삭, 나사 연삭용
셰락 숫돌 (Sellac Wheel)	E	셰락수지	특별한 쿠션 작용, 경면 연삭, 랩용
메탈본드 숫돌 (Metal Bond Wheel)	M	금속박(Ag, Au, Ni)분말	강력 본드, 열전도률(大),다이아몬드 연삭용

표 10-3는 결합제(bond)와 사용 용도에 따라 각종 숫돌을 분류한 것이다. 이 중에서 가장 많은 비트리파이드 숫돌은 현재 사용량의 90%를 차지한다.

또한 다이아몬드 숫돌은 다이아몬드 입자로 구성되고 초경합금 등 경질 물질의 연삭이나 절단에 사용된다. 고가인 다이아몬드입자는 결합력이 강하고 탈락, 생성 등의 자생작용이 거의 없으므로 칩이 수축되기 쉬운 연한 금속에는 사용하기 어렵다. 이 외에 표에 나타난 다른 숫돌들도 필요에 따라 각 절에서 다룰 것이다.

결합도(hardness of wheel)는 결합제 입자의 유지 강도를 규격화한 것으로 알파벳순으로 E에서 Z까지 규정(KS)하며, Z방향으로 갈수록 결합도가 크다.

이 규정에 따르면 **그림 10-5**(a)에 있는 담금질 특수강의 비트(bit)를 하중 50kg(레지노이드 숫돌은 80kg)으로 누르면서 90°회전시킬 때, 파고드는 양으로 결합도를 정의한다.

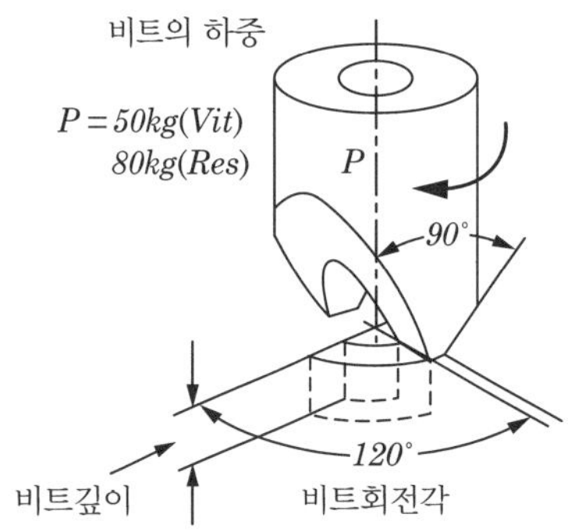

(a)

(b)

[그림 10-5] 숫돌 결합도 시험과 시험기

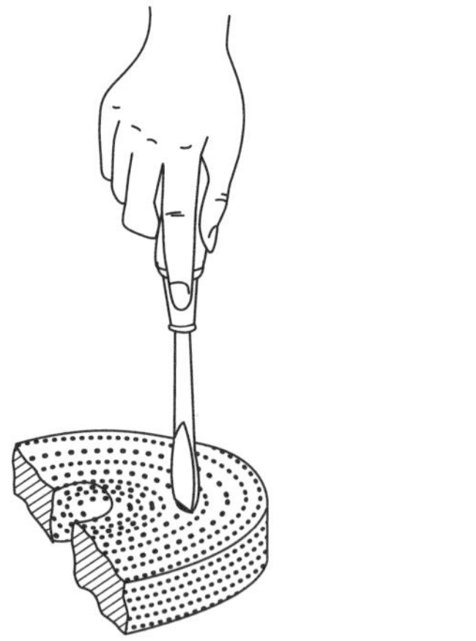

[그림 10-6] 결합도의 감각적 판정

이것은 숫돌의 경도를 측정하는 방법과 유사하다. 보통 결합도를 숫돌의 경도라고 부르지만 입자나 결합제 자체의 경도와는 무관하다. 경도를 측정하기 위해, 숫돌 제작자가 **그림 10-6**과 같이 드라이버를 사용하여 감각적으로 표준 숫돌과 비교 검정하는 기계적 방법을 사용한다. 그러므로 물리적인 입장에서 보면 다소 애매한 점도 있다. 숫돌에 드라이버나 비트가 파고드는 양으로 입도를 결정하고, 입도가 같고 파고드는 양이 같으면 동일한 결합도라고 부른다.

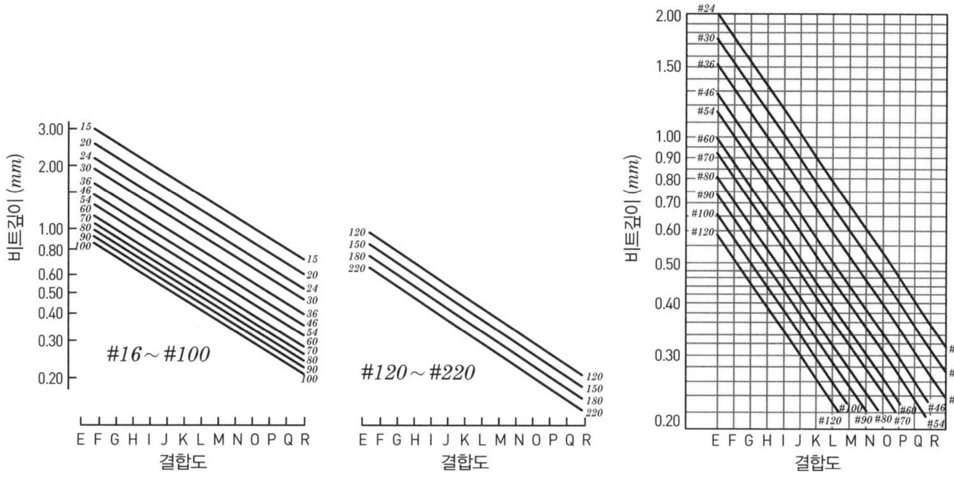

(a) 비트리파이트 숫돌

(b) 레지노이드 숫돌

[그림 10-7] 비트 깊이, 입도, 결합도의 환산도

그러나 입도가 다른 경우에는 파고드는 깊이가 같더라도 동일한 결합도가 아닌 경우가 많다. 실제로 소성된 최대 결합도를 가진 숫돌을 z라고 하면, 결합도를 알기 위해 **그림 10-7**의 환산도표를 사용한다. 같은 결합제나 소성방법이라면 결합제가 많을수록 결합도가 크다. 결합도는 결합제의 양으로 규정하지만 **표 10-4**는 경험적으로 구분한 것이다. 결합도는 숫돌입자의 갈라짐이나 탈락에 따라 절인의 자생작용에 직접 영향을 주므로 대단히 중요하다. 이미 설명한 연삭숫돌은 입도, 결합제 및 기공으로 구성되고 오목(凹)한 것은 조직에 칩이나 절삭유제가 쌓인 기공상태이다. 기공이 아주 작으면 칩이 많이 쌓여서 퇴적되므로 눈메움 상태가 된다. KS는 기공(組織)의 정도를 나타내기 위하여 숫돌 입자율(단위 숫돌 체적당 숫돌입자의 체적)을 사용하고, **표 10-5**(a)와 같이, 조밀, 중간 및 거친 것으로 구분한다.

실제로 **표 10-5**(b)의 조직 번호(No)를 많이 사용하나 숫돌 입자율, 결합율 및 기공율 중, 2가지는 서로 독립적인 요소이므로 필요할 때는 모두 병기한다. **그림 10-8**은 임의의 **비트리파이드** 숫돌 입자의 체적율을 측정한 것이다.

[표 10-4] 작업 경험에 의한 결합도의 구분

극연(Very Soft)	연(Soft)	중립(Medium)	경(Hard)	극경(Very Hard)
(A.B.C.D.)E.F.G.	H. I. J. K.	L. M. N. O.	P. Q. R. S.	T. U. W. Z.

[표 10-5] 숫돌 조직의 규격 및 숫돌 입자률, 조직 No.

(a) 조직의 KS규격

호칭	조직기호	연삭률 (%)
조밀	C1 C2	54 이상 54이상 54미만
중간	m1 m2	46이상 50미만 42이상 46미만
거친	w1 w2	39이상 42미만 39미만

주 : 연삭률은 연삭숫돌의 전 용양에 대하여 숫돌의 전 용적 비율을 말한다.

(b) 관용조직 No.와 적응 연삭작업

	조밀				중간						거친		
KS에 의한 구분	c1		c2		m1			m2			w1		w2
조직 NO.	0	1	2	3	4	5	6	7	8	9	10	11	12
입자률	55.5	54	52.5	51	49.5	48	46.5	45	43.5	42	40.5	39	37.5
적응 연삭작업	중연삭 자유연삭 (경.취성재료)				원통연삭 센터리스연삭 내면연삭 공구연삭 자유연삭			평면연삭 공구연삭 자유연삭			평면연삭 (접촉호가 넓은 것) 디스크연삭		
연삭 조건	초정밀 ↔ 다듬질정도 ↔ 거친 것 좁은 것 ↔ 접촉면적 ↔ 넓은 것 경질, 취성 ↔ 공작물 재질 ↔ 연질, 점질												

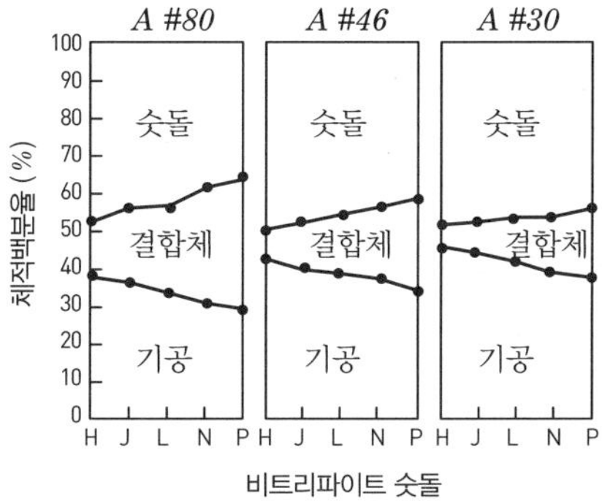

[그림 10-8] 비트리파이드 숫돌(A입도의 입자율, 결합율, 기공율의 실 예)

10.2.2 숫돌 자생작용과 숫돌의 연삭현상

10.1에 설명한 것처럼 숫돌의 자생작용은 숫돌의 연삭상태를 좌우한다. 어떠한 연삭숫돌이라 하더라도 연삭상태는 다음의 4종류로 나눈다.

(1) 입자 탈락(shedding)형

결합도가 낮고 조직이 거친 숫돌이므로 많은 입자가 탈락한다. 또 숫돌면의 입자 간격은 넓고 거칠며 날카로운 절인이 존재하면 연삭저항이나 발열이 작다. 숫돌의 마모가 커지면 여러 번 조정하여 치수 정밀도를 높인다.

(2) 눈 메움(loading)형

결합도가 큰 숫돌에 많고, 입도가 작고 조밀한 조직일수록 결손 된 칩이 퇴적되어 숫돌 표면에 금속층이 쌓인다. 그러므로 연삭능률 저하, 절삭저항의 증가 및 발열이나 진동이 생기기 쉽고 다듬질 면에는 경작형이나 불 탄(burning) 변질층이 나타난다.

(3) 눈 무딤(glazing)형

입자의 **벽개성**(劈開性)이 부족하거나 결합도가 큰 숫돌에 많고, 마모에 의해 날이 무디어져도 갈라짐이나 탈락 등 자생작용이 생기지 않는다. 숫돌의 깎이는 맛이 나쁘고 눈메움 형과 같은 연삭저항, 발열 및 진동이 크다.

(4) 정상형

숫돌의 5가지 인자를 잘 선택하여 정상적으로 연삭되는 상태이다. 연삭저항은 입자 탈락형보다 크지만 숫돌의 마모가 작고 연삭 정밀도와 다듬질면 등이 우수하다.

그림 10-9의 입자와 결합도에 따라 연삭상태의 변화를 표시하였다. 입자가 미세할수록 또 결합도가 클수록 **눈 메움** 형이나 **눈 무딤 형**이 생기기 쉽다. 탄화규소계 숫돌 입자는 벽개성이 좋으나 산화알루미나계는 반대로 나빠서 눈메움이나 눈무딤 형의 연삭상태가 되기 쉽다.

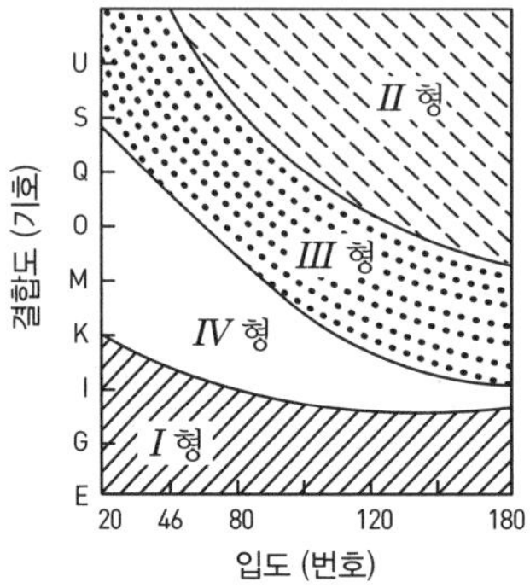

[그림 10-9] 입도, 결합도에 의한 연삭상태의 변화(A-중-Vit 숫돌, 경도)

연삭에서 자생작용에 영향을 미치는 인자는 연삭속도 등 연삭조건 공작기계와 숫돌의 치수 등이다. 다시 10.3.1에 설명하겠지만 숫돌의 5인자와 절삭조건을 잘 선택하면 정상형의 연삭상태를 얻을 수 있다.

10.2.3 연삭숫돌의 형상, 제조법, 기호표시

대표적인 예로서 피트리파이트 숫돌의 제조법을 간단히 설명하겠다.

먼저, 입자, 결합제, 소산성(消散性) 유기물(예를 들면, 톱밥)을 일정량으로 혼합하고 일시적인 접착제를 넣은 후에 프레스로 성형한다. 다음에는 서서히 가열하여 고온(1300℃)으로 유지하고 결합제를 자기질화하여 소성시킨다. 결합제의 수축과 동시에 소산성 유기물이 가스로 변하여 빠져나올 때에 통로가 되면서 기공을 형성한다.

S, E, B 숫돌은 소성한 것이나 R숫돌은 저온 가열하여 생고무를 유화시킨 것이다. 소성시켜서 천천히 냉각시키고 구멍 중앙에 납을 첨가한 다음에, 전면 드레싱, 회전 밸런스 검사, 내부 결함

검사(초음파법 등)를 완료한 후에 제품이 완성된다. 숫돌의 형상은 **그림 10-10**과 같이 13종류로 규정(KS규격)하고 **그림 10-11**은 가장자리 형상을 표준화시킨 것이다. 이 밖에 강 원판에 숫돌을 붙인 **그림 10-12**(a)의 디스크 숫돌과 분할한 숫돌을 고정한 **그림** (b)의 세그먼트 숫돌은 보통의 숫돌보다 강도가 크고 대형으로 제작할 수 있다. 또 기타 자유연삭에서 손 그라인더로 형조각을 한 **그림 10-13**의 축받이 숫돌도 있다. 숫돌 제품은 입자의 종별, 밀도, 결합도, 조직, 결합제의 종류 및 숫돌의 형상 등을 **그림 10-14**와 같이 가로로 숫자를 쓰고 숫돌의 형상을 생략할

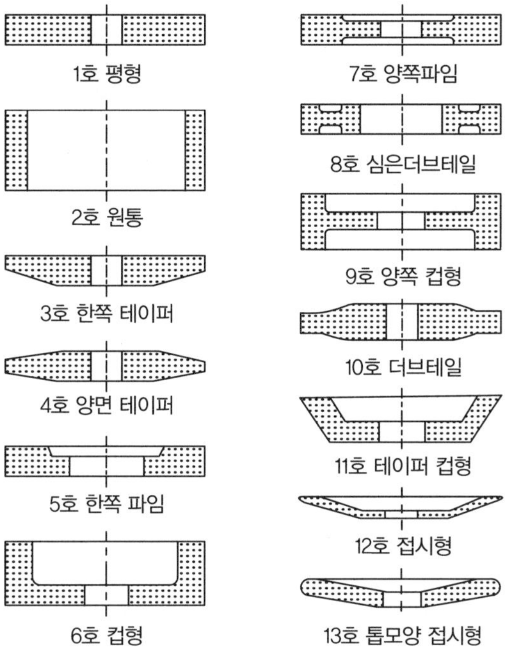

[그림 10-10] 숫돌 형상의 종류

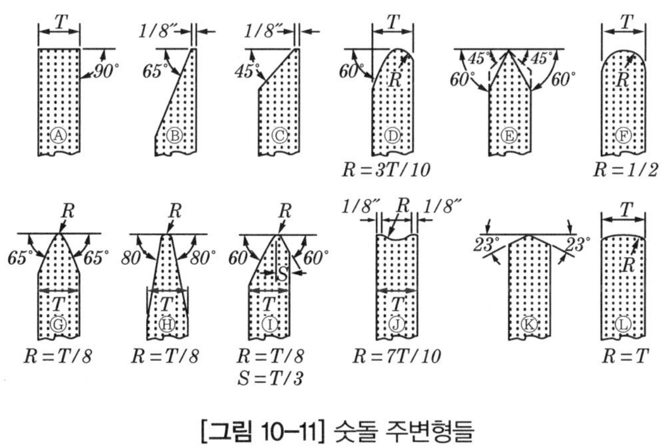

[그림 10-11] 숫돌 주변형들

수 있다.

비록 숫돌의 표시 방법이 같더라도 입자와 결합하는 성질, 기공율, 소성 버닝 및 제조회사 등에 따라서 연삭성이 다르다.

10.3 연삭의 현상과 이론

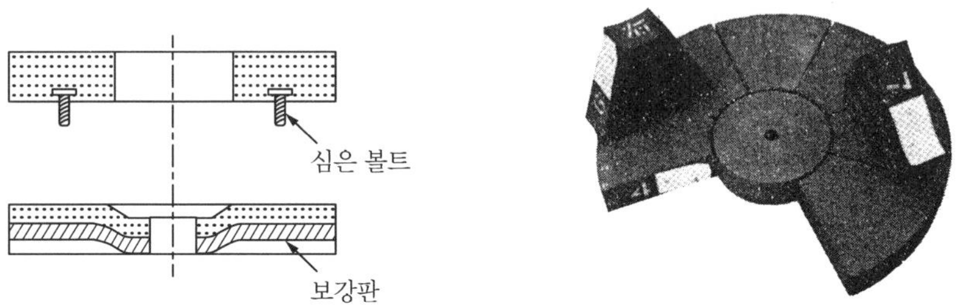

(a) 디스크 숫돌 (b) 세그먼트 숫돌

[그림 10-12] 디스크 숫돌과 세그먼트 숫돌

선단사용	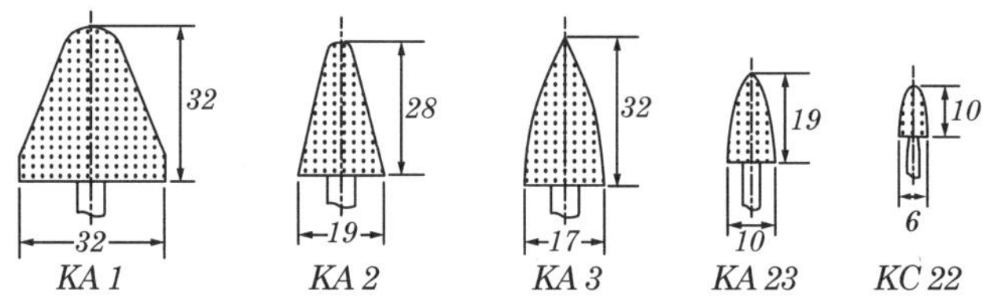
측면사용	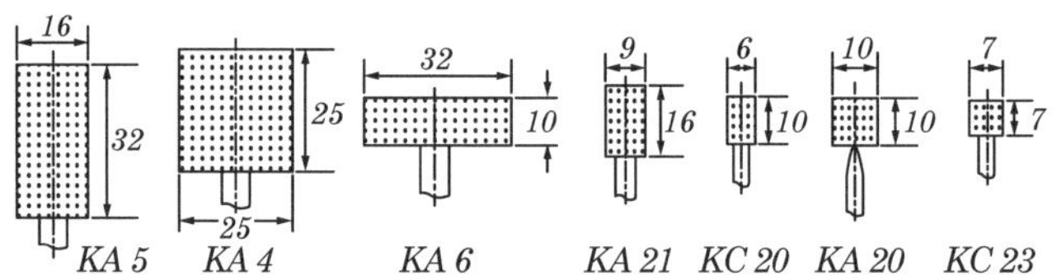
단면사용	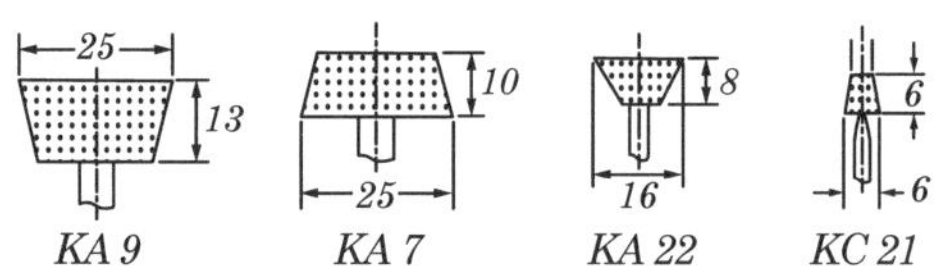
특수용도	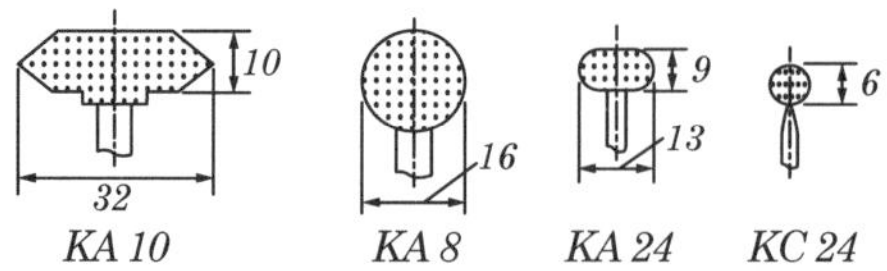

[그림 10-13] 축받이 숫돌의 예

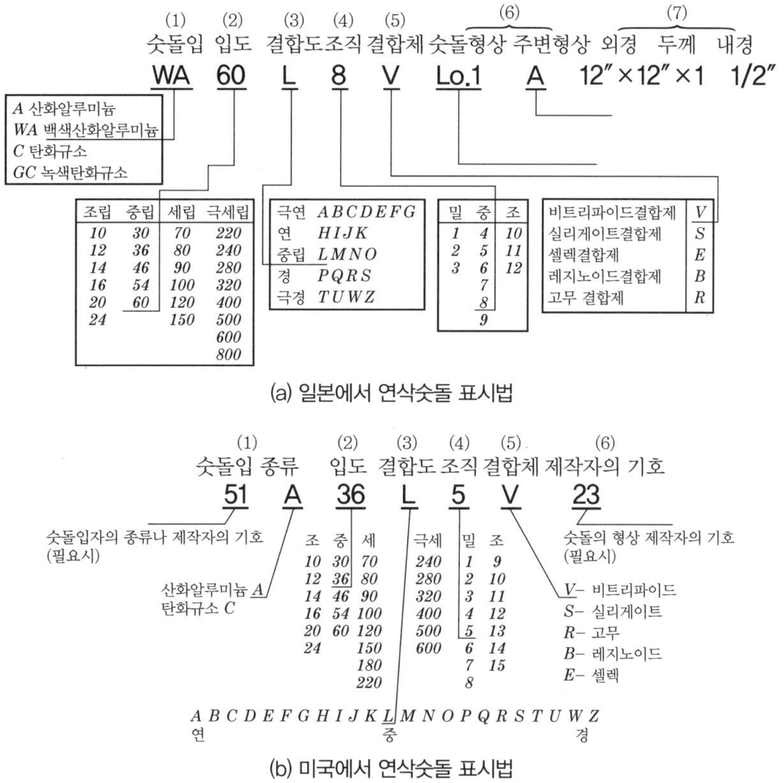

[그림 10-14] 연삭숫돌의 기호 표시

10.3.1 연삭 칩의 생성기구

이미 설명한 입자는 다양한 인조 광물질의 파쇄 조각들 이고, 절삭기구는 3차원적이다. 그러나 이러한 기구는 칩이 배출되지 않는 복잡한 구조이므로 해석하기가 어렵다. 그러면 해석을 쉽게 하기 위해 간단한 숫돌입자 모형을 생각해 보자. **그림 10-15**는 3각추의 숫돌입자로 어떤 면을 절삭할 때의 절삭모형이고 AC는 숫돌과 공작물의 윗면이 만나는 선이다. 사변형 AGHC는 AC와 숫돌입자가 선단 B를 포함한 사각형이다. 이것은 **그림 1-8**의 사각형 ABCD에 같고, 숫돌 여유면 ABC는 수직 여유각 α_n(−각), 경사각 i, 절인각 γ, δ로 규정한다. 그러면 2장의 **그림 1-11**과 같이 절삭속도 V와 절삭 칩의 유출속도 V_c를 포함한 면에서는 2차원 절삭과 같다. 그림과 같이 숫돌 전체를 절인에 평행하게 배열하면, 비록 절삭 두께가 다르더라도 유효 여유각 α_e, 유효 전단각 ϕ_e를 정의할 수 있다. 이러한 3각형 ABC와 CBD로 된 전단면에서 그림과 같은 삼각추 모양의 칩이 발생할 때의 전단면은 KLF인 V형 홈을 만든다. 이 절삭모형은 실제와 잘 일치하기 때문에 이미 설명한 에너지 방출 방향에 따라 연삭저항을 3분력으로 나눈다.

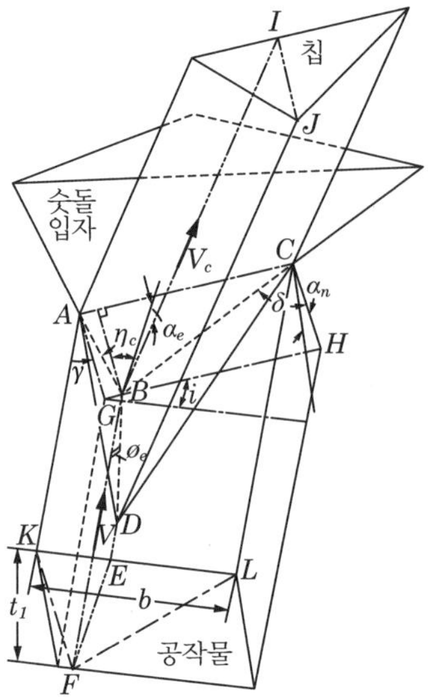

[그림 10-15] 3각추 숫돌입자에 의한 칩 생성기구

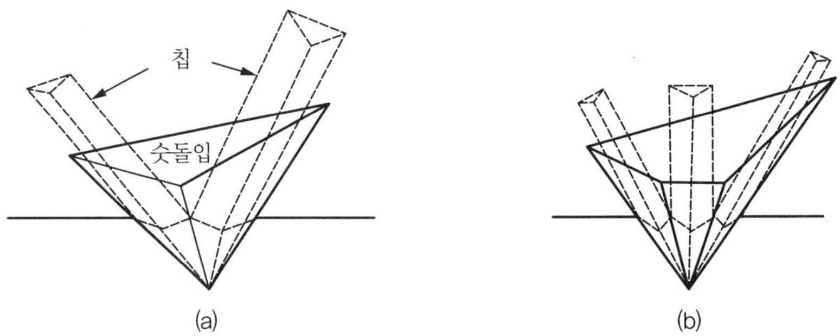

[그림 10-16] 여러 숫돌 면에서 칩 생성기구

또 **그림 10-16**과 같이, 여러 입자가 모여서 여유면을 형성하는 경우에 각면이 서로 간섭하지 않고 독립적으로 칩을 생성한다고 가정하면 **그림 10-15**의 1해를 조합하여 근사적으로 해석할 수 있다. **그림 10-15**의 모형은 칩의 유출방향(V_c)이 절인 BC에 평행하고 V_c가 BC를 횡단하면 절삭 방향으로 연속 칩만 유출되지 않는다. 예를 들면 경사각 i가 더욱 증가하여 BC를 가로로 절삭하면 **그림 10-17**(c)에 표시한 쐐기누름에 의하여 부풀어 오른 연속 벽이 생긴다. **그림 10-18**은 이러한 변화를 나타낸 사진이다. 그러므로 적합한 모형 기구라고 하더라도 절삭 에너지가 크면 실현되기 어려울 것이다.

한편 이와 같은 3각추 숫돌의 절삭상태는 매우 다양하므로 일반적인 다면체 숫돌입자(여러 개의 여유면, 여러 단의 여유각)로 취급하여 해석해 보자.

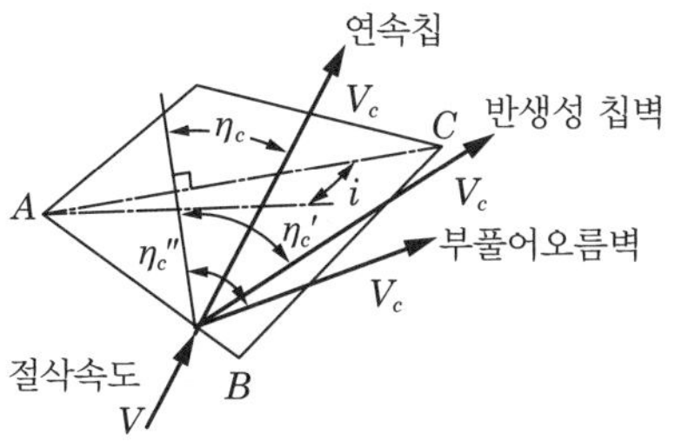

(a) 칩 유출방향

연속칩

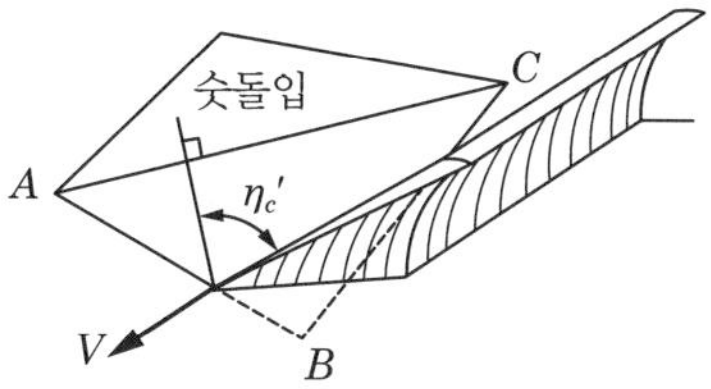

(b) 반생성칩 벽

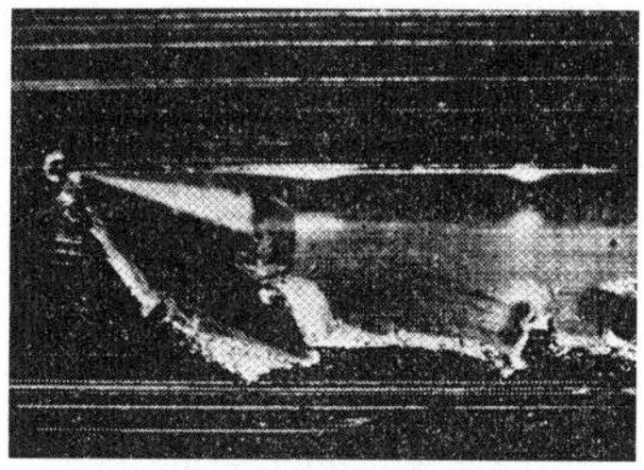

반생성칩 벽

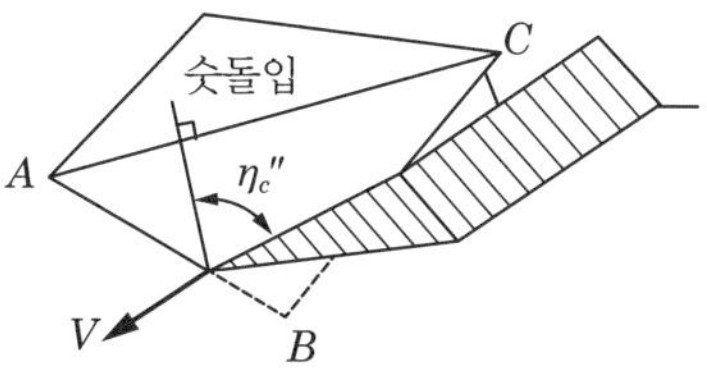

(c) 부풀어오름 벽

부풀어오름 벽

[그림 10-17] 칩 유출 방향에 의한 변형 모드의 변화

[그림 10-18] 3각추 숫돌모형에 의한 칩 형의 변화

칩 형태는 유동형 칩뿐만 아니라 숫돌형상이나 공작물 재료에 따라 여러가지 형태가 있다. 이처럼 다양한 숫돌입자나 절삭상태가 공존하는 연삭작용을 해석하기 위하여, 여러가지 단계를 단순화시켜야 한다. 다음에는 칩 생성기구와 관계없이 숫돌의 절삭상태에 따라 칩의 형태를 고찰해 보자. **그림 10-19(a)**는 유동형 칩이고, 입자가 정상적으로 탈락하는 칩에서 많이 나타난다. 이때에 절인의 자생작용이 활발한 숫돌에는 예리한 입자가 항상 재생된다. 또 전체적으로 큰 부(-)의 여유각을 가진 숫돌 입자는 유동형 칩이 많다.

경사각 i을 가지고 유효 경사각이 크면 절삭속도가 증가하기 때문에 전단각도 커진다.(1.2.2(b)참조) **그림 10-19(b)**의 전단형 칩은 정상형 또는 입자 탈락형의 연삭상태에 있어서 공작물의 재료가 연한 경우에 많이 나타난다. **그림 10-19(c)**는 큰 소성변형을 한 경작형 칩으로 매우 불규칙하다. 만약, 입자의 벽개성이 불충분하여 날 끝이 둔화되거나 칩의 여유 부분이 작으면 눈메움형이나 눈무딤형에 가까운 연삭상태가 된다.

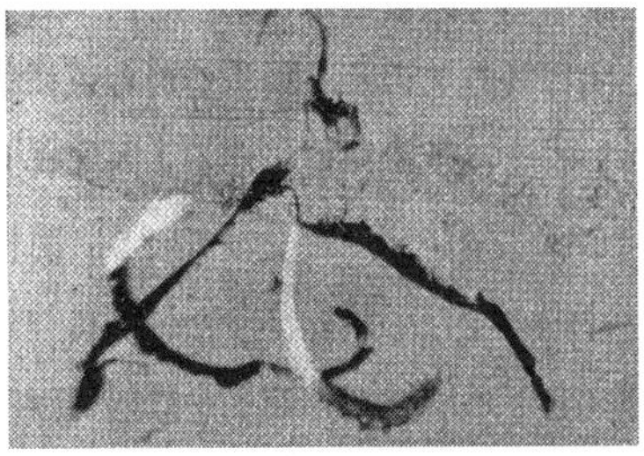

(a) 유동성 칩

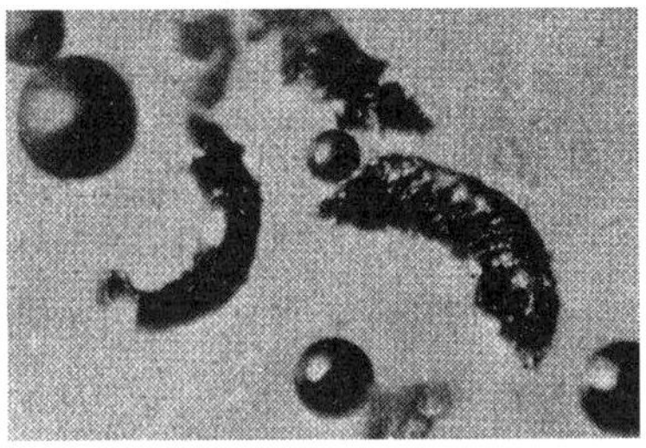

(b) 전단형 칩

(c) 경작형 칩

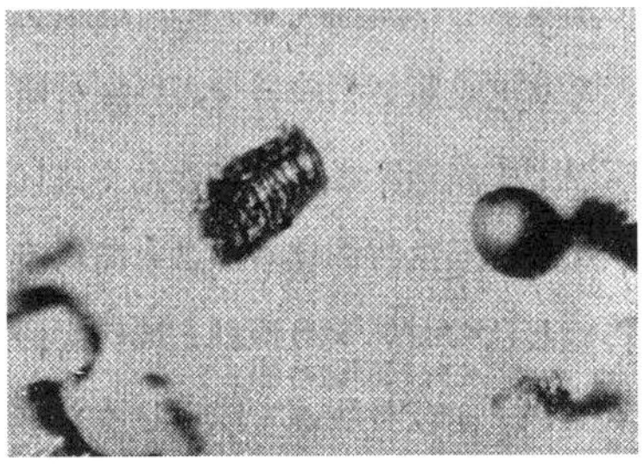

(d) 구성인선 칩

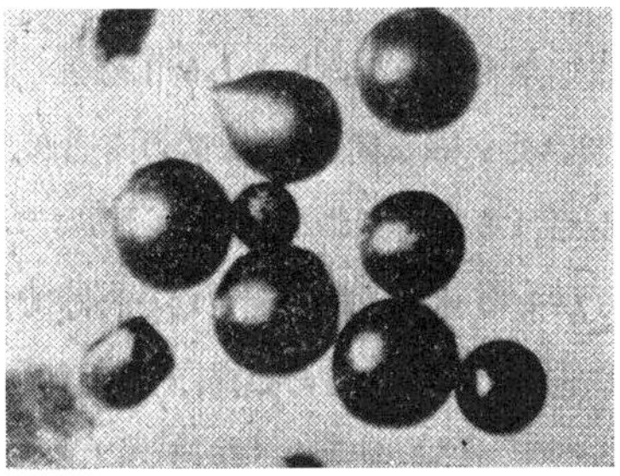

(e) 용융형 칩

[그림 10-19] 연삭 칩의 각종 형태

그림 10-19(d)의 구성인선형 칩은 숫돌면에 퇴적된 칩이 간헐적으로 탈락되면서 생기는 것으로 연질재료의 눈 메움 형 연삭에서 잘 나타난다.

그리고 숫돌의 연삭상태에 따라 연삭 형태나 칩 생성기구는 다양하다. 정상형이나 입자 탈락형의 연삭상태에서 입자 형상과 눈의 특성이 다르고, 드레싱 조건이나 드레싱 전 후의 상태에 따라 큰 차이가 있다. 연삭 기구를 해석할 때, 이를 참작하여 적절히 단순화시키고 숫돌의 입자 형상의 통계적인 특성을 고려하여 입자 모형을 만들어야 한다. 현재의 연삭 이론은 위와 같이 단순화시켜서 해석하는 경향이 있다. 예를 들어, 보통의 꼭지각이 120°의 원추형 눈메움 상태를 반구형의 입자 모형으로 가정한다. **그림 10-17**과 같이, 입자를 통과한 부분에 연삭 홈이 파지면 일반적으로 홈의 양쪽이 부풀어 올라서 부착물이 생성된다. **그림 10-20**에 표시한 것은 연질 금속에 맞지만 약간 애매 점도 있다. 그 이유는 입자에 통기부가 있는 피삭재를 모두 제외시키고 해석하였기 때문이다.

또 대부분을 차지하는 경질강의 정상적인 연삭에서 **그림 10-20**과 같이 단순화시켜도 큰 무리가 없다. 그러나 정상적인 연삭상태에서 기하학적으로 너무 이상화하여 연삭이론을 해석하면 문제점이 생길 수 있다.

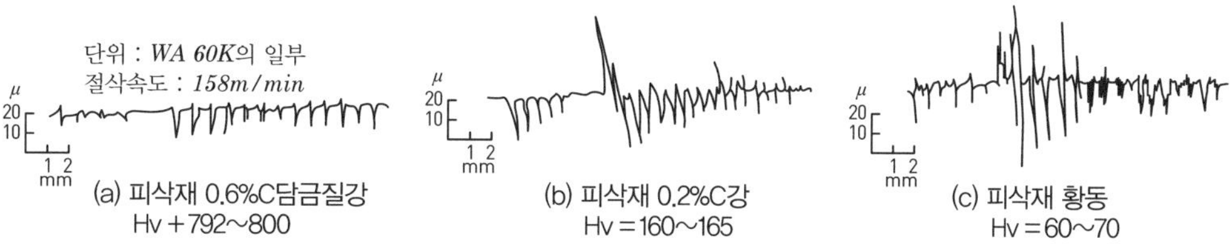

[그림 10-20] 단위 절삭에서 절삭 홈의 부착물, 부풀어 오름

10.3.2 연삭기구의 기하학

숫돌의 입자는 원주에 배열되어 있고 반경방향으로 일정한 깊이를 가진 표면 입자로 연삭한다. 따라서 숫돌의 반경방향의 입자분포는 다듬질 거칠기에 큰 영향을 미친다. 그리고 숫돌과 공작물의 접촉면 전체에 연삭저항이 걸리면, 숫돌의 입자 간격을 적당하게 보정하여 같은 원주에 입자가 균등하게 배열되도록 해야 한다. 연삭기구의 해석하기 위해, 정면 밀링과 같이 취급하고 숫돌 반경의 입자 분포를 충분히 고려해야 한다. 따라서 우리는 이런 경우를 포함하여 고찰할 것이다.

(1) 평균 입자 간격, w

숫돌면의 입자 간격은 임의로 분포된 것이 아니고 평균 간격에 따라 가우스 분포로 배열되어 있다. 지금, 평균입자 간격이 w이고 **그림 10-21**(a)와 같이, 간격 w로 규칙 정방격자의 입자 배열을 한다고 가정하자. 그림의 입자 A는 주위에 4개의 격자가 소속되므로 1격자에 대하여 1/4에 속한다. 그림의 해칭된 격자에서 A, B, C, D의 4개 입자는 각 격자에 1/4만큼 소속되어 있으므로 결국 한 격자에는 1개의 입자만 소속된다.

즉, w^2의 면적에는 1개의 입자가 있고 단위 숫돌 표면 당 $1 / w^2$개의 입자가 존재한다.

이것을 평균하여, 평균 입자 간격이나 숫돌 반경 분포를 고려한 3차원 평균 입자 간격을 ν라고 하자.

그림 10–21(b)와 같이 1입자는 1입방격자에 1/8만큼 소속되어 있으므로, 결국 ν^3의 체적에 1개의 입자가 해당되므로 표면층의 단위체적당 $1/\nu^3$개의 입자가 존재한다. 한편으로 평균 입자 간격은 ① 숫돌면에 **광명단**이나 인쇄용 잉크를 엷게 바르고 평평한 강판과 같은 종이위에 회전시키면서 복사하거나 ② 연기를 쏘인 유리 조각 위에 숫돌을 굴리면서 연기가 빠져나간 유리판을 잡아 늘리면서 복사한다.

이렇게 하여 단위 숫돌표면적 당의 입자수를 구한다. 만약 입자수가 입체적으로 분포한다면 카본지를 정밀 연삭한 원통에 말아서 롤러를 만들고 숫돌면에 눌러가면서 회전시킨다. 여기서 카본지의 두께를 ε, 면적 s중의 연삭 면에 있는 검은 점의 수를 m이라하면 ν는 다음 식으로 구해진다.

$$\nu = \sqrt[3]{\frac{S\varepsilon}{m}} \tag{10-1}$$

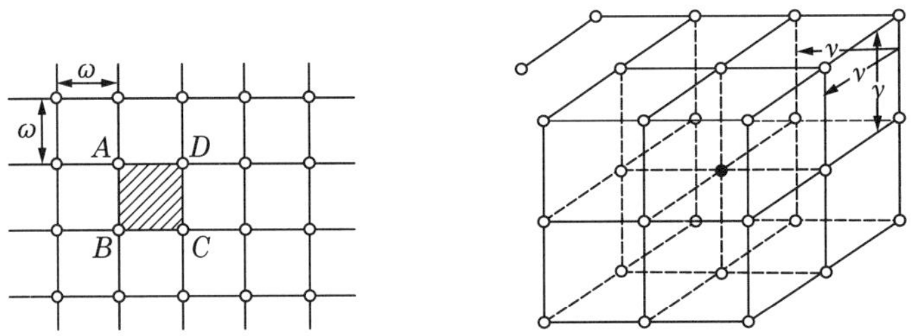

(a) 평면 평균 입자 간격　　(b) 입체 평균 입자 간격

[그림 10–21] 평균 숫돌 간격

표 10–6은 임의의 숫돌에서 신축되는 평균 입자 간격이고, 표에서 w는 ν에 비해 매우 큰 것을 알 수 있다. 이때 **드레싱**한 것보다 입자가 많이 탈락하거나 결손되는 현상은 평균 입자 간격이 내부 입자 간격보다 크기 때문이다. 표를 보면 입도가 크고 작은 숫돌일수록 평균 입자 간격도 커진다. 평균 입자간격이란 하나의 입자에 1개의 절인만 있다고 가정하여 산출한 간격으로, 실제로는 한 입자가 여러 개의 절인을 갖는 경우도 있다.

[표 10-6] 랜덤 연삭의 평균 연삭 간격

입도	#30			#46			#80		
결합도	I	L	P	I	L	P	I	L	P
$1cm^2$중의 절인수	93	129	150	178	214	313	643	692	916
w (mm)	1.04	0.88	0.82	0.75	0.68	0.58	0.40	0.38	0.33
ν (mm)	0.33	0.29	0.28	0.26	0.25	0.22	0.17	0.17	0.15

(2) 연속 절인 간격, a와 후속절인

입자가 숫돌의 원주 위에 배열된 평면 연삭의 운동기구는 **그림 10-22**와 같이 정면 밀링으로 절삭하는 것과 같다.

그림에서 숫돌 축에 수직한 단면에서 연속 절인 X, Y의 원주 상에 있는 숫돌의 길이를 연속 절인 간격이라고 한다. 숫돌 절인의 전개도가 **그림 10-23**과 같으면 입자는 규칙적인 평균 입자간격 w로 배열되어 있다. 그림과 같은 연삭 방향을 가지고 $\overline{A_mB_1}$을 연속 절인 간격이라 하면 B_1이 깍은 같은 공작물의 원통 지점을 A_m이 연삭할 동안에, $A_1 \sim A_m$까지 m개의 $\overline{A_1B_1} = w$의 간격으로 입자를 연삭한다. 여기서 지금 생성된 다듬질면에서 연삭 흔적의 평균 폭을 b라 하면 $b = (w / m) cos\theta$이다. 한편, **연속 절인 간격**은 $a = mw / cos\theta$이므로

$$a = w^2/b \tag{10-2}$$

표 10-7은 위 식에 따라 숫돌의 연속적인 간격을 계산한 것이고 w는 **표 10-6**의 값을 사용한 것이다. 이 표에서 연속 절인간격은 평균입자 간격보다 매우 크고, 입도가 크고 결합도가 작을수록 절인 간격은 크다. 그러나 연속 절인간격에 관한 구체적인 설명이나 계산은 생략하겠다.

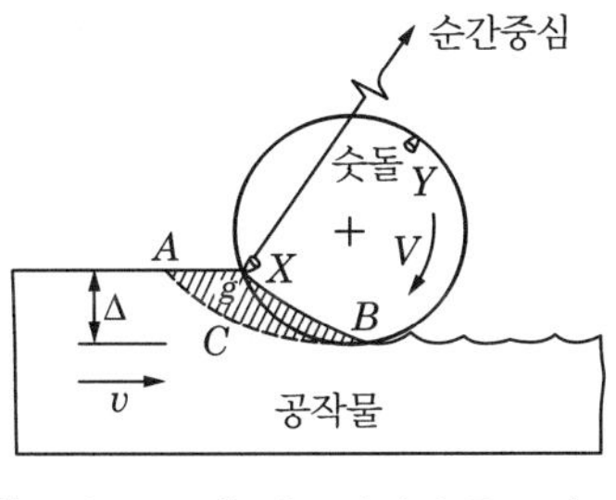

[그림 10-22] 평균연삭의 운동기구

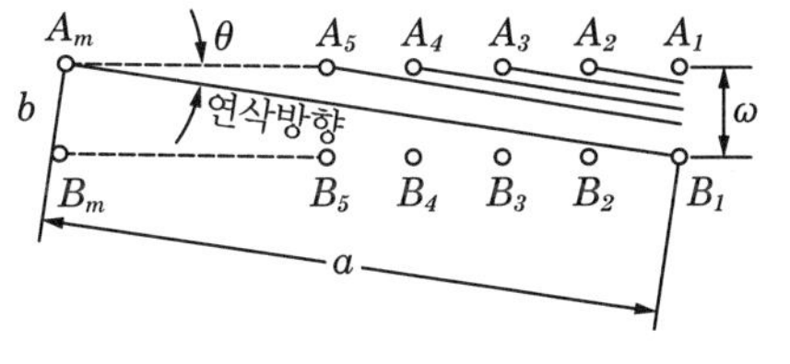

[그림 10-23] 숫돌면의 전개와 연속절인 간격

[표 10-7] 랜덤 연삭의 연속절인 간격

입 도	#30			#46			#80		
결합도	H	L	P	H	L	P	H	L	P
a(mm)	18.1	12.8	11.5	10.3	9.3	8.9	7.4	6.5	6.2

지금은 연삭 다듬질면의 생성과정을 고려하여 연속 절인의 의미를 깊게 연구할 필요가 있다고 생각된다. **그림 10-24(a)**는 원통면의 연삭상태이다. 연삭면의 입자 깊이 A가 A면을, 입자 B가 E점을 계속 절삭하면 공작물의 AC면은 DE면으로 이동한다.

이 사이에 숫돌 표층부의 입자가 그림과 같이 A′A″C″C′면 위를 절삭한 다음에 입자 B를 통과하면 대부분의 다듬질면이 완성된다. 그림의 축에서 숫돌 방향으로 입자를 보면 원추가 되고 입자가 통과한 부분이 연삭 흔적이 되므로 새로운(新生)면이 생성(그림)됨을 알 수 있다. 따라서 절삭 흔적 GHPIJ에 대한 흔적 QR을 생각하면 흔적 Q는 GHPIJ를 공유하지만 흔적 R은 부분적으로 포함된다. 흔적 Q는 다듬질면과 무관하지만 흔적 R은 다듬질 거칠기와 관계된다. 임의의 흔적 Q에서 이를 공유하는 1개의 흔적만 남도록 절삭하면 다른 절인과의 최대 차이로 작은 절삭흔적을 남기는 점 P를 절인 Q에 대한 후속 절인이라고 한다.

식(10-2)의 도출 과정에서 b는 **그림 10-24(b)**와 같이 한 단면에 속하고, 연속 절인은 다른 연삭 흔적을 생성하므로 결국은 연속 절인과 후속 절인은 거의 같다. 그러므로 위에 설명한 후속 절인의 정의를 다음과 같이 해석할 수 있다.

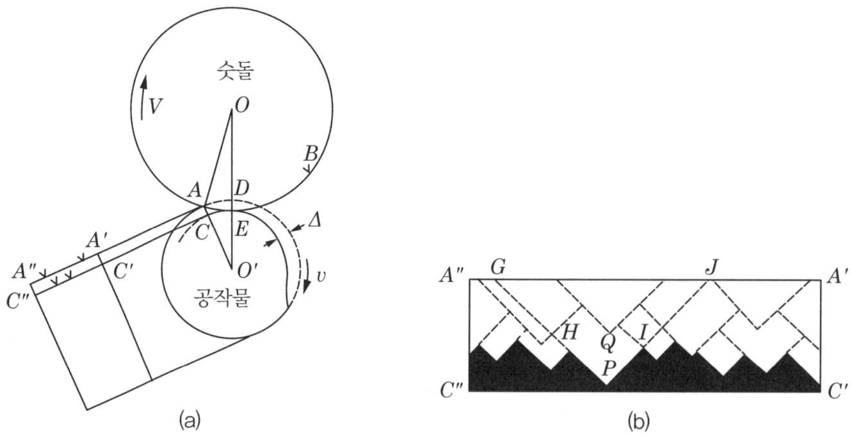

[그림 10-24] 원통 외면연삭에서 다듬질면의 생성과정

(3) 연삭깊이 Δ와 최대 입자 깊이 g

숫돌 깊이는 **그림 10-22, 10-24**에 표시한 Δ로 공작물에 대한 숫돌의 깊이이며, 숫돌 입자의 깊이는 한 숫돌의 입자량에 대한 절삭 두께로 직접 절삭상태를 지배한다.

그림 10-22의 연삭 모형은 절인 X에 대한 연속적인 Y가 절삭된 부분(그림에서 사선)을 표시하고 절인 Y에 대한 절삭 두께는 정면 밀링과 같이, 연속적으로 변한다고 가정하자. 이때, C점에서 최대 입자 깊이가 존재하고 최대 입자깊이를 g라고 한다.

(4) 접촉호 l

접촉호는 **그림 10-22**의 $\widehat{AB}$, **그림 10-24**의 $\widehat{AE}$이다. 10.1에서 설명한 것처럼 보통의 연삭조건에서 숫돌의 속도는 공작물의 속도보다 크므로 $\widehat{AB}(\widehat{AE})$는 숫돌 외주와 일치한다. 그러나 공작물의 속도가 크면 $\widehat{AB}$는 트로코이드 곡선이 된다.

(5) 칩 단면적 a_m

단위 절삭폭, 단위 시간당 연삭량 Q는 공작물의 속도 v, 연삭 깊이를 Δ라고 하면

$$Q = v\Delta \tag{10-3}$$

이다. 한편, 연삭속도를 V라 하면, 연삭량 Q에 대한 입자의 총수는 V/w^2이다. 그러므로 숫돌 1개당 연삭 용적 q는

$$q = w^2 \frac{v}{V}\Delta \tag{10-4}$$

이다. 또한 숫돌 입자가 연삭 표면의 끝에 배열되어 있고, 칩 길이를 접촉호 l와 같다고 하면, 칩의 평균 단면적 a_m은

$$a_m = \frac{q}{l} = w^2 \frac{v}{V}\frac{\Delta}{l} \tag{10-5}$$

가 된다. 절삭가공에서 비 절삭저항은 평균 면적과 관계되는 것처럼 연삭가공에서도 평균 절삭 단면적을 이용하여 해석한다.

(6) 접촉 길이와 입자 연삭 깊이

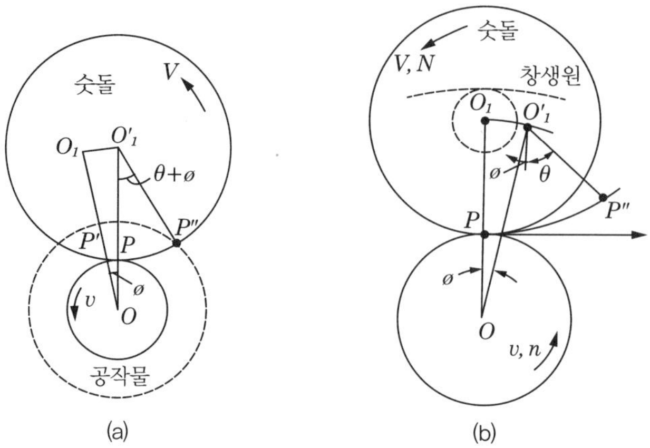

[그림 10-25] 숫돌 입자의 계통도와 트로코이드 곡선

만약 접촉호가 트로코이드 곡선일 경우에 원호와 반경의 차이를 계산해 보자. **그림 10-25**(a)의 원통 연삭에서 최초 P점은 숫돌 외주에 있는 입자가 $\theta + \phi$ 만큼 회전한 후에 P''점으로 이동한다. 이 사이에 공작물은 ϕ만큼 회전하여 P'점으로 이동하므로 입자의 궤적은 $\widehat{P'P''}$이다. 이것을 상대적으로 표시하면 그림 (b)의 상태가 된다. 즉, O_1점이 O점을 중심으로 ϕ만큼 회전하고 다시 O_1'점을 중심으로 $\theta + \phi$만큼 회전하여 P'점이 P''점으로 이동한 것과 같다. 그러므로 그림에서 점선으로 그린 작은 원이 생성원에 접하면서 회전할 때, 작은 원의 한 점 P와 이루는 하이퍼 트로코이드 곡선의 궤적을 입자의 궤적이라 한다. 그러므로 그림과 같이 P점을 원점으로 x, y좌표를 정하면 P''점의 좌표는

$$x = (R+r)sin\phi + Rsin\theta$$
$$y = (R+r)cos\phi - r - Rcos\theta \tag{10-6}$$

단지, R은 숫돌 반경, r은 공작물의 반경이다. 공작물의 회전속도 n, 숫돌의 회전속도를 N이라 하면

$$\theta = \left(\frac{N-n}{n}\right)\phi \tag{10-7}$$

이다. $\theta + \phi$가 작으므로 $sin\phi \fallingdotseq \phi$, $cos\phi \fallingdotseq 1 - \phi^2 / 2$, $sin\theta = [(N/n) - 1]$, $cos\phi \fallingdotseq 1 - (N/n - 1)^2\phi^2 / 2$라고 하면 식 (10−6)에서

$$y = \frac{x^2}{2}\left(\frac{(N/n-1)^2 R - R - r}{(r + N/n \cdot R)^2}\right)$$

또, $\xi = r/R$, $\eta = N/n\xi$이라면

$$\frac{y}{R} = \frac{(1-\eta)^2 - (1+\xi)}{2(\xi+\eta)^2}\left(\frac{x}{R}\right)^2 \tag{10-8}$$

을 얻는다. 곡률반경 R_t는 일반적으로 $R_t = \{1 + (dy/dx)^2\}^{\frac{3}{2}} / (d^2y/dx^2)$이므로 $x = 0$, $y = 0$에서 R_t를 생각하면 식 (10−8)보다 P점의 **곡률반경**은

$$(R_t)_P = \frac{(\eta+\xi)^2}{(1-\eta)^2 - (1-\xi)} R \tag{10-9}$$

또, $\eta = N/n$은 주속도(주속 V, 공작물 v)를 사용하면 $\eta = (V/v) \cdot (r/R)$이므로 식 (10−9)는

$$\frac{(R_t)_P}{R} = \frac{(1+v/V)^2}{1 + \frac{R}{r} - \frac{R}{r}(1+v/V)^2} \fallingdotseq \frac{1 + \frac{2v}{V}}{1 - 2\frac{v}{V} \cdot \frac{R}{r}} \tag{10-10}$$

이 된다. 식 (10−6)에서 설명한 것처럼 $v/V \fallingdotseq 0.01$ 정도이고 내경의 비가 내면연삭 ($R / r \fallingdotseq -0.8$), 평면연삭($R / r = 0$)이라면, 내경에 대한 곡률반경의 비는 각각 내면연삭 $(R_t)_P / R = 1.004$, 평면연삭 $(R_t)_P / R = 1.02$가 된다. 외면 연삭에서 R / r, v / V가 아주 큰 경우가 아니면 접촉호는 숫돌 외주와 일치한다.

다음과 같이 보통의 절삭조건에서, $v \ll V$이고 입자 궤적은 숫돌 외주와 일치할 때에 **접촉호**

를 계산해 보자. 입자의 끝이 숫돌 외주와 일치하면 **그림 10-26**의 원통 연삭에서 접촉호 $\widehat{PBC}$이고 $\widehat{PB}$는 충분히 작으므로 $\widehat{BC}$만 고려한다.

$$\overline{O_2C}^2 = \overline{O_1O_2^2} = \overline{O_1C}^2 - 2\overline{O_1O_2} \cdot \overline{O_1C}\ cos\alpha \tag{10-11}$$

이므로 $\overline{O_2C} = r$, $\overline{O_1O_2} = R+r-\varDelta \fallingdotseq R+r$, $\overline{O_1C} = R$, $cos\alpha \fallingdotseq 1-\alpha^2/2$을 대입하여

$$\alpha = \sqrt{\frac{2r\varDelta}{R(r+R)}} \tag{10-12}$$

또, $l = R\alpha$를 대입하여

$$\alpha = \sqrt{\frac{rR}{r+R}}\sqrt{2\varDelta} \tag{10-13}$$

로 접촉 길이가 주어진다. 연삭에서 $r = \infty$, 내부 연삭에서 r이 부(-)이면

$$l_p = \sqrt{R}\sqrt{2\varDelta} \tag{10-14}$$

$$l_i = \sqrt{\frac{rR}{r-R}}\sqrt{2\varDelta} \tag{10-15}$$

가 된다. 식 (10-13), (10-14), (10-15)에 의해 접촉호의 길이는 동일한 숫돌 길이 $\varDelta$에 대하여 외면, 평면, 내면 연삭의 순서로 증가하고 있다.

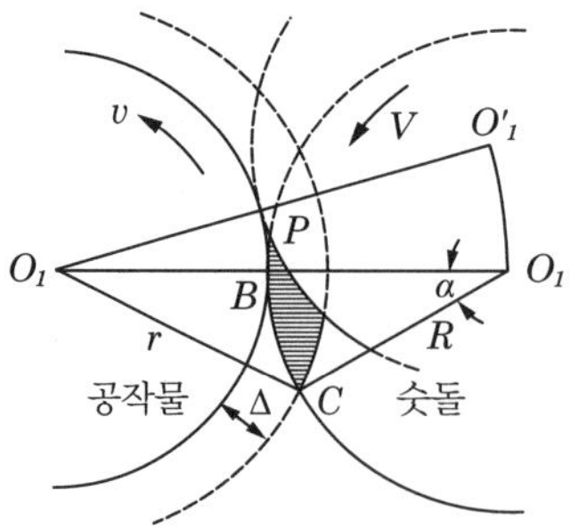

[그림 10-26] 원통 외면 연삭에서 접촉호

공작물의 속도 v가 큰 경우, **그림 10-26**의 $\widehat{BC}$의 길이는 식 (10-13)의 l을 사용하면 대략

$$\widehat{BC} \fallingdotseq l+v\frac{l}{V}=\sqrt{\frac{rR}{r+R}}\sqrt{2\varDelta}\left(1+\frac{v}{V}\right) \tag{10-16}$$

이 된다.

또한, v가 크고 $\varDelta$가 작은 경우는 **그림 10-26**의 $\widehat{PB}$가 무시되므로 일반적인 접촉호의 길이는 다음과 같다.

$$l=K\sqrt{\frac{rR}{r+R}}\sqrt{2\varDelta}\left(1+\frac{v}{V}\right),\qquad 1\leqq K\leqq 2 \tag{10-17}$$

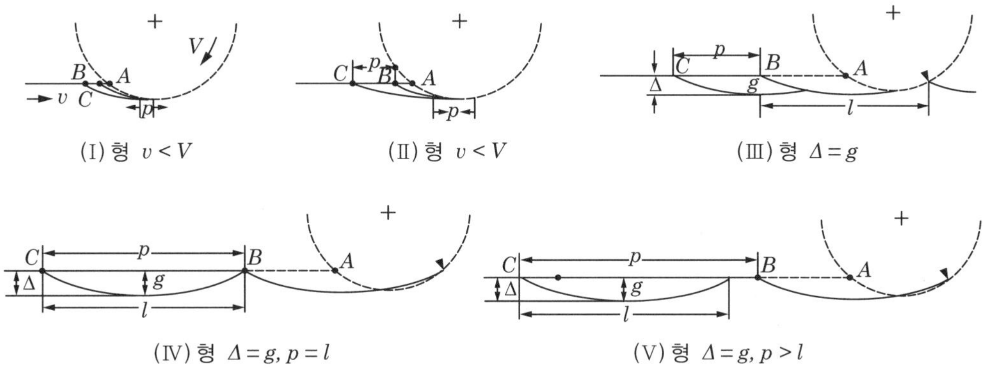

[그림 10-27] 공작물 속도 v의 증가로 인한 연삭상태의 변화

그림 10-27은 평면 연삭에서 공작물의 속도에 따른 연삭상태의 변화를 나타낸 것이다.

내면 연삭에서 숫돌의 반경이 작은 경우에 $\dfrac{v}{V}$가 크므로 [Ⅲ], [Ⅳ]형이 되지만 $v \ll V$인 조건에서 연삭 깊이 $\varDelta$가 작으면 [Ⅲ],[Ⅳ]형이 되기 쉽다. 일반적으로 연삭 작업에서 깎고 남은 부분을 제거하기 위하여 일정한 연삭 깊이로 반복하여 연삭해야 한다.

이것을 스파크 아웃(spark-out)이라 부른다. 만약 $\varDelta$가 미소한 경우에는 [Ⅲ], [Ⅳ], [Ⅴ]형의 연삭 상태가 된다. 다음은 **그림 10-28**과 같은 보통의 연삭 조건인 경우에 최대 입자 깊이 g를 계산해 보자.

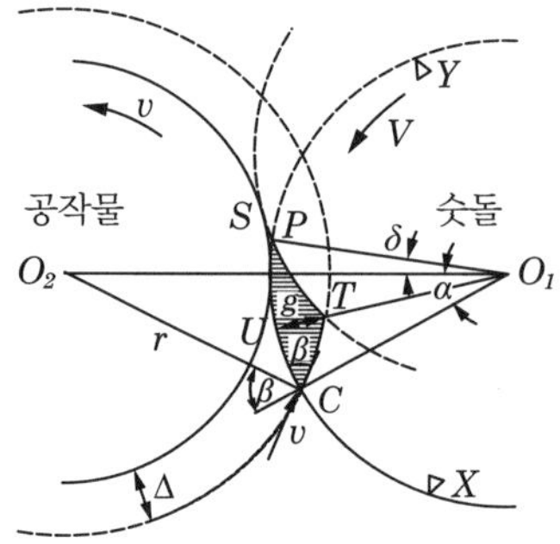

[그림 10-28] 최대 연삭 깊이 g의 계산

g는 그림의 $\overline{UT}$이므로

$$g \fallingdotseq v \cdot \frac{a}{V} \cdot sin\beta \fallingdotseq \frac{v}{V}\alpha\beta \qquad (10-18)$$

단, a는 연속절인 간격이다. β를 구하기 위해 cos법칙에 의해

$$(r+R-\Delta)^2 = R^2+r^2+2R\gamma cos\beta$$

이다. $cos\beta \fallingdotseq 1-\left(\frac{\beta^2}{2}\right)$, $\Delta^2 \fallingdotseq 0$이라면

$$\beta \fallingdotseq \sqrt{\frac{2\Delta(R+r)}{Rr}} \qquad (10-19)$$

식 (10−19)을 식 (10−18)에 대입하여

$$g = \frac{v}{V}a\sqrt{\frac{R+r}{Rr}}\sqrt{2\Delta} \qquad (10-20)$$

이 된다. 또, 평면 연삭, 내면 연삭의 경우는

$$g_p = \frac{v}{V} a \sqrt{\frac{2\Delta}{R}} \tag{10-21}$$

$$g_i = \frac{v}{V} a \sqrt{\frac{r-R}{rR}} \sqrt{2\Delta} \tag{10-22}$$

가 된다. 10.2.2에 설명한 것과 같이, 최대입자 길이는 입자 1개당 가해지는 연삭력의 단위로, 크기는 연삭상태에 큰 영향을 준다. 즉 식(10−20)에서

① v가 크고 V가 작으면 g가 증가하므로 입자 1개당 연삭력은 증가하고 입자가 탈락하기 쉽다. 즉, 숫돌은 연해지므로 눈 흘림형으로 바뀐다. 반대로 v가 감소, V가 증가하면 숫돌은 단단해지므로 눈 메움형이 되기 쉽다. 이와 같이 결합도와 달리 숫돌의 사용 상태를 고려한 경도를 동적경도(effective hardness)라고 한다. 실제 연삭 작업에서는 v, V에 따라 숫돌의 상태를 조절할 수 있다.

② g는 연속절인 간격 a(**표 10−7**)에 비례하므로 입자가 크고 결합도가 작은 숫돌일수록 크다. 즉 연한 숫돌일수록 g가 크므로 눈 흘림 연삭상태가 되기 쉽다.(**그림 10−9**)

③ 숫돌과 공작물의 치수도 g에 영향을 미친다. 즉, 작은 숫돌로 소형 공작물을 절삭하는 경우에 g가 커진다.

④ 같은 연삭조건에서 Δ의 절대값이 같으면 내면, 평면, 외면 연삭의 순서로 g가 증가하므로 숫돌은 부드럽게 된다.

⑤ g는 $v\sqrt{\Delta}$에 비례하나 단위 시간당의 연삭량은 $v\Delta$에 비례한다. 같은 연삭량이라도 v를 감소시키고 Δ를 증가하면 g가 작아진다. 즉 숫돌은 단단해 지고 마모가 작다.

총형 연삭에서는 동일한 연삭량이라도 숫돌의 형상과 치수를 오랫동안 일정하게 유지하는 것이 좋다. 특히 공작물의 속도 v가 큰 경우에는 식 (10−18)에 가깝고, 연삭 궤적은 트로코이드 곡선이 된다.

여러가지 방법으로 연삭상태를 해석할 수 있지만 여기서는 생략할 것이다. 그러나 각 항에서 숫돌입자 Δ를 infeed량이라고 하면 플랜지 컷(Flange cut)방식에도 이를 적용할 수 있다.

(7) 칩 단면적

보통의 절삭조건인 경우에 접촉 길이는 식 (10−13)이 된다. 그러므로 평균 칩 단면적은 식 (10−5)에 의해

$$a_m = w^2 \frac{v}{V} \sqrt{\frac{r+R}{2rR}} \sqrt{\Delta} \tag{10-23}$$

가 된다. 접촉호에 있는 입자가 숫돌길이 만큼 다듬질면을 연삭한다고 가정하자.

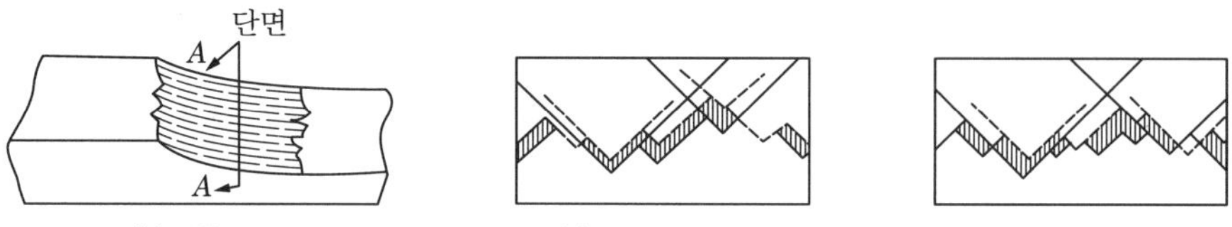

(a) 접촉호 (b) 연속절인 한폭 (c) 일반적인 경우

[그림 10-29] 연삭의 진행과정

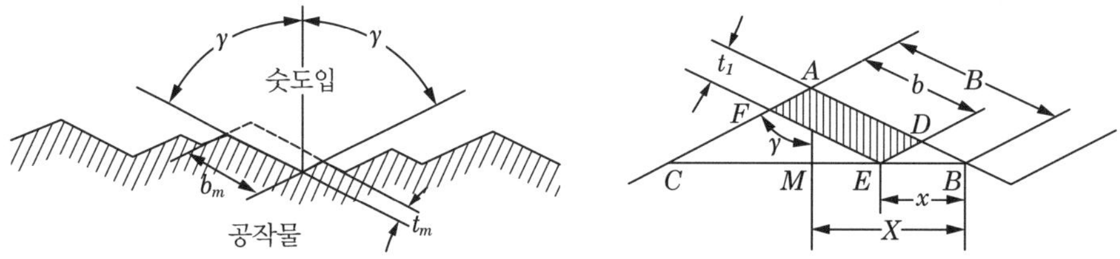

(a) (b)

[그림 10-30] 평균 칩 단면적과 *g*의 계산(小野)

그림 10-29(a)와 같이 한 단면을 생각하면, 연속절인 간격을 사용한 전 항의 해석은 **그림** (b)와 같은 절삭상태가 될 수 있다. 물론 **그림 10-27**과 같은 상태는 연삭 폭 방향과 다른 위상으로 배열되므로 **그림 10-29**(b)의 단면에서 각 입자의 깊이가 다르더라도 연속적인 절삭 상태로 가정할 수 있다. 실제로는 입자 끝이 같은 원주에 있으면 그림 (c)의 절삭상태로 표시한다. 또 평균적으로 **그림 10-30**(a)와 같은 절삭상태가 가장 많다고 가정하자.

이때, 평균 절삭폭 b_m, 절삭 두께 t_m이라면

$$a_m = t_m b_m \tag{10-24}$$

이다. $c = t_m / b_m$이라면 식 (10-23)을 이용하여

$$t_m = \sqrt{ca_m} = \sqrt{c}\ w\sqrt{\frac{v}{V}}\ \sqrt[4]{\frac{r+R}{2rR}}\ \sqrt[4]{\varDelta} \tag{10-25}$$

위 식에서 c는 다음과 같이 계산된다. 그림 (b)에서 $b = B\left\{1-\left(\frac{x}{2X}\right)\right\}$, $t_1 = xcos\gamma$이고 숫돌 끝 E가 $\overline{MB}$ 위의 위치에 놓일 확률도 같으므로

$$b_m = \frac{1}{X}\int_0^X bdx = \frac{3}{4}B,\ t_m = \frac{1}{X}\int_0^X t_1dx = \frac{1}{4}Bsin2\gamma$$

그러므로

$$c = t_m / b_m = \frac{1}{3}sin2\gamma \tag{10-26}$$

식 (10−26)을 식 (10−25)에 대입하여 평균 절삭 두께 t_m은

$$t_m = \sqrt{\frac{sin2\gamma}{3}}\,w\sqrt{\frac{v}{V}}\ \sqrt[4]{\frac{r+R}{2rR}}\ \sqrt[4]{\varDelta} \tag{10-27}$$

또, 평균 입자 연삭 깊이 $\bar{g}$는

$$\begin{aligned}\bar{g} &= t_m / sin\gamma \\ &= (w/sin\gamma)\sqrt{\frac{sin2\gamma}{3}}\sqrt{\frac{v}{V}}\ \sqrt[4]{\frac{r+R}{2rR}}\ \sqrt[4]{\varDelta}\end{aligned} \tag{10-28}$$

가 된다. 최대입자 연삭 깊이 g는 $\bar{g}$정도이다. 또한 숫돌의 동적 경도는 식 (10−28)이나 식 (10−20)을 참고한다.

10.3.3 절삭 저항

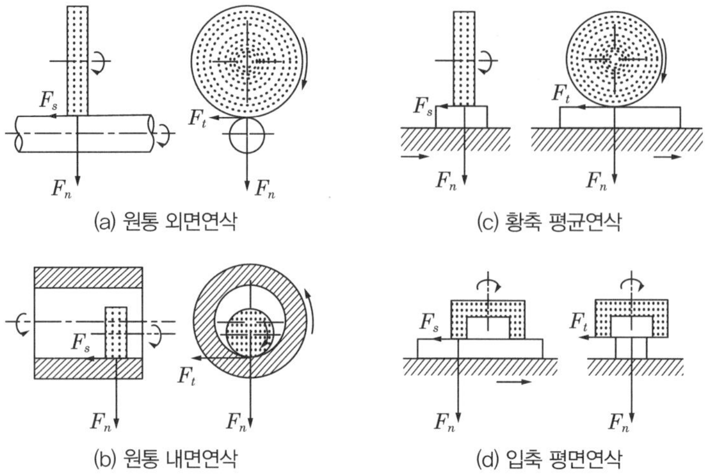

[그림 10-31] 각종 연삭작업에서 연삭 저항의 3분력

절삭 저항은 **그림 10-31**에 표시한 방향의 분력으로 나눈다. 여기서 연삭속도 방향의 분력 F_t는 연삭 소요 동력과 직접 관계되며 보통 연삭 저항이란 이 분력을 말한다. F_n는 접촉호의 법선 방향의 분력 F_t의 2배 정도이고 숫돌 축의 휨, 진동의 유발 및 공작물을 깎고 남는 양 등 강성과 다듬질 정밀도에 영향을 주는 매우 중요한 요인이다. 보통 절삭 가공에서는 $F_n \fallingdotseq \frac{1}{3}F_t$이지만 F_n이 큰 것은 연삭 특징이다.

이송방향의 분력 F_s는 이송(cross feed)에 비례하고 두 분력에 비해 아주 작은 것이 보통이다. 숫돌 1개당 연삭에서 분력이 클 때도 있으나 각각의 입자는 정 · 부(+, −)의 임의 경사각 i를 가지므로 서로 상쇄된다. 따라서 전체적인 연삭 분력은 그렇게 크지도 않다.

한편, 연삭저항의 해석에는 여러가지 방법이 있으나, 10.3.1에 설명한 다양성을 고려하지 않으면 현재 상태로는 관계 이론이 서로 비슷하다고 생각된다. 단지, 연삭시험에 의해 이론식의 정수를 결정하는 것은 많은 모순이 있다고 생각된다.

10.3.1에 설명한 각종 연삭상태에서 연삭 저항의 값을 정확하게 구할 수 없다. 그렇지만 이것은 연삭 조건에 대한 영향을 규명하기 위한 좋은 방법이 될 수 있다.

(1) 연삭 기구에 근거한 해석

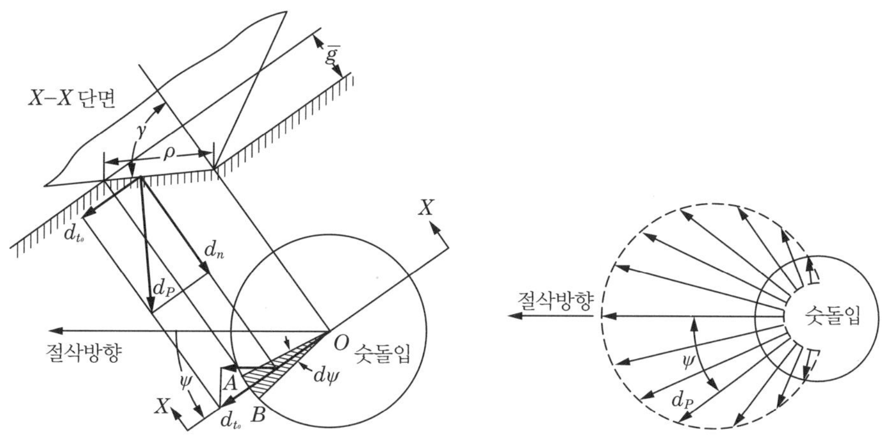

[그림 10-32] 숫돌 입에 발생하는 연삭저항

먼저 입자 1개의 연삭상태를 단순화 시킨다. 연삭 끝을 숫돌의 원주 상에 일치시키면 숫돌의 형상은 일정각의 원추형이 되고, 중심축은 숫돌의 반경 방향으로 향한다. 이 경우의 연삭상태는 **그림 10-29**(b) 또는 (c)와 같다. 이것을 단순화시키면 하나의 입자는 **그림 10-32**와 같은 평균 입자의 **연삭 깊이** $\bar{g}$로 평면 연삭한다고 가정한다. 그림의 절삭방향에서 ψ만큼 경사진 미소 면적 OAB(면적 d_s)에 대하여 절삭 저항을 계산해 보자.

$$d_t = d_P \cos\gamma \cos\psi$$
$$d_n = d_P \sin\gamma \qquad (10-29)$$

단, d_t, d_n은 각각 d_p의 연삭저항 및 수직방향 성분, 2γ는 원추의 꼭지각이다. 지금 절삭방향에 수직한 단위 면적당의 저항을 비교저항 σ로 일정하다면

$$d_P = \sigma\, d_s \cos\gamma \cos\psi \qquad (10-30)$$

이것은 d_P의 분포가 그림의 점선과 같이 되는 것을 의미한다. 또, 그림의 원추 모선의 길이를 ρ라 하면

$$d_s = \frac{1}{2}\rho^2 \sin\gamma \, d\psi \tag{10-31}$$

식 (10−31)을 식 (10−30)에 대입하여

$$d_P = \frac{1}{2}\rho^2 \sigma \sin\gamma \cos\gamma \cos\psi \, d\psi \tag{10-32}$$

식 (10−32)를 식 (10−29)에 대입하면

$$d_t = \frac{1}{2}\rho^2 \sigma \sin\gamma \cos^2\gamma \cos^2\psi \, d\psi$$

$$d_t = \frac{1}{2}\rho^2 \sigma \sin^2\gamma \cos\gamma \cos\psi \, d\psi \tag{10-33}$$

그러므로 한 입자의 연삭저항은

$$\bar{t} = \int_{-\pi/2}^{\pi/2} \frac{dt}{d\psi} d\psi = \frac{\pi}{4}\rho^2 \sigma \sin\gamma \cos^2\gamma = \frac{\pi}{4}\sigma \bar{g}^2 \sin\gamma$$

$$\bar{t} = \int_{-\pi/2}^{\pi/2} \frac{dt}{d\psi} d\psi = \rho^2 \sigma \sin^2\gamma \cos\gamma = \sigma \bar{g}^2 \sin\gamma \tan\gamma \tag{10-34}$$

가 된다. 위 식에서 평균 입자의 연삭 깊이 $\bar{g}$는 식 (10−28)을 사용하지만 **그림 10−28**의 사선 부분에서 입자 당 연삭 깊이의 평균값을 계산하면 $\bar{g}$는 다음 식과 같다.

$$\bar{g} = \frac{\delta}{\alpha+\delta}\left\{2\Delta - \frac{R(r+R)}{r}\frac{\delta^2}{3}\right\} \tag{10-35}$$

또, 그림의 호 $\widehat{PC}$중의 입자 수, 즉, 동시 연삭 입자 수 j, 이송을 f라 하면

$$j = \frac{R(\alpha+\delta)f}{w^2} \tag{10-36}$$

그러므로 식 (10-35), (10-36)을 사용하면 전체 연삭 저항은 식 (10-34)에서

$$F_t = j\bar{t} = \frac{\pi}{4}\sigma\frac{Rt}{w^2}\frac{\delta^2}{\alpha+\delta}\left\{2\Delta - \frac{R(r+R)}{r}\frac{\delta^2}{3}\right\}^2 sin\gamma$$

$$F_n = j\bar{n} = \sigma\frac{Rt}{w^2}\frac{\delta^2}{\alpha+\delta}\left\{2\Delta - \frac{R(r+R)}{r}\frac{\delta^2}{3}\right\}^2 sin\gamma\ tan\gamma \quad (10-37)$$

가 된다. 위 식에서 α, δ는 각각 다음과 같이 주어진다.

$$\alpha = \sqrt{\frac{2r\Delta}{R(r+R)}} \quad (10-12)$$

$$\delta = \frac{a}{2R}\frac{v}{V} \quad (10-38)$$

또한, SF-54강의 경우에 비연삭 저항 σ는 각각의 연삭조건에 따라 연삭저항 F_t, F_n을 측정하여 $\gamma = 60^\circ$ 로 놓고 식 (10-37)을 해석하면 다음의 실험식을 얻는다.

$$\sigma = 42\times 10^3(\bar{g})^{-1.24}\text{kg/mm}^2 \quad (10-39)$$

또, $\bar{g}$의 단위는 미크론(μ)이다. 또 R, r, v, V, f, Δ는 연삭 조건에서 주어지고 a, w는 이미 알고 있으므로 연삭 저항은 식 (10-37), (10-12), (10-38), (10-39)을 계산하여 구할 수 있다. 여러가지 조건에 따라, 식 (10-39)의 $\bar{g}$의 지수는 불변하고 계수는 항장력에 비례하므로 보정하여 사용한다. 이미 설명한 수식을 살펴보면 연삭 조건이 연삭 저항에 미치는 영향은 다음 식으로 정리할 수 있다.

$$F_i \fallingdotseq const.\ \Delta^{0.88}\, v^{0.76}\, V^{-0.76} f \quad (10-40)$$

숫돌의 입도, 결합도의 영향은 식 (10-37)의 평균 입자 간격 w와 식 (10-38)의 연속 절인 간격 a로 표시된다. 또, 경도가 **표 10-6**, 10-7보다 작은 숫돌일수록 연삭저항은 크다. 이와 같은 해석은 기본적으로 같지만 평균 칩 단면적 a_m을 사용하면 위의 수식은 더욱 간단하다.

한 입자의 접촉 연삭저항 $\overline{t}$만 생각하면

$$\overline{t} = \sigma' a_m \tag{10-41}$$

라 두고 σ'는 식 (10−34)의 σ와 다른 의미의 연삭 저항이다. 동시에 연삭 입자 수는 $j = (lf / w^2)$이고 식 (10−23), (10−13)에서

$$F_t = j\,\overline{t} = \sigma' \frac{v}{V} f\Delta$$

$$\therefore \sigma' = F_t \Big/ \left(f\Delta \frac{v}{V} \right) \tag{10-42}$$

위 식의 우변은 실제로 측정되는 값으로 a_m과의 관계로부터 계산하면 **그림 10−33**과 같다.

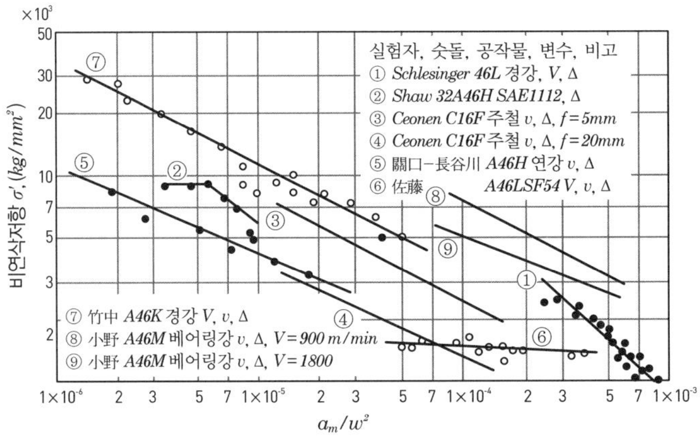

[그림 10−33] 비연삭 저항 σ'와 평균 칩 단면적 a_m과의 관계(小野)

$$\sigma' = k a_m^{-\varepsilon} \tag{10-43}$$

되는 관계가 구해진다. 그러므로 식 (10−41)에서

$$\overline{t} = k a_m^{1-\varepsilon} \tag{10-44}$$

이고, F_t는 식 (10−23)을 사용하여

$$F_t = j\overline{t} = kfw^{-2\varepsilon}\Delta^{1-\varepsilon/2}\left(\frac{v}{V}\right)^{1-\varepsilon}\left(\frac{r+R}{2rR}\right)^{-\varepsilon/2} \tag{10-45}$$

가 된다. ε의 값은 일반적으로 0.2~0.5정도이고 R_c 63~68의 구형 베어링강에 대하여 $\varepsilon = 0.25$가 된다. 이 값을 식 (10−45)에 대입하면

$$F_t = kw^{-0.5}\Delta^{0.88}v^{0.75}V^{-0.75}f\left(\frac{r+R}{2rR}\right)^{-0.13} \tag{10-46}$$

정수 k는 **표 10−8**의 값과 같고 식 (10−40)과 비교하면 연삭 저항은 Δ, v, V, f의 영향에 따라 변화한다. 결국 식 (10−40)의 숫돌입자의 연삭 깊이는 식 (10−46)의 평균 칩 면적을 기초한 것으로 식 (10−20), (10−23)과 같이 결과가 일치한다. 새로운 소재를 제외하고 어떤 연삭 저항이라도 광범위한 연삭 실험으로 구할 수 있다. 연삭저항에 관계되는 $\overline{g}$ 또는 a_m을 정리하면 연삭 조건의 영향이 작은 경우도 성립한다.

정상 연삭상태에서 도변(渡辺)의 실험 식 (10−40), (10−46)도 실제와 잘 일치한다.

[표 10−8] 각종재료의 k값, A60P 숫돌

재질	크롬강	0.6%동	1.2%동	1.2%강	0.6%강	0.2%강	주철	46황동
열처리	담금질	담금질	담금질	템퍼링	템퍼링	템퍼링	템퍼링	템퍼링
비커스 경도(H_v)	880	630	440	275	200	110	130	130
k(kg/mm^2)	205	200	204	165	170	145	130	105

$$F_t = const.w^{-1.24}\Delta^{0.88}v^{0.76}V^{-0.76}f^{0.62}\left(\frac{r+R}{2rR}\right)^{-0.12}E^{0.38} \tag{10-47}$$

단, E는 숫돌 폭이다.

플랜지 컷(flange cut)연삭에서 Δ를 이송깊이, f를 숫돌 폭이라 하면 지금까지의 여러 수식이 적용되었다. 또 10.1에서 설명한 **그림 10−2**(f)의 평면 연삭에서 숫돌의 연삭 깊이를 f(절삭폭)라고 하면 일반 평면연삭과 같이, 접촉호가 매우 길다. 이 식은 상향과 하향 연삭에서 모두 사용

되므로 다듬질 면과 접촉 부분이 넓은 것이 특징이다. 연구 방법에 따라 다를 수 있으나, 이 식의 계산 값 보다 큰 연삭저항 값을 예상할 수 있다.

(2) 차원 해석에 의한 실용 식

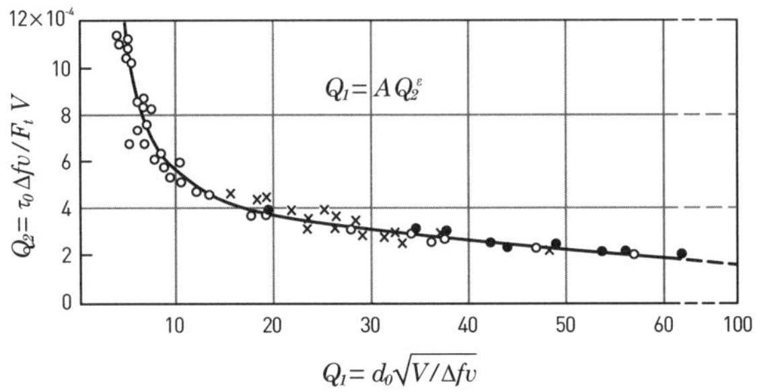

탄소강 *C60, 61*(템퍼링), 숫돌 *60J*, 연삭속도 *15~28m/s*,
공작물 속도 *0.15~0.19m/s*, 이송 *5~26mm/rev*, 연삭깊이 *5~20μ*, 건절삭

[그림 10-34] 무차원 Q_1, Q_2에 의한 절삭 저항(H. Opitz)

엄밀한 해석은 아니지만 이론과 실험 결과를 병행한 연구는 매우 간결하므로 차원 해석하기에도 좋다. H. Oplitz는 연삭 저항 F_t에 영향을 미치는 여러 변수에 대하여 차원해석을 통하여 다음과 같은 두 개의 무차원 값으로 정리하였다.

$$Q_1 = d_0 \sqrt{\frac{V}{\Delta f v}}$$

$$Q_2 = \tau_0 \frac{\Delta f v}{F_t V} \qquad (10-48)$$

단, d_0는 입자직경, τ_0는 공작물 재료의 전단강도이다. 각종 연삭조건과 F_t를 실제로 측정하여 Q_1, Q_2의 관계를 구하면 **그림 10-34**와 같이, 그 값들이 한 개의 곡선 위에 있다. 즉, Q_1, Q_2의 관계는

$$Q_1 = A\,Q_2^{\varepsilon} \qquad (10-49)$$

인 실험식을 얻는다. 그러므로 정수 A, ε을 미리 정해 두면 다른 숫돌재료나, 숫돌에서 절삭 조건만으로도 F_t를 계산할 수 있다. 이 방법은 A, ε의 값이 어떤 일정한 값이므로 매우 유용하다. 식 (10−48)에서 알 수 있는 것처럼 연삭형식이나 숫돌의 종류(예를 들면 결합도)에 따라 A, ε의 값은 다르기 때문에 차원해석에 의한 변수, Q_1, Q_2을 다시 검토 할 필요가 있다. 또한 연삭형식(내면 연삭, 내외면 연삭 등)이 결정되면 비록 A, ε의 값은 작으나 많은 종류의 숫돌을 폭넓게 선택할 수 있다.

식 (10−48)은 절인간격에 관계없이 F_t를 측정하여 식 (10−49)로 간단히 나타낼 수 있다.

따라서 제한적인 조건(숫돌, 공작물의 치수, 공작물 재료, 숫돌의 종류)에서 처음부터 식 (10−49)를 사용하면 연삭저항을 자세히 알 수 있다. 또한 설명한 식 (10−46)과 **표 10−8**을 잘 조합하면 연삭 실험값이나 저항을 계산할 수 있다. 법선분력 F_n은 식 (10−37)의 제2식에 의하여 $\gamma = 60°$일 때, $F_n = 2.2F_t$가 되고 실제 값도 이와 비슷하다.

(3) 연삭저항의 치수효과

이미 설명한 식 (10−39), (10−43)의 연삭 저항은 숫돌의 연삭 깊이, 평균 칩 단면적이 작을수록 크다. 이것은 **치수효과**에 의한 것으로 2.1에 설명한 절삭 가공 실험에서 자주 발생한다.

식 (10−39)에서 $\bar{g} = 10\mu m$이라면 $\sigma \fallingdotseq 4{,}000 kg/mm^2$이고 식 (10−43)의 σ'도, **그림 10−33**과 같이 $\sigma' = 3{,}000 \sim 10{,}000 kg/mm^2$ 정도이다. 반면에 SF 54강의 인장강도는 약 $55 \sim 60 kg/mm^2$이므로 비절삭저항은 매우 큰 것을 알 수 있다.

비절삭저항이 큰 이유는 결합제나 입자 여유면의 마찰, 칩 생성 외에 부풀어 오름 등 소성변형에 의한 숫돌면의 정수압 응력 성분이 크기 때문이다. 또한 그 크기는 치수효과에 의한 것이라고 생각된다. 금속의 파괴는 결정격자의 **슬립**(미끄럼)에 의해 발생한다. 즉 원자간 힘에 저항하면서 **슬립**(미끄럼)에 필요한 전단응력은

$$\tau_0 \fallingdotseq \frac{G}{2\pi} \tag{10−50}$$

정도이다. 단, G는 강성율이다. 결함이 없는 결정격자가 정연하게 배열되어 있는 이상적인 재료의 강도는 강일 때는 약 $\sigma_0 = 8{,}000/2\pi \fallingdotseq 1{,}270 kg/mm^2$가 된다. 이에 비해 보통 연강의 항복 전단응력은 $30 \sim 40 kg/mm^2$이므로 위의 강도 차이는 결정체를 가진 보통의 금속재료에 불규칙한 결정 배열이 있거나 미시적인 크랙에 의한 공공 또는 불순물이 들어가기 때문이라고 생각된다.

격자결함은 하중이 작용할 때에 응력이 집중되어 많은 **전위**(dislocation)가 발생하고 τ_0보다 낮은 전단응력에서 소성 변형을 일으키는 원인이 된다. 즉, 평균적인 전단응력 τ가 이론 강도 τ_0보다 작고 응력 집중도 c가 크며, 격자점 주위의 열 요동으로 τ와 τ_0의 에너지 차이를 보상하기 때문이다. 또 전위의 발생에 필요한 단위 체적당의 열에너지를 u_θ라고 하면

$$u_\theta = \frac{(\tau_0 - c\tau)^2}{2G} \tag{10-51}$$

통계학적 열역학에 의해, 체적 V중에 Vu_θ의 열에너지가 나타날 확률 P는

$$P \propto \varepsilon^{-Vu_\theta/(kT)} \tag{10-52}$$

단, k는 볼츠만(Boltzmann)정수, T는 **절대온도**이다. 또, 변형속도는 전위의 발생속도에 비례하므로 식 (10-52)에서 A를 정수라고 하면

$$\dot{\gamma} = Ae^{-Vu_\theta/kT} \tag{10-53}$$

식 (10-51)을 식 (10-53)에 대입하면

$$\tau = \frac{1}{c}\left[\tau_0 - \left(\frac{2GkT}{V}\ln\frac{A}{\dot{\gamma}}\right)\right]^{1/2} \tag{10-54}$$

가 되고 응력집중도 c가 클수록 위치 강도를 감소시킨다.

이미 설명한 것처럼 보통의 금속재료는 많은 결함, 즉 응력 집중을 포함하고 있으나 단위 체적당의 결함수를 n(결함치수는 동일)이라고 하면 V가 결함이 없을 확률은

$$P = e^{-nV} \tag{10-55}$$

로 주어진다. 즉, 사용하는 시편의 크기가 작을수록 결함이 존재할 확률이 크고 각 시편의 평균

강도는 $G / 2\pi$이상의 값이 되며 치수효과가 발생한다. 숫돌 연삭 깊이가 작은 연삭 가공은 미소 시편으로 취급되므로 비연삭 저항이 크고 σ 또는 σ'가 $G / 2\pi \fallingdotseq 1{,}270\text{kg/mm}^2$이상이 된다. 격자구조에 따라 결정의 **슬립면**(미끄럼면)은 각각 다르므로 응력상태나 파괴 슬립(미끄럼)면의 수직응력도 일정하지 않다. 즉, 파괴 슬립(미끄럼)면의 진실 응력에 해당되는 σ, σ'가 τ_0보다 크다.

M.C. Shaw는 단위 칩 용적당의 연삭 에너지 u를 **비연삭 에너지**라 하고 최대입자 깊이 g와의 관계를 구하면 다음 식으로 주어지며, 결과는 **그림 10-35**와 같다.

$$u = \frac{VF_t}{uf\Delta} \tag{10-56}$$

식 (10-42)와 같이 u는 비연삭 저항 σ'와 같고 그림과 같이 g값 이하 에서 일정하지만 이상의 값에서는 감소한다. 이때의 임계 입자 연삭 깊이는 28μ-in이다.

M. C. Shaw는 입자의 연삭 깊이에서 전단응력 τ를 구하기 위해 연삭 조건과 같은 고속, 미소 절삭두께를 가진 홑날(단인) 정면밀링(micro-milling)을 사용하였다.

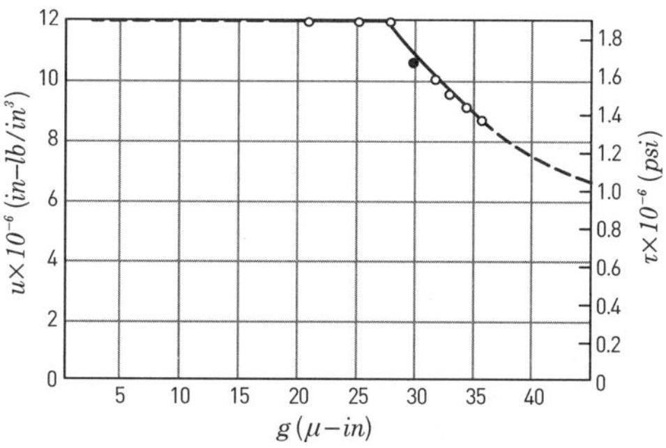

(M.C show), 볼베어링, 숫돌 32A 46-H8-VDE(D=8in), 연삭속도 3000rpm, 공작물속도 4fpm, 연삭 폭 0.4in, 건절삭

[그림 10-35] 비연삭 에너지와 숫돌입 최대 연삭 깊이 g와의 관계

그림 10-36은 그 결과이며 입자를 여유각 0°의 정면밀링 날이라고 가정하고 $g = 28\mu$-in에서 u_s / u의 외부 삽입점을 50%로 설정하여 구하였다. 이때에 u_s, u는 식 (1.17) 및 식 (1.16)에서 구하고, $u_s / u = 0.5$와 식 (1.17)을 사용하면

$$\tau = \frac{u_s}{\gamma} = \frac{0.5u}{3.12} = 0.16u \tag{10-57}$$

이다.

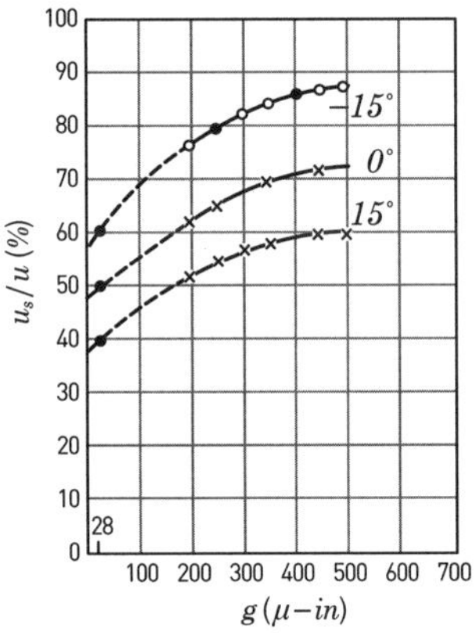

SAE 112강, 초경(D=6in), 절삭속도 3,400rpm, 이송속도 4fpm, 건절삭

[그림 10-36] 마이크로 링에서 U_s / u와 g의 관계(M. C. Show)

그림 10-35의 $g \leqq 28\mu$−in인 부분에서 전단응력은 $\tau = 1.9 \times 10^6$psi이고 철강의 이상 값은 $\tau = G/2\pi \fallingdotseq 1{,}270$kg/mm^2 $= 1.8 \times 10^6$psi이다. 결국 $g \leqq 28\mu$−in이하의 연삭 깊이는 전단응력에서 결함이 없는 이상 값과 일치하므로 **그림 10-35**와 같이 일정한 영역이 된다. 지금 28μ−in는 결함의 **평균 간격**에 해당되고 X선 회절 및 전자현미경 관찰에 의한 결함간격은 10^{-4}~10^{-5}cm, 40~4μ−in가 되므로 28μ−in는 타당한 값이라고 생각된다.

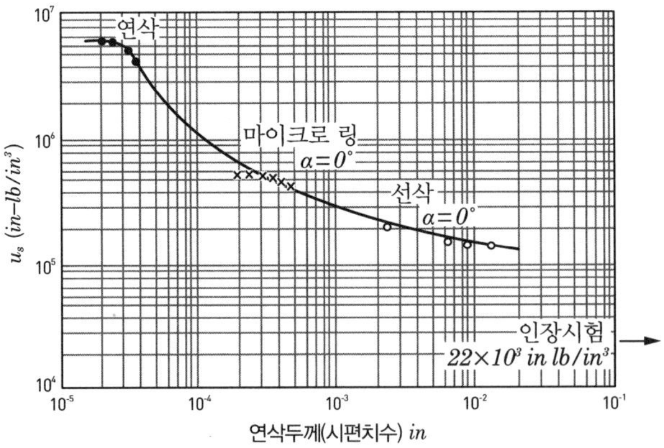

SAE 112강, 선삭 : 초경, V= 106~620fpm, t_1= 2.3~11.6in, 건절삭

[그림 10-37] 비전단 에너지의 절삭 두께에 의한 변화(M.C. Show)

또 절삭, 마이크로 및 미크론 선삭 실험결과에 따라 u_s와 절삭 두께와 관계를 구하면 **그림 10–37**과 같이 한 개의 곡선으로 표시된다. 이때에 모든 여유각은 0°이고 γ가 큰 차이가 없으면 식 (10−57)에서 u_s는 τ에 해당되므로 절삭 두께가 감소하면 전단응력은 이상 값 $G/2\pi$에 가깝다. 온도나 변형속도가 다른 3종의 가공법으로 얻은 곡선과 u_s가 잘 일치하는 이유는 τ에 대한 온도와 변형속도의 효과가 서로 상쇄되기 때문이다. 이러한 상쇄성을 고려하여 식 (10−54)를 해석할 수 있다.

이상의 Shaw의 해석은 연삭을 여유각 0°의 절삭공구로 보고, 절삭이론을 적용한 것으로 치수효과의 현상을 잘 입증해 준다.

10.3.4 연삭정도, 연삭 다듬질 거칠기

(1) 연삭 정밀도

연삭 정밀도는 연삭기 자체의 정밀도에 영향을 주기 때문에 연삭에서 발생하는 각종 가공 정밀도는 여러가지 요인에 따라 변화될 수 있다. 정밀도에 영향을 미치는 인자는

① 연삭저항에 의한 연삭 및 공작물의 관성변형

② 연삭기 및 공작물의 열변형

③ 손모에 따른 숫돌형상 치수의 변화

④ 연삭기 및 공작물 진동

⑤ ①, ④에 의한 커터의 영향 증가

이다. 먼저, 여기서 가장 중요한 ①의 탄성변형에 대하여 설명하겠다.

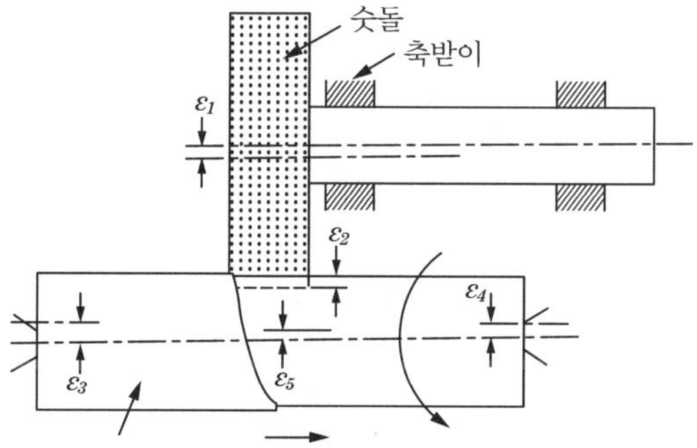

[그림 10–38] 연삭계의 탄성변위

연삭기의 강성을 높이는 데는 한계가 있지만, 공작물의 강성은 설계 단계에서도 연삭과는 무관하다. 그러나 연삭기와 공작물을 하나의 강성계로 취급하여 해석하기 위해 적절한 작업조건을 선택해야 한다. 연삭에서 숫돌의 깊이가 3～20μ−in정도 일 때에 비 연삭저항이 크기 때문에 연삭저항도 매우 크다. 특히 보통의 절삭가공과 달리 법선분력은 접선분력의 2배 이상이 되므로 탄성변형과 연삭 깊이의 변화는 미소하더라도 무시할 수 없다. 또 이미 10.3.2⑵에서 설명한 스파크 아웃(spark− out) 연삭은 탄성변형이 원상태로 회복된 부분을 연삭하는 것이다. **그림 10−38**은 지지계의 탄성변위로 ε_1 : 숫돌 축의 변위, ε_2 : 숫돌의 탄성변위, ε_3 : 주축에서 센터의 변위, ε_4 : 심압대의 센터의 변위, ε_5 : 공작물의 변위 등이라면 공작물 숫돌의 상대위치 변화 ε는

$$\varepsilon = \varepsilon_1 + \varepsilon_2 + (\varepsilon_3, \varepsilon_4) + \varepsilon_5 \qquad (10-58)$$

이고, ε는 남은 절삭량(residual stock removal)이라고 한다. 현재 남은 절삭량 ε는 연삭저항 F_n에 비례하고 F_n은 숫돌 깊이 Δ에 비례하므로 k_c는

$$k_c = \frac{F_n}{\Delta}(\mathrm{kg}/\mu),\ k_m = \frac{F_n}{\varepsilon}(\mathrm{kg}/\mu) \qquad (10-59)$$

이고, k_c는 절삭 강성, k_m은 지지계의 총 합성 강성에 해당된다. 식 (10−59)에 의해

$$\varepsilon = \frac{k_c}{\varepsilon}\Delta = \alpha\Delta \qquad (10-60)$$

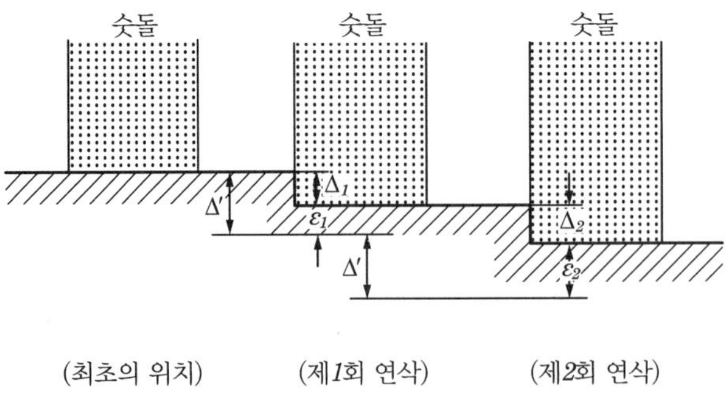

[그림 10−39] 횡단연삭에서 숫돌과 공작물의 상대위치

이고 α는 공작물보다 지지계가 변형되기 쉬운 상태를 나타낸다. 원통 연삭에서 실제로 α를 측정하면 대략 1.0~0.1 정도이다. 이미 제1단계의 횡단(traverse)연삭에서 연삭기를 Δ'만큼 이송시킬 때에 **진실 숫돌 이송량**을 Δ_1, 남은 이송량을 ε_1이라고 하면 **그림 10-39**에 표시한 것과 같고

$$\begin{aligned}&\text{제1번째}\quad \Delta_1 = \Delta' - \varepsilon_1\\&\text{제2번째}\quad \Delta_2 = \Delta' + \varepsilon_1 - \varepsilon_2\\&\text{제3번째}\quad \Delta_3 = \Delta' + \varepsilon_{i-1} - \varepsilon_i\end{aligned} \tag{10-61}$$

또, 식 (10-60)에 의해

$$\varepsilon_i = \alpha\Delta_1,\ \varepsilon_2 = \alpha\Delta_2\ \cdots\cdots,\ \varepsilon_i = \alpha\Delta_i \tag{10-62}$$

식 (10-61), (10-62)에서 각 회수의 진실 숫돌 깊이는

$$\begin{aligned}\Delta_1 &= \frac{1}{1+\alpha}\Delta'\\ \Delta_2 &= \frac{1}{1+\alpha}\left\{1+\left(\frac{\alpha}{1+\alpha}\right)\right\}\Delta'\\ \Delta_i &= \frac{1}{1+\alpha}\left\{1+\left(\frac{\alpha}{1+\alpha}\right)+\left(\frac{\alpha}{1+\alpha}\right)^2+\cdots\cdots+\left(\frac{\alpha}{1+\alpha}\right)^{i-1}\right\}\Delta'\\ &= \left\{1-\left(\frac{\alpha}{1+\alpha}\right)^i\right\}\Delta'\end{aligned} \tag{10-63}$$

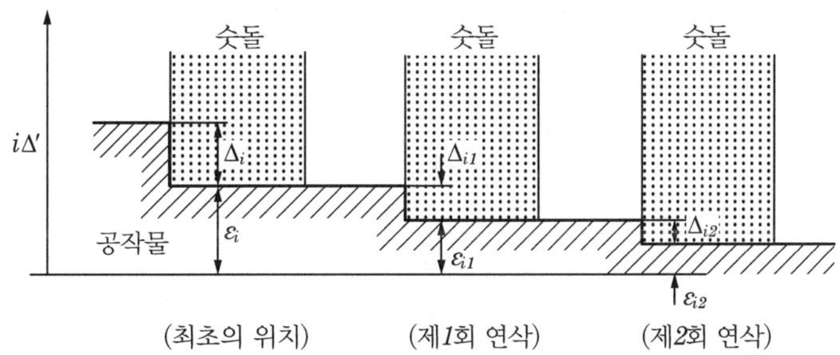

[그림 10-40] 스파크 아웃 연삭에서 숫돌과 공작물의 상대위치

가 된다. $\alpha/(1+\alpha) < 1$이므로 횡단수 i가 크면 $\varDelta_i$는 주어진 깊이 $\varDelta'$와 일치한다.

다음에 i회 횡단 연삭에서 n회의 스파크 아웃 연삭으로 이송되면 **그림 10-40**에 표시한 것처럼 1회의 스파크 아웃 연삭은

1회째 $\varDelta_{i1} = \varepsilon_i - \varepsilon_{i1}$

2회째 $\varDelta_{i2} = \varepsilon_{i1} - \varepsilon_{i2}$

3회째 $\varDelta_{in} = \varepsilon_{in} - \varepsilon_{in}$

이고, 식 (10-62), (10-63)을 사용하면

$$\varDelta_{in} = \left(\frac{\alpha}{1+\alpha}\right)^n \left\{1 - \left(\frac{\alpha}{1+\alpha}\right) i\right\} \varDelta' \qquad (10-64)$$

가 된다. 식 (10-63), (10-64)의 관계를 **그림 10-41**로 표시하였다.

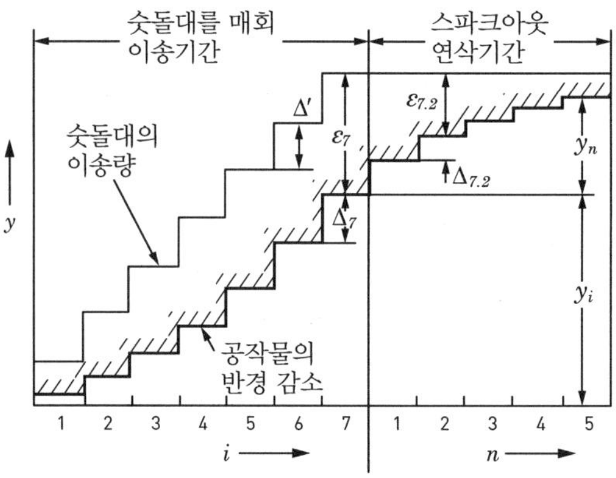

[그림 10-41] 숫돌의 이송량과 공작물 반경 감소와의 관계

또 그림에서 숫돌로 연삭하는 경우, 공작물 반경의 감소를 y_i, 스파크 아웃 연삭의 반경 감소를 y_n이라 하면

$$y_i = \sum_1^i \varDelta_i = i\varDelta' - \alpha\varDelta'\left\{1 - \left(\frac{\alpha}{1+\alpha}\right)^i\right\}$$

$$y_n = \sum_{1}^{i} \Delta_{in} = \alpha\Delta'\left\{1-\left(\frac{\alpha}{1+\alpha}\right)^i\right\}\left\{1-\left(\frac{\alpha}{1+\alpha}\right)^n\right\} \tag{10-65}$$

그러므로 전 기간 동안 반경 감소량 y_{in}은

$$y_{in} = y_i + y_n = i\Delta' - \alpha\Delta'\left(\frac{\alpha}{1+\alpha}\right)^n\left\{1-\left(\frac{\alpha}{1+\alpha}\right)^i\right\} \tag{10-66}$$

결국, 숫돌을 이송하여도 공작물을 필요한 치수로 다듬질할 수 없고 **불꽃**(spark−out)만 반복하는 이유는 **그림 10−41**로부터 이해할 수 있다.

실제로 숫돌의 위치에 따라 공작물이나 지지판의 휨 형태가 변화하므로 스파크 아웃을 반복할 것이다. 플랜지 컷 연삭의 경우, 공작물 1회전당의 이송량과 Δ'의 깊이로 연삭하는 경우, 이미 설명한 각종 수식을 공작물의 회전수(i)와 스파크 아웃시의 회전수(n)에 적용할 수 있다. 전체 가공에서 형상오차가 생기는 과정을 생략하면 가공 된 공작물의 외주면이 진원에 대하여 $y_0(t)$의 표면을 이룬다. 단, 연삭기에 공작물이 편심 상태로 부착되면 $y_0(t)$는 그대로 있다.

플랜지 컷 연삭의 경우에는 숫돌대의 이송속도 S, 공작물이 1회전하는 시간 T라 하고 i회전 후에 표면상태가 $y_i(t)$이면(**그림 10−39**참조)

$$y_i(t) + \alpha\{y_i(t) - y_{i-1}(t)\} = S\{(i-1)T + t\}$$

의 관계가 있다. 그러므로

$$y_i(t) = \frac{\alpha}{1+\alpha}[\{(i-1)T + t\}S + \alpha y_{i-1}(t)] \tag{10-67}$$

이고, 위식을 사용하여 $y_{i-1}(t)$를 구하면

$$y_i(t) = ST(i-1) - ST\alpha\left\{1-\left(\frac{\alpha}{1+\alpha}\right)^{i-1}\right\}$$

$$+St\left\{1-\left(\frac{\alpha}{1+\alpha}\right)^i\right\}+\left(\frac{\alpha}{1+\alpha}\right)^i y_0(t) \qquad (10-68)$$

이 된다. 우변의 마지막 항의 계수 $\left(\frac{\alpha}{1+\alpha}\right)^i$는 연삭 회전수에 따라 최초의 형상 $y_0(t)$을 수정한 비율이다. 횡단 연삭의 경우에 식 (10−68)은 $ST = St = \Delta'$라면 제3항까지는 식 (10−65)에서 $y_i(t)$ 이상의 숫돌 깊이 일지라도 최초의 형상오차는 1회의 연삭으로 제거된다.

다음은 열변형의 영향을 고려해 보자. 탄성변형의 영향은 스파크 아웃을 반복하여 제거할 수 있으나 열변형의 영향을 무시할 수 없다. 공작물은 연삭열로 팽창하지만 온도 분포가 균일하지 않으면 불균일한 팽창으로 연삭 후에도 형상오차가 생긴다. 열용량이 작고 온도분포가 불균일한 소형 공작물일수록 이러한 경향이 크다. 또 얇은 판 등을 연삭할 때, 휘어지기 쉬우므로 연삭액을 많이 사용하여 온도의 상승이나 열 변질을 방지해야 한다. 연삭기에는 열변형이 중요하므로 열원이 되는 유압계나 연삭액의 탱크를 본체에서 분리한다.

숫돌의 손모, 특히 정면연삭 상태에서 숫돌의 손모가 크면 형상치수의 정밀도에 큰 영향을 준다. 숫돌 1회전마다 연삭 깊이의 1/5,000~ 1/2,000정도 반경이 감소하고 $\Delta' = 10\mu$, 2000rpm에서 1시간 연삭하면 4~10정도의 반경이 감소한다. 또, 플랜지 컷의 총형 연삭에서 숫돌 깊이가 같지 않으면 산형부가 파괴되므로 형상오차가 생긴다. 또한 진동 등 연삭 자체의 문제점을 발생시키므로 숫돌이나 연삭 조건을 잘 선택하여 정상 상태로 유지해야 한다. 연삭기의 진동이나 절연에 주의하고 이전에 설명한 **안정된** 채터링 **영역**을 알고 있어야 한다.

진동이 생기면 연삭다듬질 면은 굴곡이 생기고 연삭면의 모양이 달라져서 숫돌은 손모된다.

(2) 연삭 다듬질 거칠기

최초의 표면 거칠기 표시법을 간단히 설명해 보자. 간단히 凹凸의 크기를 직접 수치적으로 표시하지만 현재 가장 널리 사용되는 방법은

① 최대 높이 거칠기(maximum height roughness) Hmax

② 산술 평균 거칠기(centline average height roughness) HCLA

③ 자승 평균 거칠기(root mean square average height roughness) Hrms

의 3종류가 있다. KS규정에 의하면, Hmax는 **그림 10−42**와 같이 기준면에 나타나는 파형 중에서 가장 큰 산이나 골을 제외한 최대 산과 최저 골밑간의 수직거리이다.

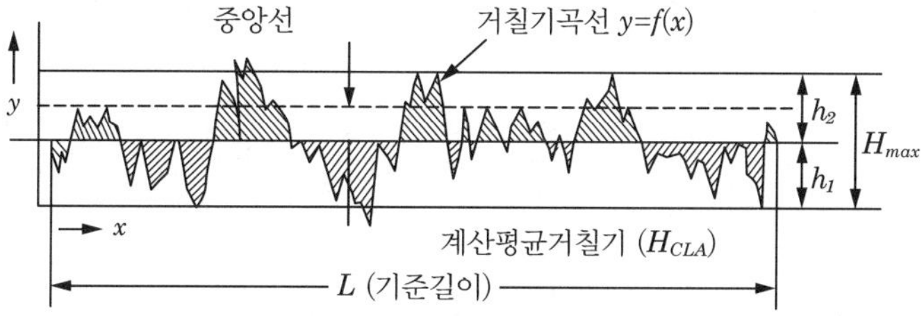

[그림 10-42] 표면 거칠기 곡선과 거칠기의 정의

H_{CLA}는 거칠기 곡선 $f(x)$의 중앙선(이 직선의 상하 면적의 총합이 같음)에서 단위 산술평균으로 $H_{CLA}=\frac{1}{L}\int_0^L |y|\,dx$이고 H_{rms}는 단위 자승평균인 $H_{rms}=\sqrt{\frac{1}{L}\int_0^L y^2\,dx}$ 이다. H_{max}는 그림과 같은 표면 거칠기 곡선의 확대도에 있는 길이로 구한다. H_{CLA}, H_{rms}는 모두 촉침을 가진 전기적인 증폭기구로 눈금을 읽는 계기 장치로 측정한다. 특별히 지정되지 않은 다듬질 거칠기는 최대의 거칠기의 방향으로 측정한다. 연삭 다듬질면의 해석은 연속절인 간격을 사용하여 **그림 10-29(b)**의 상항을 미리 가정하여 계산하는 방법도 있으나 같은 원주 위에 입자 끝을 배열한 거칠기보다 작아진다. 그러므로 본 항은 연삭기의 반경 방향의 입자분포를 고려하여 10.3.2⑴의 후속절인의 개념을 사용한 小野의 해석 방법을 설명하겠다. 이미 설명한 10.2에서와 같이 AC면의 여러 위치에서 입자를 절삭하거나 O점의 극, $\overline{OB}$를 원점으로 하는 극좌표 (ρ, θ)의 입자를 연삭하는 순간을 **그림 10-43**으로 표시하였다.

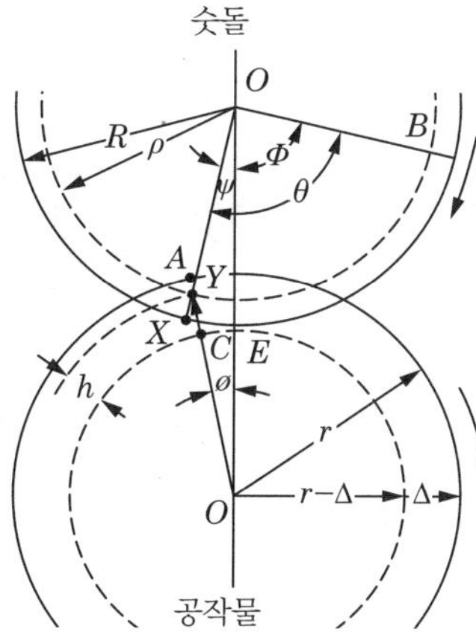

[그림 10-43] 숫돌입의 절삭 높이

그림의 $h = \overline{YC}$를 입자 Y의 절삭높이라고 가정하면 그림의 기하학적 관계에서

$$h = (R+r-\varDelta)cos\phi-(r-\varDelta)-\sqrt{\rho^2-(R+r-\varDelta)^2 sin^2\phi} \tag{10-69}$$

$$\theta = \Phi+\Psi = \frac{\Omega}{w}\phi-\phi+sin^{-1}\left(\frac{R+r-\varDelta}{\rho}sin\phi\right) \tag{10-70}$$

이다. 단, Ω, w는 각각 숫돌 및 공작물의 각속도이다. R, r, ρ에 대하여 $\varDelta$를 생략하고 ϕ^2도 1에 대하여 생략하면 식 (10−69), 식 (10−70)은

$$h = R-\rho+\frac{1}{2}\cdot\frac{r}{R}(R+r)\phi^2 \tag{10-71}$$

$$\phi = \frac{\phi}{r/R+\Omega/w} = \frac{R}{r}\cdot\frac{u}{V}\left(1+\frac{v}{V}\right)^{-1}\theta \tag{10-72}$$

된다. 두 식에서 ϕ를 소거하면

$$h = R-\rho+\frac{1}{2}\left(\frac{v}{V}\right)^2\left(\frac{R+r}{Rr}\right)\left(1+\frac{v}{V}\right)^{-2}R^2\theta^2 \tag{10-73}$$

$$= R-\rho+G^2R^2\theta^2$$

$$G^2 = \frac{1}{2}\left(\frac{v}{V}\right)^2\left(\frac{R+r}{Rr}\right)\left(1+\frac{v}{V}\right)^{-2} \fallingdotseq \frac{1}{2}\left(\frac{v}{V}\right)^2\left(\frac{1}{R}+\frac{1}{r}\right)$$

이다. 다음은 AC면에서 한 셋의 후속절인에 의한 절삭 흔적은 P, Q(**그림 10−44**)이다.

절인 P, Q의 연삭숫돌에서 좌표를 각각 $P(\rho,\ \theta)$, $Q(\rho_0,\ \theta_0)$라고 하면 각 절인의 절삭 두께는 식 (10−73)에 의해

$$p:\ h = R-\rho+G^2R^2\theta^2$$
$$Q:\ h_0 = R-\rho_0+G^2R^2\theta_0^2 \tag{10-74}$$

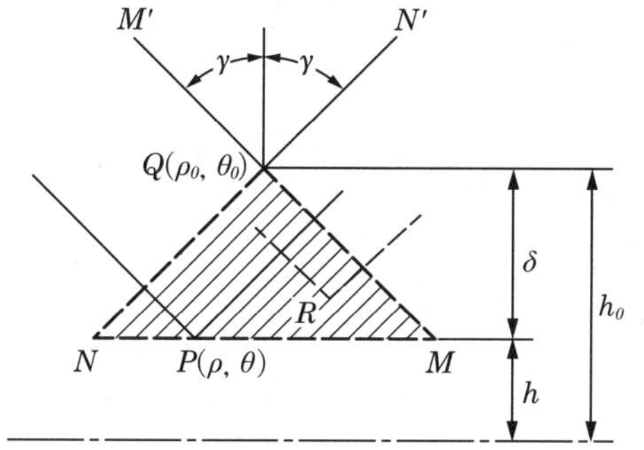

[그림 10-44] 후속절인과 절삭 높이

또, P는 Q에 대한 후속 절인이고, 정의에 따라 그림의 사선을 지나는 $\triangle QNM$중에 절인 P만 존재한다. 이것은 $\triangle QNM$에 대응하는 숫돌 체적에는 하나의 절인도 존재하지 않는다. **그림 10-45**의 절인 P, Q의 숫돌 내부에 위치를 표시하는 $Q'Q''$, $P'P''$선이 각각 식 (10-74)로 주어진 절삭높이 h_0 및 h가 된다. 주어진 숫돌의 체적은 측면이 $Q'Q''$, $P'P''$를 이루는 밴드 모양이고, 중앙 단면이 $\triangle QMN$인 삼각추의 체적과 같다. 이 체적 u는

$$u=\int_{h}^{h_0}\frac{4\sqrt{h}}{G}(h_0-h)tan\gamma\, dh \tag{10-75}$$

$$=\frac{8\,tan\gamma}{15G}(2h_0^{5/2}-5h_0h^{3/2}+3h^{5/2})$$

로 주어진다.

또, 나머지 입자 수는 1개이고 한 입자가 점유하는 체적은 10.3.2(1)에 설명한 ν^3이므로

$$\frac{8\,tan\gamma}{15G\nu^3}(2h_0^{5/2}-5h_0h^{3/2}+3h^{5/2})=1 \tag{10-76}$$

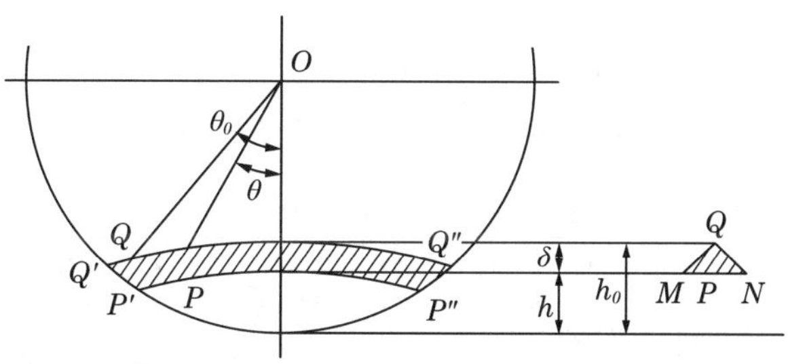

[그림 10-45] 후속절인에 대해 숫돌 내부의 체적

이 된다. 다듬질 면에 잔류하는 절삭 흔적은 서로 후속절인의 관계가 없다고 가정하자. 즉, **그림 10-46**의 다듬질면의 프로파일에서 임의의 절삭 흔적이 될 때, 그림의 사선을 지나는 삼각형 중에 다른 절삭흔적은 포함하지 않는다. 따라서 최대 절삭 높이(흔적의 골밑 높이)가 절삭 흔적이고 후속절인이 잔류한다. 약간의 공작물 높이라도 후속절인이 나타나면 반드시 제거해야 한다. 그러므로 절삭 흔적에 대하여 후속절인을 갖는 한계는 식 (10-76)에서 $h_0 = 0$이므로

$$\frac{16}{15} \cdot \frac{tan\gamma}{G\nu^3} H_v^{5/2} = 1 \tag{10-77}$$

이 성립한다. 단 H_v는 다듬질 거칠기의 최대 골 높이이다. 식 (10-77)에 식 (10-73)의 G를 대입하면

$$H_v = 0.97\nu^{6/5}(cot\gamma)^{2/5}\left\{\frac{v}{V}\sqrt{\frac{1}{2}\left(\frac{1}{R}+\frac{1}{r}\right)}\right\}^{2/5} \tag{10-78}$$

이 된다. 연삭조건에 의해 식 (10-77)이나 식 (10-78)보다 다듬질 거칠기가 크다.

$G = \frac{v}{V}\sqrt{\frac{1}{2}\left(\frac{1}{R}+\frac{1}{r}\right)}$은 $\frac{2}{5}$에 비례하고 숫돌 깊이 Δ와 무관하다. 단 H_v도 다듬질 거칠기를 표시하는 한 방법이다. 다음은 이것과 최대높이 H_{max}와의 관계를 구해보자. H_{max}는 **그림 10-43**의 호 $\widehat{CE}$를 최저 기준선으로 부터 최대 산 높이를 표시한다. 이미 설명한 것처럼 아주 높은 산은 제외시켜야 하므로 **그림 10-47**과 같이 최저 기준선에서 서로 이웃한 2개의 호에 낀 산의 높이를 각각 h_1, h_2, h_p이라 하면 골밑의 피치(pitch)는

$$h_p = \frac{1}{2}(h_1 + h_2 + p\ cot\gamma) \tag{10-79}$$

이다.

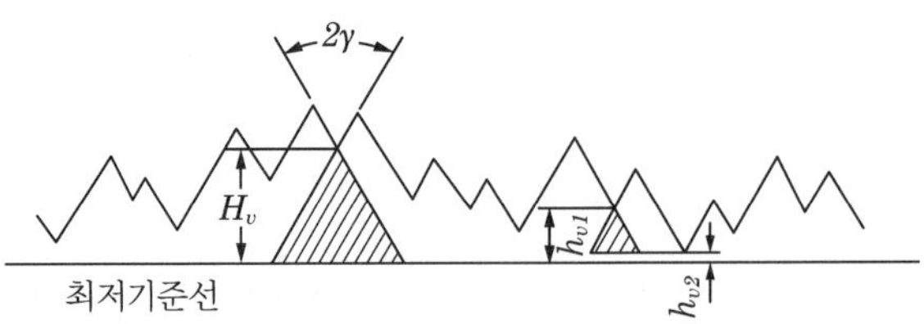

[그림 10-46] 최대 골밑 높이 H_v

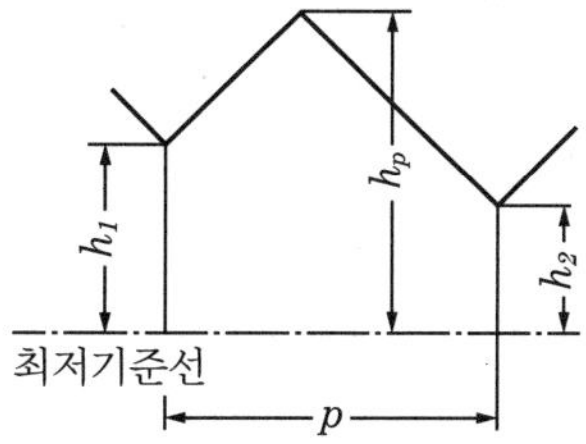

[그림 10-47] 거칠기 산과 골의 높이

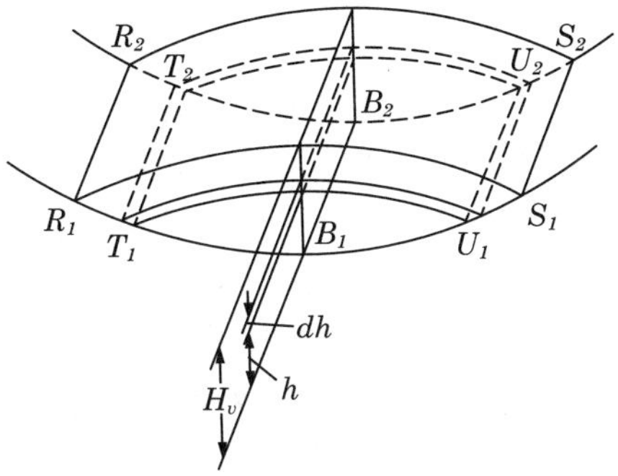

[그림 10-48] 골밑 높이와 이를 만드는 숫돌입이 존재하는 숫돌의 내부 체적

최고의 산 높이는 h_1, h_2, p가 전부 최대가 되어야 하지만 이렇게 될 확률은 아주 낮으며 측정 길이 1mm에서는 나타나지 않는다. 여기서 낮은 산은 제외해야 하지만 이전에 먼저 절삭흔적의 높이 분포를 알아야 한다. 지금 다듬질 면에 관계된 절인을 포함한 숫돌의 체적(U)이라면 최대 골밑 높이 H_v로 주어진 절인은 **그림 10-48**의 식 (10-74)에 의해

$$\rho = R - H_v + G^2 R^2 \theta^2 \tag{10-80}$$

으로 구성된 곡선과 연삭 폭으로 이루어진 곡면 $R_1R_2S_2S_1$위에 존재한다. 그러므로 그림과 같이 곡면과 숫돌면으로 둘러싸인 렌즈모양의 체적이 된다. 절삭 흔적은 골밑 높이가 h와 $h+dh$ 사이에 있고 그림에 표시한 곡판상의 한 부분이라면 그 수 dn은

$$dn = \frac{Sdh}{\nu^3} \tag{10-81}$$

여기서 S는 곡면의 면적이고 연삭 폭을 B라고 하면

$$S = \frac{2B}{G}\sqrt{h} \tag{10-82}$$

로 주어진다. 그러므로

$$dn = \frac{2B}{G\nu^3}\sqrt{h}\,dh \tag{10-83}$$

이고, 절삭 흔적의 골밑 높이의 빈도는 $\sqrt{h}$ 에 비례한다.

또, 다듬질 면에 관여하는 절인 총수 N은

$$N = \int dn = \int_0^{H_v} \frac{2B}{G\nu^3}\sqrt{h}\,dh = \frac{4B}{3G\nu^3}\,H_v^{3/2} \tag{10-84}$$

이다. 그러므로 절인 흔적 P_m은

$$P_m = \frac{B}{N} = \frac{3G\nu^3}{4}\,H_v^{-3/2} \tag{10-85}$$

또, 실제 다듬질면의 최고 높은 산은 최대 높은 골에 인접해 있으므로 식 (10-79)에서 $h_1 = h_2 = H_v$가 될 확률을 생각해 보자.

이 경우에 양쪽 골이 높이가 완전히 H_v와 같아질 확률은 0에 가깝지만 $h_1 = h_2 = H_v \sim (H_v - \varDelta h)$가 될(폭을 가짐) 확률 P는 식 (10-83), (10-84)에서

$$P = \left(\frac{\varDelta N}{N}\right)^2 = \left(\frac{3\varDelta N}{2H_v}\right)^2 \tag{10-86}$$

지금 $\varDelta h = \frac{1}{10}H_v$라면

$$P = \frac{9}{4} \cdot \left(\frac{1}{10}\right)^2 = \frac{2.25}{100}$$

가 된다. 그러므로 측정 길이는 1mm이고 실제적인 평균 피치가 0.005~ 0.01mm라고 하자.

이때의 절삭 흔적 100~200에 대하여 골의 최대 골 높이가 될 회수는 (100~200)×(2.25/100)=2.25~4.5가 된다. 골 밑 피치 p가 가우스 분포를 이루는 $p > p_m$의 경우,

즉, $h_p > H_v + \frac{p_m}{2} cot\gamma$가 되는 경우는 위 치수의 절반인 1.125~2.25이며, KS규정에 의하면 산의 높이를 제외하고 빈도 분포를 해석한다.

그러므로

$$H_{max} = H_v + \frac{p_m}{2} cot\gamma \tag{10-87}$$

이 된다. 식 (10-87)에 식 (10-85), 식 (10-77)을 대입하면

$$H_{max} = 1.4 H_v \tag{10-88}$$

또 같은 방법으로 해석을 하면

$$H_{CLA} = 0.256 H_v \tag{10-89}$$
$$H_{rms} = 0.305 H_v \tag{10-90}$$

의 관계가 유도된다.

또, 이상과 같은 해석은 숫돌면이 공작물 위를 1회 통과하는 경우이다. 그러므로 횡단 연삭이나 스파크 아웃 연삭과 같이, 동일한 지점을 여러 번 연삭하면 다듬질 거칠기가 개선된다.

z회 횡단 연삭하여 최대 골밑높이를 H_{vz}라 하자. H_{vz}가 나타날 위치(**그림 10-46, 10-48**을 참조)를 살펴보면 **그림 10-49**와 같이 z개의 사선에 해당하는 체적 중에 한 개의 입자만이 존재한다. 그러면 총 체적 U_z는 식 (10-75)에서

$$U_z = \frac{16}{15} z \, \frac{tan\gamma}{G} H_{vz}^{5/2} \tag{10-91}$$

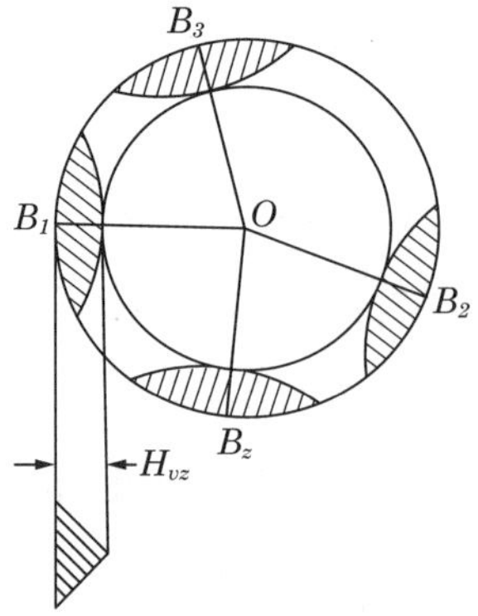

[그림 10-49] H_{vz}에 관계되는 숫돌 내부의 체적

이고, $U_z = \nu^3$을 해석하면

$$H_{vz} = \left(\frac{15}{16}\right)^{2/5} \nu^{6/5} (cot\gamma)^{2/5} \left(\frac{G}{z}\right)^{2/5} = H_v / z^{2/5} \tag{10-92}$$

를 얻는다. 즉, 다듬질면의 거칠기는 연삭 회수 z의 2/5승에 반비례한다. 같은 점의 횡단 연삭 회수는 $z = B/f$이고

$$H_{vz} = H_v \cdot (f/B)^{2/5} \tag{10-93}$$

으로 1회 횡단할 때의 다듬질 거칠기이다. **불꽃**(spark-out)연삭에서는 이미 설명한 것처럼 탄성회복이 생기기 쉽고 횡단 연삭에서는 다른 깊이로 연삭하여도 식 (10-93)이상의 다듬질 거칠기를 얻기가 어렵다. 그리고 회복이 완료된 숫돌깊이 0에서 거칠기는 횡단 횟수의 2/5승에 반비례한다. 숫돌 깊이가 0이 되고 v/V가 정수이면 공작물 위의 한 점을 다른 숫돌로 연삭하므로 거칠기가 개선된다. 그러나 같은 숫돌면을 여러 번 횡단 연삭하더라도 거칠기는 일정 한도 이상으로 개선되기는 어렵다.

식 (10-78), (10-88), (10-93)에 다듬질 거칠기의 일반식은

$$H_{max} = 1.36\nu^{6/5} (cot\gamma)^{2/5} (f/B)^{2/5} \left\{\frac{v}{V}\sqrt{\frac{1}{2}\left(\frac{1}{R}+\frac{1}{r}\right)}\right\}^{2/5} \tag{10-94}$$

이다. 같은 식에서 다듬질 거칠기의 일반적인 경향은

① 공작물 속도가 클수록 거칠게 된다.

② 숫돌 속도가 작을수록 거칠게 된다.

③ 숫돌 반경, 공작물 반경이 작을수록 거칠다.

④ 숫돌 깊이는 거칠기와 관계가 없다.

⑤ 입자가 크고 결합도가 작을수록 거칠게 된다.

⑥ 절인의 반 꼭지각 γ각이 작을수록 거칠게 된다. 거칠기는 눈 메움 상태의 숫돌에서 드레싱 이송이 작고 절인에 평행한 숫돌일수록 작다. 이러한 이유로 드레싱 이송 ν를 작게 한다.

⑦ 숫돌 폭에 대하여 이송이 작을수록 거칠게 된다.

이상의 해석은 정상형 연삭상태로 숫돌 축의 회전정밀도가 좋고 진동이 없으며, 절인마모가 생기지 않는 이상적인 연삭상태라는 가정아래에서 실시하였다. 고정밀도의 연삭기를 사용하면 쉽게 이런 연삭조건을 만들 수 있으나 보통의 연삭기는 주축의 운동에 의한 진동 발생 또는 외부 진동의 유입 등으로 다듬질 면이 나쁘다. 또한, 마모된 입자로 여유면에 버어(burr) 발생, 숫돌의 눈 메움 및 절삭면의 용착물 등도 다듬질면을 악화시킨다.

[표 10-9] 다듬질면에 미치는 연삭 속도, 공작물 속도의 영향

베어링강, *WA-46 LV 1*호, *A 225×25×76*, 연삭 깊이 *20*μ, 연삭액 물, 연삭 회수 *1*회, 원통연삭

연삭 작동조건			표면 거칠기	
V(mpm)	v(mpm)	G(mm$^{1/2}$)	$H_{max}(\mu)$	$H_{rms}(\mu)$
1950	10	0.98×10^{-3}	3.5	0.27
	21	1.95	4.6	1.16
	31	2.59	9.0	1.48
	42	3.96	10.0	1.79
1520	11	1.28	3.2	0.81
	21	2.53	6.5	1.33
	32	3.81	8.7	1.63
	43	5.04	11.0	1.95
755	11	2.64	9.2	1.12
	22	5.01	9.0	2.04
	32	7.42	11.8	2.19

일반적으로 다듬질면의 거칠기는 식 (10-94)의 이론값보다 매우 크며 **표 10-9**는 숫돌의 속도, 공작물 속도를 변화시킬 때, 다듬질면의 거칠기를 실제로 측정한 것이다. **그림 10-50**은 숫돌의 입도, 결합도가 다듬질 거칠기에 미치는 영향이고 **그림 10-51**은 숫돌 깊이에 따른 표면 거칠기의 변화이다. 거칠기는 정면 연삭의 실용범위($\Delta < 30\mu$)에서 깊이에 따라 큰 변화가 없다.

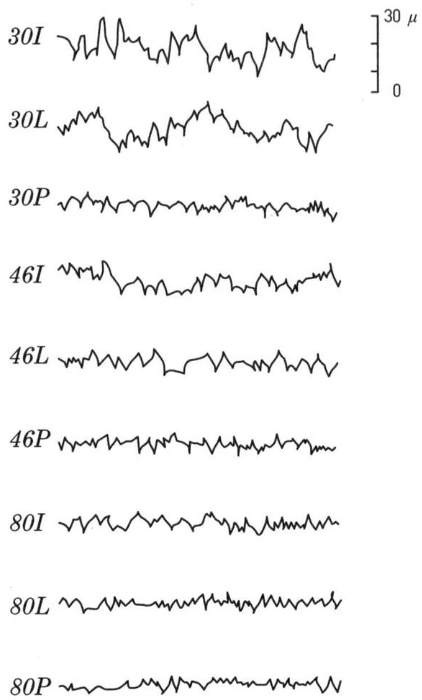

담금질한 베어링강, *WA1호 A240×25×76*, 숫돌깊이 *20μ*, 연삭속도 *1650mpm*, 공작물 속도 *20mpm*, 연삭액 : 물 연삭 회수 : *1*회, 원통 내면연삭

[그림 10-50] 숫돌의 입도, 결합도가 표면 거칠기에 미치는 영향

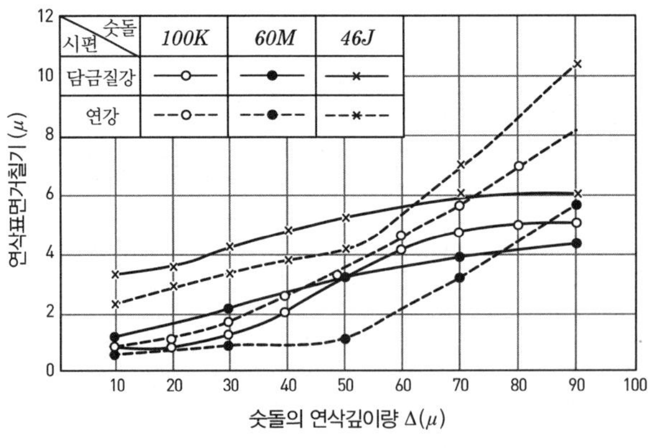

탄소강(*0.2%C*), 연삭속도 : *1570mpm*, 테이블 속도 : *330mm/min*, 연삭회수 : *1*회, 건식평면연삭

[그림 10-51] 연삭 깊이가 표면 거칠기에 미치는 영향

그러나 숫돌 깊이가 큰 범위에서는 거칠기가 나빠지는 것은 진동이나 숫돌면의 변화 등 여러가지 요인이 있다. 플랜지 컷 연삭에서는 식 (10−94)가 적용되고, 숫돌이 1회 통과할 때마다 $(f/B)^{2/5}=0$이 되며 이러한 경향은 불꽃(스파크 아웃) 반응에서도 나타난다.

컵형 평면 연삭은 식 (10−94)가 적용되므로 위와 같은 방법으로 해석할 수 있다. **그림 10−52**의 평면 연삭에서 다듬질면에 대한 숫돌축의 경사각 θ가 0에서 최대 거칠게 되는 AA면을 살펴보자. 그림에 표시한 B점에서 연삭이 시작하여 절삭폭 R_0를 통과할 때까지 계속한다.

숫돌의 평균속도 $V=\pi N(R_1+R_2)$(N : 회전속도)를 사용하면 그 사이의 숫돌 주행거리는 $R_0(V/v)$이고 다듬질면의 최대 골밑 높이를 H_v라고 하면 체적 $H_v^2 tan\gamma \cdot R_0(V/v)$중에 1개의 입자를 포함한다. 그러므로

$$H_{max}=1.4\sqrt{\frac{v}{V}\frac{\nu^3 cot\gamma}{R_0}} \tag{10-95}$$

경사각 θ가 $R_0 sin\theta \geqq H_v$의 경우는 이미 설명한 체적은 **그림 10−53**(a)의 상태가 되므로

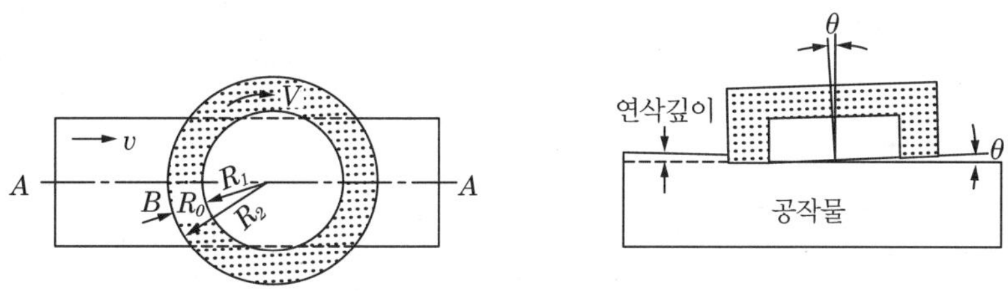

[그림 10−52] 컵형 숫돌에 의한 평면 연삭

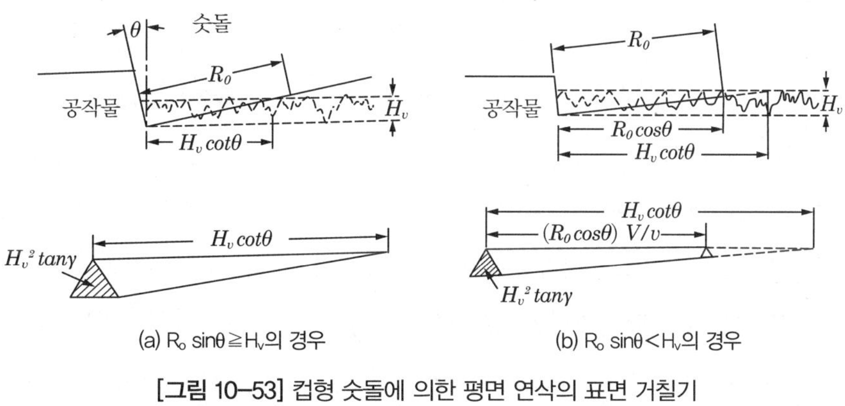

[그림 10−53] 컵형 숫돌에 의한 평면 연삭의 표면 거칠기

$$H_{max} = 1.4\nu^3\sqrt{\frac{3v}{V} cot\gamma\ tan\theta} \quad (10\text{-}96)$$

$R_0 sin\theta < H_v$의 경우는 그림 (b)를 참조하여

$$H_{max} = 1.4\left(\frac{R_0}{2} sin\theta + \sqrt{\frac{v}{V}\frac{\nu^3 cot\gamma}{R_0\, cos\theta} - \frac{1}{12} R_0^2 sin^2\theta}\right) \quad (10\text{-}97)$$

이 된다. 또, 치수공차와 다듬질 거칠기에 관한 이론적 연구는 많지 않지만 일반적으로 **표 10-10**의 관계가 성립하고 공차가 작을수록 다듬질 거칠기가 양호하다.

[표 10-10] 치수공차와 표면 거칠기(H_{max})의 대응

치수공차(μ)	표면 거칠기(μ)
0.25	0.1~0.2
2.5	0.3
13	1
51	5
130	10

10.3.6 연삭면의 가공변질 층

(1) 연삭면의 경도 변화

숫돌 연삭점의 온도는 500~600℃ 정도이고 **그림 10-54**에 표시한 것과 같이 A_1변태점(721℃) 이상이 되는 것도 많다. 또, 절삭과 달리 공작물의 속도가 늦기 때문에 가열 시간이 매우 길다. 이 결과, 담금질강의 연삭 표면층에는 뜨임한 트루스타이트(Troostite), 소르바이트(Sorbite)가 생성되어 템퍼링(Tempering)이나 풀림에 가까운 조직이 생긴다. 표면층의 경도는 내부의 경도보다 높고 **그림 10-55**의 실선은 연삭온도와 숫돌 연삭점의 최고온도를 표시한 것이다. 그림의 점선은 같은 온도로 1시간 유지한 후의 템퍼링한 경도이다. 연화는 온도와 유지 시간에 따라 영향을 받는다. 템퍼링한 **탄화물 입자**(Fe_3C)가 석출 또는 생성되면 확산과 같은 속도 과정적으로 변한다. Holloman의 연구에 의하면 온도 θ, 가열시간 t, 경도 H 사이에 다음 식이

성립한다.

$$H = f[\theta(const. - \ln t)] \quad (10-98)$$

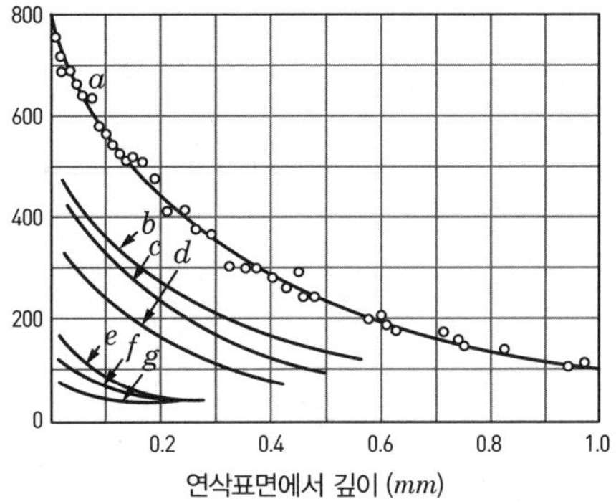

[그림 10-54] 표면에서 깊이와 그 깊이의 최고온도와의 관계(W. E. Littmann)SAE_5210

곡선	연삭깊이 in/pass	공작물속도 fpm	숫돌	연삭상태
a	0.0005	15	37C36P5V(SiC)	단속적
b	0.0010	30	38A60H8VG(Al_2O_3)	〃
c	0.0010	60	〃	〃
d	0.0005	60	〃	〃
e, f, g	0.000011	250	〃	연속적

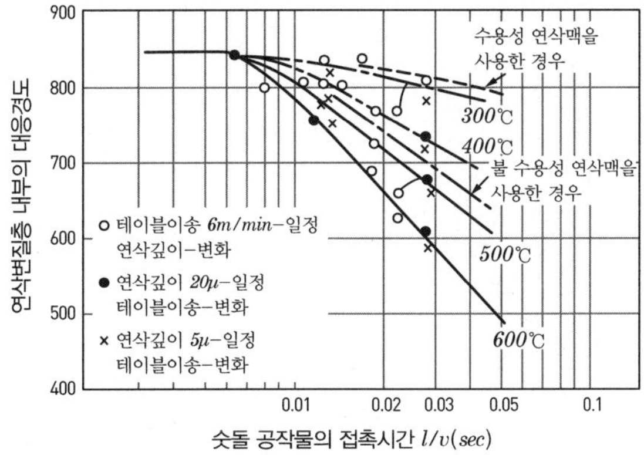

SAE－5210강, 37C36PV, 연삭깊이 0.005in/pass, 연삭속도 5700fpm, 공작물속도 15fpm, 수용성 연삭유, 평면 연삭

[그림 10-55] 연삭온도에 의한 연화와 템퍼링 경도(W.E.Littmann)

또, 함수 f는 대부분 1차 함수로 가열시간 t가 작을수록 경도가 높다. 그림에서 ■표시한 것은 두께 0.1mm의 시편에 1/10ch 통전 가열하여 수소 가스로 냉각한 경우이다.

비슷한 연삭조건에서 경도는 연삭면의 연화 곡선과 같다. 또, **그림 10-56**은 평면 연삭에서 표면 내부경화와 l/v의 관계로 편대수 눈금으로 표시하면 직선이 된다. l/v는 템퍼링한 시간적 효과를 식 (10−98)로 해석한 것이고 **템퍼링 연화**로 표면에 가공경화가 공존한다. **그림 10-57**은 풀림한 강을 연삭한 경우의 경도 분포로 템퍼링하지 않은 표면은 기지보다 단단하다. 연삭조건에 따라 다를 수 있으나 담금질 강은 템퍼링 연화와 가공경화가 공존하므로 템퍼링 연화층의 빠른 공냉으로 다시 담금질한다.

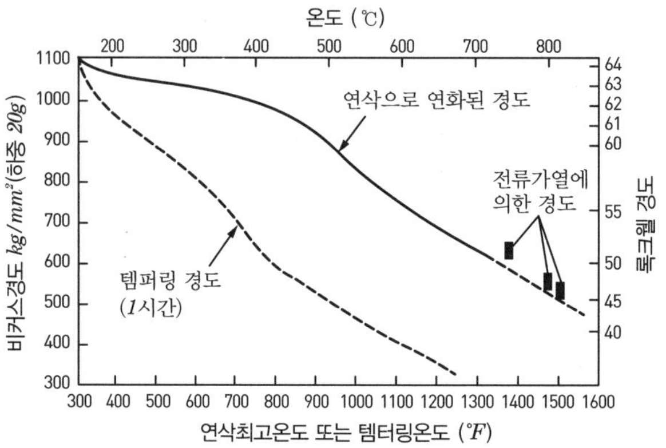

탄소 공구강 제7종(담금질), *WA 60 K*, 건식 평면연삭

[그림 10-56] 변질층 경도와 숫돌 접촉 시간과의 관계(高尺)

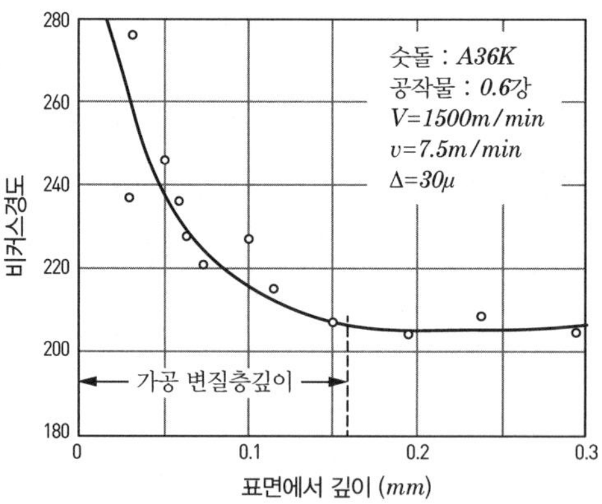

[그림 10-57] 변질층 내부의 경도 분석

그림 10-58과 같이 $\varDelta = 10\mu$의 저온영역에서 가열시간이 짧으면 가공경화가 크기 때문에 $\varDelta = 50\mu$의 고온영역에서 다시 담금질해야 한다.

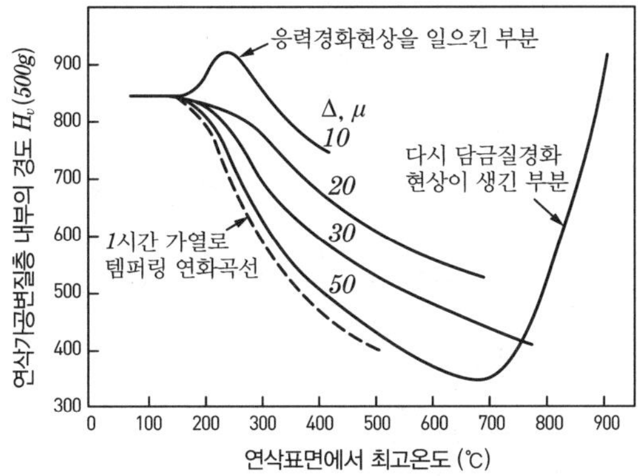

탄소공구강 제7종(담금질), *WA60K*, 테이블이송 *6mpm*, 건식 평면연삭

[그림 10-58] 변질층 내부의 경도와 최고온도 관계(高尺)

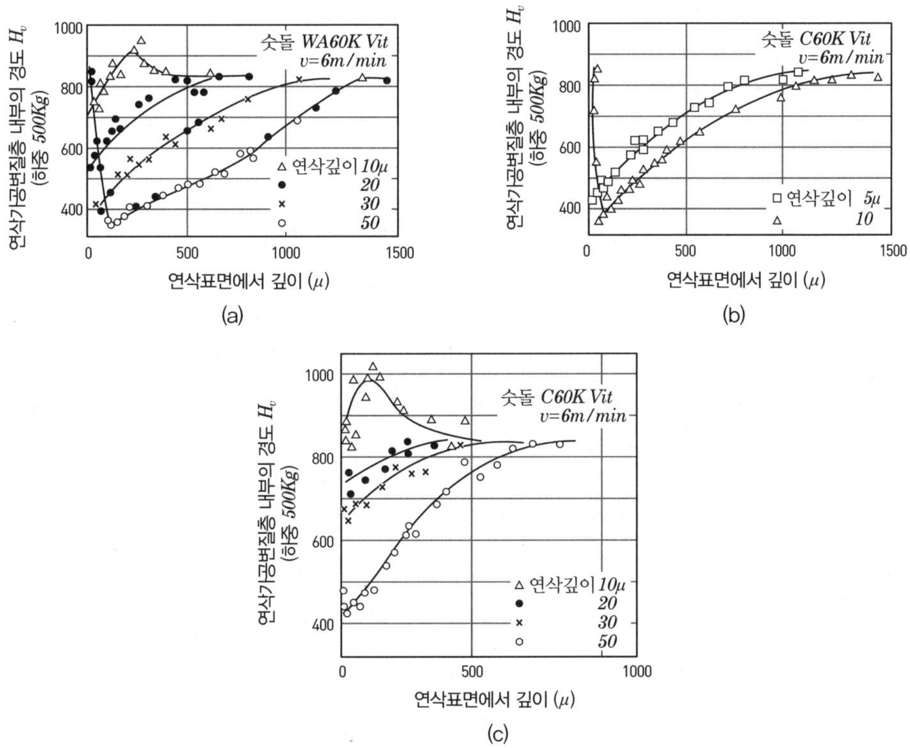

[그림 10-59] 연삭 조건에 의한 변질층의 경도 분포(高尺)

이상은 가열 온도와 시간에 따라 표면 경도를 고찰한 것으로 표면에서 깊이를 가로 축으로 잡으면 **그림 10-59**와 같은 분포곡선을 얻는다. 이를 종합해 보면 **그림 10-60**과 같이 4종으로 구별되고 그림 a곡선은 깎이는 맛이 비교적 나쁘고 숫돌로 다듬질 절삭(Δ가 작음)한 경우이다. b 곡선은 같은 숫돌로 중간 다듬질 연삭을 한 경우이며 가공경화에 따라 경도가 모재보다 크다. 또, c곡선은 적당한 연삭 조건에서 발생한다. d곡선은 연삭조건이 가혹한 경우이고 d 곡선 표면 주위의 경화는 **그림 10-58**의 $\Delta = 50\mu$의 고온 영역에서 다시 담금질할 때에 발생한다.

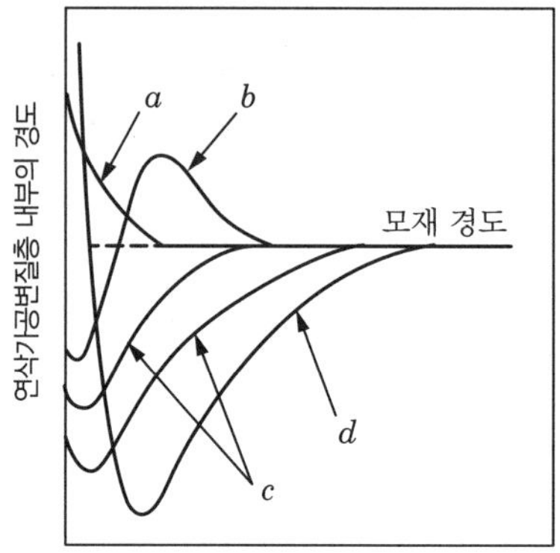

[그림 10-60] 변질층 경도분포의 4가지 형태(高尺)

(2) 불탄 자국과 연삭균열

연삭면에는 **불탄 자국**(burn mark)과 **연삭 균열**(grinding crack)이 발생하고 고온에서 불탄 자국된 면의 산화막은 두께 차이로 반사광이 간섭하면 여러가지 색으로 착색된 것처럼 보인다.

옹스트롬 단위의 가공 변질층(막 두께)이 존재하므로 불탄 자국의 색은 가열온도와 시간에 따라 다르게 나타난다. 高尺은 탄소공구강 제7종을 실험하여 **그림 10-61**과 같이 버닝색과 숫돌 연삭 최고온도 θ_n의 관계를 얻었다. 불탄 자국은 θ_n이 일정한 값(500℃)에 도달하면 발생하고 그림에서 불탄 자국은 온도와 유지시간에 관계된다. **그림 10-62**는 같은 탄소공구강 제7종에서 버닝과 변질층의 관계이며 그림과 같이, 무색의 변질층으로 착색되어 있다.

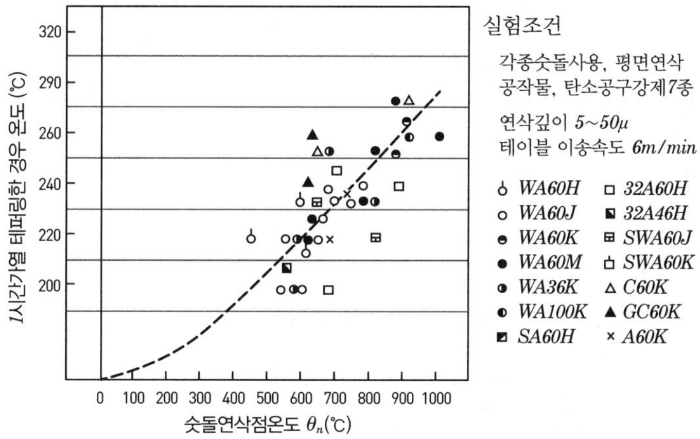

[그림 10-61] 뜨임색과 숫돌 연삭점 최고온도와의 관계(高尺)

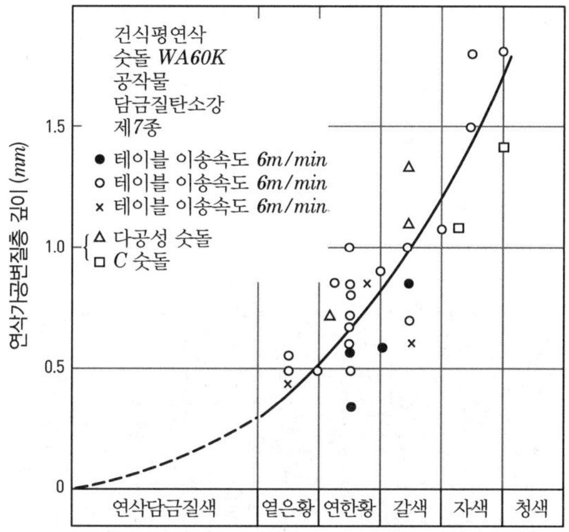

[그림 10-62] 뜨임색과 변질층 깊이와 관계(高尺)

변질층의 깊이와 버닝 색은 매우 중요하므로 小野는 불탄 자국의 발생 한계를 다음 식으로 표시하였다.

$$Vl = V\sqrt{\frac{rR}{r+R}}\sqrt{2\Delta} \geqq C_b \tag{10-99}$$

단, C_b는 버닝이 발생한 경우의 정수로써 **표 10-11**이다. 가공 변질층 두께의 측정은 5.3에 표시한 **그림 5-33**을 참고하시오.

[표 10-11] 불탄 자국의 발생 한계정수(小野)

재료	C_b(m-mm/min)
베어링강(담금질 HV=880)	890
1.2%C 담금질강 440	940
0.6%C 담금질강 630	990
1.2%C 담금질강 275	1440
0.6%C 담금질강 200	1550
0.2%C 담금질강 110	1770

그림 10-63과 같이 연삭 균열은 담금질강, 침탄강, 초경합금 등 연삭방향에 직각인 연삭 표면에 미소 균열이나 심하면 구갑(龜甲)상 균열이 발생한다. 응력조건에 관한 상세한 연구는 없지만 표면층의 가열 팽창과 표면의 급냉으로 열응력이 발생한다. 연삭 균열은 처음에는 작지만 경년변화가 확대되면 기계부품의 **피로수명**을 현저히 저하시킨다. 연삭 균열의 검출에는 철분법, 형광 물질법등의 비파괴 검사와 희초산 에칭 방법이 있다.

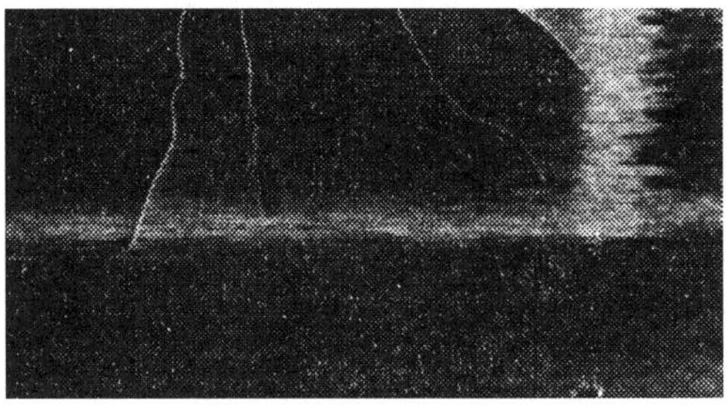

[그림 10-63] 연삭 균열

(3) 잔류응력

연삭면에 있는 **잔류응력**(residual stress)은 소형 공작물의 휨이나 **경년변화**의 원인이 되고 시간이 지나면서 연삭균열을 일으킨다.

그러므로 지금도 경년변화, 잔류응력 및 피로수명에 관한 많은 연구가 진행되고 있다. 숫돌에 의한 절삭은 나사 절삭과 같은 3차원 절삭이다. 이전[1.2.7(3)]에 설명한 것처럼 연삭 다듬질면 위의 잔류응력은 연삭방향에서 인장응력과 연삭과 직각방향에서 압축응력이 작용한다. 또, 다듬질면 표면층의 잔류응력은 매우 복잡하고 **그림 10-64**와 같이 많은 변화가 나타난다. 그림은 풀림한 Mn강을 표면 연삭한 경우로 σ_1은 연삭방향, σ_2는 직각방향의 잔류응력이다. σ_1은 표면에서 내부로 들어갈수록 급격히 감소하다가 압축응력으로 바뀌면 점차 증가하여 다시 인장응력으로 변화한다. 그러면 내부는 다시 감소하여 압축응력으로 변한다. σ_2도 이와 비슷하다. 가장 깊은 부분의 압축응력은 표면층 잔류응력을 중화시키므로 공작물의 내부 응력과 초기응력의 합으로 나타나며 잔류응력이란 남아 있는 응력을 말한다. 그림과 같이 숫돌의 연삭 깊이가 클수록 잔류응력은 깊다. 그림에서 잔류응력이 복잡하게 변화하는 것은 금속조직의 변화도 있으나 숫돌의 절삭작용, 버니싱(burnishing) 작용 및 열응력 등 종합적으로 작용한다고 생각된다.

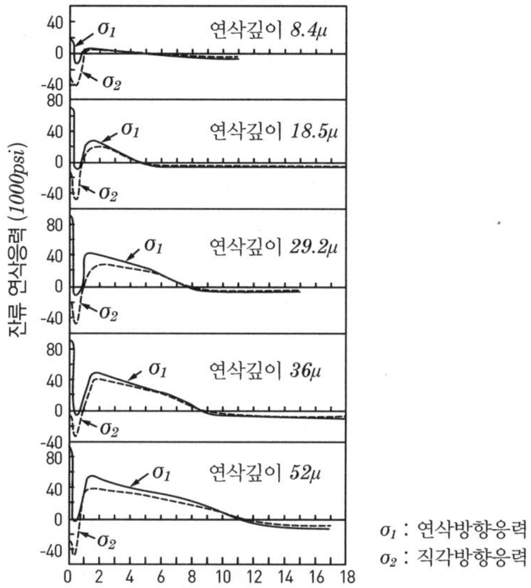

공구강(담금질–템퍼링), *WA 46J*(비트리파이드), *8inx1/2inx1/4in*,
연삭속도 *600fpm*, 공작물속도 *50fpm*, 이송속도 *0.050in/pass*, 건식 평면연삭

[그림 10-64] 연삭 깊이에 의한 잔류응력 분포 변화

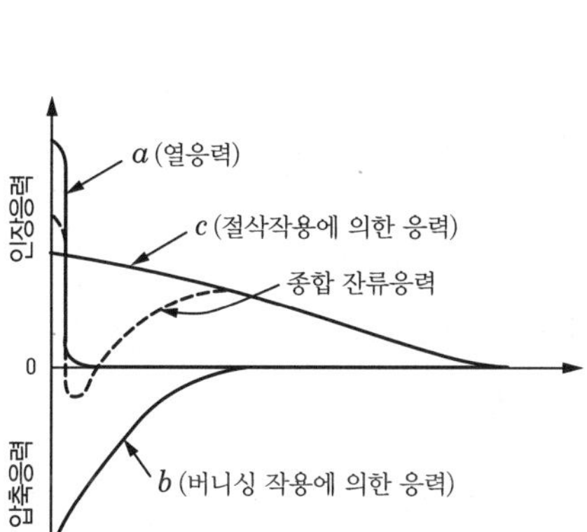

[그림 10-65] 잔류응력 분포의 발생과 설명

E. K.henriksen에 의하면 3가지 요인의 기여도는 **그림 10-65**와 같고 최종적으로 **그림 10-64**와 같이 σ_1가 변화하는 곡선을 얻는다. **그림 10-66, 그림 10-64**의 숫돌의 깊이에 따른 표면 잔류응력의 변화로 σ_1은 시험재료의 인장강도를 포함하나 σ_2는 숫돌의 깊이에도 변화하지 않는다.

잔류응력의 측정은 간단히 부식시켜서 미소균열의 발생 정도를 보는 에칭 크랙(etching crack)법과 보다 정밀한 **X선 회절법**, 층 제거법 등이 있으나 일반적으로 층 제거법이 많이 사용된다.

층 제거법은 잔류응력에 의한 평면시편의 휨을 이용한 것으로 휨의 곡률을 콤퍼레이터(comparator), 뉴턴 링(ring) 등으로 측정하여 계산에 의해 잔류응력을 구한다. 한편, 표면층은 화학연마로 제거하여 곡률을 측정하면 각각의 깊이에서 잔류응력을 구할 수 있다.

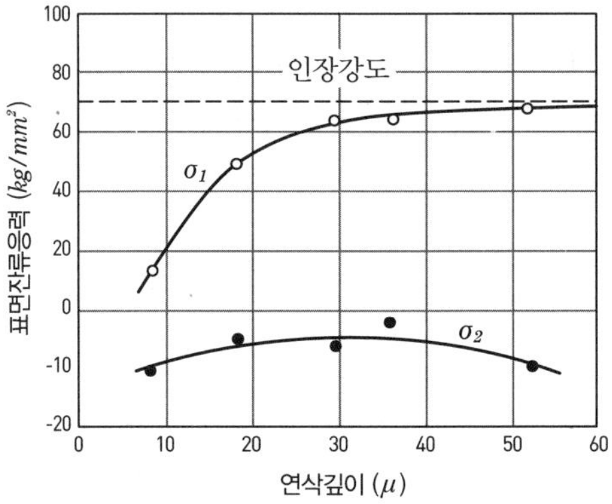

연삭조건은 그림 *10-76*과 동일(*H.R. Letner*)

[그림 10-66] 연삭 깊이에 따른 표면잔류 응력의 변화

10.3.7 절삭유제와 그 작용

(1) 절삭유제의 작용

절삭유제(grinding fluid)를 사용하는 목적은

① 입자 결합제와 칩, 다듬질면의 마찰을 감소시키는 윤활

② 절삭온도, 공작물 온도를 내리는 직접냉각

③ 칩의 제거 및 다듬질 면의 방청과 보호

이다. 그러나 숫돌 작업의 특성상 이러한 목적을 전부 달성하기는 어렵다. 숫돌의 절삭온도(연삭온도)는 절삭가공에 비해 약 10배 정도이고 접촉호를 통과하는 시간은 약 0.04μ-sec정도

이다. 이와 같은 상태에서 유체가 숫돌–절삭 칩 사이에 침투하여 절삭가공과 같은 윤활작용을 한다.

그러므로 절삭유제의 작용은 숫돌의 칩 생성 자체를 변화시키는 내부적인 문제보다는 외부에서 연삭점을 직접 냉각시킨다. 실제 공작물의 열변형이나 가공 변질층이 발생하기 쉬우므로 연삭점 뿐만이 아니라 공작물 전체를 냉각시키는 직접 냉각법이 필요하다.

본질적인 윤활효과는 아니지만 공냉 시에 숫돌에 부착되는 유제는 약간의 윤활 및 반용착 효과가 있다. 한편 절삭유제는 칩이 다듬질 면에 용착되거나 숫돌의 눈 메움을 방지하고 다듬질 면 거칠기를 개선하기 위해 윤활성도 좋아야 한다. 그러므로 연삭유제는 냉각 작용과 함께 약간의 윤활성 및 반 용착성을 갖는 것이 좋다.

(2) 연삭유제의 종류, 첨가제의 작용

절삭유제와 같이 연삭유제는 **수용성 유제**(water base fluid)와 **불수용성 유제**(oil base fluid)로 구별된다. 이와 같은 이유로 주로 냉각성 유제가 사용되고 세분하면 **표 10–12**와 같다. 유화형 수용성 유제는 많은 양의 물에 광유(불수용성)를 혼합하여 유화제를 첨가한 백색의 유화액이다. 그러나 투명형은 광유를 감소시키고 유화제를 증가시킨 것이다.

[표 10–12] 연삭 유제의 분류

불수용성 유제 (Oil Base Fluid)	불수용성연삭액(Straight Type)	연질광유(주성분) +유화지방유, 염화유화유
수용성유제 (Water Base Fluid)	유화형 수용성 연삭액(Emulsion Type) 투명성 수용성 연삭액(Soluble Type) 용해형 수용성 연삭액(Solution Type)	물+광유+유화유 물+광물유(소량)+유화제(대량) 물+아초산소다 등 무기염류+방청제 등

그리고 용해형은 많은 물에서 아초산소다와 같은 무기염류와 방청제를 용해시킨 것이다. 이에 대하여 불수용성 유제는 대부분 기름이고 연질 광유에 유화지방산유를 극압제로 첨가한 것이다.

연삭유제 등의 첨가제는 이미 설명한 것처럼 유화제 등의 계면활성제(surface active agent), 무기염류, 극압제 등이 있다. 다음은 이들의 작용에 관하여 설명하겠다. 일반적으로 계면활성제라고 부르는 것은 **그림 10–67**과 같이 CH가 고리 모양으로 길게 배열한 분자 구조를 가진 유기

물로써 다른 분자와 흡수 결합되기 쉽다. 정(+)전하와 전하 중심 간 거리의 적(積)으로 표시되는 쌍극자 능률(dipole moment)은 흡착력의 척도가 된다. 계면활성제 분자인 R－A 기호는 **그림 10-68**의 모형도에서 알 수 있고 R은 CH의 고리부, A는 활성단(active end group), 기호가 없는 쪽은 CH고리의 말단이다. 활성단의 성질에 따라 CH고리가 길수록 불수용(용유성)을 증가시키고 활성단이 －OH, －COOH, $-SO_3$의 순서로 수용성을 증가한다. 연삭유제에 사용되는 **계면활성제**는 습윤 침투제(active end group), **유화제**(emulsifying agent)가 있다.

그림 10-69는 습윤제의 예이고 수용단은 금속분자에 흡착되고 불수용단은 액체분자를 포획하므로 결국 액체는 금속표면에 밀착한다. 습윤제의 첨가량은 보통 0.1%정도의 미량이지만 전부가 금속표면에 흡수하여 쌓이므로 전체적인 첨가량을 결정하기가 어렵다. 이때 세정제는 용유단이 그리스(grease)나 먼지에 흡착하고 수용단은 물분자와 결합하여 씻기 쉬운 상태가 된다.

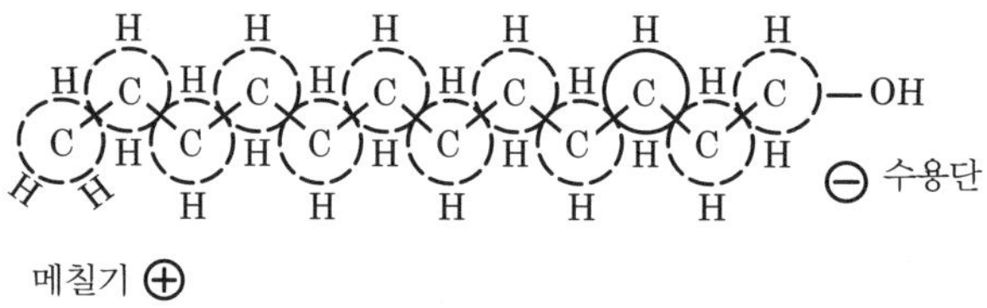

[그림 10-67] 고급 알코올[$CH_3(CH_2)_{11}OH$]의 분자구조

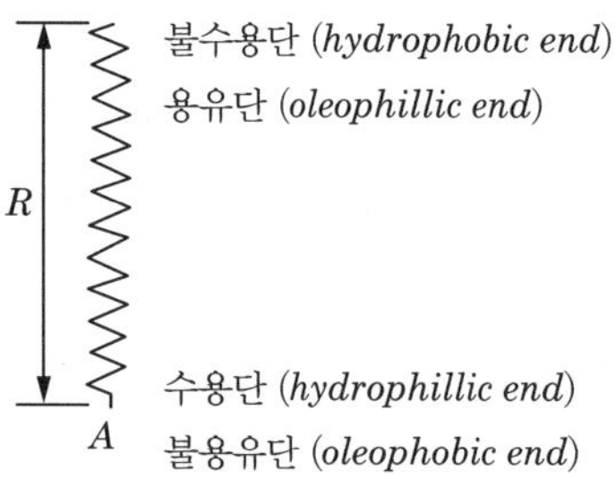

[그림 10-68] 계면 활성제의 모형적 표시

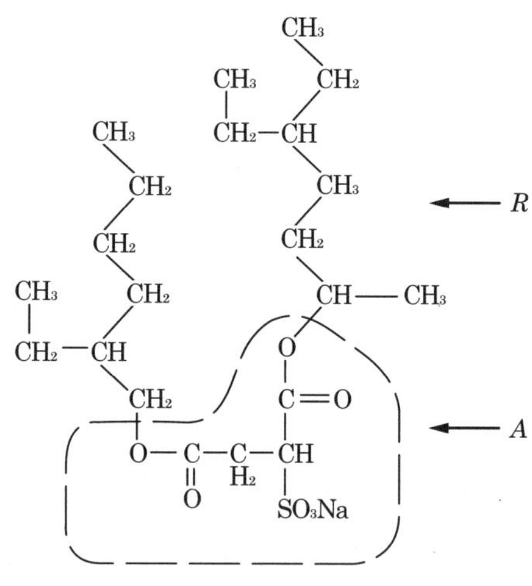

[그림 10-69] 습윤제의 분자구조 예

유화제는 냉각성과 윤활성을 가진 연삭유제로써 유분자의 분산으로 **백탁액**(白濁液)이 되므로 유화제라 한다. 물속에 기름을 썩을 때, 유화제의 용유단이 기름 분자에 흡착하고 수용단은 물

에 용해한다. 그러므로 유화제가 충분한 기름 입자를 함유하면 물가 재결합하여 다시 물과 기름으로 분리하는 것을 막는다. 좋은 유화제는 썩지 않아도 자연적으로 기름을 포획하여 유화제가 되지만 단위 임계 유화율이 존재하기 때문에 정량 이하로 혼합하면 유화가 생기지 않는다. 유화제는 유화가 안정화 되어야 하고 장시간 방치하더라도 물과 기름으로 분리되지 않아야 한다.

따라서 기름 입자를 피복한 **흡착층**이 안정되어야 하고 이를 촉진시키기 위해 condensing agent를 첨가한다. 용해형 수용성 절삭유제의 주성분인 아질산소다, 크롬산소다 등의 무기염류는 숫돌과 공작물 표면에 이온 흡착되어 용착 또는 눈 메움을 방지한다. 아란담 숫돌입자의 Al_2O_3의 구조는 **그림 10-70**에 표시한 것과 같이 산소이온(O^{-2})이 알루미늄 이온(Al^{+3})에 비해 아주 크다. Al^{+3}은 O^{-2}사이에 묻혀있으므로 표면은 O^{-2}로 배열된다. O^{-2}와 강력히 결합하는 염류(예를 들면 Na형)를 포함한 연삭제를 사용하면 표면에 양이온의 흡착막을 만들어 숫돌과 공작물 의 결합을 방해한다. 이 경우에 이온치수가 같을수록 흡착력이 강하고 Na는 +1의 전하로 산소 이온처럼 결합이 강하다. 또, 공작물의 철이온(Fe^{+3})과 결합하기 쉬운 양 이온은 절삭면이나 칩 표면에 흡착막(吸着膜)을 형성한다. 예를 들면 0.1%정도의 아초산소다($NaNO_2$)의 용액을 사용하면 **그림 10-71**과 같은 철이온과 결합하는 피막을 만들어서 $O^{-1/2}$과 Al_2O_3의 O^{-2}가 반발한다. 이때, $NaNO_3$의 흡착막은 공작물 표면의 방청에 효과적이다. 유화계나 염화계의 **극압첨가물**의 작용은 12.1에 설명했으며 이 외에도 금속표면에 유기물질의 고분자 흡착막을 만든다.

여기서 물리 흡착막보다 화학 흡착막을 형성하는 것이 피막강도가 좋다.

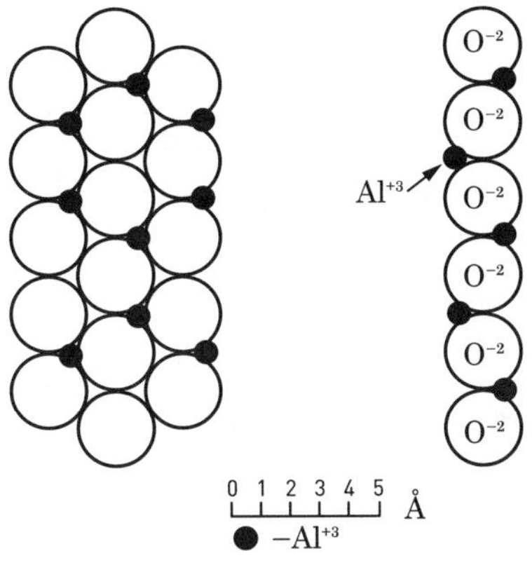

(a) Al_2O_3의 평면도 (b) Al_2O_3의 측면도

[그림 10-70] Al_2O_3의 표면

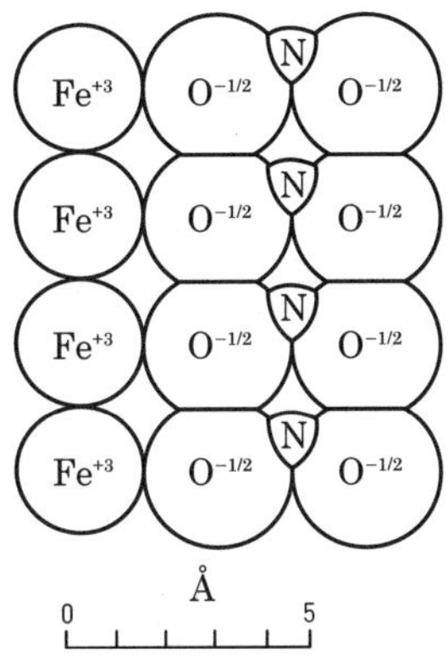

[그림 10-71] 철 표면의 NO_2이온의 흡착층

(3) 연삭유제의 효과, 주액법

그림 10-72는 다듬질 거칠기에 미치는 연삭유제의 효과를 표시한 것으로 윤활성이 높은 불수용성 유제가 좋지만 쉽게 판단할 문제는 아니다. 건식 연삭에서 약간의 눈 메움, 입자 탈락의 상태가 오히려 다듬질 거칠기를 개선시키고 연삭유제의 사용으로 정상적인 연삭상태가 되면 다듬질 거칠기가 반대로 나쁜 경우도 있다. 또, 불탄 자국, **연삭면의 용착**(눌러 붙음)이나 진동이 심한 건식 연삭에서는 윤활성보다는 냉각성, 침투성이 우수한 수용성 유제가 더 좋은 다듬질 면을 얻을 수 있다.

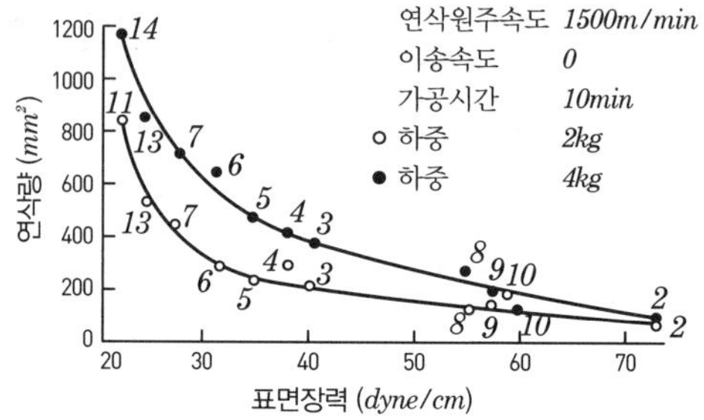

연삭액 번호		사용연삭액	
1	건연삭	8	수용성연삭액 A
2	물	9	수용성연산액 B
3	식물유 A	10	수용성연산액 C
4	식물유 B	11	경유
5	식물유 70%+경유 30%	12	광유 혼압유 A
6	식물유 50%+경유 50%	13	광유 혼압유 B
7	식물유 30%+경유 70%	12	유화유

스프링강 제6종, *WA-60-J-V*, 연삭속도 *1320mpm*, 공작물속도 *1mpm*, 평면연삭

[그림 10-72] 연삭유제가 표면거칠기에 미치는 영향(正野崎)

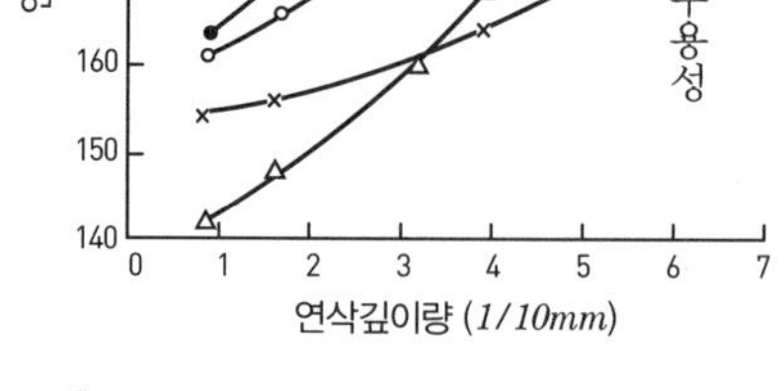

[그림 10-73] 연삭 유제가 가공 변질층 깊이에 미치는 영향

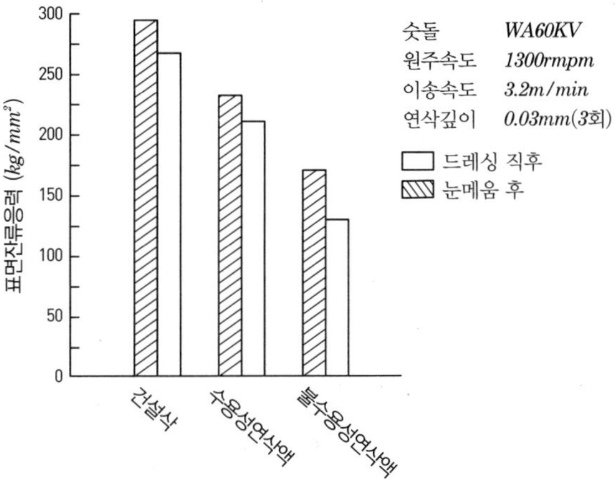

[그림 10-74] 연삭유제와 표면잔류응력

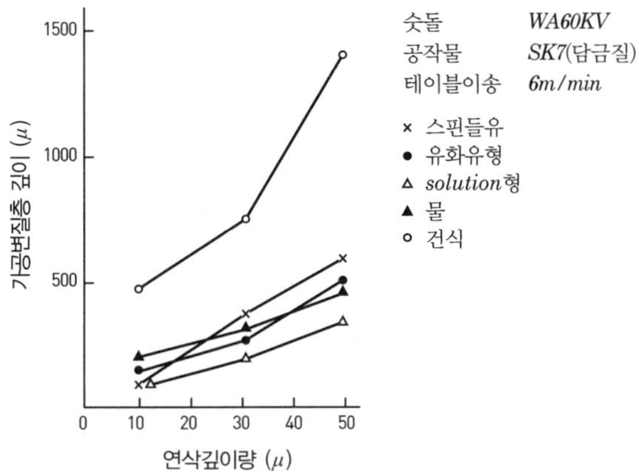

[그림 10-75] 연삭유제의 표면장력이 연삭량에 미치는 영향

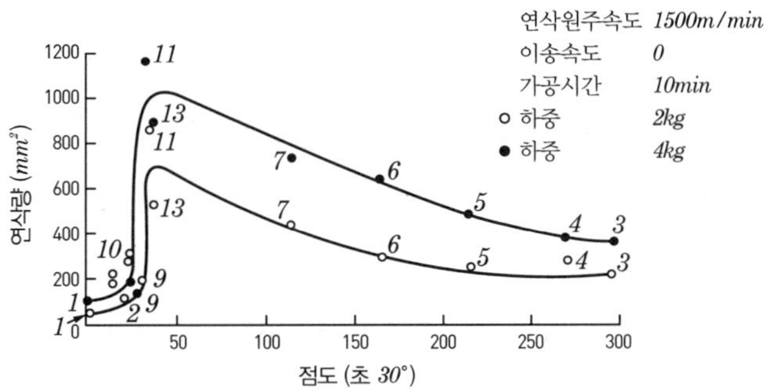

[그림 10-76] 연삭유제의 점성이 연삭량에 미치는 영향

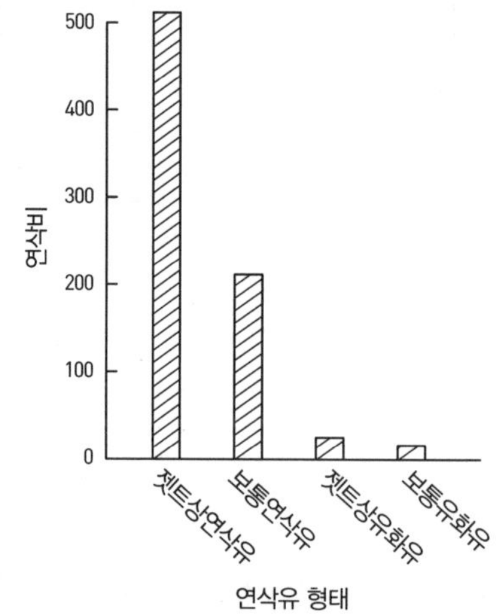

AISI–4142강, A 120JV, 플랜지 컷 연삭

[그림 10–77] 연삭비에서 제트 주액 연삭의 효과

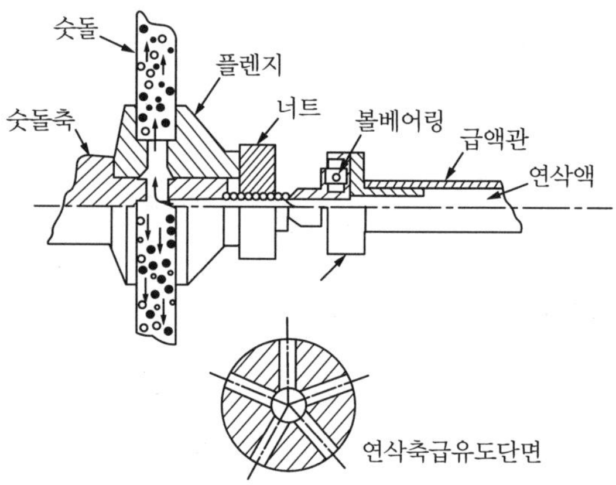

[그림 10–78] 통액 연삭의 공급방식

요컨대, 유제는 건식 연삭의 상태와 관계가 있고, 다듬질 거칠기, 연삭 저항 가공 변질층 및 치수 정밀도가 동시에 연삭 저항, 가공 변질층, 치수 정밀도 및 숫돌 손모와도 관계되므로 유제를 평가하기는 쉽지 않다. **그림 10–73**은 가공변질층 깊이에 미치는 절삭유제의 영향이다. 연삭유제가 효과적인 것은 확실하지만 10.3.6(3)의 **그림 10–65**를 고려하면 수용성이나 불수용성 중에 어느 유제가 우수한 것인지는 절삭 조건에 따라 다르다. **그림 10–76**은 유제의 표면장력이 연삭량(일정한 하중으로 숫돌을 공작물에 눌러 붙이는 플렌지 컷 연삭)에 미치는 영향이다. 표면장력으로 유제가 침투하지 않는 고점도 유제라도 침투 범위가 높은 것일수록 좋으므로 습윤제

가 필요하다. 연삭유제는 보통 연삭부와 공작물 표면을 덮을 만큼 다량으로 공급되어야 한다. 따라서 효과적으로 주유하는 방법으로는 분사 공급법, 통액 공급법, 분무 공급법 등이 있다. 분사 공급법은 노즐에서 연삭유제를 **고속 젯트**로 분사시켜 접촉호 안에 침투시키는 것으로 **그림 10-77**과 같이 연삭비(연삭량과 숫돌모양의 비)를 높이고 연삭 저항을 감소시킨다.

또, 통액법은 **그림 10-78**과 같이 숫돌 축에서 연삭유제를 침투시키고 기공을 통하여 원심력으로 숫돌 외주를 따라 직접 접촉호에 공급하기 때문에 중(重) 연삭에 매우 효과적이다. 분사압은 5~25psi의 압축 공기류 중에 벤투리로 연삭유제를 빨아올리면 이슬로 유제를 밀어서 공급한다. 또 절삭유의 공급과정에서 작은 기름방울이 연삭열로 기화하면 기화열을 흡수하여 냉각시킨다. 이때, 연삭액의 공급량이 작아도 관계없지만 효과성에는 의문이 있다. **그림 10-79**는 이미 설명한 플랜지 컷 연삭량에서 분사법, 통액법 및 분무법을 비교한 것이다.

보통은 통액법이 유리하나 분무법은 통상 공급법에 비해 약간 떨어진다.

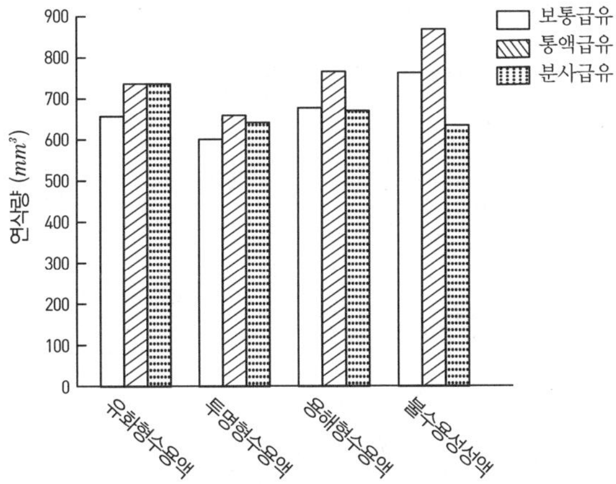

니켈크롬강, *WA 46KmV*, 연삭속도 *1130mpm*, 하중 *2Kg*, 연삭시간 *5min*

[그림 10-79] 주액방법이 연삭량에 미치는 영향

10.3.8 연삭숫돌의 손모와 수명, 드레싱 피삭성

(1) 숫돌의 자생작용, 연삭능률

2.1에서 설명한 것처럼 숫돌 절인의 자생 작용으로 고경도 물질이라도 연삭할 수 있다. 숫돌이 심하게 탈락하면 숫돌 면에 항상 예리한 절인을 얻기 위해 **드레싱**해야 한다. 만약 숫돌이 손모되면 공작물의 연삭 정밀도를 유지할 수가 없고 비경제적이며 10.2.2에 설명한 것처럼 입자

탈락형의 연삭상태를 방해한다. 입자 탈락은 **결합 유지부**(입자 維持部)가 파괴되고 파쇄는 입자 자체의 파괴로 확률 과정(stochastic process)이 된다. 그러면 각종 취성 물질이 σ의 어떤 영역에서 파괴되는지를 알아보자. 임의의 시각 t의 물체에 대하여 단위 시간당의 확률 m으로 파괴된다면 미소시간 dt중에 파괴가 될 확률은 $m\,dt$이다. 반대로 최초의 물체가 dt시간 중에서 파괴가 되지 않을 확률도 있다. P는 $t \sim \infty$사이에서 파괴가 될 확률과 같으므로

$$-dp = Pm\,dt \tag{10-100}$$

이다. 유리에 대한 실험에서 m은

$$m = A\,exp(B\sigma) \tag{10-101}$$

과 같이 응력에 의존하고 시간에 관계되지 않는 함수이며 단, A, B는 정수이다.

그러므로 식 (10-101)을 식 (10-100)에 대입하여 적분하면

$$P = \exp\{-At\ \exp(B\sigma)\} \tag{10-102}$$

따라서 시간 t까지 파괴가 생길 확률 $P_f \ll 1$는

$$P_f = 1-P = 1-\exp\{-At\ \exp(B\sigma)\} \tag{10-103}$$

가 된다. 식 (10-103)을 변형하여

$$\ln = \frac{1}{1-P_f} = At\ \exp(B\sigma)$$

라고 하면, 연삭숫돌의 입자, 결합 유지부에 대해 P_f 이므로

$$P_f \cong At\ \exp(B\cdot\sigma) \tag{10-104}$$

이 된다. 다음에 연삭숫돌의 입자, 결합 유지부에는 식 (10−104)이 적용된다. 입자에 대한 응력 σ는 입자당의 연삭저항 f_g에 비례하고 결합 유지부는 f_g에 비례하며 다리의 단면적 즉, 결합제 비율 V_b에 반비례하므로

$$\begin{aligned} &\text{입자}: P_{fg} = A_g\, t \exp\,(B_g\, k_1 f_g) \\ &\text{결합 유지부}: P_{fb} = A_b\, t \exp\,(B_b\, k_2 f_g/V_b) \end{aligned} \tag{10-105}$$

이 된다. 한편, 숫돌 파쇄 및 탈락율까지 평균 연삭거리 L_f는

$$\frac{Wg \cdot V/2\pi R \cdot l/L_f \cdot \lambda \cdot 2\pi RE}{\rho_w\, v\Delta E} = \frac{W_s}{W_w}$$

이며(E는 연삭 폭, R은 연삭기의 직경)

$$L_f = \frac{\lambda\, W_g}{\rho_w} \cdot \frac{Vl}{v\Delta} \cdot \frac{W_u}{W_s} \tag{10-106}$$

가 실험적으로 구해진다. 단, W_g는 손모 입자의 평균중량, ρ_w는 공작물 밀도, λ는 단위숫돌 면적당의 입자 수, l은 접촉호의 길이, $\dfrac{W_u}{W_s}$는 연삭 중량과 손모 중량의 비이다. 입자가 한번 접촉호를 통과할 때, 파쇄나 탈락이 생길 확률 P_f는

$$P_f = l/L_f = \frac{\rho_w}{\lambda\, W_g} \cdot \frac{v\Delta}{V} \cdot \frac{W_s}{W_w} \tag{10-107}$$

이다. 입자 파괴의 크기는 원래 입자의 $\dfrac{1}{n}$이라 하면 식 (10−105)을 사용하여

$$\begin{aligned} P_f &= P_{fb} + \frac{1}{n} P_{fb} \\ &= A_b\, t \exp\left(B_b\, k_2 \frac{f_g}{V_b}\right) + \frac{1}{n} A_g\, t \exp\,(B_g\, k_1 f_g) \end{aligned} \tag{10-108}$$

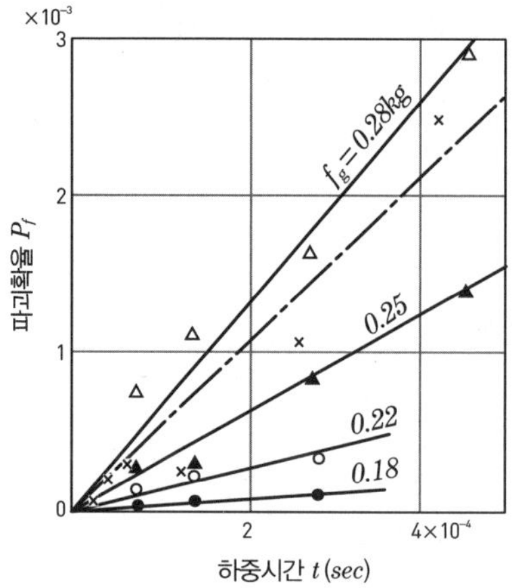

SCM4강, A46F8V, 연삭깊이 *0.01mm,* 연삭도 *2100mpm,*
테이블 이송속도 *Var.* 건식 평면연삭, 쇄선은 *A46F8V, fg=0.14Kg*

[그림 10-80] 하중시간과 파괴 확률

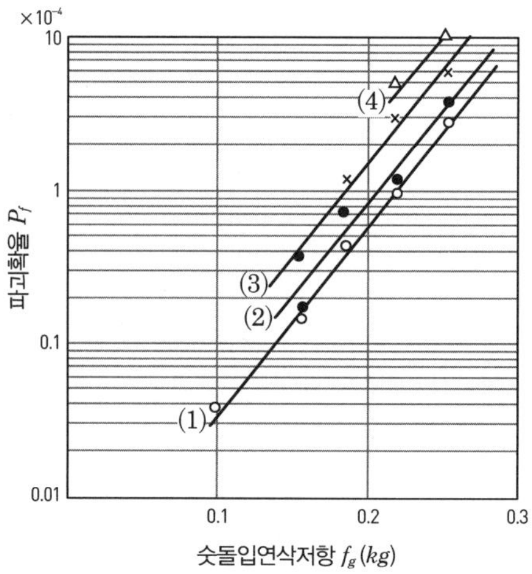

(1) 응력 유지시간=*6.9×10−5sec*
(2)=*13.8×10−5sec*
(3)=*27.5×10−5sec*
(4)=*46.2×10−5sec*

[그림 10-81] 숫돌입 연삭 저항과 파괴 확률

가 된다. 이 경우에 t는 접촉호의 통과 시간이다. **그림 10-80**은 평면연삭에서 입자 연삭 저항을 변수 P_f와 하중시간(접촉호 통과시간)의 관계를 구한 것으로 식 (10−108)과 같이 비례관계가 성립한다. 입자 연삭저항은 식 (10−104)를 사용하면

$$f_g = P/j = w^2 \frac{p}{El} = w^2 \cdot \frac{P}{E} \cdot \sqrt{\frac{r+R}{2Rr\,\Delta}} \tag{10-109}$$

이고 연삭 저항 P는 실제로 측정한 것이다. **그림 10-81**은 P_f와 관계이고 식 (10-108)에 표시한 것처럼 편대수 눈금에서 직선이 된다. P_f는 f_g의 지수함수이므로 f_g가 작은 영역에서는 거의 파쇄나 탈락되지 않지만 f_g가 큰 금속은 입자가 탈락된다.

또, P_f는 f_g, t의 함수이므로 식 (10-108)에서 숫돌 손모 속도 $\frac{dW_s}{dT}$는

$$\begin{aligned} \frac{dW_s}{dT} &= \lambda W_g \cdot V \cdot E \cdot P_f \qquad (10\text{-}110) \\ &= \lambda W_g \cdot El \left\{ A_b \exp\left(B_b k_2 \frac{f_g}{V_b} \right) + \frac{1}{n} A_g \exp\left(B_g k_1 f_g \right) \right\} \end{aligned}$$

이므로 f_g를 지배하는 $g = \frac{v}{V} a \sqrt{\frac{R+r}{Rr}} \sqrt{2\Delta}$나 $a_m = w^2 \frac{v}{V} \sqrt{\frac{R+r}{2rR}} \sqrt{\Delta}$가 같은 연삭 조건이라도 손모속도는 접촉호 $l = \sqrt{\frac{rR}{r+R}} \sqrt{2\Delta}$가 클수록 크게 된다. 그러나 실제로 **그림 10-80, 10-81**에서 보는 것처럼 실제 숫돌, 연삭 조건에서 f_g의 효과는 아주 크다. 식 (10-110)을 변형하면 숫돌의 단위 주행면적 당의 마모량 w_s는

$$w_s = \lambda W_g \cdot \frac{l}{V} \left\{ A_b \exp\left(B_b k_2 \frac{f_g}{V_b} \right) + \frac{1}{n} A_g \exp\left(B_g k_1 f_g \right) \right\} \tag{10-111}$$

$\frac{l}{V}$의 영향을 무시하고 w_s와 $\Psi = \frac{v}{V} \sqrt{\frac{R+r}{2Rr}} \sqrt{\Delta}$의 관계에서 **그림 10-82**를 얻는다.

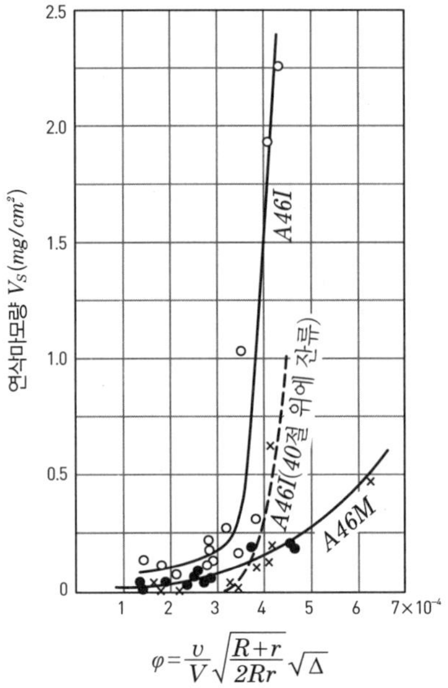

[그림 10-82] 연삭 손모량과 ϕ와의 관계(공작물:연강)

그림은 V, v, Δ를 $V = 1800 \sim 900$mpm, $v = 7.5 \sim 15$mpm, $\Delta = 15 \sim 70\mu$의 범위로 변화시킨 것으로 w_s와 ψ는 독립적인 관계이며, 그림은 식 (10-111)과 같이 지수적인 특성을 나타낸다. 특히, 숫돌(A46I)은 $\psi = 3.5\times10^{-4}$에서 임계 마모량이 증가하는 데, 마모분의 입자가 #40의 체를 통과하지 않는 입자 즉, 거의 원형 그대로 탈락한 입자에서 w_s를 구하면 그림과 같이 점선이 된다. 그림에서 ψ의 임계값까지 원형 상태로 탈락되는 입자는 작지만 임계값을 지나면 급격하게 탈락입자가 증가한다. 그 이유는 ψ의 임계값 이상은 평균적인 결합 유지부의 강도가 f_g와 거의 일치하기 때문이다. 즉, ψ의 임계값 이하에서는 식 (10-111)의 제2항이 지배적이

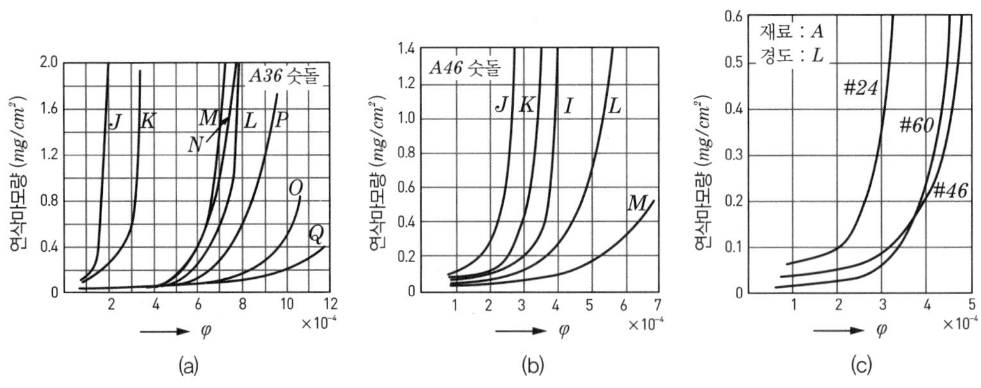

[그림 10-83] 숫돌의 종류에 따른 마모 특성의 차이(공작물:연강)

고 임계값 이상에서는 제1항의 영향이 크다. **그림 10-83**은 숫돌의 종류에 따라 마모 특성의 차이가 있고, 결합도가 크고 입도가 작을수록 탈락이 급증하는 ψ의 임계값이 높아진다. 결합도가 클수록 **결합(bond)율** V_b는 크고, g, a_m에 관계되는 a, w는 작아지므로 f_g도 작다. 식 (10-111)에서 나타난 효과가 λ에 의한 역효과를 상쇄시킨다고 판단된다. 그림과 같이 결합도가 크고 입도가 작을수록 탈락이 급증하는 어떤 ψ의 값(**임계값**)이 존재하고 그 이상에서 마모가 급증한다. 이미 설명한 임계값을 넘어 큰 깊이로 연삭하면 숫돌의 낭비가 심하고 비경제적이므로 실제로 그 값을 넘지 않는 범위에서 연삭한다. 입자 탈락은 주로 절인의 자생 작용에 의한 숫돌의 파쇄로 발생한다. **그림 10-83**의 결과를 실험적으로 표시하면

$$w_s = w_0(\psi \times 10^4)^{n_1} + 0.5(\psi/\psi_0)^{n_2} \tag{10-112}$$

이 되고 w_0, n_1, ψ_0, n_2는 정수이다. 제1항은 파쇄에 의한 마모, 제2항은 탈락에 의한 마모이고 각각 식 (10-111)의 제2항과 제1항에 해당된다. 지금 **그림 10-83**(a)의 결과를 양 대수 눈금위에 표시하면 **그림 10-84**를 얻는다. $\psi = 1 \times 10^{-4}$에서 대부분의 마모는 파쇄로 생기고 마모량은 w_0이다.

한편, $w_s = 0.5\text{mg/cm}^2$까지의 마모는 탈락으로 생기고 ψ는 ψ_0가 된다. 또 n_1, n_2는 그림의 제2직선부의 기울기로 보아도 좋다.

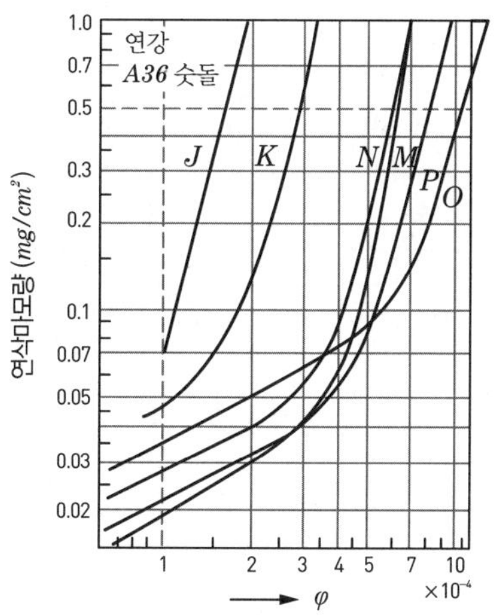

[그림 10-84] 숫돌 손모량과 ϕ와의 관계

[표 10-13] 각종 숫돌의 손모정수(小野)

숫돌		공작물	손모정수			
종류	제조사		n_1	n_2	$w_0 \times 10^2$	$\psi \times 10^2$
A 36J	N사	베어링강(담금질)	–	3.9	8.2	1.6
〃K	〃	〃	–	4.3	4.8	2.8
〃L	〃	〃	0.47	4.9	2.6	6.4
〃M	〃	〃	0.57	5.6	2.2	6.1
〃N	〃	〃	0.51	4.6	2.8	6.0
〃O	〃	〃	0.49	3.9	3.5	11.5
〃P	〃	〃	0.65	4.0	2.0	8.0
〃Q	〃	〃	0.54	–	2.1	–
A 46J	〃	〃	0.70	5.6	7.0	1.7
〃K	〃	〃	0.65	5.6	4.8	2.4
〃L	〃	〃	0.58	4.7	3.1	4.9
〃M	〃	〃	0.58	4.3	2.1	6.5
A 24L	〃	〃	0.43	5.1	5.9	3.2
36L	〃	〃	0.47	4.9	2.6	6.4
46L	〃	〃	0.52	4.7	3.1	4.9
60L	〃	〃	0.47	5.1	2.4	5.4
80L	〃	〃	0.56	4.7	1.5	5.2
A 36M	M사	〃	0.57	4.3	3.8	4.9
46M	〃	〃	0.48	3.3	2.4	5.2
60M	〃	〃	0.62	5.2	2.0	7.0
80M	〃	〃	0.53	4.5	2.1	5.3
100M	〃	〃	0.64	4.7	1.2	5.5
WA 320K	〃	〃	0.65	4.7	0.3	9.8
WA36 K	〃	베어링강(담금질)	0.55	3.2	4.2	3.4
〃	〃	경강	0.51	4.5	3.7	4.2
〃	〃	주강	0.49	4.2	2.3	4.6
〃	〃	황동	0.52	4.0	1.1	5.8

표 10-13은 위와 같이 결정한 정수를 각종 숫돌에 따라 일괄적으로 표시하였다. 표에서 n_1, n_2는 숫돌의 종류에 따라 큰 차이가 없고 평균적으로 $n_1 = 0.54$, $n_2 = 4.45$이다. 그러므로 식 (10-112)은

$$w_s = w_0(\psi \times 10^4)^{0.54} + 0.5(\psi/\psi_0)^{4.45} \tag{10-113}$$

이다.

w_0는 입도가 크고 결합도가 작을수록 커지만, ψ_0는 입도와 큰 관계가 없이 결합도가 클수록 크다. 즉 조립(거친 입자)의 연질(연한) 숫돌일수록 파쇄량은 크고, 연질 숫돌일수록 탈락도 크다. 또 단위 숫돌 손모량 당 연삭량이 클수록 연삭 작업이 능률적이고, 연삭비(grinding ratio)는

$$\eta = W_w / W_s \tag{10-114}$$

로 연삭 능률을 좌우한다. 연삭시간 τ, 공작물의 하중을 ρ라고 하면

$$W_w = \rho E \Delta\, v\, \tau \tag{10-115}$$

또는

$$W_s = EV w_s \tau \tag{10-116}$$

이므로 식 (10−115), (10−116)를 식 (10−114)에 대입하여

$$\eta = \frac{v}{V}\frac{\Delta\rho}{w_s} \tag{10-117}$$

가 된다. **연삭능률**(연삭비)을 증가하기 위해, 식 (10−112)을 고려하여 좋은 방법을 생각해 보자. 식 (10−117)의 분자는 Δ에 비례하여 증가하고 분모의 w_s도 Δ에 따라 상승한다. 그러므로 식 (10−113)과 같이 Δ가 어느 한계 이상이면 w_s도 급격히 증가하여 임계값 η에 도달하여 극대값을 갖는다. 이때에 η을 Δ로 편미분하여 0으로 두면 극대값을 갖는 Δ를 구할 수 있다.

$$\Delta = \left(\frac{V}{v}\right)^2 \left(\frac{2}{1/R+1/r}\right) \left\{\frac{w_0(2-n_1)}{0.5(n_2-2)}\right\}^{2/(n_2-n_1)} (\psi_0 \times 10^4)^{2n_2/(n_2-n_1)}$$

즉,

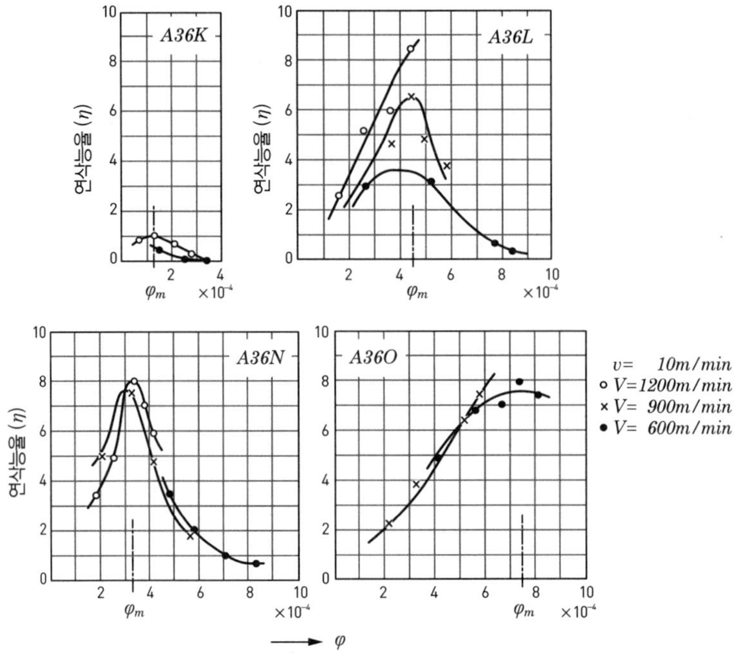

[그림 10-85] 연삭능률 η와 ϕ의 관계

$$\frac{v}{V}\sqrt{\frac{\Delta}{2}\left(\frac{1}{R}+\frac{1}{r}\right)}=\left\{\frac{w_0(2-n_1)}{0.5(n_2-2)}\right\}^{1/(n_2-n_1)}(\psi_0\times10^4)^{n_2/(n_2-n_1)} \qquad (10-118)$$

가 된다. 위 식의 우변은 연삭 작업조건과 관계없이 일정한 값이 되므로 ψ_m이라 두면, 결국

$$\psi=\frac{v}{V}\sqrt{\frac{R+r}{2Rr}}\ \sqrt{\Delta}=\psi_m \qquad (10-119)$$

가 되는 조건을 만족할 때 η는 극대값 η_m을 취하고

$$\eta_m=\rho\,\frac{V}{v}\left(\frac{n_2-1}{n_2-n_1}\right)\left(\frac{2rR}{r+R}\right)(w_0\times10^4)\,\psi_m^{1.2} \qquad (10-120)$$

이 된다. **그림 10-85**는 Δ를 변화시키는 경우 ψ와의 관계이고 η의 극대값을 갖는 ψ_m이 존재하

는 것을 알 수 있다. 따라서 최대 연삭 능률은 **표 10–13**의 데이터와 식 (10−119)의 조건을 만족시킬 때에 얻어진다.

최대 능률을 얻기 위해 V/v의 값을 되도록 크게 선택하는 것이 좋다.

(2) 연삭면의 수명

이미 설명한 것처럼 연삭가공에서 입자 탈락이 적은 것이 경제적이지만 자생작용을 억제시키므로 입자가 점점 마멸되어 연삭 면이 눈메움 상태로 된다. 이미 10.2.2에 설명한 정상적인 연삭상태라고 하더라도 자생작용과 입자 마멸이 평형이 되는 경제적인 작업조건을 찾는 것은 매우 어렵다.

비록 경제성과 함께 연삭 정밀도를 높이기 위해 작업 조건을 선택하더라도 입자가 탈락하여 숫돌의 수명에 도달하는 경우도 있다. 따라서 정상 연삭상태는 입자가 탈락할 때까지의 연삭시간(숫돌면 수명)이 충분히 긴 경우이다. 입자가 탈락한 연삭면은 드레싱하여 눈을 만들어 야 한다. 그러므로 드레싱에서 다음의 드레싱까지의 연삭시간을 숫돌 수명이라 부른다. 즉, 절인이 마멸되기 시작하여 재 연삭할 때까지의 시간을 의미하는 절삭공구의 수명과 같다.

다음은 연삭면이 입자탈락으로 수명에 도달하는 과정을 살펴보자. 숫돌입자는 취성 물질이므로 고온 고압에서 기계적인 파쇄와 마멸이 생긴다. 또한 숫돌의 Al_2O_3입자는 세라믹스 공구와 같고 숫돌도 보통의 금속 공구와 같은 마모 형태를 나타낸다.

SiC 숫돌입자는 마모 면에서 SiO_2가 생기면 낮은 강도와 낮은 용융점을 가지므로 마모를 촉진시키는 속도 과정적 마모기구로 변한다. 마모는 입자의 경사면에 생기는가? 입자가 탈락하면, 여유면 마모 면적을 증가하여 입자가 파고들기 어렵고 심한 진동과 발열 때문에 여유면 마모를 촉진시킨다. **그림 10–86**은 Al_2O_3입자의 마모 현상을 나타낸 것으로 드레싱 직후의 마모 면적 A는 연삭거리에 비례하여 마모된다고 가정한다. 즉,

$$A = A_0 + kL \tag{10-121}$$

단, A는 여유면 마모 면적, L은 입자의 절삭 거리, k는 정수이다. 이러한 가정은 실제와 다르지는 않다. 한편 작동하고 있는 입자의 총수를 N_0이라 할 때, 자생작용이 없으면 마모 면적은 N_0A가 된다. 파쇄나 탈락이 생기면 실제 마모의 총면적은 이보다 감소한다. 만약 입자의 파쇄나 탈락이 한 번 생기면 입자의 여유면 마모 면적은 없어진다고 가정하자. 식 (10−130)의 원래

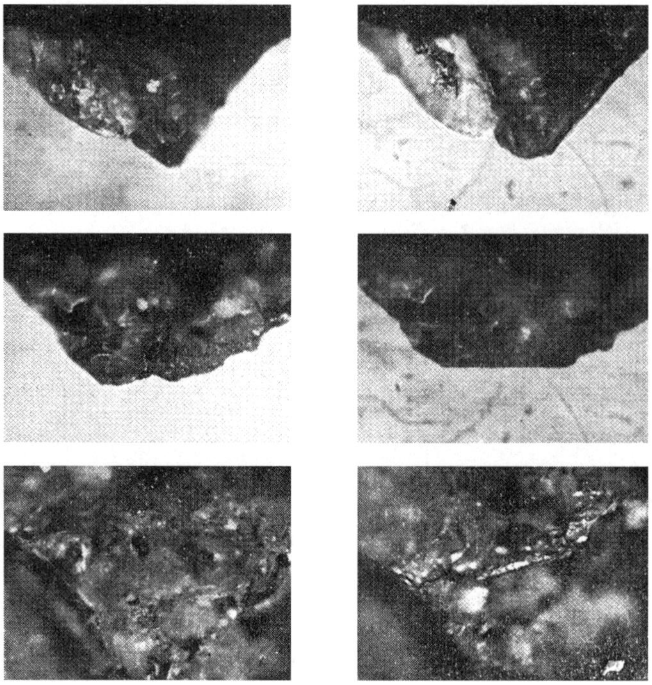

[그림 10-86] Al_2O_3 숫돌입의 마모상태

의 의미는 N_0가 시간 t까지 파괴될 확률은 t에 비례하여 증가하므로 파괴된 입자수도 하중과 시간에 비례하여 증가한다.

다시 말하면 같은 하중과 시간에서는 1개씩 파괴가 진행된다. 연삭숫돌의 경우 식 (10-105)에 표시한 것처럼 파쇄와 탈락될 확률은 서로 다르기 때문에 같은 시간, 연삭속도, 입자 및 절삭거리에서도 파쇄나 탈락이 생긴다고 가정하자. 또 입자 절삭거리를 ΔL이라면 입자의 평균 수명거리 L_f는

$$\begin{aligned} L_f &= (\Delta L + 2\Delta L + 3\Delta L \cdots\cdots L_0\,\Delta L)/N_0 \\ &= \Delta L(1+N_0)N_0/2/N_0 \end{aligned} \tag{10-122}$$

$N_0 \gg 1$이므로

$$\Delta L \cong 2L_f\,/\,N_0 \tag{10-123}$$

이다. L_f는 식 (10−106)에서 실험적으로 구해진다. 연삭 개시 후, 처음 ΔL만큼 지난 여유면 마모 총면적은 파쇄 또는 탈락에 의한 손실을 고려하여

$$
\begin{aligned}
A_1 &= N_0 A_0 + N_0 k \Delta L - (A_0 + k \Delta L) \\
&= (A_0 + k \Delta L)(N_0 - 1)
\end{aligned}
\tag{10−124}
$$

이다. 손실에 의한 N_0가 불변(탈락되면 입자가 새롭게 절인으로 작용함) 하면 다음의 ΔL, 즉 $2\Delta L$은

$$A_2 = [\{(A_o + k\Delta L)(N_0 - 1)/N_0\} + k \Delta L](N_0 - 1) \tag{10−125}$$

$n\Delta L$은 결국

$$A_n = A_0 \left(\frac{N_0 - 1}{N_0}\right)^{n-1} (N_0 - 1) + k \Delta L \left\{1 - \left(\frac{N_0 - 1}{N_0}\right)^n\right\} N_0 (N_0 - 1) \tag{10−126}$$

가 된다. N_0는 아주 큰 함수이므로

$$[(N_0 - 1)/N_0]^n \cong \exp(-n/N_0) \tag{10−127}$$

또, 입자 절삭거리 $L = n \cdot \Delta L$은 식 (10−123)보다

$$L = 2nL_f / N_0 \tag{10−128}$$

그러므로

$$n/N_0 = L/2L_f \tag{10−129}$$

식 (10−129)을 식 (10−127)에 대입하여

$$[(N_0-1)/N_0]^n \cong \exp(-L/2L_f) \tag{10-130}$$

식 (10−123), (10−130)을 식 (10−126)에 대입하여

$$A_n = 2N_0 k L_f - N_0(2L_f k - A_0) \exp(-L/2L_f) \tag{10-131}$$

이 된다. 끝없이 연삭을 계속할 경우의 극한값 A_∞는

$$A_\infty = 2N_0 k L_f \tag{10-132}$$

이고 자생작용이 생기는 L_f가 존재하면 긴 시간 동안 연삭하여도 마모 면적은 일정한 값 A_∞에 가깝다. 일정한 천이기간이 지나면 연삭 상태는 정상이지만 실제는 A_∞에 도달하기 전에 **채터링(chattering) 진동**, 불탄 자국 등이 발생한다. 다음은 연삭하기 전에 마모 면적의 총계 N_0A_0와 A_∞와의 비를 α라 하면

$$\alpha = N_0 A_0/2N_0 k L_f = A_0/2k L_f \tag{10-133}$$

이다. 이것을 식 (10−131)에 대입하여

$$A_n = 2N_0 k L_f \{1-(1-\alpha)\exp(-L/2L_f)\} \tag{10-134}$$

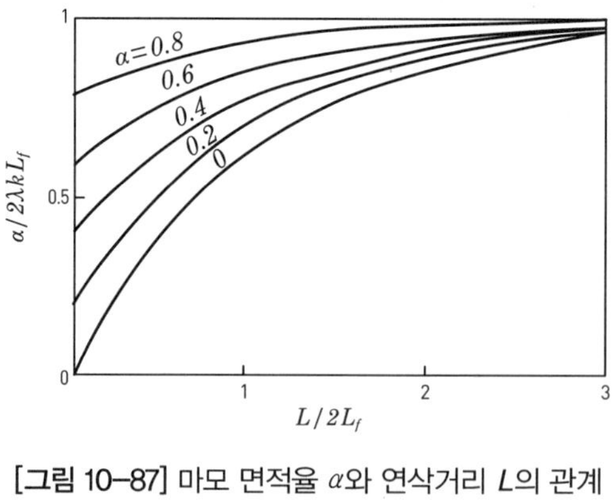

[그림 10−87] 마모 면적율 α와 연삭거리 L의 관계

을 얻는다. 위 식은 단위 숫돌 면적당에 해당되고 λ를 단위면적의 입자라면

$$\alpha = 2\lambda\, k\, L_f \{1-(1-\alpha)\exp(-L/2L_f)\} \tag{10-135}$$

단, α는 단위 숫돌면적당의 마모 면적으로 마모 면적율이라고 한다.

그림 10-87은 $\alpha / 2\lambda\, k\, L_f$와 $L / 2L_f$와의 관계이고 식 (10−132)에서 극한 상태로 가는 경로이다.

그리고 마모 면적율 α가 일정한 값 a_c에 도달할 때, 수명이 되는 수직 절삭거리 L_c는 식 (10−135)에 따라

$$L_c = -2L_f \ln\left\{\left(1-\frac{a_c}{2\lambda\, k\, L_f}\right)\frac{1}{1-\alpha}\right\} \tag{10-136}$$

가 된다. 이 식은 숫돌의 연삭거리가 입자의 평균 파괴수명 L_f, 마모면적의 증가율 k, 드레싱 상태를 나타내는 값 α등으로 결정된다. **그림 10-88**은 $(\lambda k / a_c)L_c$와 $(2\lambda k / a_c)L_f$와의 관계이고 다른 조건이 일정하면 L_f가 작고, 파쇄 또는 탈락하기 쉬운 숫돌일수록 수명이 길다. 또, 그림과 같이 $(2\lambda k / a_c)L_f < 1$의 범위에서 숫돌의 수명은 무한대가 된다. 이 범위는 식 (10−136)에서

$$a_c \geqq 2\lambda\, k\, L_f \tag{10-137}$$

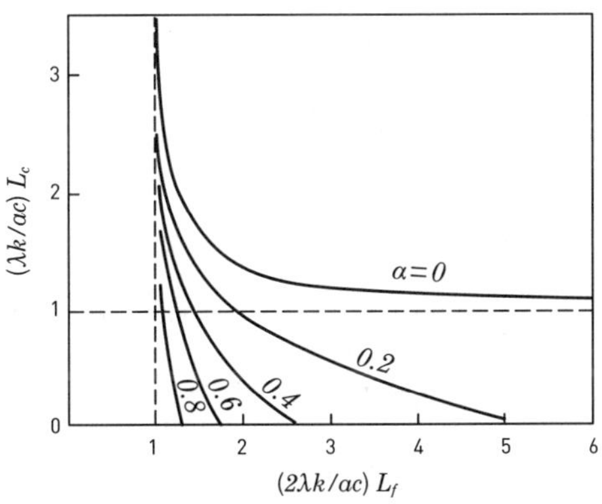

[그림 10-88] 연삭면의 수명거리 L_c와 숫돌입의 평균 파괴수명 L_f의 관계

이고 자생작용의 조건이 만족하면 입자탈락 상태가 발생하지 않는다.

이것의 물리적 의미는 식 (10-132)같고 입자 연삭 깊이(또는 칩 단면적)가 증가하면 k도 비례적으로 증가한다. L_f는 **그림 10-83**과 같이 **임계조건**에서 지수 함수적으로 감소하므로 $2\lambda k L_f$가 급격히 감소하면 비경제적인 입자 탈락형 연삭상태가 된다.

또, 식 (10-135)의 변수 k는 파쇄하기 쉽고 결합도가 큰 숫돌을 사용하여 측정한다. A_0, a는 숫돌면을 광학적으로 관찰하여 측정하고, L_f는 식 (10-106)에 의해 구한다. 그리고 L은 연삭시간을 T, 접촉호의 길이를 l이라 하면

$$L = VT(l/2\pi R) \tag{10-138}$$

으로 계산된다.

여기서 식 (10-135) 또는 식 (10-134)은 실험으로 결정되고 **그림 10-89**는 검토한 결과를 표시한 것이다.

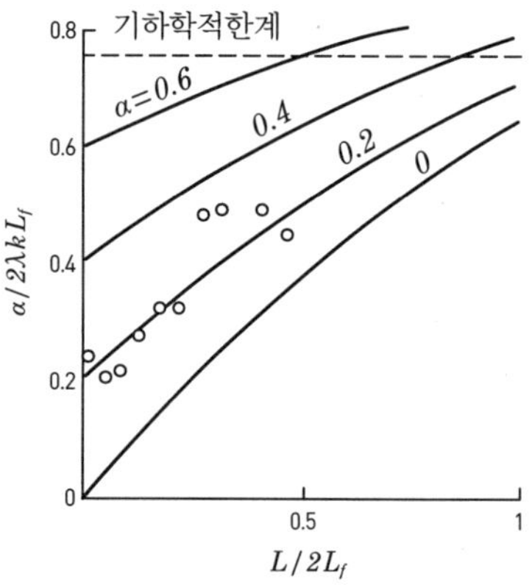

SCM4강, A46 I 8 V

[그림 10-89] 마모 면적율 α와 연삭거리 L의 관계

숫돌의 수명은 **여유면 마모 면적율**(a)이 일정한 값을 가지는 연삭거리로 정의한다. 일부는 숫돌의 깎이는 맛이나 불탄 자국의 발생에따라 수명을 규정하기도 한다. **그림 10-90**은 같은 연삭조건에서 동일한 입도의 A숫돌 및 WA숫돌로 연삭할 때, 연삭 스트로크수와 연삭저항과의 관계이다. 연삭저항 중 특히 수직분력 F_N이 급증하고 연삭저항이 크면 **불탄 자국**도 함께 발생하는 경우가 많다. **그림 10-91**은 스트로크 수와 여유면 마모 면적율의 관계이다. 두 그림에서 연삭저

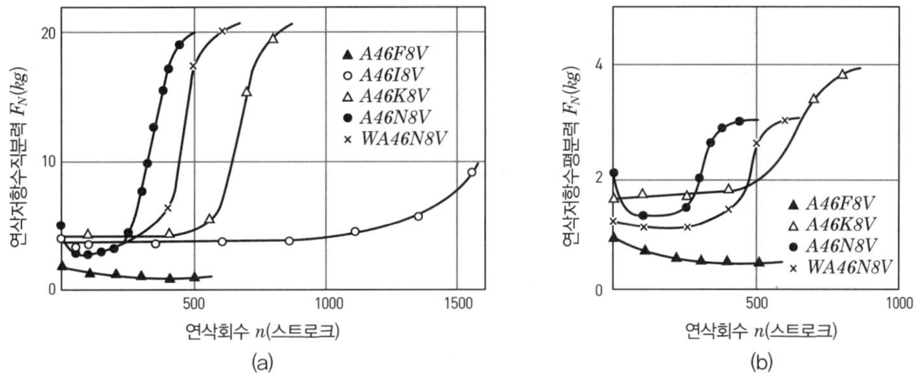

SCM4강(H_R 30), 연삭깊이 0.01mm, 연삭속도 2100mpm, 테이블 속도 10mpm, 연삭 폭 5mm, 건식연삭

[그림 10-90] 드레싱 후 연삭을 계속할 때 연삭저항의 변화

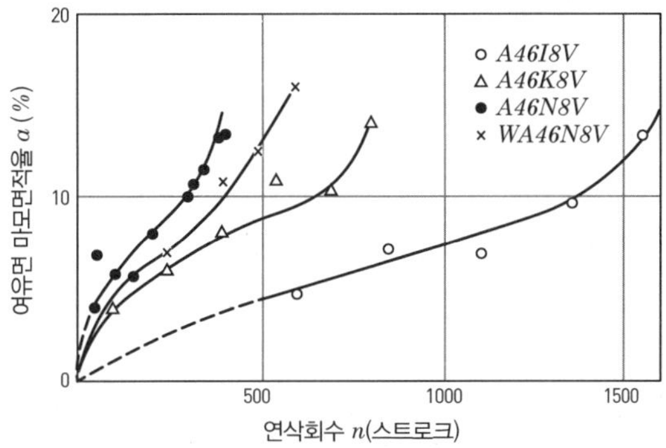

[그림 10-91] 연삭저항과 마모 면적율과의 관계(절삭조건은 그림 10-90과 동일)

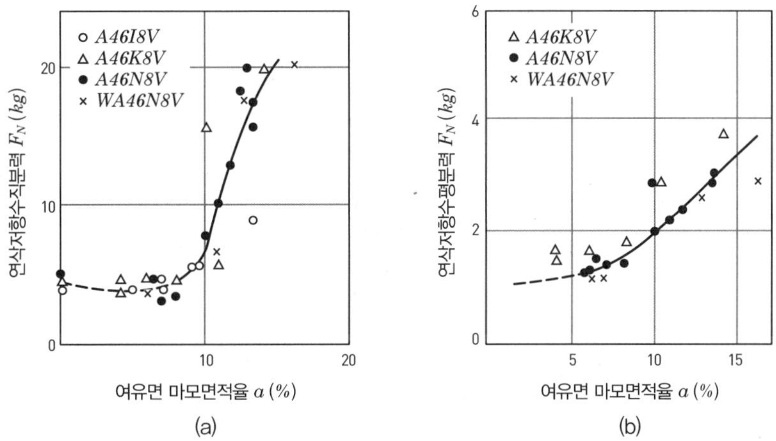

[그림 10-92] 연삭저항과 마모 면적율과의 관계 (절삭조건은 그림 10-90과 동일)

항과 마모 면적율의 관계는 **그림 10–92**와 같다. 즉, 결합도가 다르더라도 양자의 관계는 단일곡선으로 나타나고 약 8% 마모 면적율에서 모두 수명에 도달한다. 또, **그림 10–93**은 연삭조건을 변화시킨 결과이고 $V = 2000$mpm, $V = 3$mpm의 예를 제외하면 6~9%의 마모율에서 수명에 도달한다. 공작물의 온도를 변화시켜 본 결과는 **그림 10–94**와 같다. 따라서 약 8%의 마모 면적율에서 수명에 도달한다고 생각된다.

또, **그림 10–91**과 같은 연삭조건에서 마모 면적율이 8%일 때에 스트로크 수 n_s를 구하면, 식 (10−138)과 같고 다음 식으로 숫돌수명 L_8을 구한다.

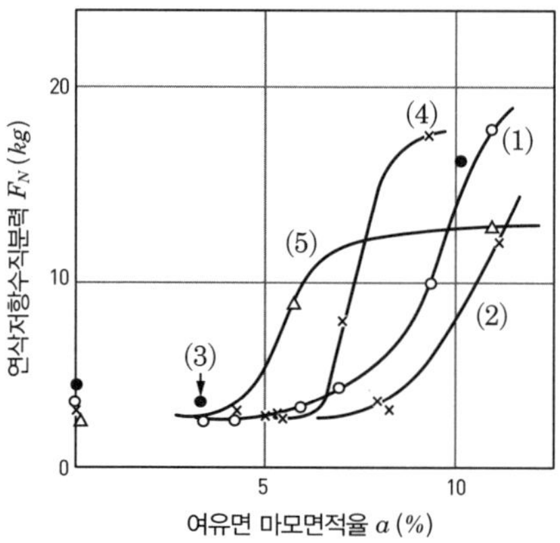

(1) V=2000mpm, v=10mpm (2) V=1800mpm, v=9.4mpm
(3) V=2000mpm, v=15mpm (4) V=2000mpm, v=7mpm (5) V=2000mpm, v=3mpm

[그림 10–93] 연삭조건이 다른 경우 연삭저항과 마모 면적율의 관계

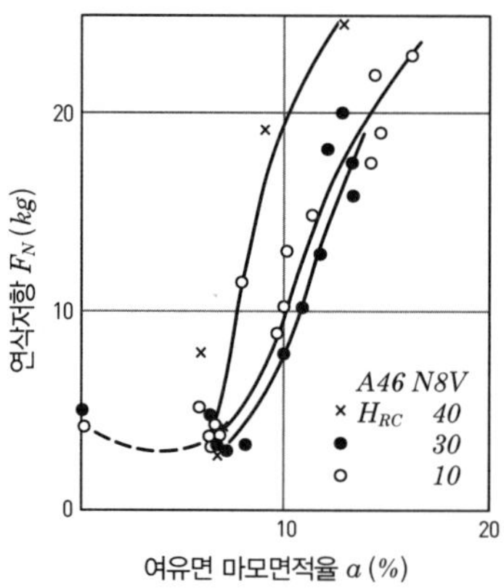

숫돌과 공작물 경도는 제외, 연삭조건은 그림 *10−90*과 동일

[그림 10–94] 공작물 경도가 다른 경우의 연삭저항과 마모 면적율

$$L_8 = \frac{\sqrt{2R\Delta}}{2\pi R} \cdot \frac{V}{v} \cdot l_c \cdot n_8 \qquad (10-139)$$

단, l_c는 공작물 길이이다.

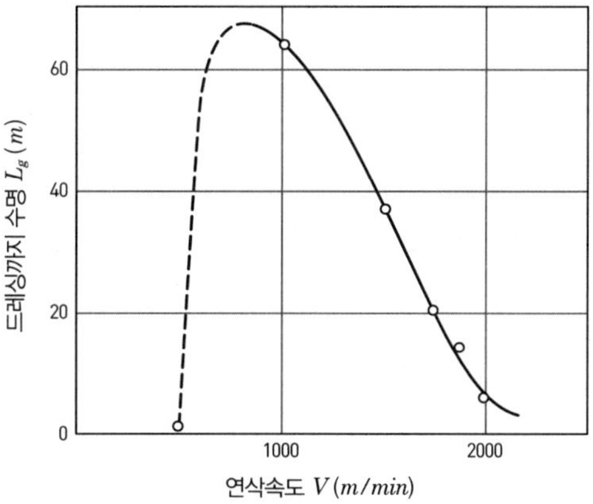

SCM4강, A46N8V, 연삭깊이 0.01mm, V/v=200, 수명 마모면적율 α_c=8%, 건식 평면연삭

[그림 10-95] 드레싱 후 수명 L_8과 연삭 속도의 변화

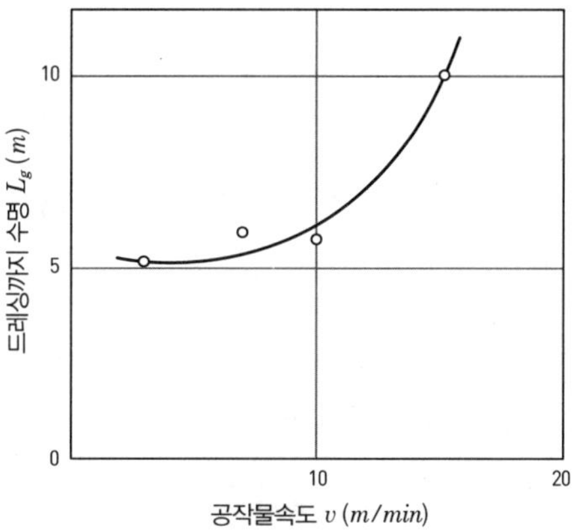

연삭조건은 그림 10-102와 동일, 단 V=2000mpm

[그림 10-96] 공작물 속도에 따른 드레싱 후의 수명 L_8의 변화

그림 10-95는 $V/v = 200$되는 조건 즉, 입자 연삭 깊이 또는 평균 단면적이 일정할 때에 연삭속도를 변화시킨 결과로 연삭속도가 클수록 숫돌 수명은 감소한다. 절삭 두께가 일정한 선삭가공(특히 밀링공구)에서 V가 크면 식 (10-136)의 k가 커진다. 한편, 식 (10-108)의 t는 l/V이고 f_g가 일정한 경우, 식 (10-107)에 의해 식 (10-136)의 L_f도 증가하므로 식 (10-136)보

다 숫돌 수명은 감소한다. 또 **그림 10-88**에서 L_f가 증가하면 L_c는 감소한다. **그림 10-96**은 다른 연삭조건을 일정하게 하고 공작물의 숫돌면을 변화시켜 본 결과로 공작물 속도가 클수록 숫돌 수명이 짧다. 이 경우에 발생한 연삭저항 f_g의 변화는 f_g에 의한 k의 증가보다 식 (10-108)의 P_f가 지수 함수적으로 증가(그러므로 L_f의 감소)하기 때문이다. k와 P_f의 변화를 보면 어느 정도까지 공작물 속도와 수명은 반비례한다. 예를 들면 **그림 10-82**의 ψ의 임계값이 아주 낮은 조건에서 f_g가 큰 공작물(예:담금질 강)을 연삭할 경우, 공작물 속도를 증가하더라도 P_f보다 k가 더 증가하기 때문에 수명이 감소한다.

연삭속도의 영향은 **그림 10-95, 10-96**의 결과에 따라 연삭속도만 증가시키면 숫돌 수명은 **그림 10-95**의 결과보다 급격하게 감소한다. 비록 연삭속도가 증가하더라도 숫돌 수명은 약간 감소하다가 반대로 증가하는 경우도 있으며 이와 같은 상항은 E. N. Masslow, 소야(小野)에 의해 밝혀졌다. 또 소야(小野)는 담금질 베어링강을 연삭할 경우에 숫돌 수명은 실험과 이론을 통하여 다음과 같이 구했다.

$$T = \frac{2\pi R}{kv \Delta}\left(\frac{V}{v \Delta}\right)^{0.2} A \qquad (10-140)$$

단 T는 숫돌 수명이다. 즉 연삭 입자의 여유면 마모로 숫돌의 반경이 감소하여 일정값 A가 될 때까지의 연삭시간(입자 주행거리는 아님)을 수명이라 한다. ψ의 임계값을 저하시키는 연삭조건에서도 입자의 파쇄나 탈락은 적고 연삭 표면층 전체 입자를 탈락시키지 않는다. 그러므로 숫돌의 반경 감소는 마모에 의한 입자탈락의 정도를 나타낸다.

또, K는 정수이고 식 (10-140)에서 연삭수명은 V의 0.2승에 비례하나 v의 1.2승에 반비례한다. 반드시 그렇지 않지만 일정한 값에서 숫돌반경이 감소하는 것은 입자 여유면 마모 면적율의 값과 대응된다. 수명을 식 (10-138)에 의해 계산하면 V, v의 영향은 **그림 10-95, 10-96**과 반대가 된다. 이것을 설명하기 위해 10.3.2⑵의 숫돌의 동적경도 개념이 전부 적용되지 않는다. **그림 10-95, 10-96**의 결과는 동적 경도의 개념으로 이해할 수 있으나 V, v의 영향이 서로 상반되는 것은 설명할 수 없다. 입자의 파쇄나 탈락에 의한 자생작용은 동적 경도의 개념을 적용할 수 있지만 입자 탈락 등 수명에 관한 문제는 반드시 적용되지 않는다. 또 **그림 10-97**은 입자의 결합도가 수명 L_8에 미치는 영향으로 결합도가 낮을수록 절인의 자생되기 쉽고 수명도 길다. 이상은 입자 탈락과 수명에 대하여 주로 입자 여유면 마모 면적율을 기초로 한 숫돌 수명 이론 및 수명 판정기준을 설명하였다. 무엇으로 숫돌의 마모량을 나타내는가? 숫돌 반경 감소와 여유면 마모율은 직접 대응하지 않으나 어느 정도 자생작용이 생기면 적용되는 이론도 다르다. 또 어떠한 시기에 수명에 도달한 것으로 보는가? 여유면 마모 면적율의 입장에서 설명하면 연삭저항이 급증하거나 불탄 자국으로 수명을 판정하기도 한다. 다른 판정방법으로 다듬질면의 채터링 마크 발생을 기준으로 한 수명시간과는 반드시 일치하지 않는다. 또한 **그림 10-98**의 플랜지컷 연삭에서도 연삭수명은 깊이나 이송량에 비례하고 버닝이나 채터링에도 영향을 받는다.

식 (10−140)의 결과, 채터링 발생시기를 수명으로 보면, 숫돌의 반경 감소가 일정한 값에 도달 한 경우이다. 불탄 자국이나 채터링의 발생으로 수명에 이르는 경우도 있으나 이것과 구별할 필요가 있다. **그림 10-99**는 두 개의 수명 형태에서 시간적 변화에 따라 연삭 측정량의 변화를 나타낸 것이다.

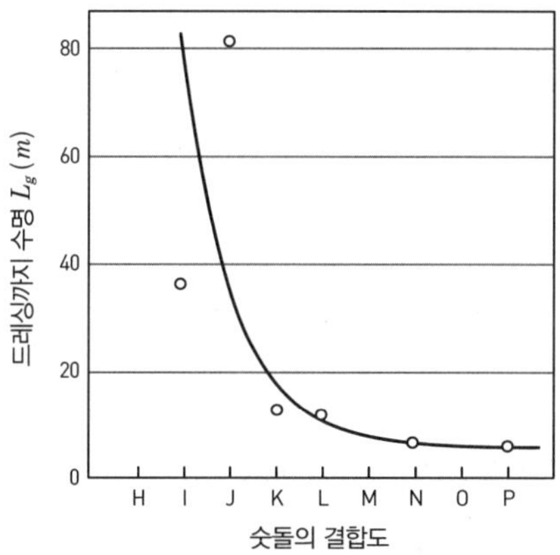

*SCM4*강, *A46*(결합도) *8V*, 연삭깊이 *0.01mm*, 연삭속도 *2000mpm*, 테이블속도 *10mpm*, 건식 평면연삭

[그림 10-97] 숫돌 결합도에 따른 드레싱 후의 수명 L_8의 변화

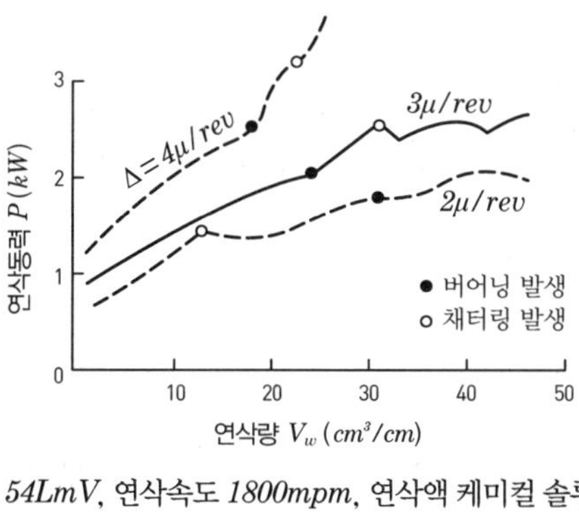

*SCM4*강(H_R *50*), *WA 54LmV*, 연삭속도 *1800mpm*, 연삭액 케미컬 솔루션, 원통 플랜지 연삭

[그림 10-98] 연삭 깊이에 따른 연삭상태 변화 과정의 차이

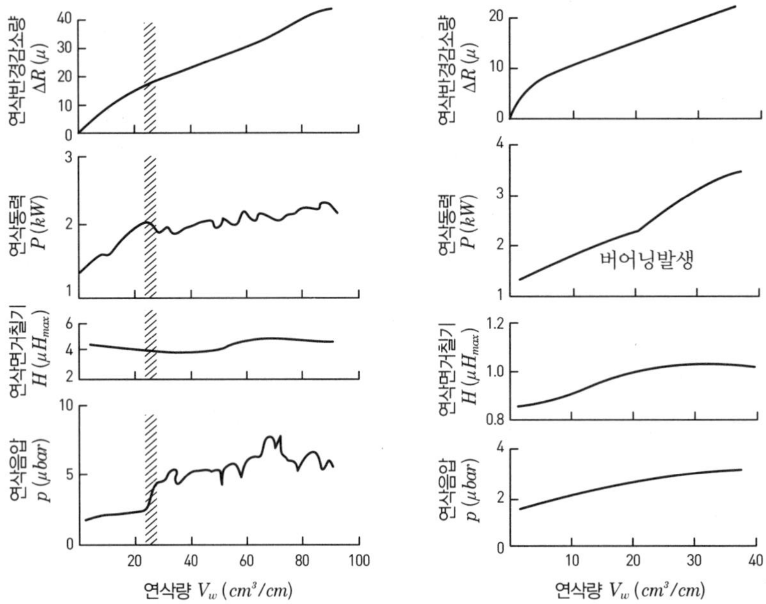

(a) 채터링형 수명 (b) 버어닝형 수명

(a)도 *S45C*(H_R *40*), *WA 54 LmV*, 연삭깊이 *5.7μ/rev*, 연삭 폭 *25mm*, 연삭속도 *1800mpm*, 공작물속도 *13mpm*, 유화유

(b)도 *SCM4*강(H_R *50*), *A54 L7 VG*, 연삭속도 *1800mpm*, 연삭깊이 *3μ/rev*, 연삭 폭 *20mm*, 공작물속도 *11mpm*, 솔루션 연삭액

[그림 10-99] 원통 플랜지 컷 연삭에서 숫돌면 수명의 2가지 형태

숫돌의 수명은 반드시 입자 탈락만 아니고 연질 공작물을 연삭할 때에 입자 탈락으로 수명에 이르거나 자생작용이 과대하여 숫돌의 깎이는 맛이 나빠지는 경우이다. 한편 숫돌 작업면이나 다듬질 면이 거칠어도 수명으로 판정한다. 숫돌면이 부분적으로 빠르게 자생하면 진동에 의해 숫돌이 이형화되거나 격력하게 진동할 수가 있다. 그러므로 수명판정 기준이 연삭저항, 불탄 자국, 채터링 마크 등과 함께 다듬질 거칠기, 연삭 음향, 연삭 정밀도 등도 포함되므로 위의 절인 정밀도나 숫돌 작업면의 변화도 당연히 수명으로 판정된다. 아직까지 숫돌면의 수명에 관한 연구는 발전하는 단계에 있고 많은 복잡한 문제가 있으므로 절삭공구처럼 분명한 수명 판정법이나 판정기준이 규정된 것은 아니다.

(3) 드레싱, 트루잉

눈 메움이나 눈 막힘이 생긴 숫돌면은 드레싱으로 입자를 재생시켜야 하고, 이형화 된 숫돌면은 트루잉으로 새로운 형태로 만들어야 한다.

드레싱용 공구는 다음과 같은 종류가 있다.

① Huntington 드레서(성형 강편을 사용. **그림 10–100**)

② 샤아만 드레서(판형 강판을 사용)

③ 정밀 메커니컬 드레서(홈붙이강 롤러 사용 **그림 10–101**)

④ 트루잉 스틱(stick)(C입자, 보론 카바이트, 다이아몬드 입자를 입자 봉에 소성시킨 것)

⑤ 트루잉 숫돌(연삭숫돌 다이아몬드 숫돌을 사용, **그림 10–102**)

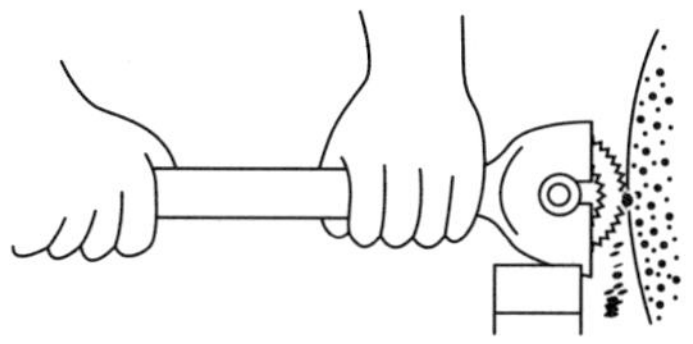

[그림 10–100] 헌팅턴 드레서

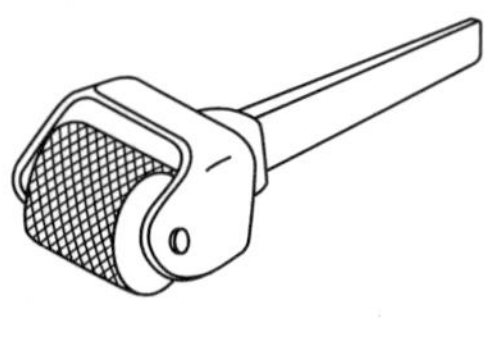

[그림 10–101] 메커니컬 드레서

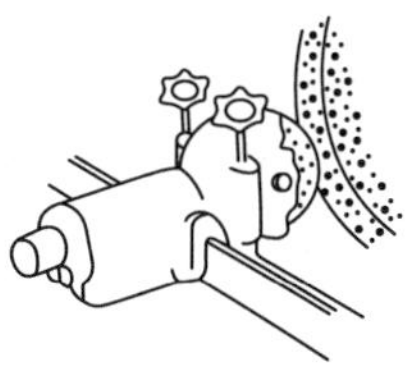

[그림 10–102] 트루잉 스틱

드레싱과 트루잉을 같이 사용하는 공구는 다음과 같다.

① 다이아몬드 드레서(다이아몬드 단석을 **그림 10–103**과 같이 조임(a), (b), 주조(c)로 고정한 것, 많은 돌을 여러 단으로 심은 것, 다이아몬드를 텅스텐 초경합금으로 체결한 연한 브릿지형 드레서)

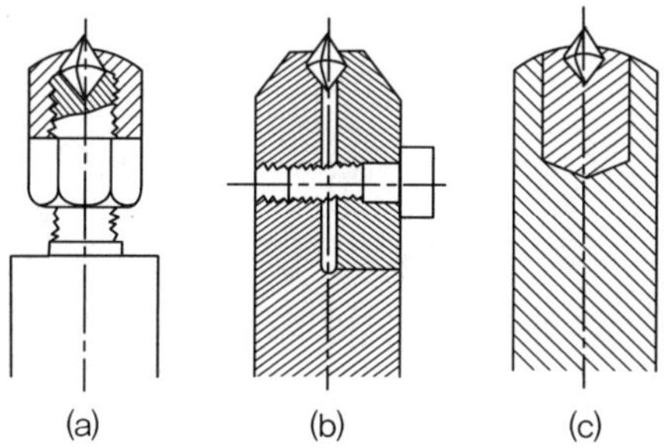

[그림 10–103] 드레서용 다이아몬드 부착법

② 크래시(crash) 롤러(초경합금, 고속도강, 담금질 탄소강 등의 롤러, **그림 10-104**)

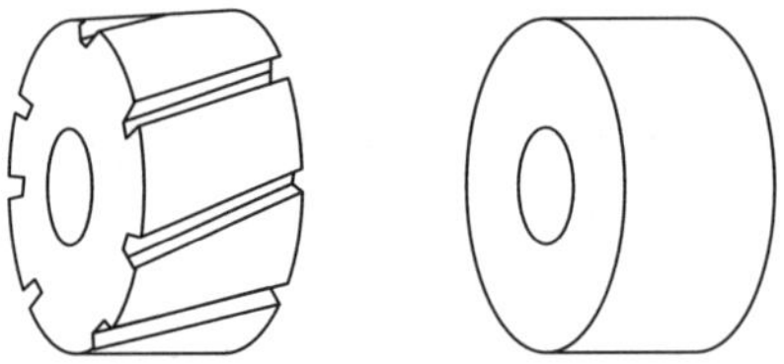

[그림 10-104] 크래시 롤러

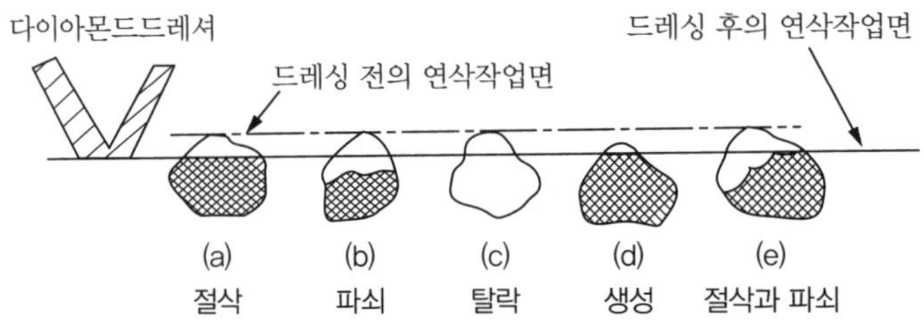

[그림 10-105] 드레싱에 의한 숫돌의 상태

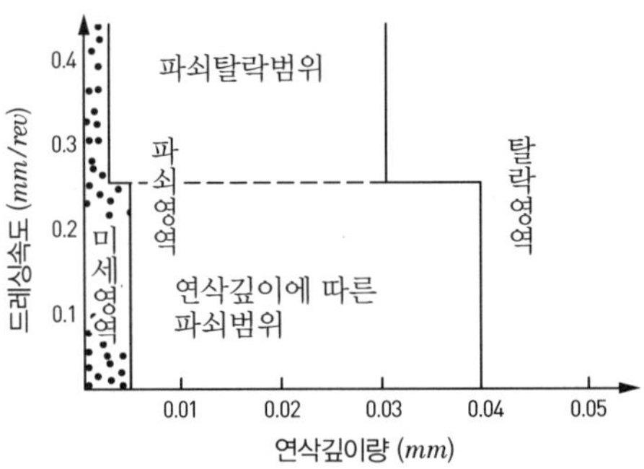

[그림 10-106] 숫돌 상태와 드레싱 조건(WA 60 kmV)

이상으로 정밀 연삭용으로 가장 많이 사용되는 것은 단석 다이아몬드 드레서나 크래시 롤러이다. 다음에는 드레싱이나 트루잉을 설명하겠다. 다이아몬드 **드레서**는 외경 선삭에서 바이트와 같이 사용하며 연삭숫돌(공작물)에 따라 회전시킨다. 즉, 드레서(바이트)를 설치하여 숫돌 축 방향으로 이송하면서 숫돌의 표면을 제거(선삭)한다. 이 경우에 숫돌면의 입자는 **그림 10-105**에 표시하는 5가지 형태가 있다. 이송속도와 깊이에 따라 숫돌면 전체의 상태는 **그림 10-106**과 같다. 다듬질 면 거칠기가 좋은 정밀연삭을 하기 위해 드레서의 깊이와 이송이 작고 입자 절인을

가늘게 만든다. **표 10-14**는 일반적인 드레싱을 하여 정밀도, 절인간격 및 얻어진 연삭 다듬질 거칠기를 비교한 것이다. 정밀한 드레싱을 하면 절인각이 작고 입자가 탈락하더라도 10.3.4⑵의 식 (10-94)에 의해 다듬질 면 거칠기가 작아진다.

또 입자 탈락이 많으면 식 (10-136)에서 α가 크고 정밀한 드레싱을 할 때에 수명을 단축시킨다. **그림 10-107**은 이것을 나타낸 예이다. 한편, 절인 제거속도를 높이기 위해 드레싱 깊이와

[표 10-14] 드레싱 조건에 의한 연삭면, 연삭 다듬질과의 차이

(a) 숫돌면 절인 밀도의 변화

다이아몬드 드레서, 선단 라운딩 반경 *1mm*, *WA 46LV* 숫돌(*D=220mm*)

드레싱의 종류	연삭깊이(μ)	이송속도(mm/rev)	절인능(개/cm^2)	입체적 절인 간격(mm)
보통	20	0.128	235	0.242
정밀	10	0.064	–	–
아주 정밀	2.5	0.023	413	0.190

(b) 연삭 다듬질 거칠기

베어링강(담금질), *WA 46LV*, 연삭 깊이 *1.25μ/rev*, 연삭속도 *1560mpm*, 공작물속도 *6mpm*, 연삭액 물, 원통 플렌지 컷 연삭

드레싱의 종류	보통	정밀	극정밀
다듬질면 거칠기 $H_{max}(\mu)$	2.8	0.8	0.3

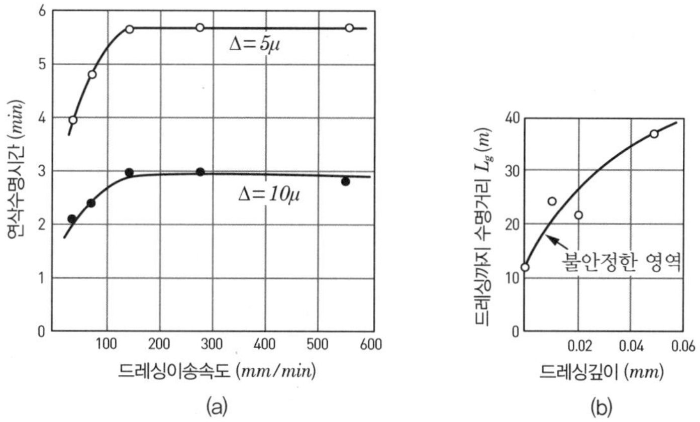

(a) 담금질 베어링강, *A 46L*, 연삭 폭 *10mm*, 연삭속도 *2000mpm*, 공작물속도 *17mpm*, 이송 *8mmpr*, 연삭액 물, 원통연삭, 드레싱깊이 *10μ*

(b) *SCR 4강*, *A 46 N 8 V*, 연삭속도 *2000mpm*, 테이블속도 *10mpm*, 연삭깊이 *0.01mm*, 건식 평면연삭, 드레싱이송 *77/min*

[그림 10-107] 드레싱 조건에 따른 숫돌면 수명의 변화

이송이 크면 숫돌 작업면을 거칠게 드레싱한다. 탈락입자가 많으면 평균 입자 간격이 크고 식 (10−20),(10−23)에 의해 식 (10−108)의 f_g가 커지므로 식 (10−136)의 L_f가 작아서 숫돌의 수명이 증가한다. 또 **그림 10−108**로 표시한 것처럼, 드레싱 조건에 의해 절인간격이 변화하면 연삭 저항도 10.3.3의 식 (10−37), (10−46)와 같이 당연히 달라진다. 드레싱 이송이 클수록 절인 간격은 크고 연삭 저항은 감소한다. 단, 절인간격의 증가나 절인저항의 감소에도 한계가 있다. 드레싱 조건을 결정하기 위해 평균입자 간격과의 관계를 알아야 한다.

실용적으로 평균 입자 간격 w는 $w = 25.4\text{mm}/\text{입도}(\#)$라고 생각해도 좋다. 그러므로 최대 거칠기는 **표 10−15**에 표시한 드레서 이송계수 $f_D = 25.4\text{mm}/\text{입도}(\#)$로 주어진다. 좋은 다듬질 거칠기를 얻기 위해 **표 10−15**에 표시한 드레서의 이송 계수를 f_D라 하면

$$f_D = [25.4\text{mm}/\text{입도}(\#)]\, D_f \tag{10−141.1}$$

로 주어진 이송을 사용한다.

드레서 끝의 다이아몬드에 마모가 생긴 상태에서 이송을 변화시키면 마모에 영향을 준다. 또한 드레서의 깊이가 크고 이송속도와 무관하게 다듬질 면이 거칠어지면 작은 깊이에도 크게 이송의 영향을 받는다. 한 번의 드레싱 깊이는 40μ이하이고, 총 깊이는 평균입자 직경의 $\frac{1}{10} \sim \frac{1}{2}$ 정도(**그림 10−106**)이다.

① 드레서 이송계수의 수치 중에 ( )안은 강도와 정밀도가 높은 연삭기를 사용하지 않으면 얻어지지 않는 다듬질면이다.

② 드레서 이송계수의 수치, 1, $\frac{1}{2}$, $\frac{1}{5}$, $\frac{1}{10}$이라고 표시한다.

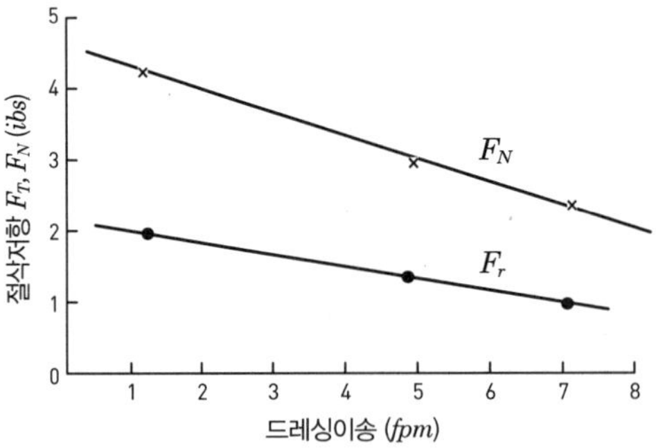

드레서깊이 : *0.00025in*, 테이블속도 : *17fpm*, 공작물 폭 : *0.25in*, 평면 연삭

[그림 10−108] 드레서 이송에 의한 연삭저항의 변화(M.C.Show)

[**표 10-15**] 드레서 이송계수 D_f의 값

<table>
<tr><th colspan="2">조도</th><th>다듬질면
거칠기(μ)</th><th>조립
(10~24)</th><th>중립
(30~60)</th><th>세립
(80~220)</th><th>극세립
(240~800)</th></tr>
<tr><td rowspan="4">KS B0601
표면
거칠기
규격</td><td>거친 연삭</td><td>50이하</td><td>1</td><td>1</td><td>–</td><td>–</td></tr>
<tr><td>보통 다듬질
연삭</td><td>60이하</td><td>1/2~1</td><td>1/2~1</td><td>1/2~1</td><td>–</td></tr>
<tr><td>상다듬질
연삭</td><td>1.5이하</td><td>1/5~1/2</td><td>1/5~1/2</td><td>1/5~1/2</td><td>(1/2~1)</td></tr>
<tr><td>정밀 연삭</td><td>0.4이하</td><td>–</td><td>(1/10~1/5)</td><td>(1/10~1/5)</td><td rowspan="2">(1/10~1/5)</td></tr>
<tr><td colspan="2">초정밀연삭</td><td>0.2이하</td><td>–</td><td>(1/10~1/5)</td><td>(1/10~1/5)</td></tr>
</table>

크래시 트루잉은 숫돌을 누르고 저속(2m/sec정도)으로 회전시키면서 드레싱과 트루잉을 동시에 실시하는 작업이다.

여러가지 프로파일을 가진 롤러를 숫돌 표면에 전사(轉寫)시켜서 나사 연삭용 숫돌을 수정한다. 다이아몬드 드레서의 작용은 주로 전단력으로 입자를 파쇄 또는 탈락시키지만 크래시 롤러는 압축력이 작용하여 반경 방향에 파쇄면이 생긴다. 이 방법은 크래시에 큰 압력이 걸리고 연삭기의 강성이 부족하면 공작물의 정밀도에 영향을 준다. 즉 숫돌이 불균일하고 윤곽 형상이 파괴되거나 입자 분포가 거칠어진다. 그러나 다이아몬드 드레서는 가공이 곤란한 형상(凹凸등), 정밀도가 높고 홈 또는 윤곽형상 등에 좋다. 크래시 드레서인 경우는 기공이 막히거나 롤러의 마모를 방지하기 위해 다량의 수용성 액체를 주입해야 한다. 롤러의 누르는 속도는 15μ/rev정도가 표준이다. **그림 10-109**에 크래시형 트루잉의 예를 표시한다.

[그림 10-109] 크래시형 드레싱 작업

(4) 피삭성

절삭공구에서 피삭성과 같이 재료 피삭성(grindability)은

① 숫돌의 수명이 긴 것.

② 숫돌 손모량에 비하여 재료 제거작용이 큰 것.

③ 연삭 다듬질면의 품질이 좋은 것(다듬질면 거칠기가 좋고 가공 변질층이 작은 것 등).

④ 연삭동력이 작은 것.

등이 포함되어 있다. 피삭성의 우열을 판정하기 어렵기 때문에 실제로 제1항과 2항으로 연삭 수명을 판정한다. 현장에서는 깎이는 맛이 떨어지면 재료의 피삭성이 나빠지므로 1항으로 수명을 판정하는 경우도 있다. 한편 수명판정 기준의 선택에 많은 문제점이 있지만 현재 2항에 의해 쉽게 평가하는 방법이 사용된다. 이 판정은 같은 조건에서

$$I_g = (\text{단위시간 연삭용적})/(\text{단위시간 손모용적}) \tag{10-141.2}$$

의 비로 구하고 I_g는 식(10−114)의 연삭비와 같다. I_g는 **피삭성 지수**(grindbility index)라 부른다. 공작물의 깊이 방향의 감소량을 $\varDelta r$, 연삭의 반경 감소량을 $\varDelta R$이라 하면 I_g는 다음 식으로 주어진다.

$$\text{원통연삭}: \; I_g = \frac{2\pi\, r\, L\, \varDelta r}{2\pi\, RE\varDelta R} = \frac{r\, L\, \varDelta r}{RE\varDelta R}$$

$$\text{평면연삭}: \; I_g = \frac{b\, L\, \varDelta r}{2\pi\, RE\varDelta R} \tag{10-142}$$

단 L은 공작물 길이, E는 연삭폭, b는 연삭면의 공작물 폭이다. 또 **그림 10–110**은 눈메움형 숫돌 수명에서 숫돌 마모량과 연삭저항의 관계이다. 드레싱 직후에는 손모가 크고 정상적인 상태를 지나 수명에 도달하면 다소 급증한다. 이 경우에 정상영역의 I_g를 정하는 것이 좋고 진동형이나 입자 탈락형의 수명은 **그림 10–99**로 표시한다. 정상영역에서 I_g를 측정할 수 있지만 눈메움으로 수명 시간이 짧아지면 마모도 작다. 이때 숫돌면의 입자층 전부가 탈락하지 않으므로 탈락 입자의 연삭 손모량으로 숫돌의 반경 감소를 측정해야 한다. 이때에 I_g 측정법에도 문제가 있으나 더욱 어려운 것은 공작물에 따라 숫돌 손모특성이 다르면 I_g가 최대인 연삭조건에서도 변

화하기 때문이다. 일예로 **그림 10-111**과 같이 손모특성이 다르면 10.3.8(1)의 식 (10-119)의 ψ_m이 달라지므로 같은 연삭조건에서 I_g를 비교하는 것은 타당하지 않다.

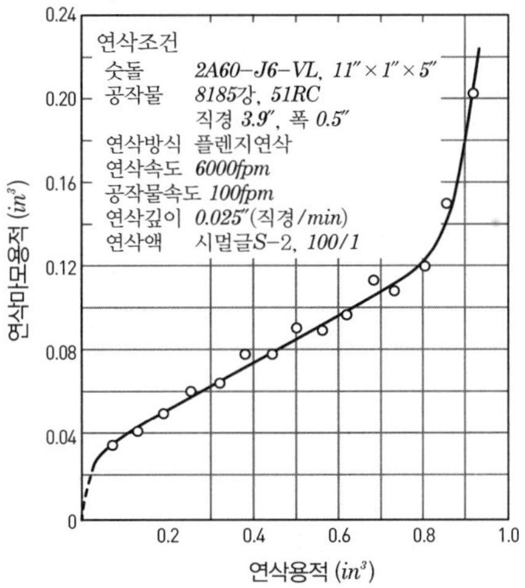

[그림 10-110] 글레이징 숫돌 수명에서 손모 과정(W. R. Backer & E. J. Krabacker)

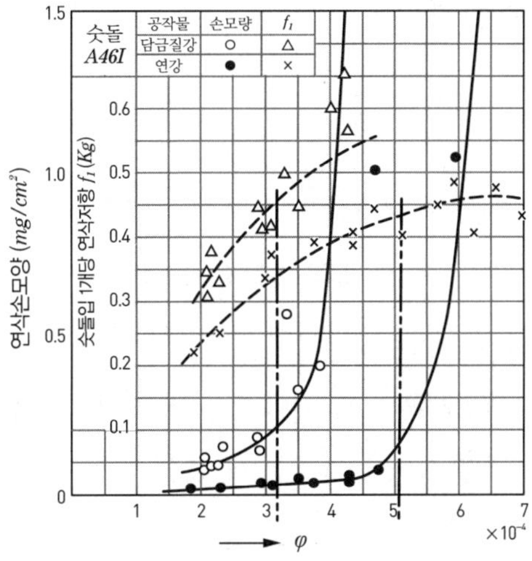

[그림 10-111] 공작물 재료에 따른 숫돌 손모특성의 차이

엄밀하게 말하면 I_g에도 많은 문제점이 있으나 아직까지 비 연삭성에 관한 적당한 평가법이 없는 실정이다. 그러나 가장 쉽게 비교해 보기 위해 **표 10-16**과 같이 일정한 연삭조건에서 각종 재료의 I_g를 표시하였다.

[표 10-16] 피연삭성 지수 I_g의 예

공작물 재료		I_g
고속도강	A	2.50
	B	2.28
	C	1.70
특수 공구강	D	11.4
	E	14.6
Ni-Cr강	F	22.8
탄소공구강	G	18.1
	H	21.0
	I	26.3
	J	25.4
	K	35.6

연삭 조건: *WA80LV*(직경 *230mm*, 폭 *12mm*,) 연삭 깊이 *10μ*, 이송 *10mm.rev*, 연삭 속도 *1665mpm*, 공작물 속도 *11mpm*, 연삭액 물, 연삭 시간 *0.5min*, 원통외면 연삭

10.3.9 연삭의 여러가지 측정법

(1) 연삭면의 측정

연삭면의 평균입자 간격이나 입자 분포(절인분포)의 상태는 이미 10.3.2(1)에서 설명하였다. 연삭면의 직접 전사하는 것은 쉽지만 절인과 결합제의 다리를 구별하기 어렵고 기존에 비해 측정 정밀도가 좋지 않다. 이러한 단점을 방지하고 3차원적 입자 분포를 측정하기 위해 끝에 소형의 나이프 에지를 붙여서 연삭면에 닿게 한 뒤에 연삭면의 프로파일을 확대하는 방법을 사용한다. **그림 10-112**는 織岡에 의한 방법으로 측정 시에 촉침의 큰 선단 반경을 사용하여 고주파 성분의 형상을 절단하고 입자 분포를 측정한다. 또, 입자의 끝 부분을 큰 배율로 측정하기 위하여 촉침의 운동을 일정한 범위로 제한한다. **그림 10-113**은 Brücher의 방법으로 숫돌면의 같은 지점을 반복하여 측정하면 입자의 마모 상태가 나타난다. 그림 (b)는 측정한 실례로 흰 부분은 마모된 입자 형상이다.

입자형상 특히, 마모 상항을 알기 위해서는 광 절단법을 응용한 津和의 방법이 많이 사용된다. **그림 10-114**는 그 장치이고 0.02mm의 광속 폭으로 숫돌 면을 축 방향으로 절단하여 관찰한 것이다. 숫돌 면과 같은 장소에 항상 현미경 시야를 두면 입자의 파쇄, 마모, 탈락의 과정을

정밀하게 관찰할 수 있다. **그림 10-115**(a)는 관찰한 사진으로 입자의 끝이 마멸되었다. 또, 그림 (b)는 연삭 중에 절인수가 변화하며 최초의 절인 수는 점차 감소하였다. 파쇄 밑층에서 입자가 출현하여 새로운 절인이 생기므로 전체 절인 수는 감소한다. 2.3.8에 설명한 입자 여유면 마모 면적율은 **그림 10-116**(吉川)과 같은 편리한 정 반사법을 사용하였다. 그림과 같이 입사광에 대하여 정 반사위치에 현미경 카메라를 두고 입자의 여유면 마모부분에서 반사광을 포착한다. 암시야 사진 중에 반짝이는 부분(점 형태)으로 존재하면 이를 잘라내어 중량비로 **면적율**을 구한다. 또 드레싱 직후의 입자라도 필요한 만큼의 적은 평탄부가 있으므로 사진과 같이 정반사법을 사용하여 절인 정밀도나 절인 간격을 구한다.

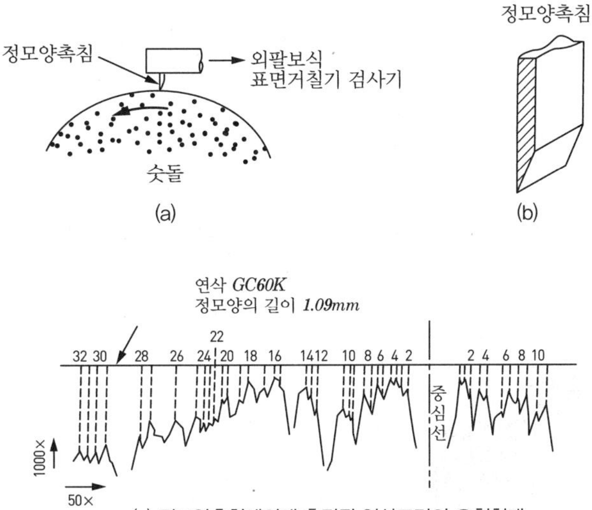

(c) 정모양촉침에의해 측정된 연삭표면의 요철형태

[그림 10-112] 織岡의 연삭면 측정방법

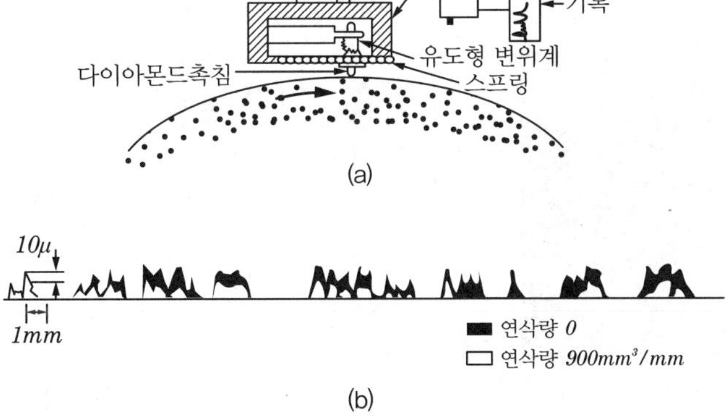

[그림 10-113] 접촉에 의한 숫돌마모의 측정(K.Brücker)

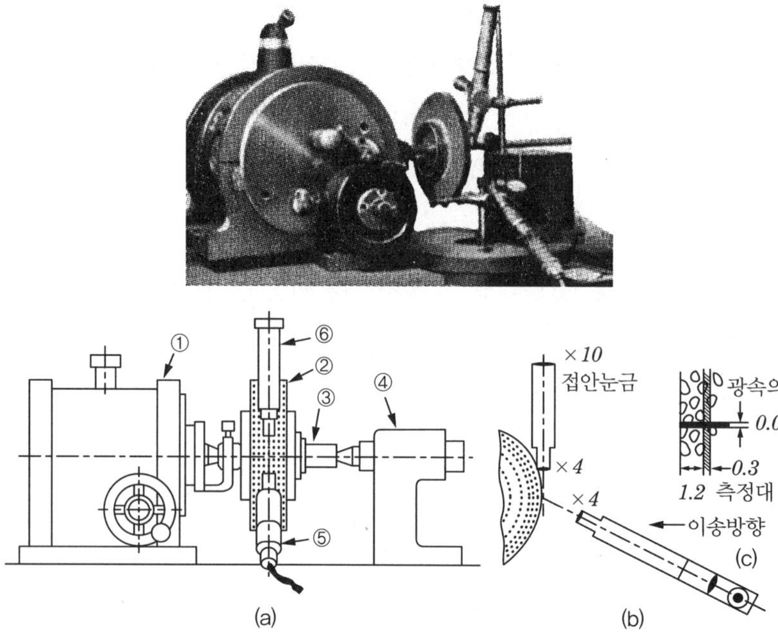

① 광학분활대 ② 숫돌 ③ 테퍼축 ④ 심압대 ⑤ 투광기 ⑥ 현미경

[그림 10-1114] 광절단법에 의한 숫돌의 관측장치(津和)

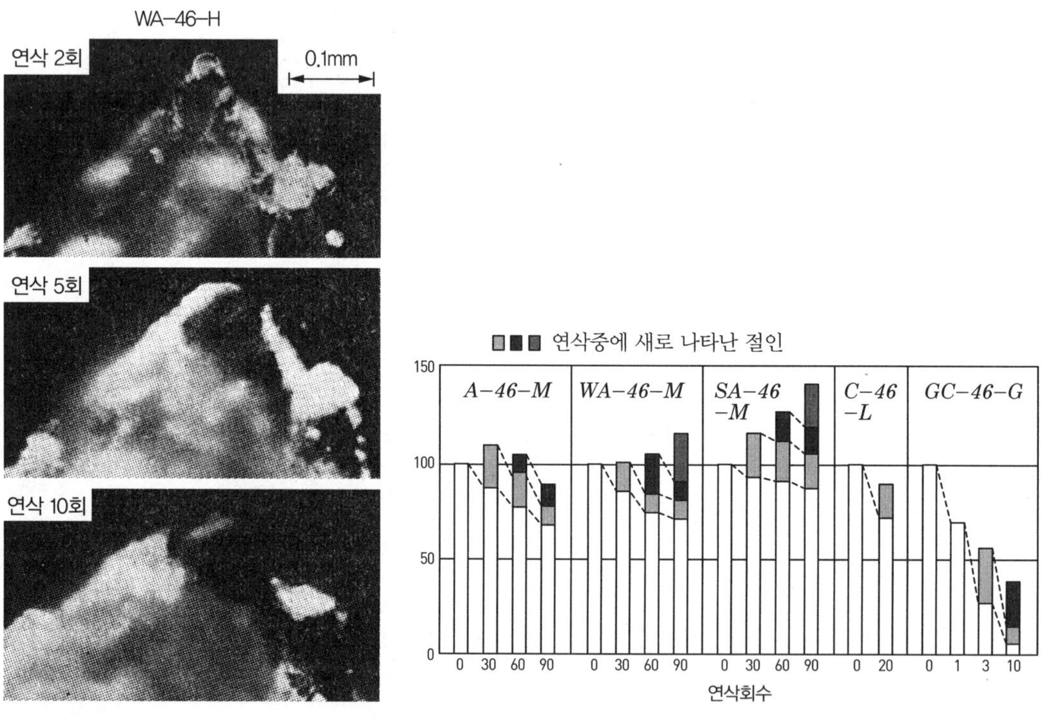

(a) 광절단법에 의한 숫돌입 관찰사진

(b) 연삭중 절인수의 변화

[그림 10-115] 광절단법에 의한 숫돌의 관측장치

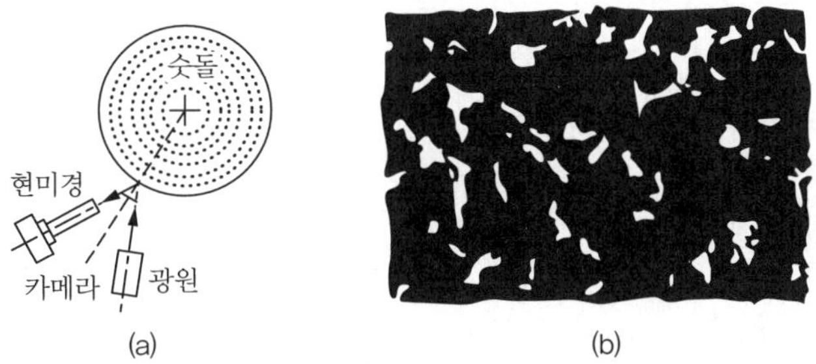

[그림 10-116] 정반사법에 의한 여유면 마모 면적율 측정(吉川)

또, 연삭기를 계속 회전시킨 다음에 연삭면에서 반사광을 직접 포토다이오드에 넣고 반사광의 양을 보면서 면적율을 측정한다. 한 번의 접촉호를 통과할 때마다 입자 형상이나 눈 메움의 간격 변화를 관찰하기 위해 **그림 10-117**과 같은 입자 회전과 동기(同期)시킨 고속카메라를 사용한다. 이외에 입자 파쇄나 마모를 미시적으로 관찰하기 위해, 위상차 현미경이나 전자 현미경을 사용한다. 연속적인 측정 장치로 **그림 10-118**의 Peklenik의 방법이 있다. 그림 (a)와 같은 공작물에 가는 구멍을 뚫고 백금선을 넣은 특수수지(예를 들면 아라르라이트)로 절연한다. 이 백금선위에 입자가 통과할 때에 백금과 강의 열전대가 고온접점이 된다. 이 기전력 펄스(pulse)를 브라운관 위에 이동하여 **펄스(pulse)간격**을 측정하면 연속 절인간격을 얻는다. 광전기적으로 연속 절인간격의 측정에는 정반사법을 이용한 **그림 10-119**의 방법이 있다. 그림과 같이 연삭면에 가는 광속을 보내면서 숫돌을 회전시키면 입자 선단의 반사광은 포도 트랜지스터로 펄스 신호를 계수하여 숫돌 1회전 당 빈도로 연속 절인간격을 측정한다.

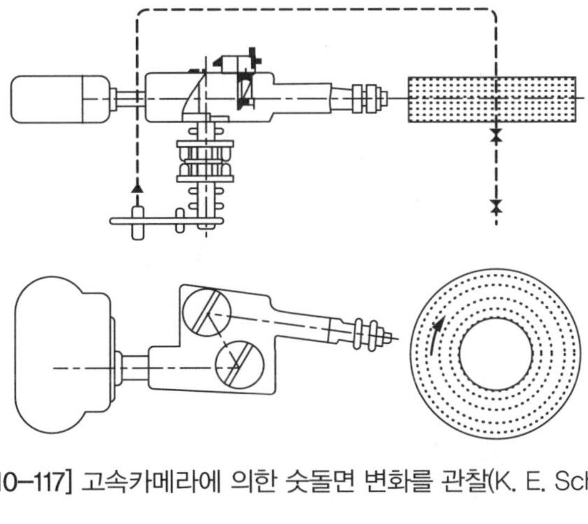

[그림 10-117] 고속카메라에 의한 숫돌면 변화를 관찰(K. E. Schwartz)

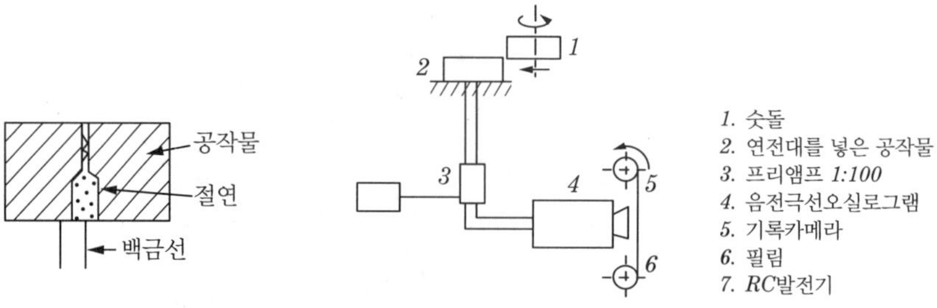

(a) 측정요소의 구조 (b) 측정장치의 다이아그램

[그림 10-118] 연속 절인간격의 측정장치(J. Peklenik)

[그림 10-119] 연속 절인간격의 측정장치(津和)

(2) 연속 저항의 측정

절삭 공작기계와 연삭기의 숫돌 축은 독립된 전동기로 직결하여 구동시키고 접선 연삭저항을 측정하기 위해 전동기의 전류나 전력의 변화를 측정한다.

특히 이 방법은 외면, 평면, 내면의 연삭 형식과 관계없이 매우 편리하다. 이때에 전류계나 전력계를 사용하지 않고 지시 또는 기록할 수 있는 전자 오실로그래프 등을 이용하여 작은 연삭저항의 변동도 검출한다. 이렇게 하면 전동기를 포함한 구동계의 효율과 하중 변동을 확실하게 알 수 있다. 그러므로 10.3.3에 설명한 것과 같이, 연삭저항의 법선분력 F_N으로 연삭기의 강성, 연삭정도 및 진동을 검출한다. **그림 10-31**의 각 분력을 측정하기 위해 다른 방법을 사용할 수 있다. 최근에는 숫돌 구동축 또는 공작물 지지계의 강성 변위를 적당한 물리량으로 계산하여 측정한다. 3분력을 분리하기 위해 변환기를 장착한 기구를 숫돌 축이나 공작물 지지계에 설치한다.

숫돌 축을 이용하는 방법은 일반적인 것이 아니므로 여기서는 공작물 지지계를 이용한 방법을 설명한다. **그림 10-120**은 원통연삭에서 심압대의 지지 센터에 걸리는 연삭력을 저항선 및 변형 게이지로 측정한다. 접선 연삭 저항은 중심을 밑으로 구부린 게이지 1, 2, 3, 4를 브리지에 조립하여 검출한다. 법선분력은 센터를 옆으로 구부린 게이지 5, 6, 7, 8에 의해 **브리지**(bridge)로 검출하고 편심중량을 붙인 공작물을 회전시키면서 교정한다. **그림 10-121**과 같이, 구동축의 센터에 브리지의 두 게이지를 이동시키고 양 센터에 걸리는 힘을 합산하여 측정한다. **그림 10-122**는 작은 전기 저긴 변화를 이용하는 방법이다. 센터가 휠 때, 그림의 극판과 센터간의 간격이 변화하므로 예정된 극판과 센터사이에 전압이 걸리면 정전용량이 변화하므로 그 용적 변화를 증폭하여 기록한다.

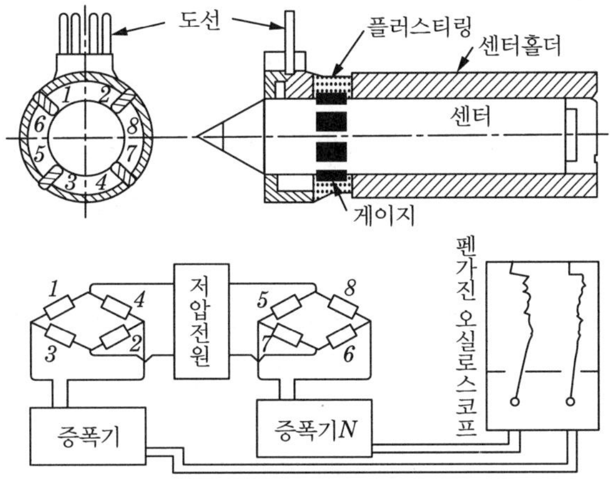

[그림 10-120] 지지 센터를 이용한 저항 변형 게이지식 동력계

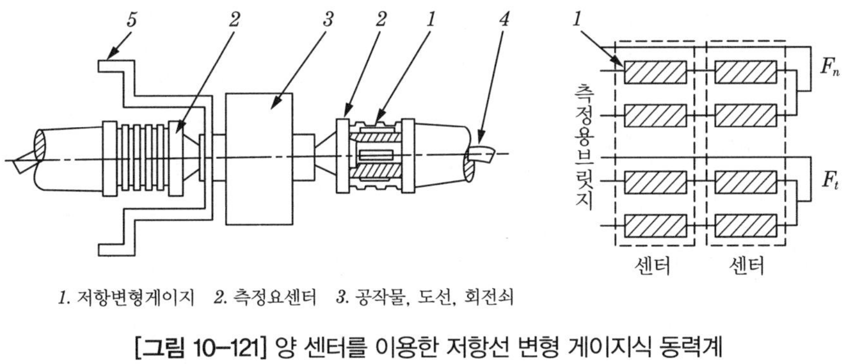

1. 저항변형게이지 *2.* 측정요센터 *3.* 공작물, 도선, 회전쇠

[그림 10-121] 양 센터를 이용한 저항선 변형 게이지식 동력계

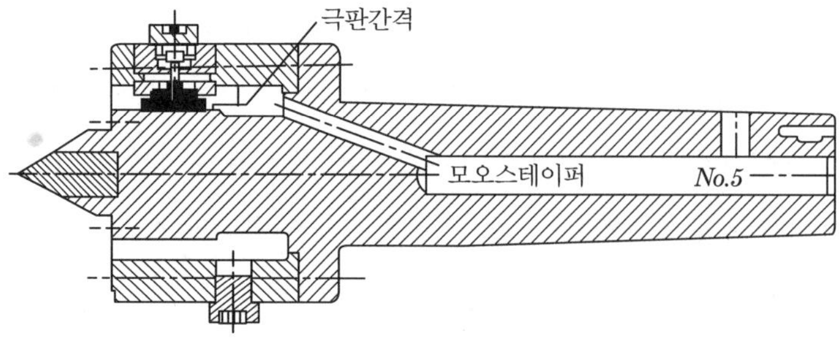

[그림 10-122] 지지 센터를 이용한 정전용 양식 동력계

그림 10-123은 평면 연삭 저항선의 변형 게이지를 이용한 동력계로서 변환기 위에 공작물을 고정 지지한다. 작동 원리는 **그림 8-1**(a)에 설명한 절삭력 동력계와 동일하고, **그림 10-124**는 같은 평면 연삭용이나 수정 피에조 전압기를 이용한다. 수정 전압기는 누수(leak)가 많으므로 티탄산바륨을 사용한다. **그림 10-125**와 같이, 컵형 평면 연삭에서는 연삭 동력계로 **피에조 전압기**를 이용한다. 측정 레버를 적절하게 조합하여 수압상자에는 같은 정도의 하중이 걸리도록 각 분력을 조절한다. 이 외에도 다른 많은 종류는 8.1에 설명하였다. 연삭 동력계로 구비해야 할 기본적인 성질은 절삭 동력계와 같으므로 다음과 같은 문제를 충분히 고려해야 한다. 또, 보통의 연삭 깊이는 3~20μ정도로 연삭저항은 절삭보다 작으며, 깊이에 따라 저항이 증가하기 때문에 높은 연삭 정밀도가 필요하다.

작은 연삭력에는 측정기의 감도, **증폭도**를 올릴 수 있으나 동작시간에 대한 안정성(약전 측정기에는 감도나 기준점의 변동)이 문제가 된다. 검출 부에 출력을 걸어서 탄성 변위량을 증가하면 숫돌 깊이가 변하므로 연삭상태도 변한다. 연삭 정밀도의 영향은 2.3.4(1)에 설명하겠지만 숫돌의 작용하는 경도는 공작물 지지계의 강성에 따라 변한다.

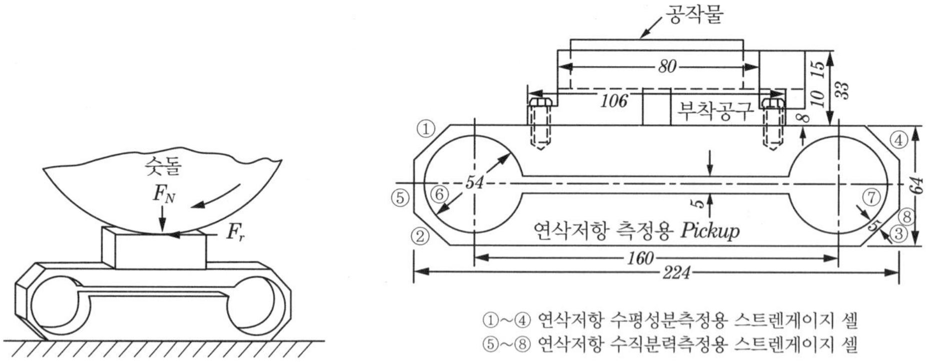

(a) (b)

[그림 10-123] 평면연삭용 저항선 변형 게이지식 동력계

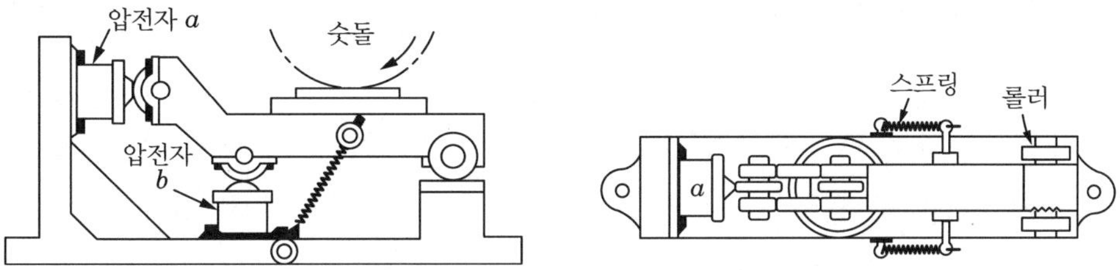

[그림 10-124] 압전기를 이용한 평면연삭 동력계

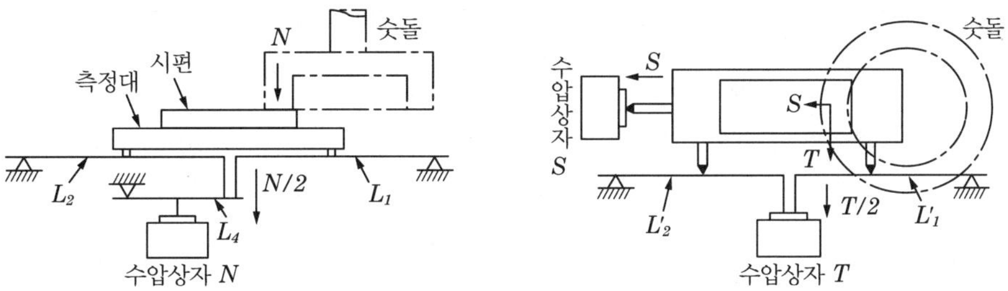

[그림 10-125] 컵 숫돌에 의한 평면연삭 동력계

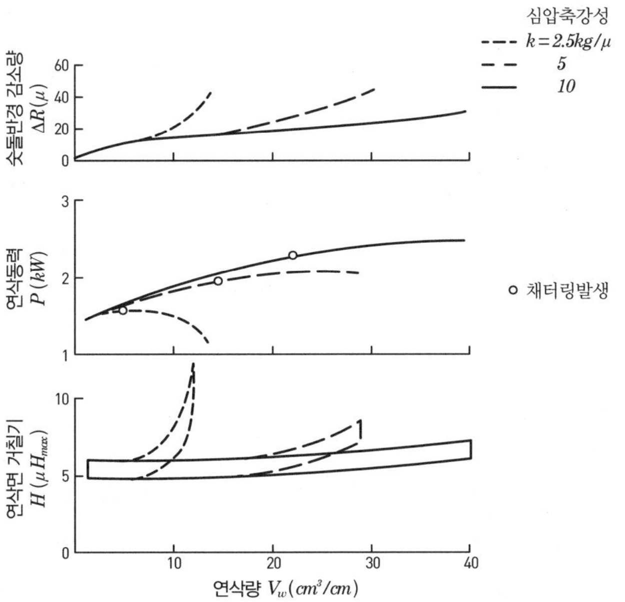

S45C 탄소강(H_R *40*), *WA 54LmV*, 연삭깊이 *5.7μ*, 연삭속도 *1800mpm*, 연삭 폭 *25mm*, 연삭액 유화유, 원통플랜지 컷 연삭

[그림 10-126] 측정장치의 강성이 연삭작용에 미치는 영향(牧野)

그림 10-126은 원통 플랜지 컷 연삭에서 일에 따른 연삭 저항을 측정하여, 센터의 강성이 연삭 작용에 미치는 영향을 표시하였다.

강성의 저하가 큰 것은 측정용 센터를 사용하지만, 이외에 연삭 저항을 측정할 때는 대부분은 같은 길이의 보통 센터를 사용한다. 특히 큰 강성이 필요하면 연삭기 부속품의 표준 센터를 사용하는 경우도 있다. 그림과 같이 강성이 낮은 경우에는 연삭에 작용하는 경도가 낮아지고 강성이 높아지면 시간에 따라 숫돌이 단단해진다. 이와 같이 연삭저항의 측정에는 강성과 감도 등이 중요하므로 최근의 반도체 변형 게이지 등에는 고감도 소재를 사용한다. 또, 강성의 부족은 연삭면에 불규칙한 마모를 일으키고 채터링이나 진동을 유발한다. 연삭 저항의 성질을 알기 위해 각각의 입자로 미소한 연삭 깊이를 단속 연삭하면 저항은 큰 고주파수에 따라 변동한다. 평균 저항을 나타내기 위해 지시계의 검출 소자나 증폭기는 충분한 주파수 특성을 구비해야 한다.

(3) 연삭온도의 측정

연삭기의 온도 및 연삭 표면층의 온도분포 측정에는 Littmann 및 高尺이 실험한 **그림 10-128**의 방법이 있다. W. E. littmann은 평면연삭에서 공작물 밑에 가는 구멍을 일정한 깊이로 뚫고, 아래에 0.25mm ϕ의 콘스탄탄을 스폿 용접하여 공작물 재료와 콘스탄탄을 열전대로 만든다.

高尺은 그림과 같이, 구멍이 약 1mm인 콘스탄탄선을 0.6mm로 만들어 **전연관**에 넣었다. 여기서 측정점에 가깝게 선의 끝에 약 10μ의 반경으로 구멍을 뚫고 아래를 판스프링으로 일정한 압력으로 가볍게 눌러 붙인다. 다음에 열전대의 출력을 증폭하여 브라운관 세로축에 넣고 브라운관의 소인(주사선을 모음)을 공작물 속도에 일치시키면 일정한 절삭깊이에서 접촉호를 통과하는 온도가 감지되면서 작은 변화가 나타난다. **그림 10-129**는 브라운관 위의 기록과 설명도이

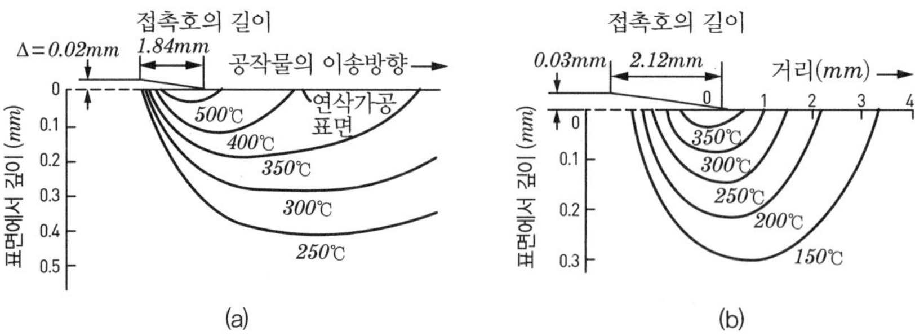

(a)도 탄소공구강7종(Q) *WA60 M*, 연삭깊이 *20μm*, 연삭속도 *28.6m/s*, 테이블속도 *6m/min*, 건식
(b)도 순철, *WA 46K*, 연삭깊이 *30μm*, 연삭속도 *24.2m/s*, 테이블속도 *2.6m/min*, 건식

[그림 10-127] 숫돌연삭점의 표면온도 분포

다. 그림 중의 θ_m은 최고온도이고 θ_w는 연삭 직후의 온도를 표시한다. 숫돌이 통과 후에 공작물이 냉각되어도 실온으로 돌아가지 않고 다음 연삭점이 시작되므로 결국 θ_w가 상승한다. 또, 연삭을 반복하면 열전대 접점은 공작물 표면에 접근하므로 θ_w는 증가한다. 그림은 숫돌에 대하여 공작물의 일정한 위치에 접근할 때에 소인이 시작되므로 **그림 10-127**의 온도 분포와 같은 접촉호에 대한 관계 위치를 구한다.

열전대 접점이 연삭 다듬질 면에서 파괴되기 쉬우므로 밖으로 넣어 그림 (a)의 $\Delta = 20\mu$의 사이에 들어가면 접촉호의 온도(숫돌 연삭점 온도)를 측정 할 수 있다. 또, 高尺은 2차원 열전도 상태를 유지하기 위하여 **그림 10-128**과 같은 공작물 측면을 합성수지 도료나 목재로 절연하고 콘스탄탄선의 절연관은 열전도율이 강재와 비슷한 산화 바리움을 사용하였다. 또, 숫돌 연삭점 온도의 측정은 **그림 10-130**과 같이 유화연광 전지를 사용한 shaw의 방법이 있다. 공작물은 회전

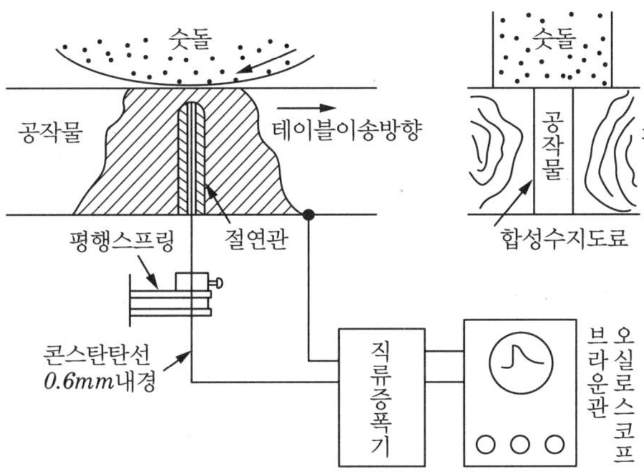

[그림 10-128] 연삭면 표면층 온도의 측정법

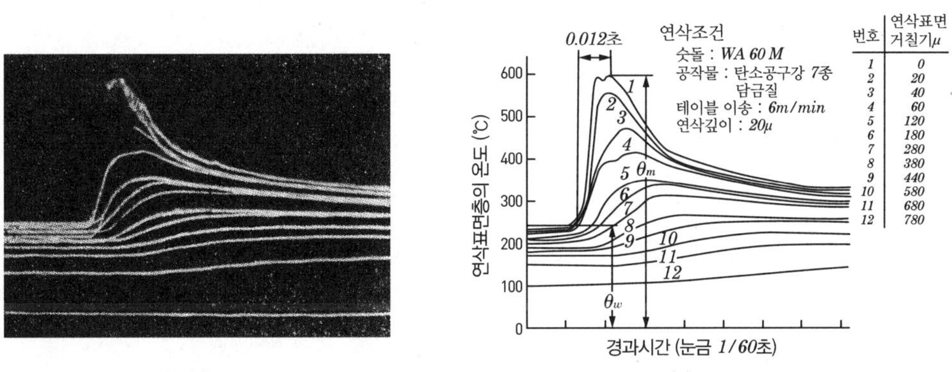

(a) (b)

[그림 10-129] Littmann-高尺의 연삭 표면층 온도의 측정 예

테이블위에 둔 컵형 숫돌의 측면을 연삭하여 숫돌에 뚫어 둔 작은 구멍을 통해서 광전자로 열복사선을 받는다. 그러면 그림 (b)의 회로로 광전지의 저항변화를 증폭하여 브라운관 위에 보낸다. 이 방법은 좋지만 연삭온도에 의한 **광전지**의 시정수가 문제가 되고 산화막이 있는 재료를 가열하기 때문에 보정하기 어렵다.

입자 연삭점 온도의 측정은 **그림 10-131**에 표시한 shaw 및 佐藤의 방법이 있다. 그림은 佐藤의 장치로 탄화규소 입자의 숫돌과 공작물에 **열전대**를 만든다. 비트리파이드 결합제는 절연체로 탄화규소로 된 반도체이므로 입자와 공작물의 열전대 역할을 하여 연삭점 온도의 평균값을 측정할 수 있다. 열전대는 내부저항이 크고 진공관 전위계 방식의 증폭회로를 사용한다. 측정은 스위치 S_1가 E단에 붙을 때는 플레이트(양극) 전류값 I_E를, T단이 붙을 때는 전류값 I_T를 읽고 I_E의 일정값에 대하여 I_T를 보정한다. 온도 보정은 알루멜-크로멜 **열전대**를 주석을 입힌 얇은

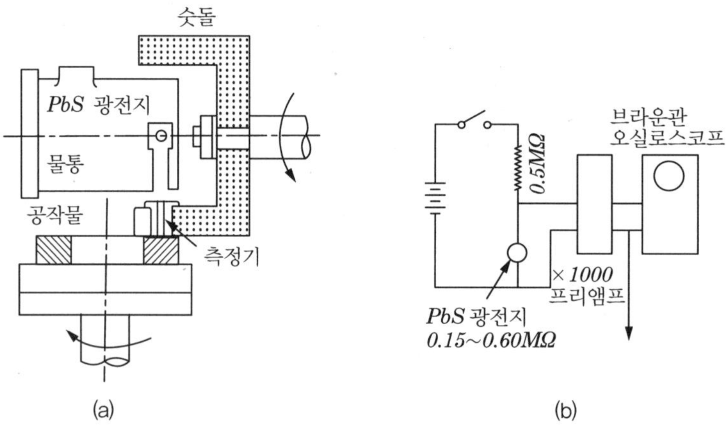

[그림 10-130] 유화납 광전지를 이용한 숫돌 연삭점 온도의 측정(J. E. Mayer & M. C. Show)

동판과 공작물 사이에 붙이고 가열한 뒤에 온도와 플레이트(양극) 전류를 구하는 방법이다. 동시에 I_E의 일정 값에 대하여 I_T를 보정한다.

그러나 이 방법은 절연체가 있는 산화알루미늄 숫돌을 연삭하는 데는 적당하지 않다.

공작물 온도를 측정하기 위해 적당한 열전대를 공작물에 삽입시킨다. 간단히 표면온도의 분포 상태를 알기 위해서는 시온도료를 도포하기도 한다. 시온도료는 온도에 따라 자주 변색되는 도료로써 변색상태에 따라 등온분포를 알 수 있다. 이 방법도 매우 편리하지만 변형이 큰 위치(예를 들면 연삭점)에 박리가 생기거나 온도 기울기(句配)가 큰 곳에는 정확하게 측정하기 어렵다.

제11장

초정밀 가공

The theory of production and processing

11.1 호닝 초정밀 가공

연삭숫돌을 사용한 가공은 두 가지 방법으로 발달하고 있다. 그 중에 하나가 연삭 가공이다. 연삭 가공에서 정밀도나 다듬질면도 중요하지만 되도록 제거 능률이 커야한다. 높은 제거 능률을 달성하기 위해 숫돌 연삭 깊이를 제한하고 숫돌의 강도를 증가하여 연삭 속도를 높여야 한다.

보통의 연삭 조건에서는 연삭 깊이, 공작물 속도 등을 조절하지만 연삭속도를 너무 높이면 다듬질면에 열이나 가공 변질층이 발생하여 내마모성을 저하시킬 수 있다. 고속 회전할 때에 비록 비싼 축받이 기구를 사용하더라도 약간의 진동은 불가피하므로 다듬질 정밀도에 영향을 미친다. 이것을 개선하기 위하여 연삭 속도를 감소시켜야 하지만 제거 능률을 높이기 위해 숫돌과 공작물사이의 큰 접촉면적이나 압력이 작용해야 한다.

또 다른 하나는 작은 칼을 각형 숫돌로 연마하는 경우를 생각해 보자. 이절에서 설명할 **호닝**이나 초정밀가공은 칼 가는 기구를 발전시킨 것이다. 이것은 제거능률과 관계없이 열변질층 또는 가공 변형층이 작고 내마모성과 윤활성이 좋은 정밀한 다듬질면을 얻는다. 그러므로 연삭 면보다 우수한 표면 거칠기나 제거능률을 높이기 위하여 고정밀도의 공작기계를 사용할 필요가 없다. 따라서 이러한 방법은 연삭 다듬질에 가까운 연삭 방법으로 제2의 발달 방향이 될 것이다.

11.1.1 호닝

봉상 숫돌을 사용하여 원통의 내 외면 또는 평면을 기계적으로 다듬질하는 방법이 호닝이다. 호닝은 보링, 리머 다듬질 및 내면 연삭 등의 기능을 가지고 있으며 수직 구멍의 진원도나 표면 거칠기가 우수하다.

옛날의 호닝은 주로 내면 호닝이 많고 유리 숫돌로 래핑하는 가공법이다. 그러나 지금은 아주 미세한 구멍도 가공할 뿐만 아니라 능률이 우수한 호닝 가공법이 개발되었다. **그림 11-1**은 내면 호닝법이다. 호닝 베드를 회전시키거나 공작물 전체를 축 방향으로 왕복 운동하면 원통 내면에 접촉하는 여러 개의 봉상 숫돌로 다듬질한다. 숫돌에 접촉 압력을 주거나 그림과 같이, 유압 또는 스프링력으로 중심을 누르면 원추형 봉상 숫돌의 반경 방향에 균일한 힘을 작용시킨다. 절삭 경로에 따라 숫돌 위의 한 점 P를 전개하면 **그림 11-2**와 같다. 지금 경사각 θ, 원통속도 v_r, 왕복속도를 v_a라고 하면

$$\theta = tan^{-1}\left(v_a / v_r\right) \tag{11-1}$$

이고 절삭속도 v는

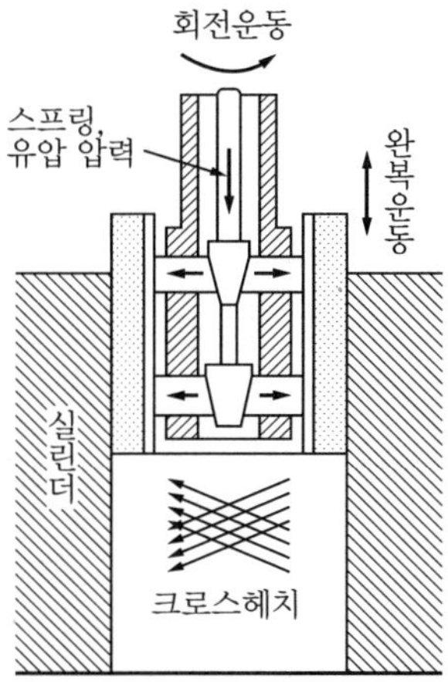

[그림 11-1] 내면호닝 작업

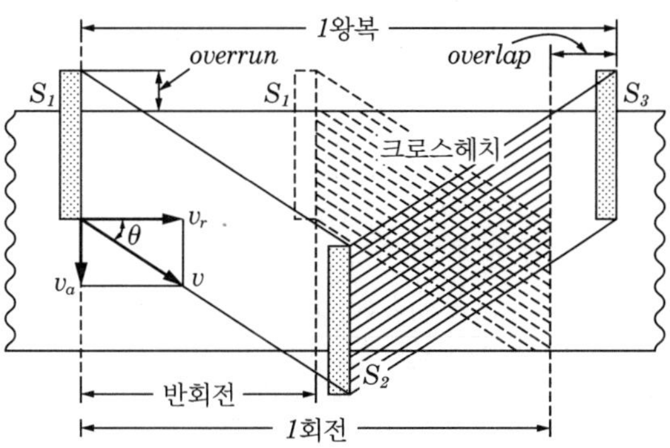

[그림 11-2] 펜에서 크로스해치 생성

$$v = \sqrt{v_r^2 + v_a^2} \tag{11-2}$$

가 된다. 경사각 θ는 위아래의 스트로크를 일정하게 한다.

하나의 숫돌 경로는 S_1, S_2, S_3이고 대칭되는 숫돌의 위상이 반 회전만큼 차이 S_1'에서 시작하여 가공면에 특유한 크로스 해칭 흔적(위 그림)을 남긴다.

내면 연삭 다듬질 면에는 원통방향에 자국을 남기므로 내연기관의 실린더는 피스톤의 운동방향과 직각되는 흔적으로 쉽게 마모된다. 그러나 호닝 흔적은 스핀들 운동방향과 일정한 각도를 이루기 때문에 기계적으로 강력하다. 또한 윤활유가 잘 침투되고 가공 변질층이 적고 다듬질면의 내마모성이 크다. 그러므로 내연기관의 실린더를 최종 다듬질할 경우에는 호닝을 사용한다. 호닝은 **그림 11-3**(a)와 같이 링크를 사용하여 헤드의 회전축에 있는 고정 공작물 아래에 구멍을

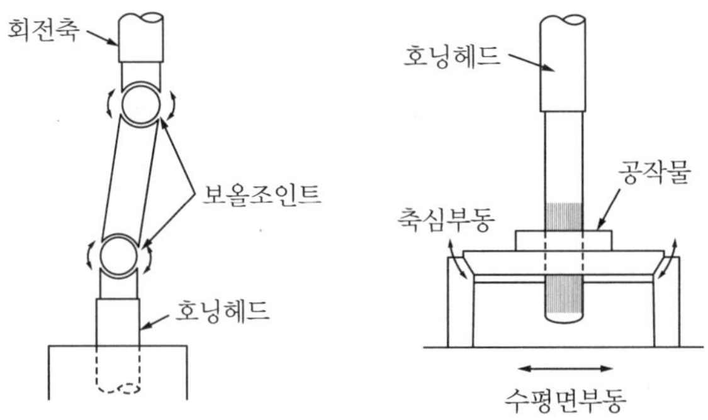

(a) 호닝부동식 (b) 공작물부동식

[그림 11-3] 호닝의 부동기구

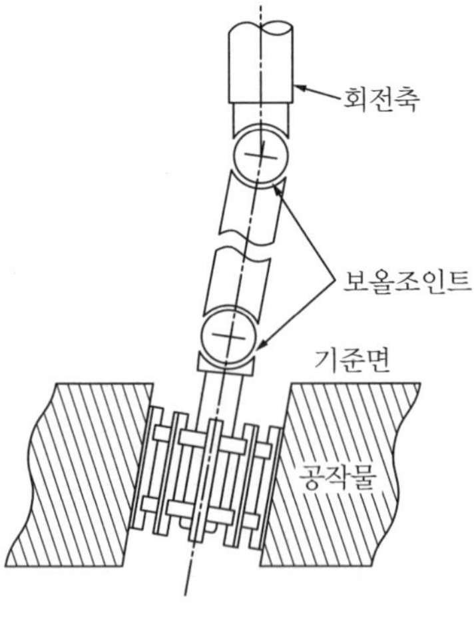

[그림 11-4] 아래 구멍이 기준면에서 경사진 경우

뚫는다. 그리고 **그림** (b)와 같이 부동지지하여 고정 회전축에 맞추어 가공한다. 이처럼 아래에 있는 구멍에 중심을 맞추기 위해, 호닝 헤드의 왕복운동 이송기구를 특별히 만들 필요가 없고 헤드가 저속 회전할 때, 자체에 높은 정밀도도 필요하지 않는다. 또한 이 방식은 아래에 구멍을 맞추기 위해 위치 정밀도, 기준 축에 대한 경사 등을 수정하지 않아도 된다. **그림 11-4**는 그 예이고 호닝의 특징은 아래 구멍에 경사지면 중심축 주위의 진원도와 원통도를 개선시킨다. 호닝에서 진원도가 개선되는 것은 숫돌에 압력이 걸리면 긴 봉상 상태의 면으로 접촉하기 때문이다. **그림 11-1**은 숫돌을 달아낸 기구로 **그림 11-5**(a)와 같이 구멍의 최소치수 위치에 압력이 걸리는 경우, 다른 숫돌의 벽면에 접촉하지 않으므로 원주방향, 축 방향을 포함한 최소 직경 부분에서 순차적으로 압력이 작용한다. 숫돌의 회전축과 평형을 유지하면서 연장되므로 **그림** (b)와 같이 축방향의 굽힘이나 요철은 **그림** (c)처럼 테이퍼로 수정한다. 숫돌의 절삭 과정과 연삭 가공의 차이는 숫돌 절인의 자생작용이 매우 크다는 것이다. 연삭 가공에서 숫돌의 절삭 방향이 항상 일정하므로 적당한 벽개면을 가진 입자는 파쇄 되지 않는다. 이에 비하여 호닝은 스트로크와 숫돌 절인의 자생작용이 대단히 크다. 이에 따라 스트로크와 숫돌에 대한 절삭력의 방향이 변화하므로 쉽게 파쇄되거나 깎이는 맛이 오래 지속된다.

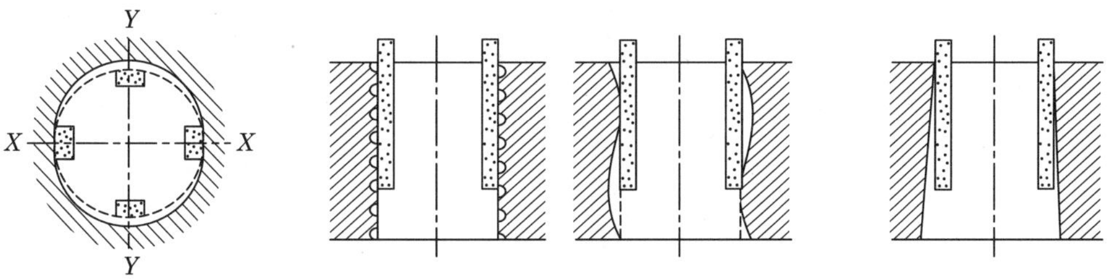

(a) 진원도의 향상 (b) 진직도 향상 (c) 테이퍼 수정

[그림 11-5] 호닝에 의한 진원도 진직도 향상

연삭숫돌이 탈락 또는 마멸되면 파쇄되어 절인으로 재생되기는 어려우나 호닝에는 크다. 또 호닝 속도는 보통 연삭 속도의 1/30~1/60이고 연삭능률을 개선하기 위해 면접촉 할때에 연삭점의 수가 많다. 입자에 걸리는 수직 하중은 연삭의 1/50~1/100에 지나지 않으나 절인 당 단위시간 발열량은 연삭의 1/1500~1/3000 정도이므로 열변질층은 크게 발생하지 않는다. 또, 숫돌의 연삭 깊이가 작기때문에 가공 변질층이나 잔류응력도 적다. 따라서 호닝으로 다듬질하면 전 가공 변질층을 쉽게 제거할 수 있다.

그림 11-6은 단축 호닝머신의 예이다. 이밖에 거친 다듬질면이나 정밀 다듬질에 사용하는 2축

[그림 11-6] 단축 입형 호닝머시인과 브레이크드럼 가공

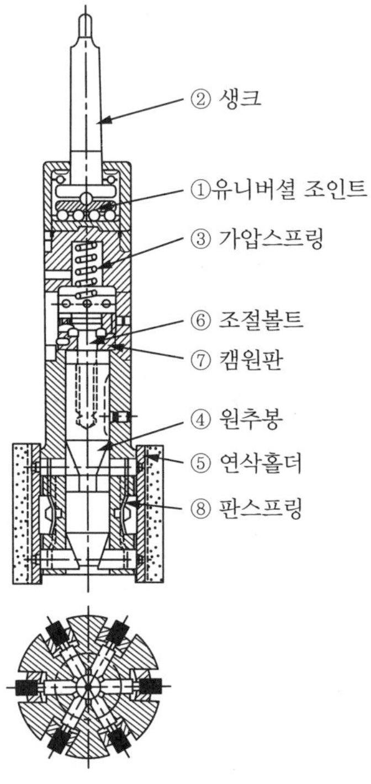

[그림 11-7] 입형 호닝 헤드의 구조 예

입형과 실린더 블록용 다축 입형기가 있다. **호닝머신**에서 호닝 헤드의 링은 회전이나 가공물을 부동 지지한다. 그 종류는 입형기가 많으나 포신 등 긴 물건은 횡형 호닝 머신을 사용한다. **그림 11-7**은 호닝 헤드의 예이고, 위에 설명한 것처럼 호닝의 정밀도는 기계 자체보다는 구조, 정밀도, 확장기구 및 가압 방식과 관계되므로, 회사마다 특성을 가진 호닝 기계를 개발하고 있다.

그림 11-7의 경우는 테이퍼 생크 ②는 주축에 부착하고 강구를 2단으로 병행한 링크 ①에 의

해 자중으로 중심을 맞추고 ③의 가압 스프링과 ④의 원추 봉에는 6개의 숫돌이 달려있다. ⑥은 압력 조절 볼트이고 ⑦은 캠 원판이다. 이것을 돌려 원추 봉을 상승시키고 ⑧의 판스프링으로 숫돌을 당겨 조이는 구조이다. 그러므로 가공이 끝나면 헤드를 공작물 구멍에서 쉽게 뽑을 수 있다. 이 외에 원추봉과 3개의 조오, 마찰 브레이크, 액압 등을 조합시킨 확장 방식이 있다. 이것은 **그림 11-7**의 자유 확장 방식에 비하여 강제 확장 방식으로 진원도나 원통도를 쉽게 측정할 수 있다. 또 **그림 11-8**에 표시한 수동(공작물을 수동으로 운동시킴) 소형 호닝 머신에는 **그림 11-9**(a)의 랙, 피니언 확장기구와 **그림** (b)의 쐐기 확장기구가 있다. 호닝의 자동치수 장치는 연삭작업과 같이 숫돌을 일정치수까지 확장시킨 것(간접 일정치수), 가공구멍의 내경을 직접 측정하는 것(직접 일정치수), 가공 구멍에 블록 게이지를 넣은 것(블록 일정치수)등 3가지 방식이 있다. **그림 11-10**은 하나의 예로 게이지 방식에 의한 자동 치수장치이다. 일반적으로 블록은 일정한 치수를 가진 세 가지 방식이 혼합되어 있다. 숫돌을 플라스틱 홀더에 묻고 플라스틱 탭이 숫

[그림 11-8] 횡형 수동 호닝 머신

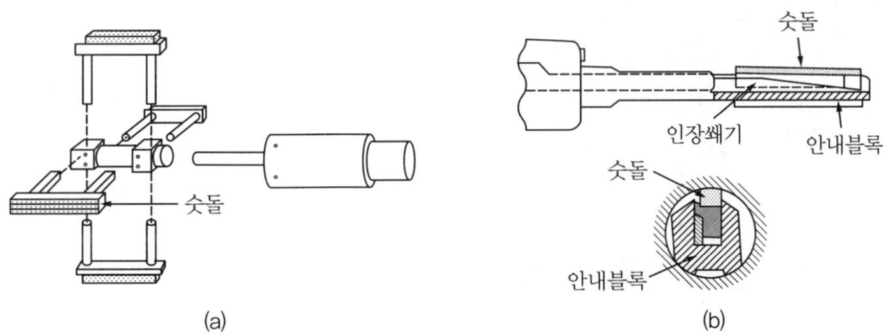

[그림 11-9] 호닝 숫돌의 확장기구

돌과 같이 마모되면 외경은 가공 구멍의 치수와 같아진다.

공작물 위에는 내부 팽창이 가능한 초경합금 게이지가 있고 스트로크 위에는 플라스틱 탭이 들어 있다. 그림과 같이 전기 접점과 연결하여 숫돌을 달아내고 링의 내경을 구멍으로 등분하여 탭과 링 사이의 마찰력에 의해 게이지 링이 회전한다. 구멍의 일정치수 공차는 2.5～7.5μ로 다듬질 되어 있다.

지금 호닝은 내면 다듬질뿐만 아니라 원통 외면을 다듬질할 때에 사용한다. 예를 들어 **그림 11-8**의 호닝 머신에서 공작물을 주축에 고정하고 **그림 11-11**의 숫돌 홀더를 사용하여 축 방향으로 수동왕복 운동시킨다. **그림 11-8**의 호닝머신은 간편하기 때문에 소형의 치차 구멍, 보스 류, 유압 플랜지 및 바늘 밸브의 외경 등의 다듬질에 널리 이용된다.

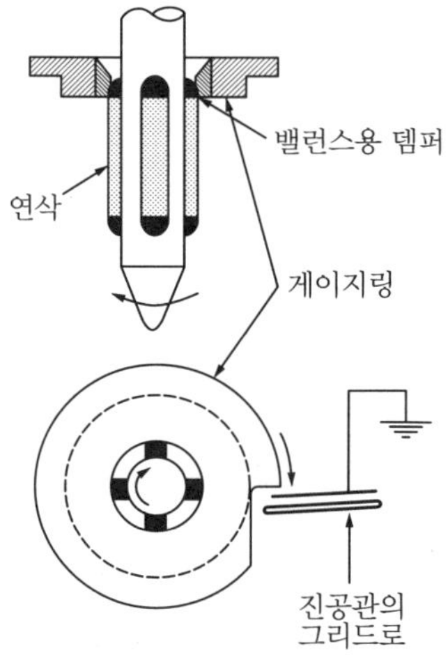

[그림 11-10] 게이지 링식 측정장치

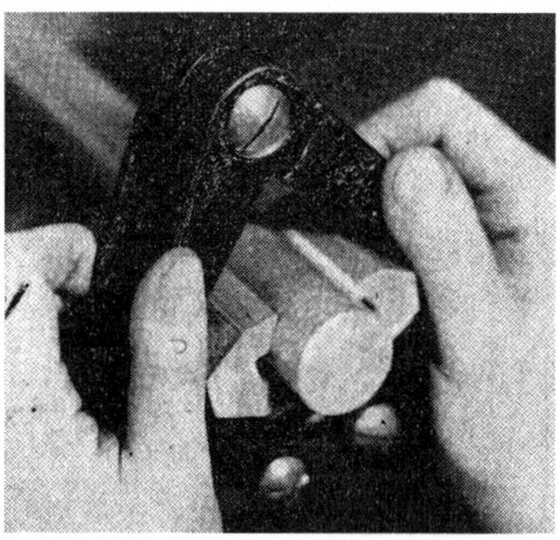

(a) 호닝 작업

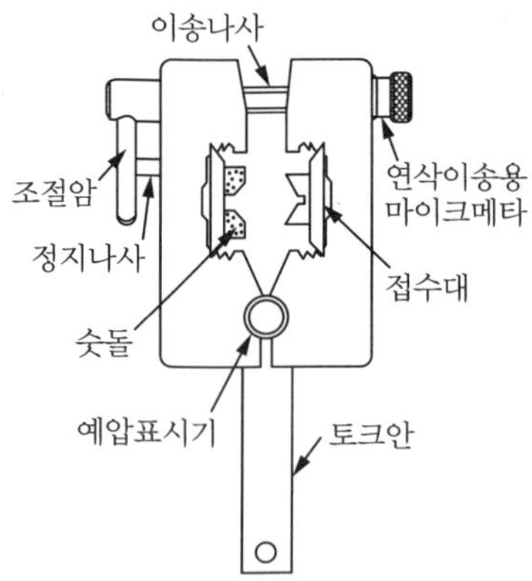

(b) 숫돌의 홀더

[그림 11-11] 수동 외면 호닝작업과 숫돌 홀더

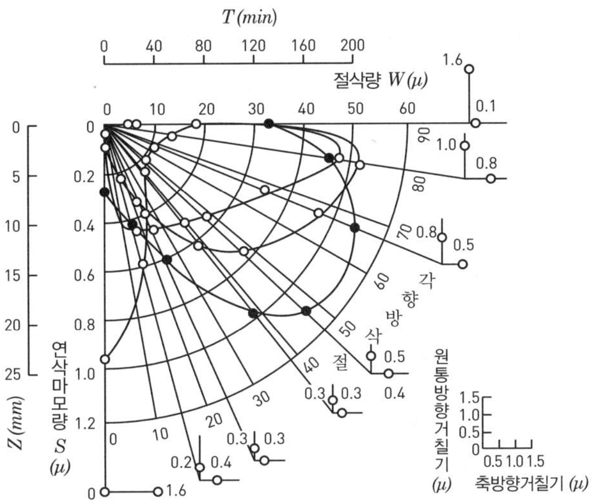

주철(*RB 86*), *WA600* (*RH 45~85*, 비트리파이드)

[그림 11-12] 절삭방향과 절삭량, 손모량과의 관계

또 입형 래핑 머신의 랩 원판 대신에 숫돌을 붙이면 정면 호닝으로 사용할 수 있다. 특히 세이빙 커터를 숫돌로 대치한 치차 세이빙 기계는 일명 치차 호닝 머신이라 한다. 호닝 숫돌의 입자는 연삭과 같고, 주철이나 비주철 금속은 C계 입자, 강류는 A계 입자가 사용된다. 거친 호닝에는 #120~180, 중간 다듬질은 #220~320, 정밀 호닝에는 #400~600의 입도를 사용하고, 정밀할수록 연삭입자가 가늘다. 결합제는 연삭숫돌보다 연질로, 호닝 숫돌은 유황처리, 밀납 처리 및 유지처리 등을 하여 사용한다. 호닝 숫돌은 절삭 점수를 증가시켜 제거 능률을 높이지만 숫돌 깊이에 따라 제거량이 적고 가공 변질층이 발생하지 않는 세립 숫돌을 사용한다. 또 눈 메움을 억제하기 위해 결합도를 낮추고 기공수를 증가시킨다.

호닝 숫돌은 일반적으로 세립이므로 연해지면 처리제가 기공을 메워서 그 결점을 보완한다. 즉, **충진제**는 결합제를 보강하고 칩이 침입하면 쉽게 분말로 되어 기공율을 높이거나 칩이 쌓이지 않는다. 또 칩이 생성되면 약간의 윤활 효과도 있다. 먼저 호닝 작업에는 크로스 해치의 경사각이 중요하다. **그림 11-12**에는 원통 외면의 호닝에서 절삭 방향, 절삭량 W 및 숫돌 마모량 S와의 관계이다. 또 T, Z는 각각 W가 1mm가 될 때까지 소요시간 및 연삭 손모량을 나타낸다. 그림에서 절삭 방향각 θ가 50~60°이지만 80°부근에서 숫돌 마모량이 최대가 된다. 그림에서 절삭 방향각 θ가 50~60°일 때에 가장 능률적으로 제거 작업을 할 수 있다. 지금 θ가 90°부근에는 절삭량과 숫돌 손모량이 모두 작지만 눈 메움이 생기기 쉽다. 여기서는 주로 숫돌의 축 방향 운동으로 다듬질되므로 진원도가 떨어진다. 호닝에서 숫돌 면적이 커지면 칩이 배출되기 어렵고 눈 메움이 생기기 쉽다. 특히 **숫돌 면적**과 공작물 면적의 비를 숫돌 면적비라고 부르며 다음 식으로 나타낸다.

$$\psi = \frac{n\,b\,l}{\pi DL} = \frac{n\,b}{\pi D}\cdot\frac{l}{L} = \lambda\rho \tag{11-3}$$

단, n은 숫돌 수, b는 숫돌 폭, l은 길이, D는 공작물 내경, L은 공작물의 길이이다. 또 λ, ρ는 각각 숫돌 폭 비와 숫돌 길이 비라고 한다. λ는 눈메움을 방지하기 위해 1/2~1/3이하로 한다.

또 ρ도 연삭면의 일량을 균등하게 하기위해 1/2이하가 보통이고 면적비는 1/5 이하이다.

호닝에는 **그림 11-13**에 나타난 것처럼, 절삭 방향과 숫돌길이의 관계를 알기 위해 숫돌이 중복된 작용 부위를 검게 칠하였다(그림참조). 이러한 면적과 전 숫돌면적의 비를 중복 값이라고

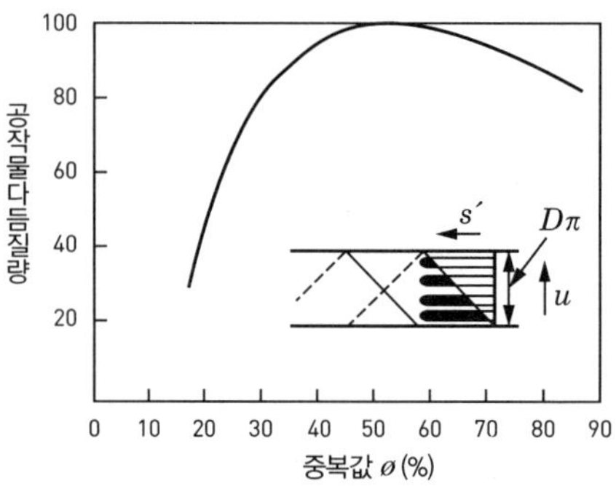

[그림 11-13] 중복식과 호닝 다듬질과의 관계

[표 11-1] 호닝의 속도 표

재 질	호닝속도(m/min)
연강	36~48
경강	22~36
주철	60~69
알루미늄	69~75
경청동	60~69
연청동	69~75

한다. 그림에서 표시한 중복 값이 50%정도이면 최대로 능률적이다. 호닝 속도가 크게 되면 숫돌의 자생작용이 감소하여 눈 메움이 되기 쉽다. 또 다듬질 면에 버닝 등의 변질 층이 생기기 쉬우므로 **표 11-1**에서 적당한 호닝 속도를 선택한다. 표에 나타난 속도 합성은 이미 설명한 최적 절삭 방향을 고려하여 주 속도나 축 방향 속도 성분을 같이 표시하였다. 가공 면에 기름이나 키 구멍 등은 숫돌 면에 자생작용을 촉진하므로 호닝 속도를 50~ 100%로 높인다. 압력 연삭 방식인 호닝의 숫돌 압력은 거친 호닝에서 크고 다듬질 호닝에는 작다. 즉, 보통 3~7kg/cm^{2}정도이고 거친 호닝에는 10kg/cm^2, 다듬질 호닝은 1kg/cm^{2}이하이다. 또 호닝용 절삭유제는 윤활, 냉각작용 외에 숫돌면의 눈 메움을 방지하기 위해, 세정 작용이 우수한 경유나 등유를 사용한다. 공작물 끝에서 숫돌의 **오버런**(overrun)은 호닝에서 다듬질 정밀도를 좌우한다. **그림 11-14**는 오버런의 정도에 따라 가공구멍의 진원도에 생기는 오차를 표시하였다. 오버런은 공작물 끝이 구부린 경우에 숫돌의 돌출량이다. 이 양이 작으면 마지막 스트로크시에는 축 속도가 0이 되므로 가공량이 감소하고 **그림**(a)와 같은 ㅁ형의 가는 구멍이 된다. 오버런시키면 끝 하중에 대한 수압 숫돌 면을 감소시키므로 끝부분의 가공량을 증가시킨다. 또한 너무 과대하면 **그림**(b)의 장구 모양의 넓은 구멍이 된다. 오버런의 적당한 값은 숫돌길이의 1/3~1/4정도이다. 호닝에 따라서 숫돌 면에는 금속의 퇴적 등과 같은 눈 메움이 생기므로 멈춤 구멍의 밑에 스트로크를 정리하거나 여러 번 숫돌 면을 회전시켜야 한다.

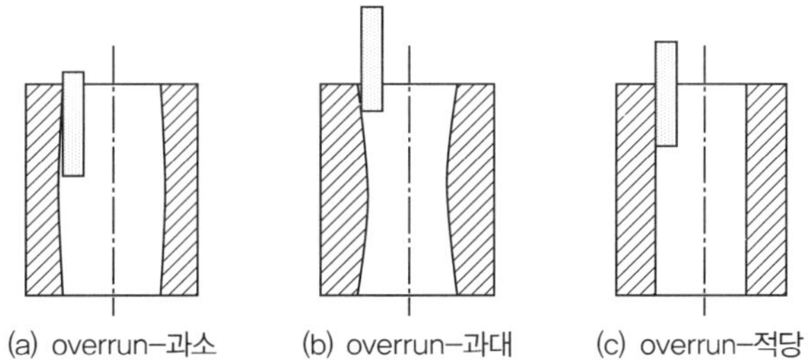

[그림 11-14] 호닝량과 가공 구멍의 진원도

다듬질 호닝을 하면, 초정밀 다듬질처럼 적당한 눈 메움이나 눈 막힘 상태 등 숫돌의 가공조건에 따라 경면에 가까운 다듬질 면을 얻는다. 상세한 내용은 다음 항목을 참고하기 바란다.

11.1.2 초정밀 다듬질

초정밀 다듬질(super finishing)은 금속을 경면 상태로 다듬질 가공을 하는 것이다. 지금은 경면에 가까운 표면 거칠기를 얻기 위해 연삭 또는 호닝을 하기 때문에 초정밀 다듬질은 점점 감소하고 있다. 그러나 게이지용의 정밀 롤러, 내연기관이나 압축기의 베어링, 베어링 부품, 정밀 게이지류 등은 초정밀 가공을 해야 하는 경우가 많다. 이것은 $H_{max} = 1 \sim 0.5\mu$ 정도의 표면 거칠기와 완전한 경면을 얻기 위해서는 연삭 또는 호닝보다도 초정밀 가공이 능률적이고 우수하다.

그림 11-15는 원통 외면을 초정밀 가공하는 방법이다. 회전하는 공작물에 면으로 접촉하는 숫돌을 눌러 붙이고 그 축 방향에 진동을 주어 다듬질한다.

같은 방법으로 원통 내면이나 평면에도 적용되며, 이러한 기구는 **그림 11-15**와 같다.

즉, 기본 구조는 호닝과 같은 왕복운동을 고속의 작은 **스트로크 진동**으로 바꾼 것이다. **그림 11-16**의 경우, 숫돌의 정속 회전축 판을 진동시키면 궤적은 **그림 11-17**에 표시한 싸인(sin)곡선이 된다. 지금 숫돌의 진동수 n, 진동의 진폭 a, 공작물 직경 D, 공작물의 회전속도 N, 편심구동축의 회전각을 ψ라고 하면 운동조건은

절삭속도

$$V = (v_r^2 + v_a^2)^{1/2},\ v_r = \pi DN,\ v_a = \pi\, a\, n\, cos\psi \tag{11-4}$$

절삭 축 방향

$$\theta = tan^{-1} \frac{v_a}{v_r} = tan^{-1} \frac{an\ cos\psi}{DN} \tag{11-5}$$

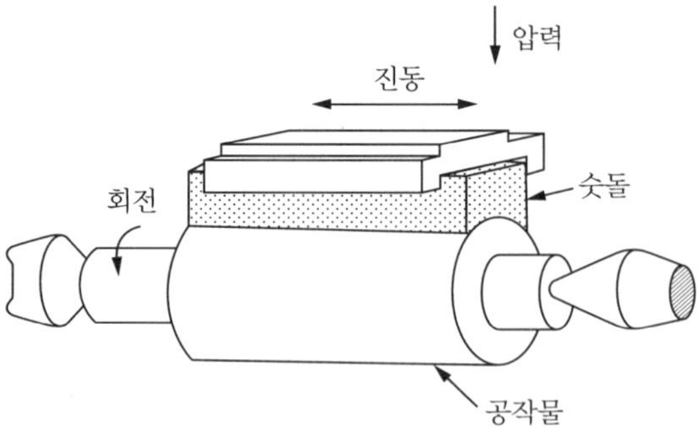

[그림 11-15] 원통 외면의 초정밀가공

가 된다. 그러므로 A점에서 절삭속도 V는 최대 $\pi\sqrt{(DN)^2+(an)^2}$이고 동시에 $\Theta = tan^{-1}\dfrac{an}{DN}$가 된다.

[표 11-16] 여러 면의 초정밀 가공법

공작물 상태	No.	실제 상태	운동방법	
			숫돌	공작물
원통 외면	1	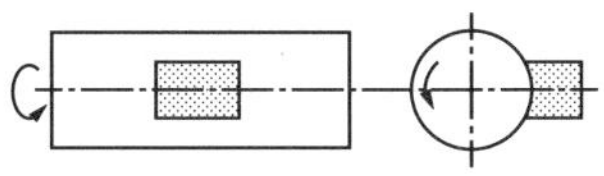	진동 이송	회전
	2	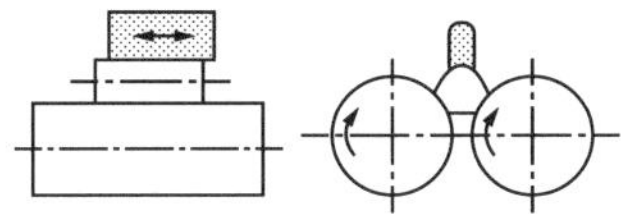	진동	회전 이송
원통 내면	3	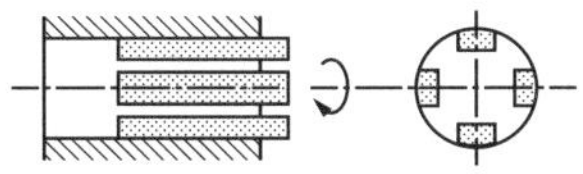	진동 회전 이송	정지
	4	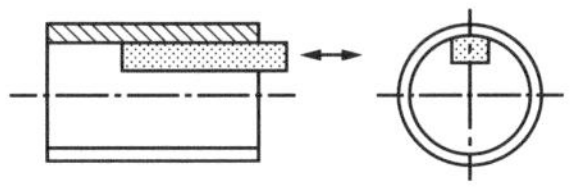	진동 이송	회전
평면	5	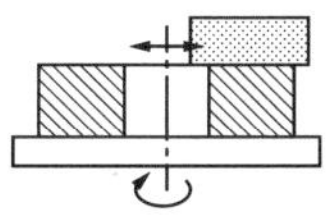	진동	회전
	6	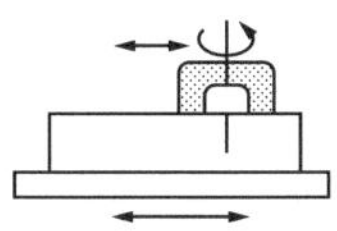	진동 회전 이송	이송
곡면	7	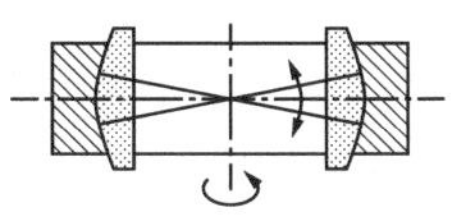	진동	회전
	8		진동	회전

한편, B점에서 최소 간격은 πDN 및 0이 된다. 반면에 호닝은 산형파의 입자 궤적이므로 같은 스트로크에서 V, θ가 일정하다. 호닝과 비슷한 운동기구이지만 초정밀 다듬질에 의해 경면을 얻을 수 있는 것은 숫돌의 자동 눈 메움(Self-Loading)을 이용한 작업조건을 선정하기 때문

이다. 진동시키면 눈 메움을 촉진시키므로 초정밀 가공의 정밀도에도 한계가 있다.

초정밀 가공의 상태는 ① 두꺼운 절삭 흔적과 숫돌에 눈 메움이나 면에 광택이 없는 절삭상태, ② 다듬질면에 얇은 절삭 흔적과 광택 부가 남아 있고 숫돌에 눈 메움과 **탈락** 흔적이 남은 반 절삭상태, ③ 절삭 흔적이 전혀 없는 경면 다듬질면으로 숫돌은 눈 메움으로 입자가 탈락되지 않는 3가지의 경면이 생긴다.

초정밀 상태를 위와 같이 3가지로 분해하면 **그림 11-18**과 같다. 여기서 다른 조건을 고정하고

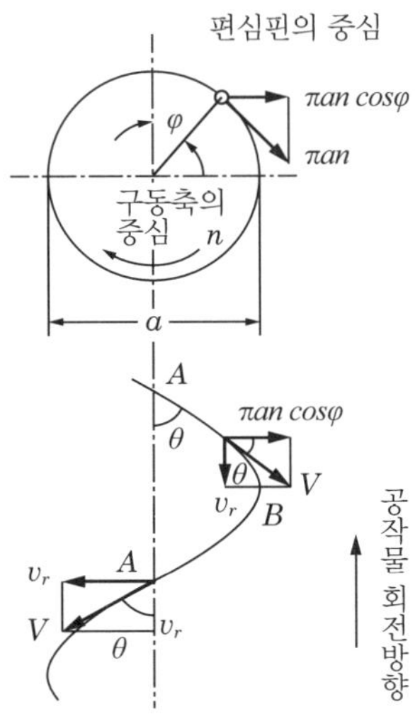

[그림 11-17] 초정밀 가공에서 숫돌의 운동 궤적

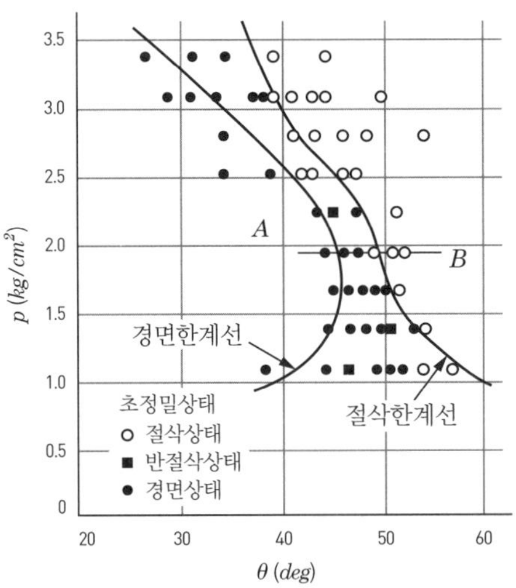

연강(*RB64*), *WA 600*(*RH60*, 비트리파이트), 경유 *8*/머시인유 *2*의 혼합유

[그림 11-18] 숫돌압력 p와 최대절삭 방향각 θ에 의한 초정밀 가공 상태

숫돌 압력 P와 절삭 방향각 θ의 최대값 Θ을 변화시키면 초정밀 상태가 된다. 그림에서 경면 상태와 절삭상태의 한계는 각각 1개의 곡선으로 표시된다. 또 그림에서 두꺼운 가로선 A에 대하여 연삭 압력 P를 변화시키고, 각각의 가공거리가 일정하게 선택한다. 초정밀 가공할 때의 **후퇴량** S와 P의 관계는 **그림 11-19**(a)로 부터 얻는다. 그림에서 보는 것처럼 숫돌 감량곡선을 3개의 직선으로 근사시키면 교점 A, B는 절삭 한계점, 경면 한계점에 해당된다.

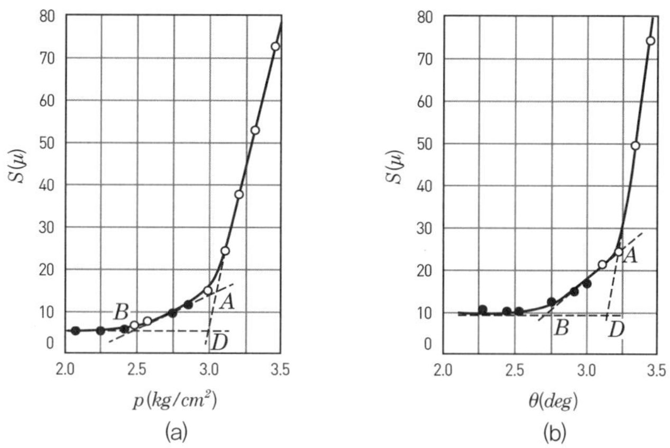

연강(*RB 84*), *WA 600*(*RH 60*, 비트리파이드) 경유 *2*/머시인유 *2*의 혼합유

[그림 11-19] 숫돌 손모의 한계 현상

이러한 한계선은 표면 거칠기나 숫돌면의 눈 메움 상태뿐만이 아니라 숫돌의 손모량과 가공량을 변화시킨다. 이 변화를 초정밀가공의 한계 현상이라 부른다.

또 **그림 11-19**(a)에서 A점보다 우측은 숫돌과 입자 탈락에 의한 손모, A, B점 사이에는 주로 파쇄되는 손모, B점보다 우측은 마멸(눈메움)에 의한 손모이다. 초정밀 가공에서 기타 여러 조건을 설정한 후에는 그림의 D점 근처에서 숫돌 압력을 걸면서 가공한다. 이러한 압력을 **임계 압력**(Critical Pressure)이라 한다. 초정밀 가공의 전체 공정은 정밀 연삭, 연삭 및 호닝과 같고 표면 거칠기도 비슷하다. 이와 같이 거친 표면에서 임계압력으로 숫돌을 눌러 붙여서 초정밀 가공하면 거칠기의 산정(山頂)에서 숫돌이 접촉하면서 큰 하중이 작용하여 파쇄되고 탈락한다.

더구나 절삭 방향으로 숫돌을 진동시키면 마모를 촉진시키므로 예리한 절인에 의해 피삭재의 요철이 제거된다. 만약 접촉 면적이 증가하면, 숫돌 입자 당 하중을 감소시키므로 숫돌 압력은 **그림 11-19**(a)의 가공 상태에서 D점보다 우측에 작용한다. 즉 파쇄는 작아지고 숫돌이 평편하게 되어 눈 메움 상태로 변한다.

이것과 미소 절삭 칩에 의한 눈 메움으로 숫돌 면이 평탄해지면 **래핑 다듬질**과 같은 경면상태를 얻는다. **그림 11-20**은 거칠기의 시간적 변화이다. 또 숫돌은 다음 공작물을 다듬질할 때까지 자동적으로 숫돌 눈의 생성되고 탈락한다.

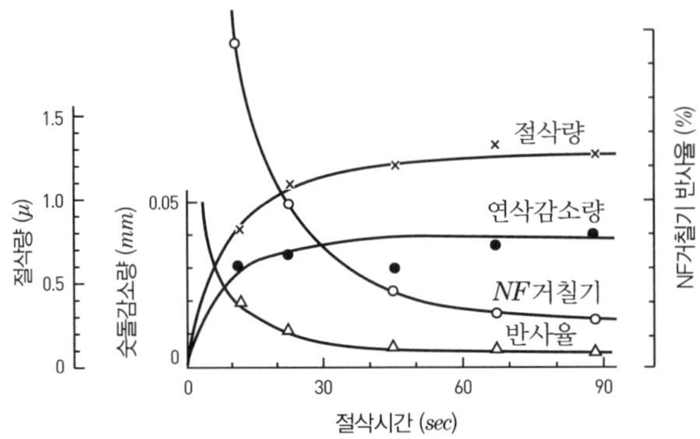

탄소강(Rc 84), WA 800 JV, 숫돌압력 $1.5kg/cm^2$, 진폭 3.5cm,
최대 방향각 45°, 숫돌입속도 18.7m/min, 경유+20% 스핀들유

[그림 11-20] 이상적인 초정밀 가공에서 각 량의 시간적 변화

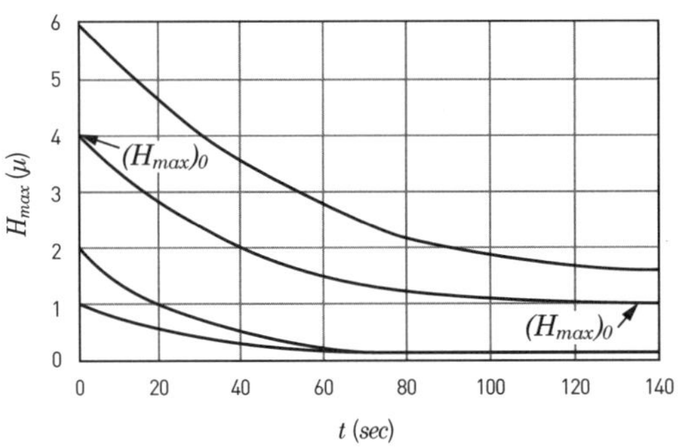

[그림 11-21] 전 가공면의 거칠기와 초정밀면의 거칠기

이상적인 초정밀 다듬질의 경도를 보면, 숫돌을 임계 압력이상으로 누르면 경면을 얻을 수 있다. 예를 들어 숫돌 압력을 낮추어 보자. 연삭이 완료되면 전체 가공의 표면 거칠기의 산형부가 부분적으로 평편해지는 것 같지만 대부분의 가공 흔적이 남아서 경면을 얻기 어렵다. 그러나 숫돌의 압력을 높이면 거친 표면이 모두 제거되므로 언제나 **경면**을 얻을 수 있다. 임계 압력과 실제 압력은 서로 다르기 때문에 다듬질하기 전에 가공량에 따른 숫돌압력을 조절해야 한다. 예를 들어 **그림 11-21**은 전체 가공의 다듬질 거칠기와 다른 거칠기(초정밀면 거칠기)가 포함되어 있다. 그러나 이 모든 것을 조절하기가 어려우므로 가공면의 거칠기를 일정한 값 이하로 제한해야

한다. 또 각 공작물에 따라 전 가공면의 거칠기가 다르면 숫돌 압력을 변화시켜도 생산 효율이 감소하므로 미리 표면 거칠기의 허용 범위를 설정하고 가공하는 것이 좋다. 작업조건에 따라 숫돌의 임계 압력이 각각 다르므로 표면 거칠기를 조절하기는 쉽지 않다.

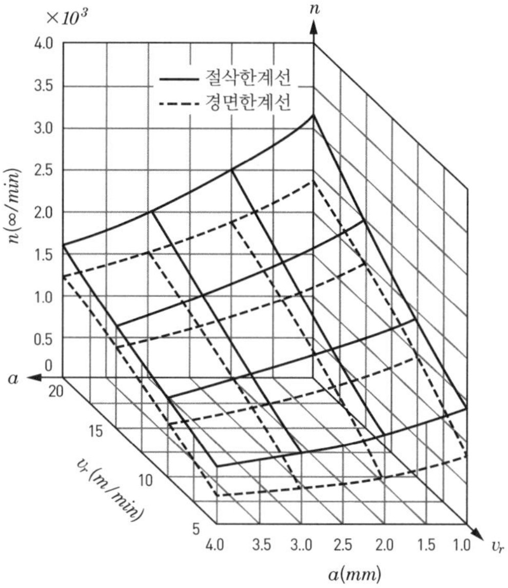

크롬강(*RC 47*), *WA 600*(*RH50*, 비트리파이드),
연삭 압력 $2Kg/cm^2$, 경유 *8*/머신유 *2*의 혼합유

[그림 11-22] 한계선과 v_r, a, n의 관계

그림 11-19(b)는 **그림 11-18**의 두꺼운 횡선 B에서 일정한 숫돌 압력으로 최대 절삭 방향 값 Θ를 변화시킬 때의 숫돌의 손모량이다. **그림**(a)와 같이 손모시의 임계 변화를 두 그림으로 비교하면 숫돌 임계 압력은 Θ에 영향을 미치는 것을 알 수 있다. 또 식 (11−5)에 의해 Θ에 관계되는 작동 조건은 v_r, a, n이다. 이것을 한계선의 위치로 표시하면 **그림 11-22**가 된다. **그림 11-23, 11-24, 11-25**와 같이, 한계선은 공작물 재질, 숫돌의 결합도와 입도, 가공액 등의 영향을 받는다. 이상의 예제에서, 각종 요인에 따라 초정밀 다듬질의 가공 상태나 필요한 숫돌의 임계 압력이 복잡하게 변화하는 것을 알 수 있다.

그러므로 경험에 따라 미리 작동 조건을 적당하게 설정한 다음에 예비 실험을 통하여 필요한 숫돌 압력을 결정하는 것이 좋다.

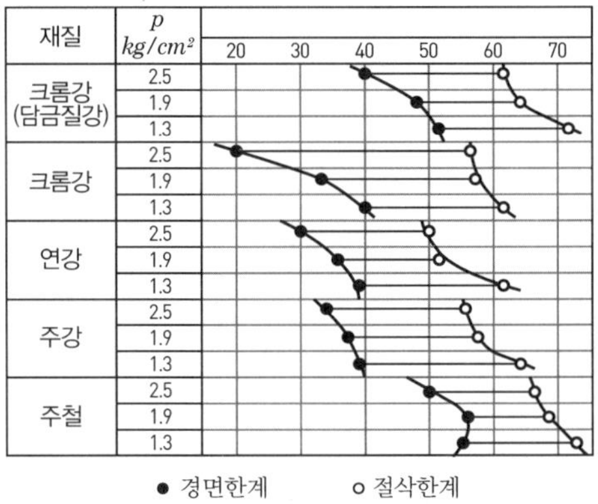

WA 600(R_H, 비트리파이드), 경유 *8*/머시인유 *2*의 혼합유

[그림 11-23] 한계 현상과 공작물 재질과의 관계

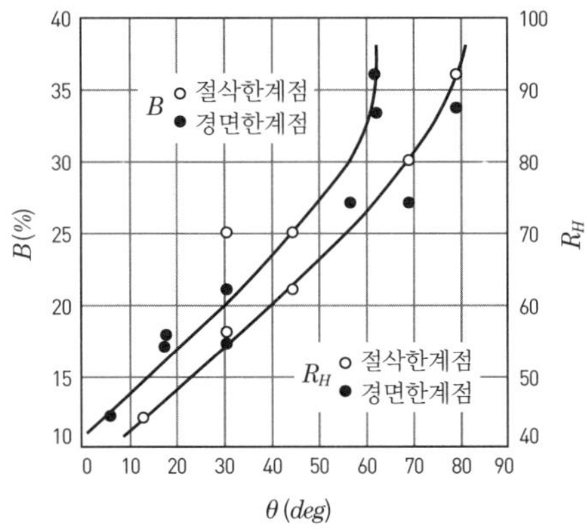

*0.43C–0.95Mn–0.44Si*강(R_B *84*), *WA600 Vit*, 절삭 속도 *45m/min*,
숫돌 압력 *2.3kg/cm³*, 경유 *8*/머신유 *2*의 혼합유

[그림 11-24] 한계 현상과 숫돌의 결합도 R_H, 결합률 B와 관계

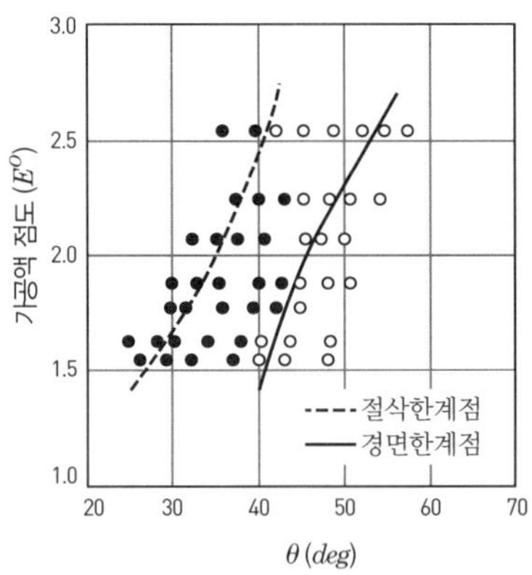

크롬강(R_C *47*), *WA 600*(R_H*50*, 비트리파이드), 연삭 압력 *2.0Kg/cm²*,
진폭 *2mm*, 공작물 표면속도 *11.96m/min*, 경유+머신유

[그림 11-25] 한계현상과 가공액 점도의 관계

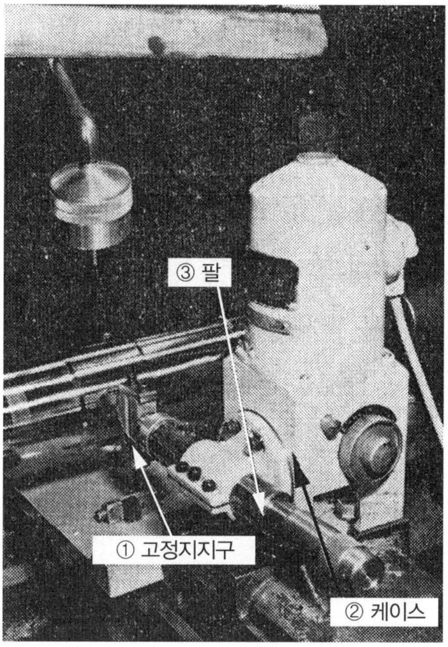

[그림 11-26] 슬라이더형 초정밀 다듬질 유닛

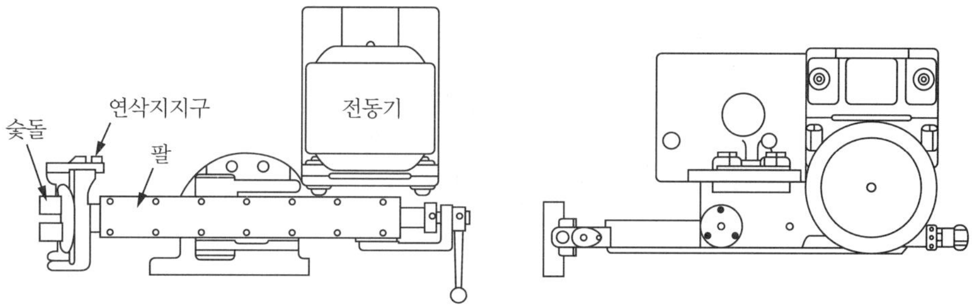

[그림 11-27] 요동형 초정밀 다듬질 유닛

선반이나 공작기계에 장착하는 호닝과 같이, 특정한 공작물용 전용 초정밀 다듬질 장치가 필요하다. 전자는 **그림 11-26**과 같이 진동기구, 가압기구, 숫돌 지지구 등의 간단한 장치들이다. 팔 ③이 케이스 ②안에 들어가서 왕복진동을 하면 숫돌이 이와 일체로 진동한다. 또 선반 공구대를 장착한 **그림 11-16**은 1의 원통 외면, 4의 원통 내면, 5의 평면을 초정밀 다듬질을 한다.

유닛의 진동은 안내에 따라 직선 평면 운동하는 미끄럼대 형과 숫돌 지지구를 가진 팔이 피봇을 중심으로 요동하는 요동형(**그림 11-27**)으로 나눈다. 또 진동 기구에는 편심에 의한 것, 편심 CAM에 의한 것, 크랙 기구에 의한 것이 있고, 동력원으로는 압력공기, 유압 등이 있다. **그림**

11-28은 요동형 유닛 숫돌 지지구의 상세도이고 요동과 직각을 이루면서 축 주위로 숫돌이 회전한다. 여기서 미끄럼대 유닛이 숫돌을 고정하여도 관계가 없다.

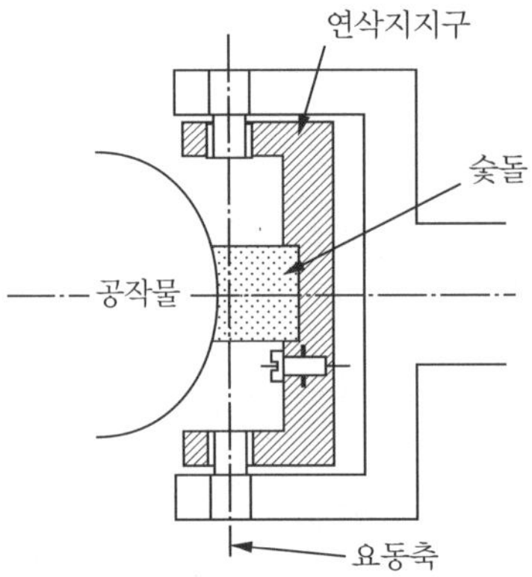

[그림 11-28] 요동형 유닛의 숫돌 지지구

[그림 11-29] 크랭크 축 초정밀다듬질 머신

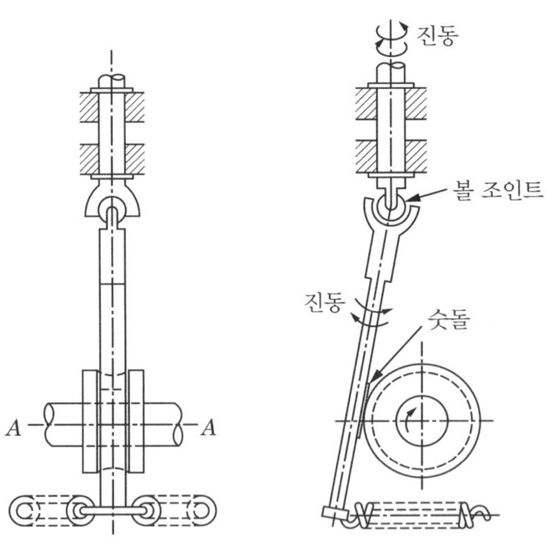

[그림 11-30] 볼베어링 도로면의 초정밀 가공

숫돌의 압력은 대부분이 스프링이지만 압축공기, 유압으로도 조절한다. 초정밀 다듬질은 여러 종류로 나누고, **그림 11-29**의 크랭크 축 다듬질과 **그림 11-30**의 볼 베어링에 의한 이동 초정밀 다듬질 장치 등이 있다.

초정밀 다듬질에는 주철이나 비철금속용으로 C계 숫돌입, 강종류의 A계 숫돌입과, 인성이 적고 파쇄성이 큰 GC 숫돌, WA숫돌 등이 사용된다. 극 연강이나 초정밀 합금에는 다이아몬드 숫돌, 연질금속에는 산화크롬 숫돌이 사용된다. 입도는 보통 #600정도이고 다음에 설명할 2단 공정 다듬질의 경우에 황삭 가공은 #300~400, 다듬질 가공은 #600~1500이 사용된다. 호닝 숫돌에 따라 1단과 세립으로 나눈다. 결합제는 주로 비트리파이드, 연질 금속용 라버와 및 폴리비닐 숫돌용 레지노이드가 있다.

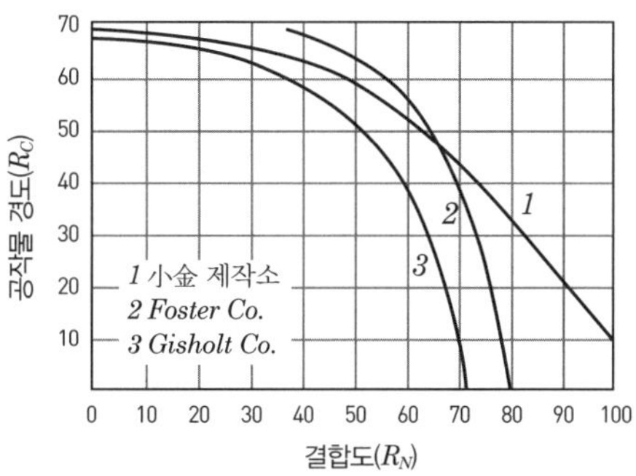

[그림 11-31] 숫돌 결합도의 권장값

[표 11-2] 숫돌 이송의 표준값

숫돌의 길이(mm)	10~25	25~50	50~80	80~120
이송(황)mm/rev	0.1~0.3	0.3~0.7	0.7~1.2	1.2~2.0
이송(정밀)mm/rev	0.07~0.15	0.1~0.3	0.3~0.5	0.5~0.8

다이아몬드 숫돌에는 메탈 본드와 레지노이드 본드가 있다. 초정밀 숫돌의 결합도는 록크웰 경도(R_H)로 표시되고 공작물(강류)의 경도 값은 **그림 11-31**에 표시한다. 가공하기 시작할 때에 급격한 눈 메움을 방지하기 위하여 거친 조직이거나 40~50%의 **숫돌률**을 많이 사용한다. 초정밀 다듬질의 작동조건은 진폭 1~4mm, 진동수 500~1500cycle/min, 공작물 주속 8~15m/min(황삭 가공) 또는 15~30m/min(다듬질 가공)이고, 절삭방향 최대각은 30~45°(황삭 가공), 또는 10~20°(다듬질 가공)이다. 또 전기적 방법으로 숫돌을 고주파 진동시키고 진폭

0.1~2mm, 진동수 3,000~300,000cycle/min에서 좋은 결과를 얻을 수 있다. 공작물이 숫돌보다 긴 경우에 숫돌은 공작물 축 방향으로 이송해야 한다. 이송속도가 작을수록 다듬질 면은 좋으나 생산량은 적어진다. 이송이 크면 선상(旋狀)에 절삭 흔적이 생겨서 다듬질 면이 좋지 않다. 결국 숫돌길이는 경험적으로 결정하지만 **표 11-2**의 값을 권장하고 있다. 또 1회의 이송보다 여러 번 이송하면서 다듬질하는 것이 좋고 공작물 끝은 호닝과 같이, 숫돌길이를 1/3정도로 오버런시키면 끝 부분의 오차가 작아진다.

이미 설명한 것처럼, 숫돌 압력은 경험적으로 구하지만, 공정 가공에는 보통 1~2kg/cm^{2}이고, 가공액은 호닝과 같이 경유나 등유를 사용한다. 또 소량의 무기 염류를 혼합한 유화유는 눈메움이 생기므로 좋지 않다. 또 초정밀 가공에서, 가공물의 거칠기는 보통 홀더의 거칠기와 같고 연삭면은 3~10μ정도이다. 그러나, 숫돌에 약한 스프링을 작용시키면, 전 가공면의 형상오차(진원도, 원통도, 평탄도 등)를 수정하지 않아도 된다.

보통, 전체 가공의 치수공차나 거칠기가 허용 범위에 있더라도 **그림 11-30**과 같이, 형상 치수는 일정하지 않다. 이것이 초정밀 다듬질의 단점이므로 2단 공정의 초정밀 다듬질은 치수 법과 다듬질 거칠기를 통일시켜야 한다. 이렇게 하면, 제1단 공정에서 눈 메움이 생기지 않는 절삭상태를 만들고 일정한 치수로 절삭하므로 거친 가공 면을 제거한다. 2단 공정에는 제1단에서 가공된 1μ이하의 미소 거칠기를 얻기 위해 연삭을 중지하고 경면을 얻는 조건을 만든다. **그림 11-31**은 이렇게 가공된 예이고 **그림 11-30**의 경우와 비교하면 전체 가공의 형상오차를 수정하지 않아도 된다.

절삭 상태를 지속시키기 위하여 **그림 11-18**의 절삭 한계선 밖의 조건을 선택하면 좋지만 **그림 11-32**에 표시한 반 절삭영역의 한계선 안에서는 가공량이 최대가 된다.

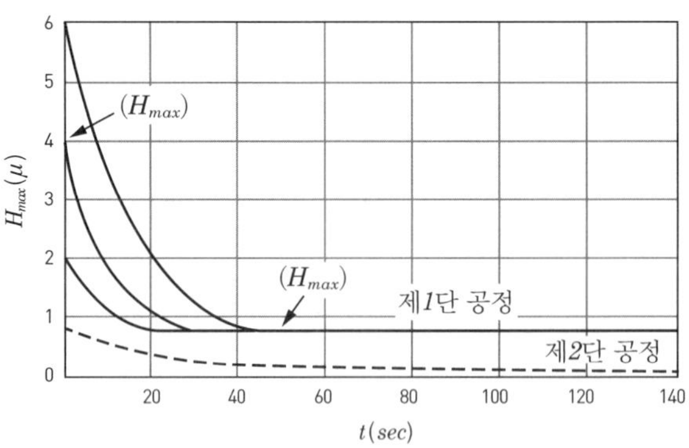

[그림 11-32] 2단공정의 초정밀 가공에서 표면 거칠기의 개선

여기서 숫돌 손모는 절삭영역 보다 작으므로 제1단 공정의 조건을 선택하고 제2단 공정에는 경면 한계선 밖의 조건을 선택한다. 지금 전항의 **호닝 가공**에서도 초정밀 가공의 한계 현상이 나타나므로 2단으로 공정을 나누고, 다듬질 공정에서 우수한 면을 얻기 위해 숫돌의 눈 메움이 생기지 않도록 해야 한다. 초정밀 가공에서 공작물 속도, 진동수 및 진폭을 증가시키고 절삭 영역의 제거능률을 높이는 등 경면을 얻기 위한 조건을 만들기는 쉽지 않다. 결국 경험과 실험적 방법으로 최적의 조건을 찾아야 한다. 연삭 다듬질 면에 이송을 주지 않고 초정밀 다듬질할 때에 직경 50mm 정도의 환봉을 0.2μ로 경면 다듬질을 하는 데에는 경험상 30~50초 정도 걸린다. 여기서 초정밀 다듬질 표면은 가공 변질층이 아주 작고 내마모성, 내식성 및 내 베어링성 등이 좋기 때문에 우수한 다듬질면을 얻는다.

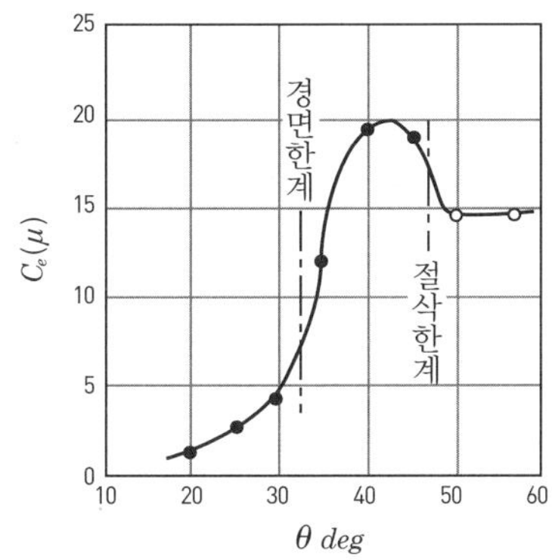

[그림 11-33] 절삭량 C_e와 한계현상

제 12 장

절삭유제, 절삭첨가물

12.1 절삭유제와 작용기구

절삭가공에 절삭유제(cutting fluids)를 사용하는 목적은 다음과 같이 4가지 효과를 얻기위한 것이다. 즉,

① 공구면(경사면, 여유면)의 윤활

② 공구, 피삭재의 냉각

③ 칩의 배제

④ 다듬질면의 보호, 방청

이다. 먼저 제1의 효과는 공구경사면에 윤활 효과를 주어 절삭 시에 마찰계수를 감소시킨다.

식 (1−36)과 식 (1−45)의 절삭방정식에 의하면 마찰각의 감소 증분 $-d\beta$, 전단각의 증가 증분 $d\phi$이므로 **그림 10−1**과 같이 절삭 두께가 감소하고 칩의 접촉 길이가 감소한다. 이에 따라 칩의 꺾기(curl)반지름이 감소한다.

그림 1−37과 같은 실험결과로부터 $|d\beta| > |d\phi|$[식 (1−45) 의 경우에 $d\beta = -d\phi$, 식(1−36)은 $d\beta = -2d\phi$]이므로 식 (1−14)에서 τ, s가 일정하다고 하면 절삭저항 R이 감소한다. 한편, 식 (1−4)와 같이 일반적인 전단각 범위에서 ϕ가 증대하면 전단 변형은 감소한다.

즉 식 (1−16), (1−17), (1−18)에서 $u = u_s + u_f = \tau_s\gamma + Rsin\beta \,/\, bt_2$이고, $|d(Rsin\beta)| > |d(t_z)|$이므로, 곧 절삭동력이 작아져서 절삭온도가 감소한다. 구성인선이 없는 경우, 위와 같은 종합효과가 다듬질면의 거칠기와 가공 변질층을 개선하거나 적은 동력에 의해 공구수명을 개선시키기도 한다. 절삭 기구 자체의 냉각 능력도 있지만 제2의 효과로 직접 냉각에 의해 공구수명이 개선되는 것도 있다. 이와 같이 절삭유제의 **냉각효과**는 윤활유에 의한 절삭기구 자체의 냉각과 직접 냉각이 있다. 직접 냉각을 하면 가공물의 열팽창이나 강성 변형에 의한 공작 정밀도가 저하되지 않고, 다듬질면을 냉각시키므로 열 변질층을 억제한다. 또 절삭유제는 절삭위치를 덮

을 만큼 대량으로 공급하여, 문제(trouble)가 될 퇴적 칩을 배출시켜야 한다. 이것을 제3의 효과라고 한다. 마지막으로 퇴적 칩의 생성을 방지하기 위해 유막을 만드는 제4의 효과로 다듬질면의 손상방지와 방청 작용이다.

특히, 뒤에 설명할 수용성 절삭유제에는 방청제를 첨가한다. 앞장의 구성인선을 일으키는 절삭제는 절삭유제의 냉각효과가 구성인선을 증대시켜서 다듬질면이나 공구수명을 단축시킨다. 그러나 이것은 구성인선이 소멸되는 절삭속도 부근에서 생기는 특수한 현상이다.

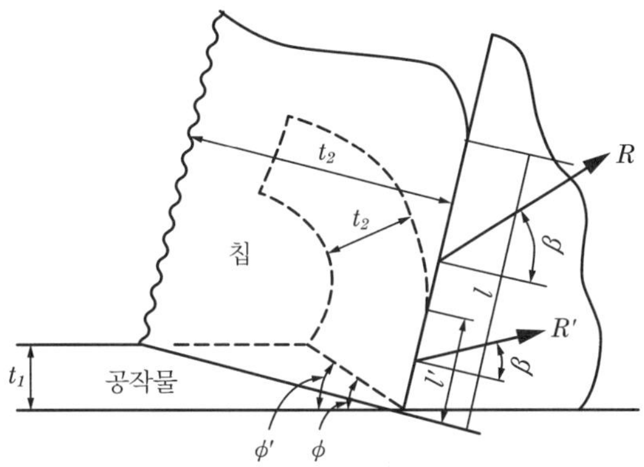

[그림 12-1] 절삭유제에 의한 칩 생성의 변화

일반적으로 **윤활효과**는 칩이 공구면의 용착을 방지하고, 구성인선을 감소시킨다. 또 절삭에서 공구경사면의 마찰 상태는 대단히 가혹하고, 외관상으로 절삭 날과 칩과의 접촉 면적은 실제 접촉 면적에 가까운 상태가 된다.

따라서 절삭에 대한 윤활 문제는 극압 경계윤활이다. 그러므로 외부에서 공급되는 유제가 어떤 경로로 열악한 마찰 상태에 있는 접촉 부분으로 침입하는 것인가? 하는 것이 문제이다. 즉, **그림 12-2**는 A방향으로 절삭유제의 침입은 칩이 유출되는 방향이므로 유체역학적으로 불가능하다는 것이다. 한편, 여유면에서 절삭날 끝의 nose을 넘어서 B방향으로 침입하는 것도 날 끝 부근에서 경사면의 수직응력이 매우 높기 때문에 역시 곤란하다. **그림 12-3**과 같이, 절삭유가 날 끝 부근에서 침입하지 않는 다면 건식 절삭처럼 마찰응력과 같은 영역이 존재할 것이다. 그러므로 액상의 유제가 침입하는 유일한 경로는 옆 방향인 C방향뿐이다. 실제로 이렇게 절삭유제가 침입한다는 것은 각종 실험 보고서를 통하여 확인되고 있다.

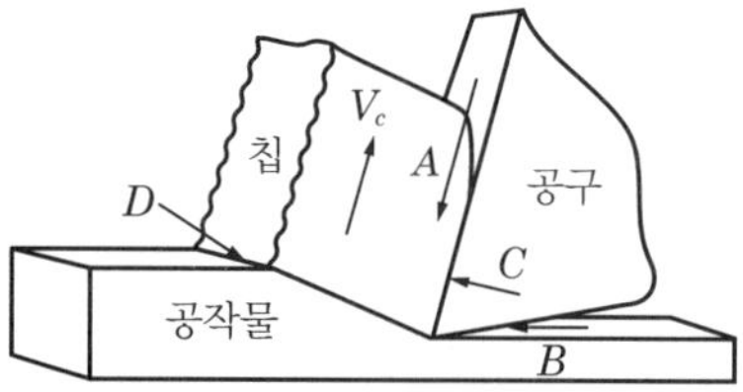

[그림 12-2] 절삭유제의 침입경로

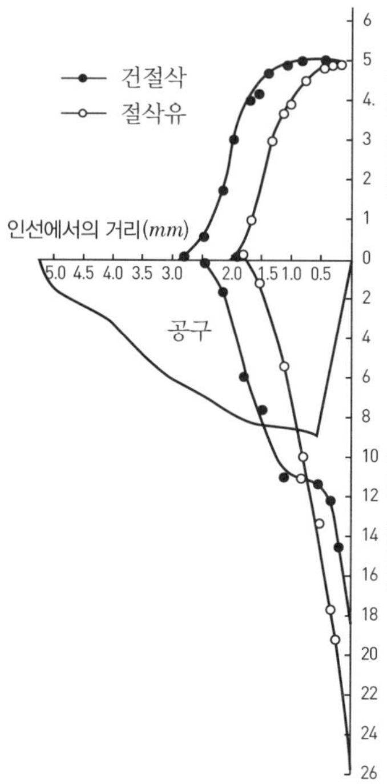

[그림 12-3] 경사면 응력분포의 절삭유에 의한 변화

그림 12-4와 같이, 여러 방향에 유제를 공급하면 항상 옆 방향에서부터 다듬질면이 좋아지는 현상은 칩의 측면에서 절삭유가 침입한다는 것을 증명해 준다. M. C. Shaw는 절삭유제가 칩의 옆 방향에서

① 공구와 칩사이에 있는 미세한 관에 의한 모세관 현상으로

② 공구와 칩사이의 상대진동에 의한 펌프 작용으로

침입한다. 그러나 공구 날 끝에서 유제가 기화되면 상황은 다르다. 절삭 변형은 반드시 소성 변형만 아니므로 날 끝이나 전단면의 높은 변형으로 국부적 파단이 생기면 다시 용착된다. 그러므로 표면 에너지가 높고 활성화된 미소균열이 많이 나타난다. 절삭열이나 균열 부의 저압으로 기

화된 유체분자가 균열 부위에서 화학적으로 흡착되면 표면 에너지를 저하시키고 재 용착을 방지한다.

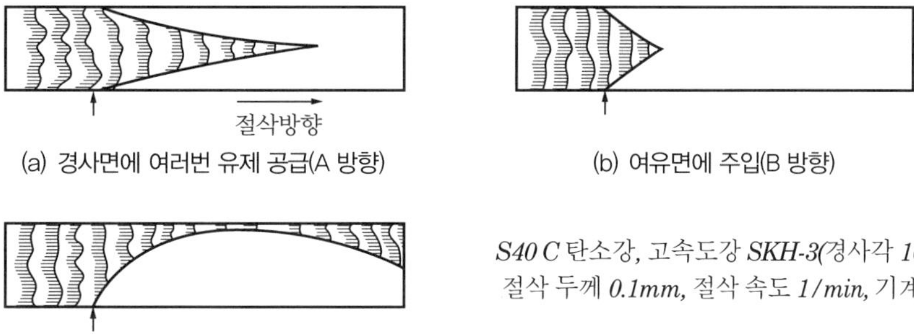

(a) 경사면에 여러번 유제 공급(A 방향)

(b) 여유면에 주입(B 방향)

(c) 칩 가장자리에 한 번 유제 공급(C 방향)

S40 C 탄소강, 고속도강 *SKH-3*(경사각 *10°*), 절삭 두께 *0.1mm*, 절삭 속도 *1/min*, 기계유

[그림 12–4] 절삭유의 주입장소에 의한 다듬질면 개선상태의 차이

[표 12–1] 절삭유제의 종류

1. 불수용성 절삭유제 · 광물유 : 등유, 경유 스핀들유, 머신유. 그대로 또는 혼합하여 사용한다.유성이 낮기 때문에 기본유로서 사용되는 경우가 많다. · 지방유 : 동물유, 식물유가 사용된다. 저속절삭, 경 절삭용에 적합하지만, 노화, 부패를 일으키기 쉽다. 유성제로서 광유, 극압유에 혼합하여 사용되는 일이 많다. · 혼합유 : 광물유를 기본유로 하여 지방유, 지방산 에스테르(ester)등의 유성제를 혼합한 것. · 극압유 : 염소, 유황, 인, 납 등을 화합물형으로서 광유, 혼합유에 첨가한 것. 최초로 시판된 절삭유의 대부분은 이것이다.
2. 수용성 절삭유제 · 유화형 유제 : 비교적 다량의 광물유를 기본유로하여 여기에다 소량의 유화제, 유화보조제, 방청제 등을 첨가한 것. 10~20배의 물로 회석하여 사용하지만 백탁액이 된다. · 반투명형 유제 : 유화유와 동질이며, 광물량을 적게 하여, 첨가제 양을 증가시키고, 물로 회하면 반투명액이 된다. · 용해형 유제 : 무기염류가 주성분이며, 물로 희석하면 투명액이 된다. 수용액이며 유제는 아니다. 주로 연삭작업에 사용된다.
3. 그 밖의 절삭제 · 액체 CO_2 gas는 냉각절삭에 사용된다. 이유화 몰리브덴(molybdenum)흑연, 산화염 등을 태핑(tapping)등의 극 저속절삭에 사용하는 일도 있다.

절삭력이 평형하게 작용하면, 이와 같은 취성적인 전단 변형으로 마찰계수를 저하시킨다고 하는 소위 **Rebinder효과**가 나타난다. 즉 사염화탄소, 삼염화 에탄(ethane) 등의 절삭유를 사용하는 기구에서 잘 생긴다.

절삭유가 기체로 흡착되기보다 액체로 침입하면 시간이 걸리므로 고속절삭일수록 절삭제의 효과가 감소한다. 따라서 절삭속도가 클수록 윤활 효과보다 직접 냉각으로 공구수명을 개선해야 한다. 그러므로 침투성과 냉각성이 높은 저점도 절삭유제를 사용하는 것이 좋다.

고속절삭에서는 구성인선이 거의 부착되지 않기 때문에, 다듬질면도 양호하고 전단각도 크다. 따라서 절삭유제의 윤활 효과보다는 냉각 작용으로 절삭온도가 떨어지면서 공구수명을 개선(열적 마모의 경감)시킨다.

이에 비해, 저속 중(重)하중용 절삭유는 절삭력을 감소시키고 다듬질 조도나 가공변질층을 개선시킨다. 유제가 침입할 때, 기계적 마모를 감소시키므로 유성이 강하고 윤활성이 높은 고점도 절삭유를 사용하는 것이 좋다.

절삭유제는 크게 나누어 **표 12-1**과 같이 불수용성 절삭유와 수용성 절삭유로 나눈다. 수용성 유제 중에 용해형은 기름을 사용하지 않는 것으로 연삭작업에 사용한다.

최근의 절삭유제에 많은 불수용성 활성 절삭유 중에서 **극압 첨가제**(E. P.제; extreme pressure additive)에 대해 설명하겠다. 극압 첨가제는 유제에 가용 염소계나 유황계의 극성이 높은 화합물을 첨가시켜 강 중의 철과 화합하여 경사면 위에서 염화철이나 유화철을 형성한다. 이때, 생성된 반응 생성물은 낮은 전단강도를 가지므로 경사면의 마찰을 경감시킨다. 즉,

$$R_aCl_b + Fe \rightarrow FeCl_2 + R_aCl_{b-2}$$
$$R_cS_d + Fe \rightarrow FeS + R_cS_{d-1}$$

이다. **그림 12-5**와 같이, $FeCl_2$의 융점은 FeS보다 낮기 때문에 중(重) 하중에서는 고온 염화유보다 유화유가 좋다. 또 유황계 물질은 염소계보다 반응속도가 빠르고, FeS의 융점이 높기 때문에 반응 생성물층이 두껍다.

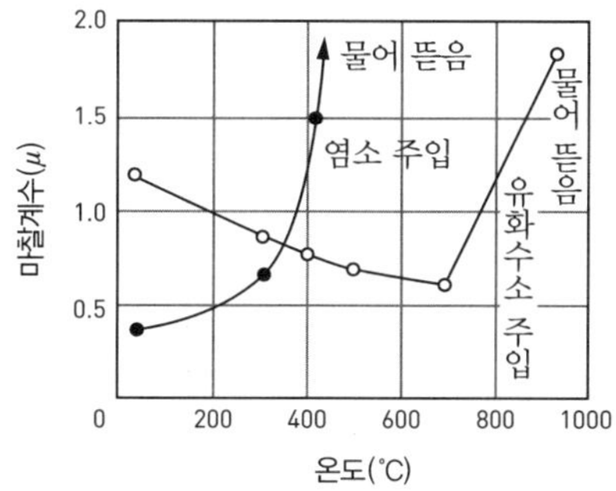

[그림 12-5] 염화철, 유화철의 윤활효과의 온도변화

또, 유황계 물질과 염소계 물질이 공존하면, FeS가 촉매가 되어 다음과 같은 연쇄반응을 일으키므로 상승효과가 있다.

$$R_cS_d + Fe \rightarrow FeS + R_cS_{d-1}$$
$$FeS + R_aCl_b \rightarrow FeCl_2 + K_aCl_{b-2} + S$$
$$S + Fe \rightarrow FeS$$

그림 12-6~12-9는 절삭유제의 연삭저항, 다듬질 거칠기, 공구수명에 미치는 영향을 나타낸 것이다.

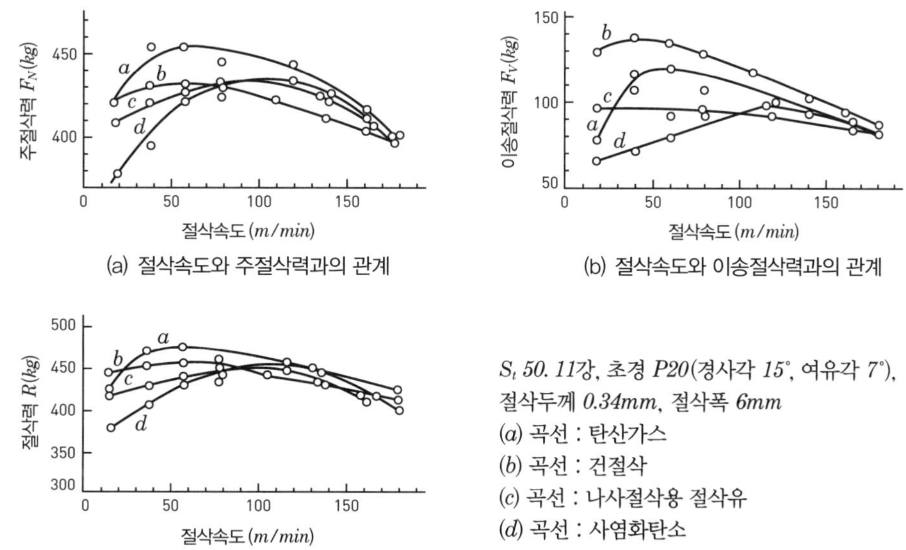

(a) 절삭속도와 주절삭력과의 관계

(b) 절삭속도와 이송절삭력과의 관계

(c) 절삭속도와 건절삭력과의 관계

*S_t 50. 11*강, 초경 *P20*(경사각 *15°*, 여유각 *7°*), 절삭두께 *0.34mm*, 절삭폭 *6mm*
(a) 곡선 : 탄산가스
(b) 곡선 : 건절삭
(c) 곡선 : 나사절삭용 절삭유
(d) 곡선 : 사염화탄소

[그림 12-6] 2차원 연삭저항에서의 연삭유제의 효과

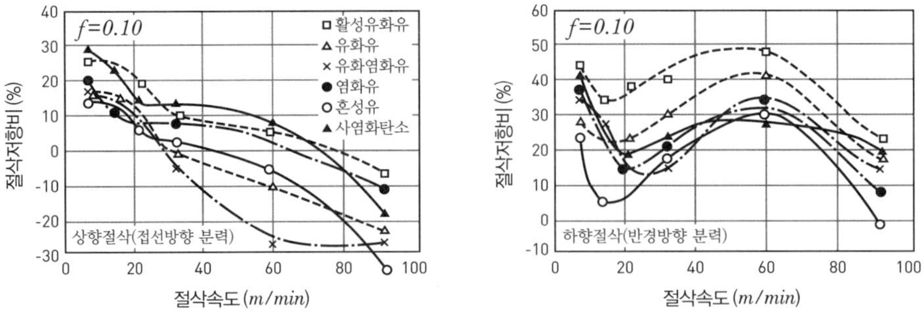

S50C 탄소강(풀림), 고속도강 평면밀링(*SKCH-3*), 외경 *75mm*, 반경방향 경사각 *2°*, 나선각 *15°*, 날수 *20*매, 절삭 폭 *5mm*, 이송 *0.18mm/min*, 주유량 *1l/min*(진입측에 의해)

[그림 12-7] 평면밀링 절삭저항에서 절삭유제의 효과

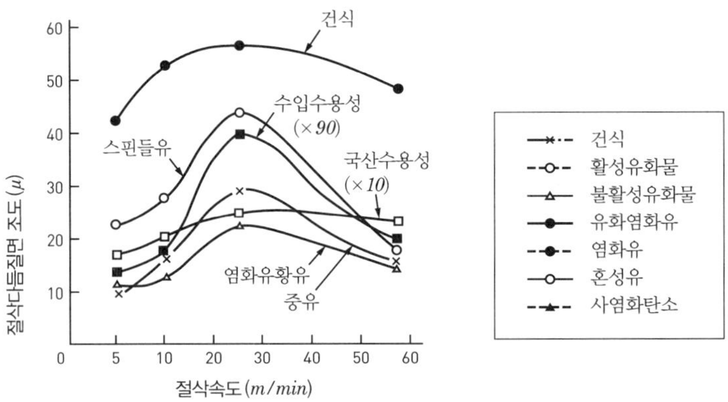

(a) 2차원 절삭의 경우

*0.1%*탄소강, 고속도강 공구, 경사각 *13°*, 절삭 두께 *0.09mm*

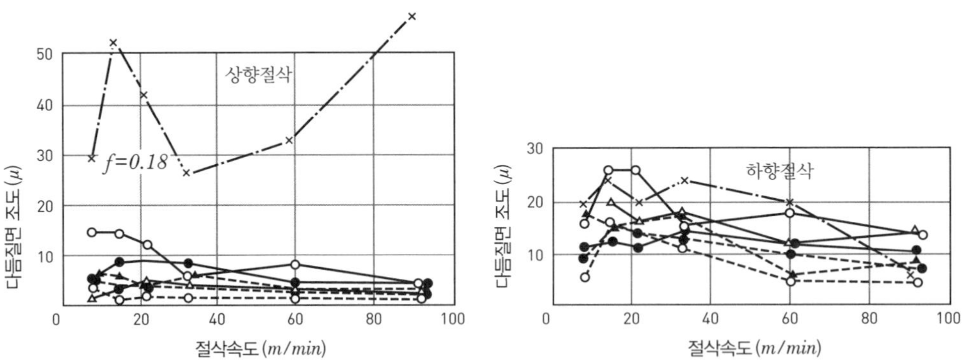

(b) 평면밀링 절삭의 경우

S50C 탄소강(풀림), 고속도강 평면밀링(*SKCH-3*), 외경 *75mm*, 반경방향 경사각 *2°*, 나선각 *15°*, 날수 *20*매, 절삭 폭 *5mm*, 이송 *0.18mm/min*, 주유량 *1l/min*(진입측에 의해)

[그림 12-8] 절삭유제에 의한 다듬질 거칠기의 개선

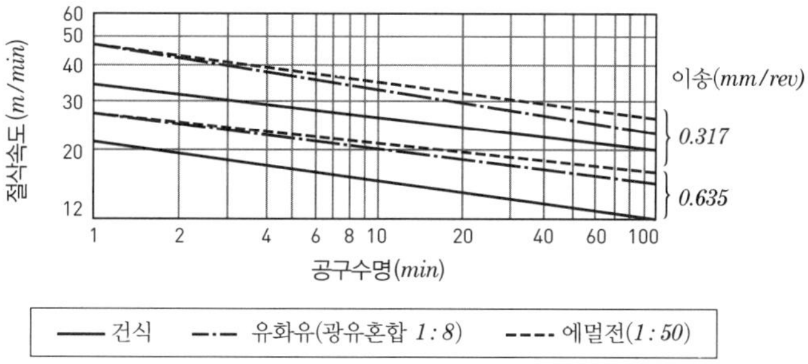

(a) 고속도강 공구의 경우

SAE 2340 강, 고속도강 공구[8, 22, 6, 6, 6, 15, 1.2],
절삭 깊이 5.1mm, 선삭, 전파단수명

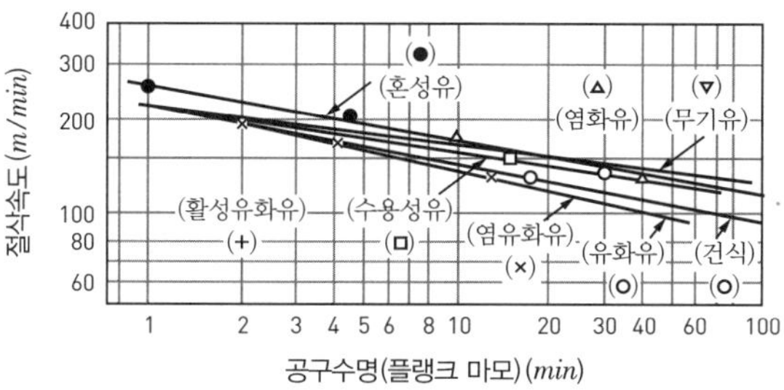

(b) 초경공구의 경우

18-8스테인레스강, 초경공구 P20[0, 10, 6, 6, 15, 15, 0.5],
절삭 깊이 2mm, 이송 0.25mm/rev, 수명기준 V_B=6mm

[그림 12-9] 공구수명에 미치는 절삭유제의 효과

12.2 쾌삭 첨가물, 쾌삭 재료

금속재료의 피삭성을 개선하기 위한 목적으로 소량의 **쾌삭 첨가물**(free machining additives)을 넣는다. 여기서는 주로 유황, 납, 텔루르(tellurium), 셀렌(selenium), 비스무트(bismuth), 망간 (manganess), 인, 질소, 칼슘(calcium), 규소(silicon)등이 사용된다. 쾌삭재료란 첨가물을 함유시켜서 피삭성을 개선시키는 재료이다. 예를 들면 납은 구상입자로서 모재 조직과 유리되어 존재한다. 쾌삭강에는 **유황쾌삭강**, 납쾌삭강, 복합쾌삭강, calcium 탈산강, 흑연쾌삭강 등이 있다.

대표적인 쾌삭은 쾌삭황동(free machining brass)과 쾌삭강(free machining steel)이 있다. 쾌삭황동은 6−4황동(β−brass)에 중량비 1~3%의 납을 첨가한 납칼슘 탈산강, 흑연쾌삭강 등이 있다.

유황쾌삭강은 저탄소강을 기지(基地)재료로 하여 0.1 ~0.35%(중량비)의 유황을 첨가한다. 강에 유황이 혼입되면 Fe_i, S_i가 입계에 석출하여 적열취성을 일으킨다. 그러나 Mn을 첨가하여 MnS로 석출시키면 적열취성을 방지한다. MnS는 긴 타원체나 침상의 유리입자로서 조직 중에 게재하여 쾌삭성을 부여한다. 여기서 MnS의 체적비는 2/1000~1/100정도이다.

납 쾌삭강도 역시 저탄소강이 주성분이고, 고탄소강, 합금강을 모재로 하여 쾌삭황동과 같은 유리된 구상입자로 납을 넣은 것이다. 그러나 납 첨가량은 쾌삭 황동보다는 다소 적은 0.1~0.25%이고, 체적비는 1/100정도이다.

복합 쾌삭강은 유황과 납을 첨가한 다음에 Te, Bi, Se등의 원소를 약간 첨가하였다(복합효과). 즉, Pb나 MnS입자에 약간의 특수 원소를 첨가하여 쾌삭강에 독특한 성질을 갖게 한다.

칼슘 탄산강은 최근에 서독에서 개발된 것으로 특별한 첨가물을 넣은 것이 아니고, 제강한 후, 탈산 과정에서 Al- Si, Fe-Si 탈산제 대신에 Ca-Si로 탈산하여 제강한 것이다. Ca-Si탈산제를 사용하면 공구면에 **"belag"**라고 하는 두께 10μ정도의 부착물층($CaO-SiO_2-Al_2O_3$의 삼원소 화합물)을 형성된다. 이것은 공구 성분이 Chip이나 피삭재로 확산되는 것을 방지하는 역할을 한다. 따라서 belag는 고속영역에서 온도응착에 의한 마모를 감소시키고, 저속영역에서 abrasive 마모에 대한 보호층을 만든다. 안정된 belag를 형성하기 위해서는 강중의 Ca량이 적당해야 하고, 공구면의 온도가 일정해야 한다. 또 Ca탈산강은 초경공구로 고속 절삭할 때에 공구수명을 개선시키고, 절삭저항, 다듬질면 및 칩 생성 등에는 아무런 영향을 미치지 않는다.

지금까지 고속도강 공구와 세라믹 공구에 대한 효과성은 잘 알려지지 않았으나 고속도강 공구는 수명이 약간씩 개선되고, 세라믹 공구는 오히려 수명을 약화시키는 경우가 있다고 한다. 그럼에도 불구하고 세라믹 공구의 안정적인 효과성에 대한 연구도 보고되고 있다. 결국, 이것은 각 공구재의 조성, 상용 절삭속도(절삭온도) 및 belag의 안정성과 관계기 때문이다.

흑연 쾌삭강은 고탄소강 중의 경탄화물에 Al, Si, Ni등의 원소를 첨가하여 흑연화시킨 것으로 아직도 연구 대상이다. 이 강은 탄화물 martrix중에는 단단한 입자가 존재하여, abrasive 마모의 원인이 되지만 흑연화되어 단단한 입자를 연화시키거나, 윤활성을 증대시킨다.

아직도 Ca-탈산강이나 흑연쾌삭강은 개발 도중에 있고, **복합쾌삭강**도 자료가 부족하므로 여기서는 다루지 않겠다. 먼저 가장 많이 사용되는 쾌삭황동, **납쾌삭강**을 검토하기로 하자. 이러한 쾌삭강은 첨가물이 유리격자로서 게재하는 것이 특징이다. 외력이 작용하면 입자에 집중적인 응력이 작용하므로 첨가량이 많으면 오히려 강도를 저하시킨다. 따라서 강도를 저하시키지 않으면서 쾌삭성을 유지하는 것이 중요하다. 황동은 강도가 저하되어도 사용상 큰 문제가 없지만 납 첨가량은 많아야 한다. 다만 고탄소강과 합금강을 기재(其材)로 하는 납 쾌삭강에서는 강도를 저하시키지 않도록 적은 납을 첨가해야 한다. 원소의 첨가에 따른 유황쾌삭강과 납쾌삭강의 기계적 성질을 비교하면 다음과 같다.

① **유황쾌삭강** : 압연방향(MnS입자의 길이방향)의 인장강도, 신장률, 충격치는 보통강과 큰 차이가 없으나 압연과 직각방향의 기계적인 성질이 다른 이방성이 있다. 그러나 유황을 첨가하면 취성이 높아진다.

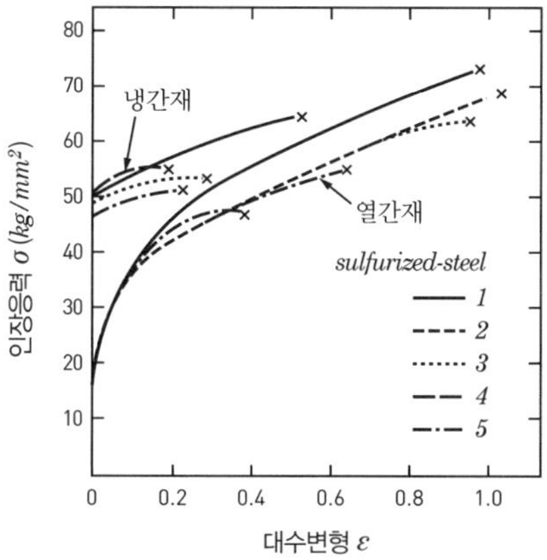

① 0.033%S,② 0.11%S, ③ 0.18%S, ④ 0.26%S, ⑤ 0.37%S

[그림 12-10] 유황쾌삭강의 인장시험 결과(0.08% 탄소강)

② **Pb쾌삭강** : 인장시험이나 충격시험의 결과, 납을 첨가해도 관계 없지만 300~500℃에서 수축률이나 충격치가 저하한다. **그림 12-11**은 **그림 12-10**과 같은 조건으로 시편을 인장시험한 결과이며, 납을 첨가해도 다른 성질에는 영향이 없다. 결국, 유황쾌삭강에서는 약간의 강도 저하와 취성 증가는 있지만, 납 쾌삭강에는 이러한 경향이 거의 나타나지 않는다. 그 이유는 유황첨가에 따른 미량의 각종 유화물이 미치는 영향보다는 주로 납 입자와 MnS입자의 형상 차에 따른 응력 집중도가 다르기 때문이다.

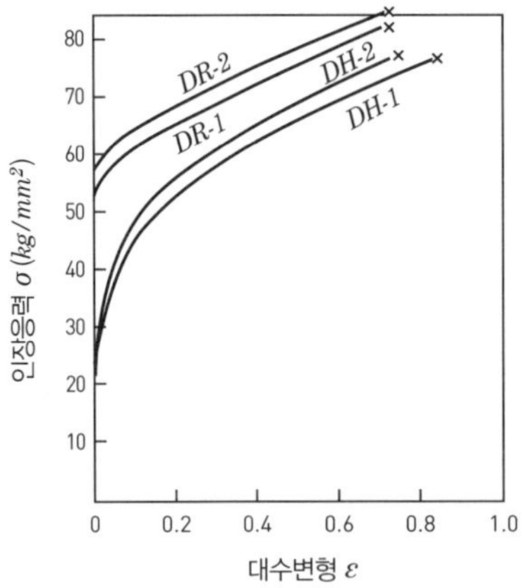

[그림 12-11] Pb쾌삭강의 인장시험 결과(0.14% 탄소강)

다음에는 첨가한 납과 MnS의 작용기구에 대해서 생각해 보자. 납은 양호한 윤활제로, 칩이 공구 경사면을 지나는 동안에 2차 소성변형으로 압축되어 윤활작용을 한다. 마치 공구 여유면에 마모가 있는 것과 비슷하다. 실제로 쾌삭황동을 절삭한 경사면을 관찰해 보면 **그림 12-12**(a)와 같이 칩이 경사면에서 떨어진 곳에서 납의 부착막이 많이 나타난다. 그리고 X-선이나 **마이크로 분석기**(micro-analyzer)로 측정하여도 그림 (b)처럼, 똑같은 위치에서 납이 집적(集積)된 것을 볼 수 있다. 그러나 칩과의 접촉부에 있는 납이 잘 보이지 않는 것은 높은 압력을 가진 마찰력으로 납의 피막이 제거되었기 때문이라고 생각된다.

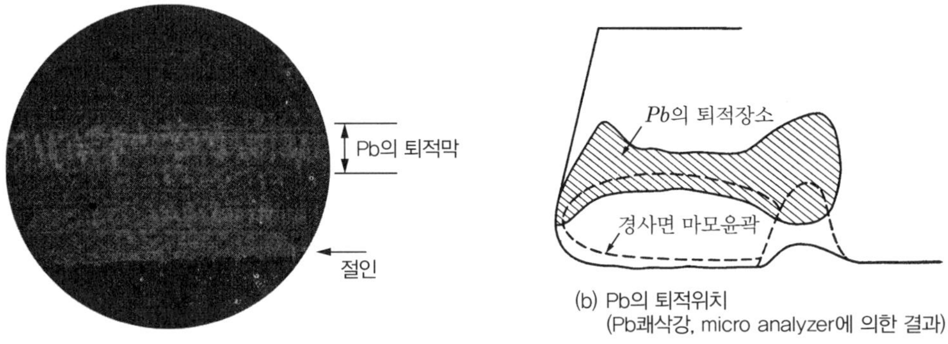

(b) Pb의 퇴적위치
(Pb쾌삭강, micro analyzer에 의한 결과)

[그림 12-12] Pb 쾌삭황동, Pb쾌삭강에서 공구경사면의 Pb 퇴적위치

이와 같이 납의 직접 윤활작용으로 피삭성이 개선되는 기구는 절삭유제와 비슷하다. 절삭유는 외부에서 침투하여 윤활제의 역할을 하지만 납은 **내부윤활제**(internal lubricant)로 작용한다.

고속절삭에서 절삭유제가 내부에 잘 침입하지 않더라도, 첨가한 납은 원활하게 접촉부에 공급된다. 또, **그림 12-13**은 기계적 성질을 떨어지지 않을 정도로 납을 첨가하면 전단면 변형 기구에 큰 영향을 주지 않는다.

실제로 쾌삭 황동은 취성이 있고 불연속적인 칩을 배출하는 성질이 있으므로 납을 너무 많이 첨가하면 전단면 변형기구를 변화시킨다. 다듬질 거칠기나 광택은 무첨가 황동에 비해 다소 떨어지지만 제품에 버(Burr)가 생기지 않고, 공구수명과 절삭저항이 개선된다.

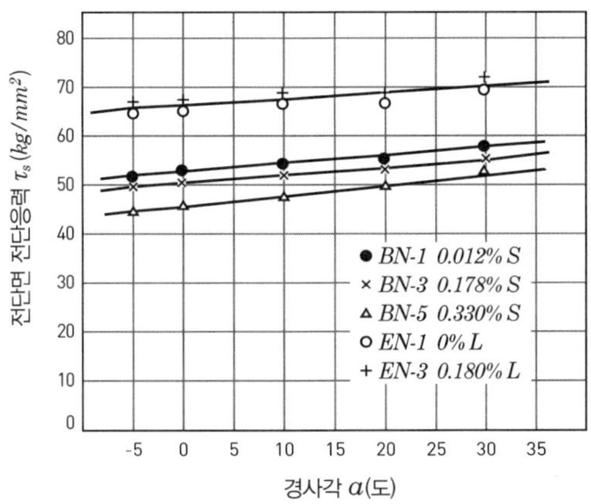

*BN-0.14%*탄소강, *EN-0.47%*탄소강, 초경 *P20[0, var, 6, 6, 15, 0, 0.3]*,
절삭 깊이 *2mm*, 이송 *0.26mm/rev*, 절삭속도 *150mm/min*, 2차원 건절삭

[그림 12-13] 유황, 납 첨가에 의한 전단면 전단응력의 변화

납을 첨가하면 MnS의 작용 기구뿐만 아니라 전단면 변형기구에도 취성을 준다. 먼저 MnS의 윤활성을 조사해 보면, **그림 12-14**와 같이 마찰실험에서는 확실한 윤활성 물질이 아니라고 생각되지만, 진공에서 융점은 1,620℃이다. 또, 약간의 산화물이 공존하더라도 융점이 크게 저하되지 않는다. 절삭할 때에 공구에 충분한 산소를 공급하지 않더라도 짧은 시간에 MnS가 분해하여 공구 면에 넓게 퍼진다.

유황쾌삭강의 절삭특성을 해석할 때에 오히려 MnS가 윤활제로 작용하지 않는다는 증거도 있다. MnS의 피막이 공구 원소의 확산을 방지하거나, 마모는 감소시키지만 유황쾌삭강과는 달리 전단각의 증대, 절삭저항의 감소 및 다듬질 거칠기의 개선 등에는 큰 효과가 없다.

MnS첨가는 강의 취성을 증가시키므로 공구 날 끝에 큰 집중 하중이 작용하여 취성파괴를 일으킨다. 전단면의 변형에는 많은 미시적 파괴나 작은 균열이 나타나기 때문이다. 자세한 것은 밝혀지지 않았지만 이러한 변형은 공구면 수압면적(경사면의 칩 접촉면적)을 축소시킨다. 이와 같은 축소 현상은 경사면에서 마찰응력은 증가하지 않고 수직응력만 증대하므로 절삭할 때에 마찰계수를 감소시킨다.

칩의 접촉 면적이 축소됨에 따른 변화는 **그림 12-14**와 같이 나타나고, 이전의 사염화탄소의 작용은 MnS첨가와 같은 기구로 생각된다. 그리고 경사면과 전단영역의 상황에 따라 평형 조건이 서로 피드백(feed back)하면서 절삭이 성립되므로 마찰계수는 감소한다. 따라서 공구 면에서 비 윤활성을 가진 첨가물이나 절삭유제는 전단영역에서 독특한 기구로 작용하여 경사면의 직접 윤활과 같은 효과가 나타난다.

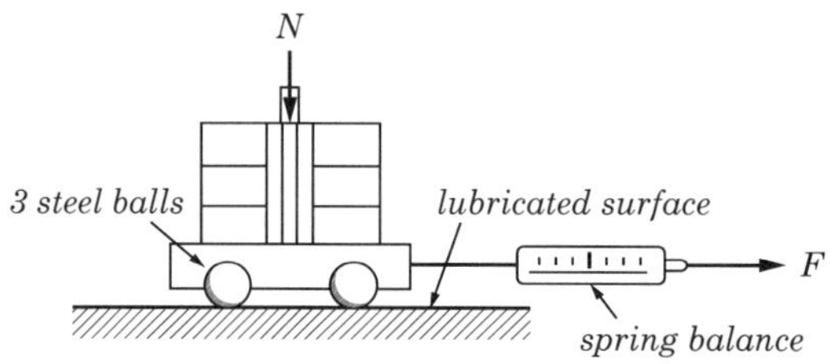

solid lubricant	F(kg)	coefficient of friction
graphite	2.3	0.10
lead	2.7	0.12
air	3.6	0.16
manganese sulfide	6.4	0.28
aluminum oxide	7.3	0.32

[그림 12-14] 유화망간(MnS)의 정지마찰 특성

이와 같은 기구를 충분히 이해하기 위해 경사면이나 전단영역의 한쪽 상황을 다른 것과 독립적으로 보지 않고 양쪽 상황을 모두 고려하여, 절삭과정 전체를 시스템이나 시뮬레이션(simulation)적으로 취급해야 한다. 또 **그림 12-13**과 같이, MnS 첨가로 취성이 되면 유황 첨가량에 따라 전단면의 전단응력은 감소한다.

이처럼 쾌삭강에 납을 첨가하여 직접 윤활하거나 MnS를 첨가하여 취성을 증가시켜서 마찰계수를 감소시킨다. 일반적으로 피삭성을 개선하기 위해 MnS를 첨가하면 아주 좋다. 그러므로 강도가 낮아도 괜찮은 저탄소강에서는 유황쾌삭강이 많이 사용되고, 강도가 필요한 고탄소강이나 합금강에서는 납 첨가 강을 이용한다.

그림 12-15는 유황이나 납을 첨가하면 강의 절삭저항(Fp : 주분력, FQ : 이송분력)이 감소되는 것을 나타낸다. 일반적으로 쾌삭강은 절삭저항을 감소시키고 구성인선이 소형화되면서 절삭온도를 저하시키며 고속영역까지 유지한다.

그림 12-16은 다듬질 거칠기를 비교한 것으로, 특히 유황을 첨가하면 저속영역에서 다듬질 거칠기가 매우 개선된다. 또, 고속영역에서 거칠기는 별로 차이가 없으나, 유황 쾌삭강은 구성인선이 지속되면 거칠기를 악화시키는 경우도 있다.

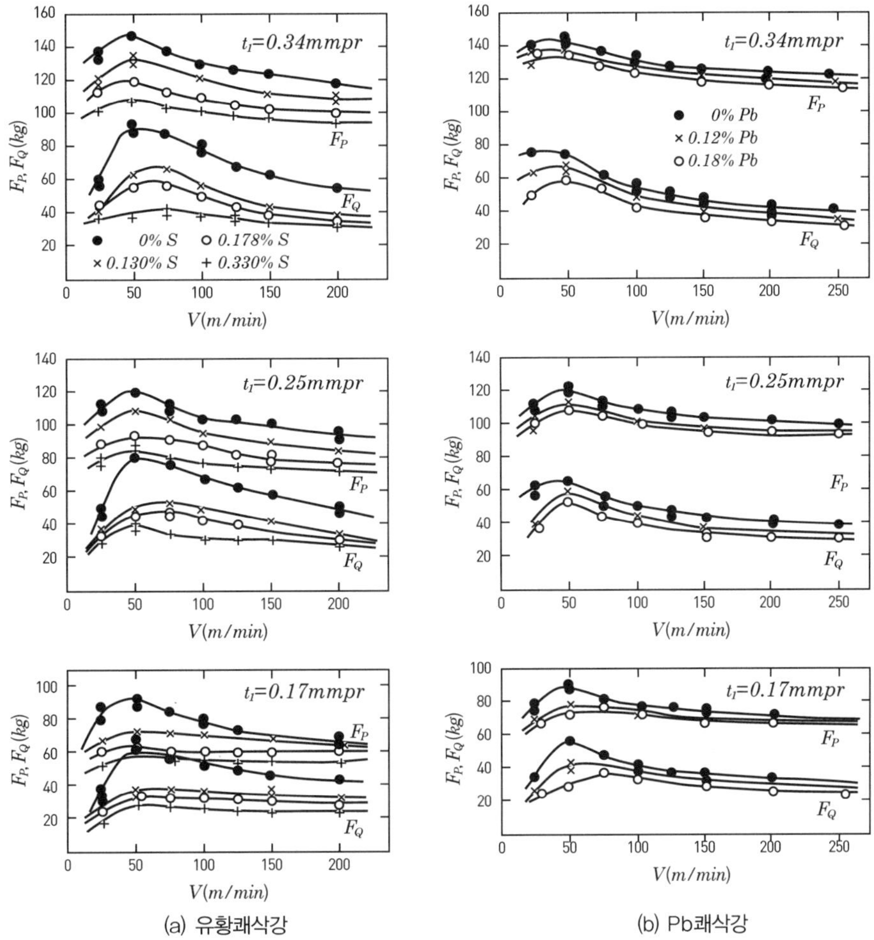

황쾌삭강(0.14%탄소강기재), Pb 쾌삭강(0.47% 탄소강 기재),
초경 P20[-5, -5, 5, 5, 30, 30, 0.8], 절삭깊이 2mm, 건선삭

[그림 12-15] 유황, 납 첨가에 의한 절삭저항의 감소

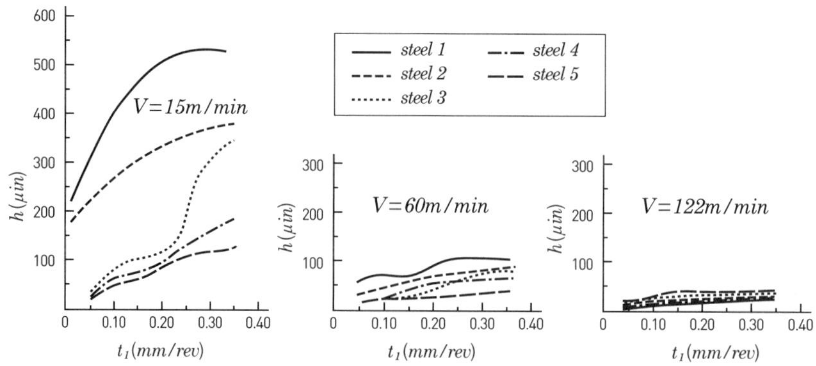

(a) 유황쾌삭강(열간재)의 경우

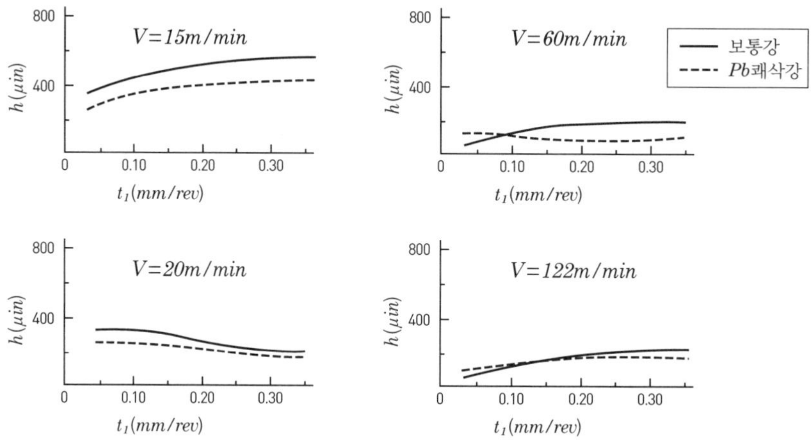

(b) Pb쾌삭강(냉간재)의 경우

[그림 12-16] 유황 납 첨가에 의한 다듬질 거칠기의 개선(2차원절삭)

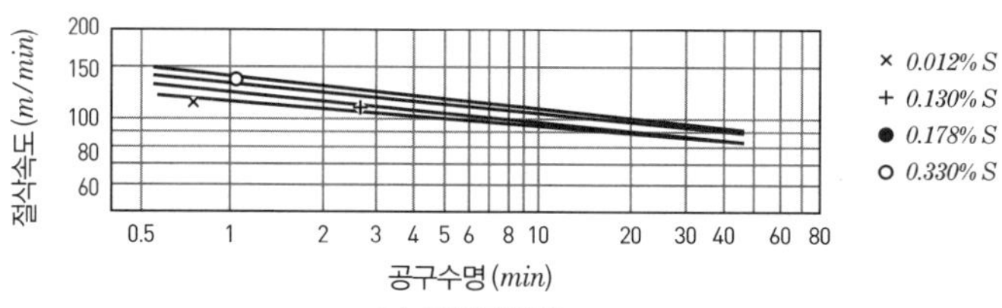

(a) 유황쾌삭강

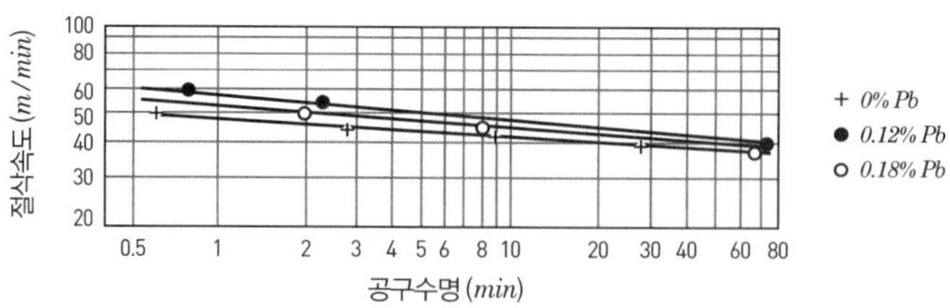

(a) 유황쾌삭강

[그림 12-17] 유황, 납 첨가에 의한 고속도강 공구의 수명개선

그림 12-17은 고속도강 공구의 수명곡선을 비교한 것으로, 모든 쾌삭강은 공구수명을 개선시킨다. 또한 쾌삭강을 절삭하여 절삭온도를 저하시키면 열민도가 큰 고속도강 공구도 공구수명을 매우 개선시킨다. **그림 12-18**은 초경공구의 수명곡선이다.

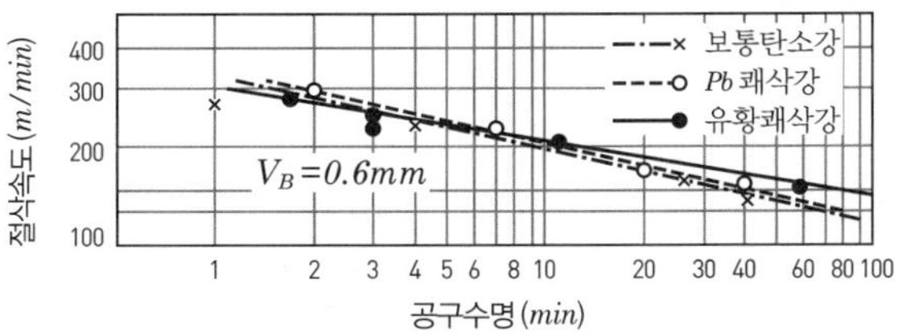

(a) 수명기준 V_B = 0.6mm

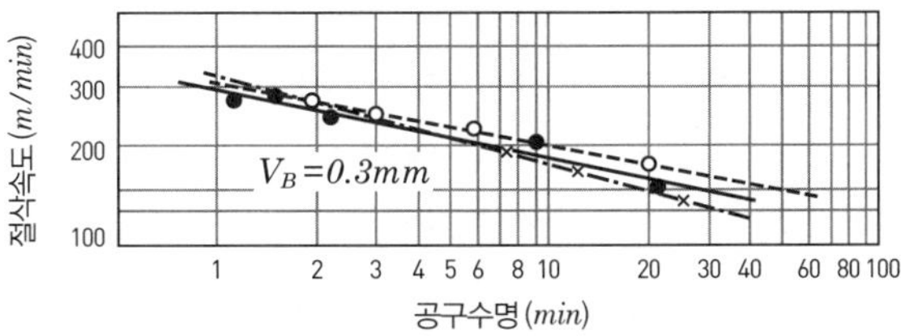

(b) 수명기준 V_B = 0.3mm

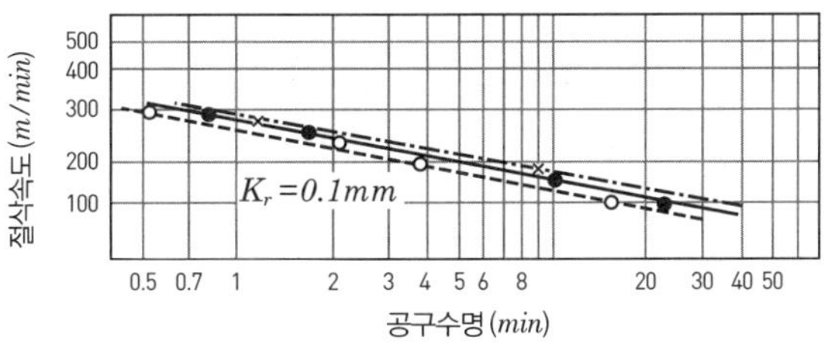

(c) 수명기준 K_r = 0.1mm

보통 탄소상(*0.47%C*), 유황쾌삭강(*0.49%C+0.18%S*), *Pb* 쾌삭강(*0.49%C+0.18%Pb*),
초경 *P20[-5, -5, 5, 5, 30, 30, 0.8]*, 절삭깊이 *2mm*, 이송 *0.34mm/rev*, 건선삭

[그림 12-18] 유황, 납 첨가에 의한 초경공구의 수명개선

그림 12-19와 같이, **쾌삭강**은 절삭면에서 칩의 접촉 길이가 짧아지고, 폭은 깊고 좁은 마모를 일으킨다.

이상의 여러 결과를 보면, 쾌삭강은 고속도강 공구로 저속영역에서 절삭할 때에 효과적이다. 그러나 초경공구를 사용하여 고속 절삭하는 경우도 충분히 고려할 필요가 있다. 앞으로는 Ca 탈산강처럼, 초경공구를 사용할 때에 쾌삭성이 우수하거나 다른 성질이 우수한 강이 탄생될 것으로 기대한다.

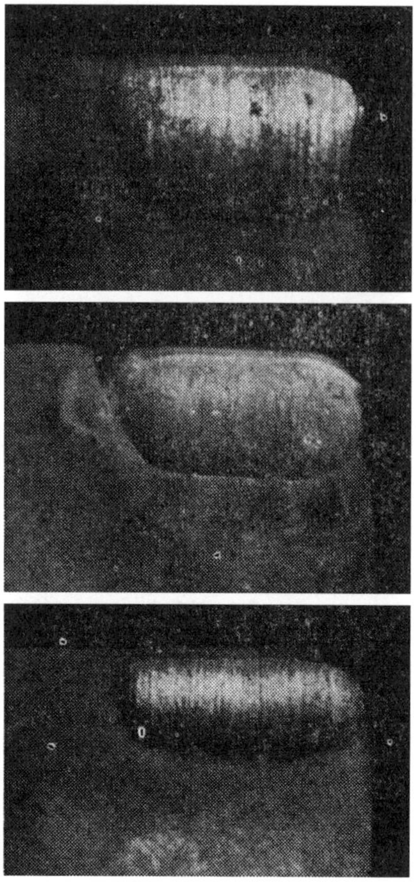

0.47%C

0.49%C
0.18%Pb
Pb쾌삭강

0.49%C
0.18%S
유황쾌삭강

초경공구 *P20[−5, −5, 5, 5, 30, 30, 0.8]*, 절삭깊이 *2mm*, 이송 *0.34mm/rev*, 절삭속도 *270m/min*, 건선삭

[그림 12–19] 보통 탄소강과 쾌삭강의 경사면 마모의 차이

찾아보기

The theory of production and processing

ㅊ

ㅋ

ㅌ

ㅍ

ㅎ

B

H

M

R

T